가족관계론

가족관계론

최규련

KNOWLEDGE COMMUNITY 공동체

개정판 머리말

가족은 사람이 태어나서 성장하고 죽을 때까지 함께하는 집단으로서 사회집단 중에서 가장 오래되고 보편적인 집단인 동시에 사회시스템과 영향을 주고받으며 변화하고 발달하는 유기체이다. 그리고 가족관계는 모든 인간관계 중에 가장 친밀하게 상호작용을 하는 관계로, 개인의 발달과 성장은 물론 삶의 질과 행복에 중요한 영향을 미친다.

그러므로 영유아, 아동, 청소년, 성인, 노인을 망라한 인간의 행동을 이해하고 인간을 돕기 위한 기초로서 가족관계에 관한 지식이 필수적이 되고 있다. 더욱이 급변하는 사회환경 속에서 가족의 외형과 가족관계 내용이 변함에 따라 이에 대한 체계적인 이해가 필요하게 되었고, 동시에 가족교육과 가족상담, 가족정책 등의 가족실천분야의 기초로서 가족관계에 대한 지식이 역시 필요하다.

이 책 『가족관계론』은 저자가 근 30년 동안 대학에서 가족관계를 강의하고 연구한 여러 경험들과 20여 년간 많은 가족을 대상으로 상담과 교육을 하면서 누적된 경험들이 집약되어 있다. 그리고 가족체계적 관점과 발달적 관점, 그리고 양성평등적 관점에서 가족원 개개인의 삶의 질 향상에 궁극적 목적을 갖고 다양한 가족현상과 가족관계 역동을 객관적으로 설명하고 예측하는 틀을 제공하는 데 초점을 두고 있다. 또한 이 책은 여러 이론과 지식들의 단순한 나열이 아닌 실질적으로 유익한 최신자료들을 간추려 정리함으로써 독자들이 쉽게 이해하고 적용할 수 있도록 하였다. 그리고 가능한 최신 연구동향을 포함시키고 장마다 참고사항을 삽입하여 실질적인 이해와 풍부한 활용을 돕고자 하였다. 이 개정판은 초판이 출판된 지 5년이 지나 최신자료와 연구결과를 보완할 필요성이 있어 출간하게 되었다.

이 책은 크게 4부로 구성되었다. 제1부 가족의 이해 단원에서는 먼저 가족관계의 기초가 되는 개념들인 가족의 의미, 유형, 기능, 주기 등을 살펴보고, 가족연구의 이론적 관점들을 논의하였으며, 한국가족의 특성들을 전통사회와 현대사회로 나누어 개관하였다. 제2부 결혼과정 단원에서는 가족형성과 결혼생활의 기초가 되는 사랑과 성, 성역할, 이성교제, 배우자 선택을 살펴보고 결혼의 의미, 동기, 준비, 의례, 결혼과정에서의 과제 등을 고찰하여 결혼과 결혼문화에 관한 바른 이해를 돕고자 하였다. 제3부 가족관계 단원에서는 부부관계, 결혼적응, 부모 - 자녀관계, 형제자매 관계, 친족관계 등 구체적인 가족 내 인간관계를 논의하였다. 마지막 제4부 가족의 변화와 적응 단원에서는 사회변화에 따라 증가하는 맞벌이가족을 중심으로 직업과 가족관계를 살펴보고, 한부모가족, 재혼가족, 자발적 무자녀가족, 분거가족, 다문화가족을 중심으로 다양한 가족의 가족관계에 대하여 고찰하였다. 그리고 가족관계의 쟁점이 되고 있는 가족 스트레스와 가정폭력, 이혼 등에 관하여 논의하였고, 가족이 지향하여야 할 가족의 건강성 증진에 관하여 고찰하였다.

대학에서 가족관계 과목이나 결혼과 가족 과목을 수강하는 학생들은 물론 건강가정사, 가족상담사, 가족생활교육사, 보육교사, 사회복지사 등 개인과 가족을 도우려는 사람들, 그리고 가족관계에 관심이 많은 일반인들에게 이 책이 도움이 될 것으로 기대한다.

어려운 여건에도 개정판 출간을 허락해 주신 공동체 김동훈 사장님과 세심하게 편집을 맡아준 편집부 여러분에게도 깊이 감사드린다.

2014년 3월

최 규 련

차 례

PART 3 가족관계

PART 4 가족의 변화와 적응

PART

01

가족의 이해

POINT

이 단원에서는 가족이라는 우리에게 익숙한 집단을 과학적으로 이해하기 위한 개념과 이론적 관점, 한국가족의 특성들을 조망해 보고자 한다.

CONTENTS

CHAPTER 01

가족의 개념과 관점

가족은 인류가 존재해온 이래 가장 먼저 형성된 제도로서 인간사회의 기본 단위가 된다. 우리는 누구나 가족에 관하여 직간접적인 경험을 통한 상식적인 지식을 갖고 있다. 그러나 이러한 지식은 개인의 직관이나 사회의 지배적인 가치에 상당히 의존하기 때문에 가족현상을 객관적으로 설명하고 예측하지는 못한다. 그러므로 가족관계를 명확하게 알기 위해서는 먼저 가족이 무엇이며, 과학적 연구에 적용되는 관련이론이 어떤 것들이 있는지에 관하여 파악할 필요가 있다. 이에 이 장에서는 가족에 대한 기초적 이해를 돕기 위해 가족의 의미와 유형, 기능, 주기 등의 개념들과 가족관계 연구에 적용되는 이론적 관점들을 살펴보기로 하겠다.

1. 가족의 의미

가족이란 무엇인가에 대해 알아보기 위해 먼저 가족의 사전적 정의를 보면, "어버이와 자식, 형제자매, 부부 등 혈연과 혼인관계 등에 의해 한 집안을 이룬 사람들의 집단 또는 그 성원"(새우리말 큰 사전, 2000)이라고 되어 있다. 그러나 만약 "당신의 가족은 누구입니까?"라고 질문한다면 사람마다 다른 대답을 할 것이다. 이와 같이 가족을 정의하는 것이 쉽지 않기 때문에 가족의 의미에 대한 학자들의 견해가 차이가 있고 시대에 따라 변화하고 있다. 이를 고전적인 정의와 현대적인 정의로 구분하여 살펴보기로 한다.

1) 고전적인 정의

여러 연구자들이 가족을 이해하기 위한 목적으로 가족에 대하여 정의하였다. 전통적인 관점의 연구자들이 제시한 정의를 고전적인 정의라고 하는데, 이들은 공동거주, 자녀의 존재, 그리고 사회적으로 인정되는 부부의 성적 관계와 경제적 협력을 공통적으로 강조하였다.

머독(Murdock)에 의하면, "가족은 공동의 거주, 경제적 협력, 자녀출산을 특징으로 하는 사회집단이다. 이것은 사회적으로 인정받는 성적 관계를 유지하는 최소한의 두 성인남녀를 포함하고, 한 명 또는 그 이상의 자녀들로 이루어진 집단"이다. 머독은 핵가족을 최초로 소개한 사람으로서 가족의 정의를 핵가족 중심으로 말하고 외형적 구성과 기능을 강조하고 있다.

레비스트로스(Lévi-Strauss)는 "가족은 결혼에 의하여 출발하며 부부와 그들의 자녀로 구성되지만 여기에 다른 근친자가 포함될 수 있으며, 가족구성원은 법적 유대, 경제적 · 종교적인 권리와 의무, 성적 권리와 금기, 애정, 존경 등의 다양한 심리적 정서로 결합되어 있다"고 하였다. 이는 머독에 비하여 확대된 범위를 말하고 가족의 사회심리적 측면을 강조하고 있다.

구드(Goode)는 가족이란 "적어도 두 명의 성인남녀가 거주를 같이하며 경제적 · 사회적 교환을 하고 음식, 성, 주거, 재화, 사회활동 등을 공유한다. 성인과 자녀는 부모 - 자녀관계를 맺고 자녀들 간에는 형제자매 관계가 존재하여 구성원 간에 서로 보호하고 돕고 함께 나누어 가질 의무를 가지는 집단"이라고 하였다. 이 정의는 가족구성원 간의 관계를 강조하고 있다.

김두헌은 "영속적인 결합에 의한 부부와 그 사이에서 출생한 자녀로 이루어진 생활공동체"라고 하였다. 유영주는 "부부와 자녀들로 구성된 집단으로서 애정적인 혈연집단이며, 같은 장소에서 기거하고 취사하는 동거동재 집단이고, 고유한 가풍을 갖는 문화집단이며, 인간발달의 근원적 집단"이라고 하였다. 이들도 역시 외형적 구성과 기능을 강조하고 있다.

이와 같이 가족에 대한 고전적인 정의는 가족이 남편과 부인, 그리고 그 자녀라는 혼인과 부모됨에 기초한 집단으로서, 공동의 주거와 정의적 유대, 보호와 지원의무로 통합되기를 기대하는 전통적 신념을 반영한다.

2) 현대적 정의

오늘날의 가족은 사회변화에 따라 한부모가족, 무자녀가족, 재혼가족, 분거가족 등의 다양한 형태가 등장하고 있으므로 가족에 대한 정의도 시대와 문화에 따라 달라지고 있다. 따라서 학자들은 가족을 정의하는데 하나의 '가족(the family)'이라는 고정된 시각에서 '가족들(families)'이라는 새로운 개념으로 바뀌어야 한다고 주장한다. 그 이유로는 가족에 대한 고전적 정의가 현대의 모든 가족을 포함하지 못하고, 한 가족을 다른 가족보다 정상적이고 우월한 것으로 여기게 하기 때문이며, 또한 사회변화에 따라 발생하는 다양한 가족을 편견 없이 바르게 이해하기 위해서이다. 기튼즈(Gittens)는 사회계층, 성, 연령 등에 따라 가족생활의 물질적・심리적 기반이 다르고 가족 이미지와 가치도 상이하므로 가족의 가변성, 다양성, 유연성을 고려한 열린 가족개념인 가족들(families)로 가족을 명명할 것을 주장한다.

이에 속하는 대표적인 정의를 보면 다음과 같다.

올슨과 드프레인(Olson & DeFrain)에 의하면, 가족이란 "둘 또는 그 이상의 구성원들이 서로 돕고 몰입되어 있으며, 애정과 친밀감, 가치관과 의사결정, 그리고 자원을 공유하는 집단"이라고 정의된다. 최근 미국사회사업협회는 "가족이라는 정체감과 유대감을 유지하면서 일상생활을 함께 영위하고 가족임무를 수행하는 2인 이상의 사람들"이라고 가족을 정의하였다.

또한 앤더슨과 사바텔리(Anderson & Sabatelli, 1999)는 "공유된 역사를 지니며, 일정한 정서적 유대를 경험하고, 개인과 가족의 욕구충족을 위하여 과업을 수행하는 상호 의존적 사람들로 구성된 집합체"라고 가족을 정의하였다. 이 정의들은 가족원 간의 인간관계와 기능에 중심을 두는 것이 공통점이며, 가족을 포괄적인 의미로 확장시켜 이해하려는 최근의 사회추세를 반영한다.

그러나 가족에 대한 생각과 가족의 형태는 시대가 변천해감에 따라 변화하게 되므로, 모든 시대와 문화에 적용할 수 있는 가족을 정의하는 것은 제한점이 있다. 그리고 문화적·법적으로 가족에 대한 정의가 다양해질 수 있다. 이상에서 살펴본 내용을 정리하면, 가족이란 혈연, 입양, 결혼으로 연결된 두 명 이상의 사람들로 구성되고, 장기적 헌신과 역할수행을 통해 친밀감과 애정, 유대감을 유지하며, 공동의 삶을 영위하는 집단임을 알 수 있다.

가족과 유사한 용어로 가정, 가구, 친족 등이 있다. 가정(home)은 가족이 생활하는 생활공동체라는 공간적 의미를 갖는다. 가구(household)는 주거를 같이하는 자 또는 독신으로 주거를 갖고 단독생활을 하는 자를 포함하고, 경제적 협력과 주거공간을 함께하는 단위로서 인구조사를 할 때 사용되는 정의이다. 친족(kinship)은 시간의 경과에 따라 가족이 확대되고 누적되어서 생기는 집단을 의미하고, 우리나라 민법에는 혈족, 인척, 배우자가 포함된다.

2. 가족의 유형

결혼과 가족, 친족은 한 가지 모습으로 존재하는 것이 아니고 시대와 사회에 따라 여러 가지 유형들이 있다. 가족의 유형은 가족구성원의 범위, 결혼형태, 배우자의 수, 가족 내의 권위와 권력 소재, 가계계승, 거주방식 등의 기준에 따라 구분된다.

1) 가족구성원의 범위에 따른 분류

핵가족(nuclear family)은 부부와 미혼자녀로 구성되는 가족으로 부모와 자녀 2세대로 한정되므로 부부가족(conjugal family)이라고도 한다. 확대가족(extended family)은 핵가족이 종적으로, 횡적으로 연결되어 형성되는 것으로 자녀가 결혼 후에도 부모와 동거하며 3세대 이상이 같이 사는 가족이다. 핵가족이 종적으로 확대되어 자녀 중 특정한 한 사람이 결혼 후에도 부모와 동거하는 가족을 직계가족(stem family)이라고 한다. 우리 전통사회에서는 결혼한 장남이 배우자, 자녀와 함께 부모와 동거하고, 차남 이하 아들은 결혼하면 분가하는 직계가족을 이상형으로 생각하였다.

한편 가족이 횡적으로 확대되어 두 명 이상의 자녀가 결혼 후에도 부모와 동거하는 가족을 방계가족(collateral family)이라고 한다.

2) 결혼형태와 배우자의 수에 따른 분류

결혼형태에 따라 초혼가족, 재혼가족으로 구분되는데 초혼가족은 부부 모두 초혼인 경우이고, 재혼가족은 부부 중 적어도 한 명이 결혼경험이 있는 가족이다. 재혼가족에서 이전의 결혼에서 출생한 자녀가 있는 경우 계부모가족이라고 한다.

사회적으로 용인되는 배우자의 수에 따라 단혼제, 복혼제로 구분된다. 한 사람의 남자와 한 사람의 여자가 결혼하여 가족을 이루는 단혼제는 일부일처제(monogamy)라고도 하며 대부분의 가족들이 이 유형에 속한다. 배우자 한쪽이 복수인 경우를 복혼제(polygamy)라고 하며 일부다처제(polygyny)와 일처다부제(polyandry)로 나뉘어진다. 이 중에서 일부다처제가 더 많고 일처다부제는 매우 드물다.

3) 가족 내의 권위소재에 따른 분류

가족의 대외적 관계에서의 대표권과 대내적 관계에서의 의사결정권이 부부 중 어느 편에 있는가에 따라 부권제, 모권제, 동권제로 구분된다. 부권제는 남편과 아버지가 모든 권위를 가지는 것으로 가부장제라고도 하며, 모권제는 아내 또는 어머니가 대부분의 권력을 가지는 가족이며, 대표권은 외숙과 나누어 가진다. 동권제는 남편과 부인이 권력을 동등하게 공유하며, 또 다른 경우에 영역별로 남편과 부인이 권력과 통제권을 나누어 갖는 것으로 평등주의라고도 한다. 현대사회에서는 권력이 분산되어 남녀평등을 인정하는 추세이다.

4) 가계계승에 따른 분류

개인의 혈통이 집단성원의 일원으로 귀속되는 것을 출계(descent)라고 한다. 혈통과 가계의 계승은 성(姓), 친족의 계보, 상속 등에서 나타나는데 단계와 비단계로 대별된다. 단계는 한쪽으로만 가계계승이 되는 가족으로 아버지의 혈통을 계승할 때는 부계제, 어머니의 혈통을 계승할 때는 모계제라고 한다. 비단계는 어느 한 혈통에만 치우치지 않고 성(姓)과 가산상속이 계승되는 것으로 부계와 모계 어느 쪽에서나 계승자를 택할 수 있는 경우를 양계제라 하고, 어떤 자녀는 부계를, 어떤 자녀는 모계를 선택해서 계승하는 경우를 선계제라 한다.

5) 거주방식에 따른 분류

결혼한 부부가 거주를 어디에 정하는가에 따라 부거제, 모거제, 양거제, 신거제로 구분한다. 부거제는 부인이 남편의 집으로 입주하여 시가식구와 동거하는 제도이며 주로 부계제 사회에서 볼 수 있다. 모거제는 남편이 부인의 집으로 입주하여 처가식구들과 동거하거나 또는 처가근처에서 처부모의 지배와 간섭을 받는 거주형태로 주로 모계제에서 볼 수 있다. 양거제는 시가나 처가 어느 쪽이든 사정에 따라 거주지를 결정하는 것으로 양쪽 집 사이를 옮겨가며 거주하는 것을 허용하는 제도이다. 신거제는 시가나 처가 어느 쪽에도 의존하거나 지배를 받지 않고 단독으로 가정생활을 하는 경우이다.

이 밖에 가족 내의 위치에 따라 결혼 전의 가족과 결혼 후의 가족으로 구분하기도 한다. 평생 독신으로 지내는 사람을 제외하고 대부분의 사람들은 출생과 동시에 부모의 자녀로서 부모의 보호를 받으며 성장해서 성인이 되면 배우자 선택과 결혼을 통해 새로운 가족을 형성하는데, 전자를 원가족(family of origin)이라 하고 후자를 생식가족(family of procreation)이라 한다. 즉, 원가족은 개인이 태어나서 부모의 영향을 받으며 성장할 때까지 생활하는 가족을 말하고, 생식가족은 개인이 원가족에서 떠나 배우자를 만나 결혼하고 독립적인 생활주체로서 가정을 꾸려가는 가족이다.

3. 가족의 기능

가족이 가족원과 사회에 대해 어떤 과업을 수행하는가? 가족의 기능이란 가족이 수행하는 역할, 행위로서의 가족행동을 의미하며, 행동의 결과 가족원의 욕구 충족과 사회의 유지·존속에 영향을 준다. 학자들에 따라 강조하는 점이 다르나 보편적으로 현대가족에서 중요하게 수행되고 있는 기능은 다음과 같이 제시된다(유영주 외, 2004; Adams, 1980; Duvall, 1980).

1) 성 및 애정의 기능

가족은 남녀의 사랑을 기초로 형성되는 만큼 대내적으로는 부부가 애정과 성생활을 영위함으로써 성적 욕구를 충족시키는 기능이 있고, 대외적으로는 사회 내에서의 성적 통제와 성윤리 질서를 유지시키는 기능을 갖는다. 일반적으로 결혼한 부부는 합법적으로 성과 애정이 인정되는 유일한 관계이고, 결혼은 성관계를 규제·통제하는 공인된 사회적 방법이다. 현대사회에서 부부의 애정 및 성적 기능은 매우 중요시되며, 결혼생활 유지에 보편적으로 필요한 요소로 간주된다.

2) 자녀출산의 기능

가족은 부부간의 성생활의 결과로 자녀를 출산하여 자손을 재생산하고 종족을 보존하게 된다. 가족의 생식기능은 대외적으로는 사회구성원을 충원하여 사회의 유지와 발전, 인류의 존속에 기여하고 인구조절의 기능을 한다. 최근 우리나라와 여러 선진국에서 저출산문제의 심각성을 인식하고 대책마련에 힘쓰고 있는데, 이는 가족의 자녀출산기능이 국가존속과 발전에 파급효과가 있음을 반영하는 실례라 하겠다.

3) 자녀양육 및 사회화의 기능

가족은 자녀들이 사회에 보다 잘 적응할 수 있도록 양육하고 자신이 속한 문화의 언어, 지식, 태도, 신념, 가치, 도덕규범, 책임감 등과 사회적·대인적 기술을 가르치는 기능을 수행한다. 이러한 사회화과정은 일생 동안 계속되는 것이지만, 특히 어린 시절의 가정환경이 인성과 도덕성 발달, 대인관계기술에 미치는 영향은 가장 중요한 것으로 알려져 있다. 이 기능은 대외적으로 문화적 유산을 다음 세대로 전수하는 데 기여한다.

현대사회에서 교육제도가 발달하고, 많은 교육기관에서 자녀들을 교육하고 있으나, 가족에서의 자녀 사회화와 인간을 키우는 기능은 어느 기관에서도 대체할 수 없는 중요한 기능이 되고 있다.

4) 경제적 기능

가족의 경제적 기능은 생산기능과 소비기능으로 나누어지며, 이를 통하여 가족원은 의식주의 기본 생활을 유지하고 신체적 · 정서적 안정을 도모하며 문화생활을 영위한다. 한편 가족은 대외적으로 노동력 제공과 생활보장의 기능을 수행하며 건전하고 합리적인 소비활동과 구매활동을 함으로써 사회의 경제질서유지에 기여한다.

이 기능은 가족이 생존과 생활공동체를 영위하기 위하여 물적 자원을 확보하고 관리하는 기초적인 기능으로 현대사회에서 더욱 중요시되고 있다.

5) 정서적 안정 및 지지의 기능

가족은 친밀하고 대면적인 관계를 지속하는 특징을 갖는 1차적 집단이다. 가족이 구성원에게 정서적 안정과 지지, 안식처로서의 기능을 수행할 때 가족원들은 휴식과 안정, 유대감과 친밀감, 행복을 원하는 개인의 욕구를 충족하게 된다. 이러한 기능이 잘 수행될 때 대외적으로는 개개인의 능력과 목적의식이 개발되고, 사회의 안정과 발전에 기여하게 된다.

현대사회가 복잡해지고 경쟁이 가속화됨에 따라 정서불안과 스트레스가 증가하고, 정신건강문제가 많이 발생하고 있다. 그에 따라 가족이 쉼과 안정감을 주고 수용해 줄 것을 기대하게 되었고, 이 기능이 수행될 때 가족원의 정신건강과 행복감은 증진되는 것이다.

6) 사회적 지위부여의 기능

자녀가 태어나면 가족원으로 인정받게 되고 가족과 사회에서 일정한 지위를 부여받는다. 개인은 일생 동안 원가족으로서의 부모의 가정과, 그리고 결혼으로 형성된 생식가족에서 일정한 지위에 따른 주어진 역할들을 수행하게 된다. 가족 속에서 우리는 자신이 누구인지, 자신의 역할이 무엇인지를 인식하고 지각하면서 사회적 지위에 부응하는 소속감과 책임감을 가지며 적응하려는 노력을 하는 결과, 대내적으로는 자기성장과 발전이 되며, 대외적으로는 사회안정과 발전에 기여하게 된다.

가족에서 자녀로서, 부부로서, 부모로서, 형제자매, 시부모, 며느리, 사위로서 각각의 지위에 따른 역할을 일생 동안 수행하는 과정에서 잠재력을 개발하고 인생의 의미를 깨달으며, 인격성장과 사회발전에 기여할 수 있다는 점에서 가족의 사회적 지위부여 기능은 현대사회에서 더욱 중요시되는 것이다.

구드(Goode, 1982)는 현대가족의 기능에 대해 사람들이 왜 가족 안에서 사는가를 살펴봄으로써 파악할 수 있다고 하고, 가족은 다른 사회집단과 달리 다음 네 가지 혜택을 준다고 하였다.

첫 번째 혜택은, 가족이 인간관계의 연속성을 제공한다는 점이다. 결혼하고 자녀를 출산하면 가족원들은 가족생활을 위해 여러 가지 의무와 권리, 역할을 수행하고 활동을 하며, 전 생애과정 동안 서로 간에 헌신과 지지, 인정을 나누면서 끈끈한 정서적 유대감을 형성하고 반응을 기대하게 된다. 그 결과 가족원으로서 부부, 부모, 자녀들은 영속적인 관계를 기대하고 지속적으로 관계를 유지함으로써 다른 인간관계에서는 기대할 수 없는 생애과정에서의 연속성과 안정감을 제공한다.

두 번째 혜택은, 가족이 가족원들에게 물리적 근접성과 자원을 제공한다는 점이다. 즉, 다른 사회집단이나 인간관계와 달리 아주 가까이에서 언제든지 배우자나, 부모, 자녀, 형제자매에게 도움을 요청할 수 있고, 가족이기 때문에 그들에게서 협력과 지지를 제공받을 수 있으며, 살아가는 동안 중요한 자원을 제공받을 수 있다는 것이다.

세 번째 혜택은, 가족이 오랜 기간에 걸쳐 친밀한 관계를 제공해 주는 점이다.

가족은 생애과정 동안 가장 밀접한 관계를 가지며, 서로를 가장 잘 이해하고 긴밀한 상호작용을 나누는 집단이다. 가족원들은 오랜 친밀감과 애착관계를 토대로 대인관계에 적응할 수 있으며, 자신과 타인에 대하여 객관적인 지식을 갖게 되고 생각의 지평을 넓히게 된다.

네 번째 혜택은, 가족이 경제적 효율성을 높인다는 점이다. 개인단위보다 가족단위의 가사와 자녀양육, 집 장만, 재테크 활동이 더 효율적이다. 경제적 협력체로서 가족은 개인이 할 수 없는 일을 성취할 수 있게 한다.

이와 같이 가족이 여러 혜택을 주는 점에서 어느 사회집단보다 인간의 욕구를 충족시켜 줄 잠재력을 지니고 있고 현대인에게도 필요한 제도라 할 수 있다. 가족은 사회변화에 따라 형태가 바뀌고 기능도 축소되거나 확대되기도 하는 변화하는 제도이다. 현대사회에서 가족의 내적·외적 변화에 따라 가족의 기능이 약화되거나 문제가 발생할 때 가족원의 일치된 노력과 외부의 지원으로 가족의 기능을 회복하고 강점을 강화시키는 일이 필요하다.

가족이 다른 사회집단과 구별되는 특성은 개인과 사회의 중간에 위치하는 집단으로서 가장 오래된 사회의 기본 단위이면서 동시에 개인에게는 성장·발달과 인성형성의 근접환경이 된다는 것이다. 즉, 가족은 쿨리(Cooley)의 분류에 의한 1차적 집단(primary group)의 특징을 가지는 대면적 결합관계로서 직접적이고 친밀한 관계를 토대로 강한 일체감을 경험하게 하고 인성과 태도 형성에 이바지한다. 또한 퇴니스(Tönnis)의 분류에 의한 공동사회집단(gemeinschaft)으로서 성원 상호 간의 애정과 이해로 결합된 본질적 결합관계의 특징을 나타낸다.

4. 가족의 주기

1) 가족주기의 개념

가족은 인간과 마찬가지로 정지되어 있는 것이 아니라 계속 변하여 성장과 쇠퇴의 과정을 거친다. 가족주기(family cycle)란 가족이 결혼으로 형성되어 자녀출산, 자녀성장으로 확대되었다가 자녀의 결혼과 독립으로 축소되고 부부가 노후생활과 사망에 이르는 과정을 거치는 시간적 연속을 의미하며, 가족생활주기(family life cycle)라고도 불린다. 가족의 주기에 따라 가족의 기능과 가족원 간의 상호작용, 역할의 내용이 바뀌게 되고 가족 내의 인간관계와 라이프 스타일(life style)도 변화하게 된다.

가족주기를 이해함으로써 각 단계에 따른 가족들의 욕구와 기대, 그리고 잠재적 문제와 취약점, 강점 등을 시간적 차원에서 장기적으로 알게 되고, 가족의 계속적인 발달과정을 설명하고 예측하는 데 적용할 수 있다.

가족주기는 가족의 시간의 변화에 따른 발달적 변화에 대해 설명하는 개념이므로 대체로 결혼을 통한 가족의 형성을 발달단계의 시작으로 보고, 가족생활이 일정한 패턴을 가진 단계를 따른다고 가정한다. 가족주기단계는 개인의 연령, 출산자녀의 수, 자녀 간의 터울, 자녀의 결혼 및 인구학적 사건, 직업의 종류 등에 따라 차이가 있다. 가족주기단계를 구분하는 방법은 학자들에 따라 약간씩 다르고 그에 따라 단계 수도 달라진다. 가장 간단한 구분은 가족의 형성으로부터 자녀의 성장까지의 확대기와, 자녀독립으로부터 부부가 사망하기까지의 축소기로 나누는 것이다.

듀발(Duvall, 1957)은 첫 자녀의 연령을 기준으로 다음과 같은 8단계로 분류하였는데, 이 분류가 전통적으로 가장 광범위하게 이용되고 있다.

① 신혼기(결혼~자녀출산 전)

② 자녀출산 및 영아기(첫 자녀출산~30개월)

③ 유아기(첫 자녀 2.5~6세)

④ 아동기(첫 자녀 6~13세)

⑤ 청년기(첫 자녀 13~20세)
⑥ 진수기(첫 자녀 독립~막내아이 독립 전)
⑦ 중년기(부부만이 남아 은퇴하기까지)
⑧ 노년기(은퇴 후~사망)

유영주(1984)는 우리나라 특성에 맞춘 한국형 가족주기를 연구하고 다음과 같이 6단계로 구분하였다.

① 형성기(결혼~첫 자녀출산 전까지)
② 자녀출산 및 양육기(자녀출산~첫 자녀 초등학교 입학 전까지)
③ 자녀교육기(첫 자녀의 초등학교, 중학교, 고등학교 교육시기)
④ 자녀성년기(첫 자녀가 대학에 다니거나 취업, 군복무, 취업준비 등 독립 전까지)
⑤ 자녀결혼기(첫 자녀 결혼으로부터 막내 자녀 결혼까지)
⑥ 노년기(막내 자녀 결혼부터 배우자가 사망하고 본인이 사망할 때까지)

2) 전 이

전이(transition)는 가족이 가족주기의 한 단계에서 다음 단계로 이동하는 것을 의미하며 전환이라고도 한다. 이는 자녀의 발달적 변화와 부부의 은퇴나 사망 같은 사건에서 비롯된다. 대부분 가족주기단계의 전이기에 역할의 변화가 나타나고 가족 내에 긴장이 발생할 수 있으므로 가족원의 적응노력이 필요하다.

3) 가족주기별 발달과업

발달과업이란 인간이 성장하고 발달해가는 단계별로 획득해야 할 행동형태로 정의된다. 가족도 개인처럼 일생을 통하여 수행해야 할 발달과업이 존재한다. 가족주기단계에 따라 가족원 개개인의 발달요구와 사회문화적·가족적 요구와 기대를 충족시키기 위하여 성취해야 할 여러 책임과 행동규범들을 가족의 발달과업이라고 한다. <표 1-1>에 제시된 내용은 듀발의 가족주기단계별 발달과업이다. 이를 통하여 각 단계에서 가족이 기대하는 욕구들과 가족의 변화를 이해하며 가족의 행동을 예측할 수 있다. 가족원들이 각 단계별 발달과업을 성공적으로 수행할 때 가족원 개개인의 발달과 가족의 적응·성장이 가능해지고 가족의 행복도 증진될 수 있다.

〈표 1-1〉 가족주기단계별 가족의 발달과업

단계	발달과업
신혼기	• 역할과 책임관계의 기준 설정 • 만족스러운 소득과 지출체계 수립 • 상호 만족스러운 애정표현과 성생활 체계 수립 • 효율적인 대화체계 수립 • 친인척과의 원만한 관계 수립 • 임신과 부모됨에 적응 및 준비
자녀출산 및 영아기 자녀기	• 영아기 자녀의 부모역할 적응 • 시간과 가사의 재조정 • 만족스러운 부부관계 유지노력
유아기 자녀기	• 유아기 자녀를 효율적으로 양육 • 공간, 에너지, 시간, 재정의 재조정 • 만족스러운 부부관계 유지노력
학동기 자녀기	• 자녀의 잠재력 개발에 대한 교육적 배려 • 자녀의 학업성취 지원 • 아동이 정서안정과 소속감을 갖도록 환경조정 • 만족스러운 부부관계 유지노력
10대 자녀기	• 청소년 자녀의 자아정체감 형성, 진로선택 및 준비, 사회적 역할획득, 학업성취, 부모로부터 정서적 독립 • 자녀와의 생활에 적응하기 • 재정계획 및 실천 • 만족스러운 부부관계 유지, 중년기 준비
진수기	• 자녀의 독립 지원, 자녀와의 관계 적응 • 재정계획 및 실천 • 중·노년기 준비
중년기	• 부부관계 재정비 • 건강대책 세우기/ 중년기 위기감 극복 • 조부모 역할 수행/ 노년기 준비
노년기	• 노화 및 은퇴 적응/ 건강유지 • 부부관계 유지 및 개선 • 가족, 친지와의 유대감 유지 • 배우자의 사별과 죽음에 대한 수용

출처 : Duvall(1980); Wallerstein(1995), 한경혜 외(2006) 재구성.

5. 가족연구의 이론적 관점

가족관계는 가족구성원 상호 간의 인간관계로서 생애 최초로 경험하고, 장기간 지속되며 가장 광범위한 영향을 미친다는 특성을 지닌다. 기본 개념으로 역할, 규칙, 의사소통, 위계 및 권력, 심리역동과 상호작용, 갈등 등이 있다.

가족관계학의 학문적 특성은 인류학, 사회학, 역사학, 심리학, 인간발달학, 가족학이 합쳐진 다학제적인 특성이 있다. 그리고 가족관계학 연구방법에는 가족관계 현상을 과학적으로 기술하고 분석하고 원리를 발견하는 이론기술적인 측면과, 이론을 현장에 적용하는 프로그램 개발과 정책반영을 목적으로 하는 응용실천적 측면이 있다.

가족관계를 이해하기 위한 구체적이고 논리적인 설명을 제공하는 일련의 사고방식과 아이디어를 이론적 관점이라고 한다. 이는 가족관계의 본질에 대한 가정들과 개념들의 집합으로 구성되고, 특정 현상에 대한 조망과 지향을 제시해 주며, 연구에 안내자 역할을 한다. 가족마다 독특성을 가지고 있고 또 가족현상이 다양하고 복잡한 속성을 지니므로 모든 가족에 적용될 수 있는 한 가지 이론적 관점을 제시하는 것은 불가능하다. 따라서 가족관계를 연구하고 이해하기 위해서 여러 이론적 관점의 특징을 파악하고 적절히 적용하는 것이 바람직하다.

가족관계 연구에 주로 적용되는 이론적 관점들은 다음과 같다.

1) 구조기능론적 관점

구조기능론적 관점은 사회의 유지와 안정, 통합을 위해서 모든 사회제도가 기능을 수행한다고 가정하고, 사회를 이루는 각 부분은 합의된 가치와 규범에 의해 움직인다는 것을 전제한다. 그리고 가족은 사회의 가장 기본적인 단위로서 사회의 존속과 질서유지 및 문화전달을 위해 필수적인 기능을 수행하는 제도로 간주한다. 이 관점은 가족이 개인과 사회에 대해 어떤 기능을 하며, 사회구조와 어떻게 관련되어 있는가를 설명해 주는 거시적 관점이라 할 수 있다.

구조기능론자들은 사회의 균형유지와 안정, 그리고 사회집단의 목표달성에 도움이 되는 현상을 기능적이라고 하고, 그렇지 않은 경우를 역기능적이라고 하는데,

가족에서 전통적인 성별분업과 관련하여 남편은 도구적 역할(instrumental role), 아내는 표현적 역할(expressive role)을 수행하는 것이 기능적이라고 주장한다.

이 관점은 가족의 긍정적 기능과 역할의 불변성을 중심으로 가족과 사회의 관계를 강조하고, 거시적인 관점에서 가족현상을 설명하였다는 평가를 받는다. 그러나 사회와 가족 내 갈등의 존재를 간과하고, 사회와 가족에 조화와 균형만이 아니라 권력과 통제를 위한 투쟁이 존재하는 것을 간과하였다는 점이 지적된다. 또한 요새나 안식처로서 가족의 기능을 강조하고 남녀가 전통적 성역할을 수행하는 것을 기능적이라고 전제함으로써 남녀역할을 이분법으로 나누고, 다양한 가족형태를 역기능적으로 간주하는 오류를 범하였다는 비판을 받는다.

2) 상징적 상호작용론적 관점

상징적 상호작용론적 관점은 개인이 특정 상황에서 그것을 어떻게 해석하고 자신의 경험을 바탕으로 어떻게 지각하는가를 연구하는 미시적 접근방법이다. 이 관점은 개인이 주관적 입장에서 사회환경과의 상호작용을 통하여 가치를 파악하고 지위와 역할을 획득한다고 강조한다. 그러므로 이 관점은 가족현상의 내적 과정에 초점을 두고 가족원들 간의 언어적・비언어적 행동과 상호작용인 의사소통을 연결하여 설명함으로써 가족 내 과정으로서 상호작용에 대한 심층적 연구를 촉진시켰다는 평가를 받는다. 주로 배우자 선택, 세대 간의 가치전달, 역할과 지위관계, 결혼만족, 의사소통, 부모 - 자녀관계 등을 이해하는 데 유용하다. 이 관점은 개인이 자신이 처한 상황을 규정하고 의미를 부여하며, 그에 맞추어 자신의 행위를 조정하는 능동적 존재로 보는 강점을 지닌다. 그러나 개인의 주관적 경험과 상호작용을 통한 의미부여에 주목하는 결과, 가족관계에서 권력의 영향과 정서적 측면, 문화, 제도 등의 사회구조적 영향을 간과하였다는 비판을 받는다(한국가족관계학회 편, 2002).

3) 사회교환론적 관점

이 관점은 미시적 차원에서 개인, 집단 및 사회현상을 분석하는 데 초점을 두고,

사회적 관계가 왜 지속되고 왜 끝나는가를 설명하는 데 유용한 이론이다. 사회교환론의 전제는 인간은 누구나 타인과의 상호작용에서 보상을 극대화하고 비용을 최소화하여 가능한 한 가장 많은 이득을 얻을 수 있는 상황을 선택하는 합리적 존재라는 것이다. 그러므로 인간관계에서 이루어지는 호혜성 과정, 즉 '주고받기' 혹은 '교환과정'을 심리학적 원리에 기반하여 설명하며, 타인과 비교하여 비용, 보상 면에서 유리하면 관계를 지속하고, 불리하면 관계를 중단하거나 관계를 조정하려 한다고 주장한다. 이 이론에서 사용되는 중요한 개념들은 자원, 보상, 비용, 이익, 비교수준, 대안, 호혜성 등이며, 가족연구에서 주로 이성교제, 배우자 선택, 가족권력, 결혼만족도, 이혼, 노부모 - 자녀관계, 노인부양, 가정폭력 등을 이해하는 데 적용된다.

사회교환론은 현대사회에서 가족생활에도 교환론적 요소가 많아지는 상황에서 사회적 관계의 형성과 유지 및 해체를 매개하는 개인적 · 관계적 요인을 설명하는 데 유용한 것으로 평가된다. 그러나 이 관점은 보상과 비용의 가치를 지각하는 데 개인차가 있는 것을 간과하고, 상호관계에 관심이 적다는 비판을 받고 있다(한국가족관계학회 편, 2002).

4) 갈등론적 관점

갈등론적 관점의 전제는 모든 사회집단과 사회구성원들은 자원을 불평등하게 소유하며, 자원과 권력을 가진 자와 그렇지 않은 자 사이에는 갈등이 있다는 것이다. 갈등론자들은 가족을 구성원 간에 대립과 이익이 상충되어 갈등이 존재하는 집단으로 간주하고, 갈등이 가족생활에서 종결될 수 없기 때문에 갈등을 해소하기보다는 구성원들이 갈등을 관리하는 과정에서 상호 만족스러운 방식으로 협상하고 타협할 수 있는 능력과 공유된 규칙을 갖는 것이 중요하다고 주장한다. 이들은 가족 내 권력과 자원이 불평등함에 따른 갈등은 필연적인 것이고 갈등을 생산적으로 관리하고 대처함으로써 가족통합과 발전의 토대가 될 수 있다고 믿는다.

갈등론적 관점은 가족의 안정과 질서를 강조하는 구조기능론에 의문을 제기하고 조화와 갈등이 공존하는 가족의 양면성과 가족갈등문제를 공론화하는 데 기여하였다는 평가를 받는다. 그러나 이 관점은 가족관계에 존재하는 사랑과 유대감, 자발적 희생의 중요성을 간과하였고 가족 내에서 갈등이 발생하는 과정과 갈등으로 인한 결과에 대해서는 구체적인 설명을 하지 못한다는 비판을 받는다(한국가족관계학회 편, 2002).

5) 여권론적 관점

여권론적 관점의 기본 가정은 사회적 성(gender)은 선천적으로 결정되는 것이 아니라 사회적으로 습득되는 것이고 여성의 사회적 지위가 불평등하여 남성에게 예속되었다는 것이다. 이 이론에서는 여성들이 남성지배적인 사회구조와 가족구조 속에서 차별받고 있으므로 여성들이 권리의식을 갖고 동등한 지위, 자유와 경제적 독립을 누리고, 자신의 삶과 상황을 통제하는 것에 초점을 둔다. 여권론자들은 '가족이 여성에게 어떤 영향을 미치는가?'에 관심을 두고 가족에 존재하는 성별에 따른 공적·사적 영역의 분리, 남성지배와 불평등, 갈등, 폭력 등을 공론화하였고, 전형적인 핵가족이 아닌 한부모가족, 비혼 독신가구, 비혼 부모가족, 비혈연가족, 동성가족 등의 다양한 가족유형도 자연스러운 가족으로 인정할 것을 주장하였다. 특히 가족제도 자체에 여성억압이 존재한다고 전제하며, 가족 내 주부역할의 강요로 인한 여성의 사회참여와 능력개발의 제한, 여성의 성과 출산에 대한 통제, 전통적인 성역할과 불평등구조의 재생산에 대해 분석하고 여성해방을 위한 대안을 연구한다. 온건한 입장은 양성평등구조로 가족구조를 변화시켜나가야 한다는 것이다. 급진적인 입장은 전통적인 가족제도를 깨고 다양한 형태의 결혼양식과 자녀출산 및 양육과정을 제시한다.

여권론적 관점은 가족 내 성의 불평등을 지적하고 가정폭력과 가사노동문제를 공론화하였으며, 여성의 사회적 지위향상을 실현하기 위한 실천적 방법을 제시하였다는 평가를 받는다. 그러나 이 관점이 여성중심적이어서 남성들에 대한 차별적인 측면이 있다는 비판도 있다.

6) 발달론적 관점

발달론적 관점은 시간의 흐름에 따른 가족의 변화과정에 관심을 갖고, 가족이 단계별로 내적으로는 구성원들의 여러 요구와 외적으로는 사회적 기대 및 주변환경의 요구를 효과적으로 충족할수록 가족원들도 다양한 과업을 성공적으로 달성하고 발달할 것이라고 가정한다. 주요 개념으로는 가족주기, 단계, 전이, 규범, 역할, 사회적 지위, 발달과업 등이 있고, 가족주기에 따른 결혼만족도, 부부의 의사소통, 역할, 권력, 취업, 의사결정, 갈등 등의 연구에 적용된다.

이 관점은 핵가족의 변화과정을 이해하는 데 많은 정보를 준다는 평가를 받는다. 그러나 확대가족, 한부모가족, 재혼가족, 무자녀가족에는 적용이 불가능하고, 가족 단위의 분석에 치중하여 개개인의 발달을 설명하지 못하며, 가족의 역사적 맥락을 고려하지 못했다는 등의 제한점을 갖는다. 최근 이를 보완하는 것으로 한 개인의 생애과정이 개인의 발달과 가족경험, 그리고 사회적・역사적 환경과 어떻게 상호작용하고 연계되는지를 분석하는 생애과정(life course) 관점이 사용되고 있다.

7) 체계론적 관점

체계란 하나의 통일적 전체를 구성하는 상호 관련된 부분들의 집합체로서 지속적으로 상호 역동적인 영향을 교환하는 특성을 갖는다. 이 관점에서는 가족체계를 부부, 자녀, 형제 등의 하위체계를 중심으로 파악하고, 동시에 광역환경으로서 가족외적 체계와 가족체계의 상호작용을 분석한다. 주요 개념으로는 전체성, 경계, 위계, 상호 의존성, 피드백 등이 있고, 가족원 간의 의사소통과 가족의 기능/역기능 평가에 효과적으로 적용된다. 특히 이 관점은 가족원의 문제행동과 가족원 간의 갈등현상을 분석하고 개인과 전체를 통합적으로 통찰하여 접근하는 가족상담 및 치료에 응용되고 있다. 즉, 자녀의 문제나 부부갈등, 부모-자녀갈등, 고부갈등 문제들을 부분으로서가 아니라 전체로서 이해하고, 동시에 상호 의존적인 한 부분이 변하면 다른 부분도 연쇄적으로 변한다는 전제로 가족문제를 해결하는 대표적인 관점이다.

한편 이러한 구분 외에 가족에 대한 근본적 시각과 접근방법으로 보수적 관점, 진보적 관점, 통합적 관점 세 가지로 구분하기도 한다. 즉, 보수적 관점은 구조기능론을 위주로 사회의 기본 단위로서 사회존속과 유지, 문화전달 측면을 중시하여 제도로서 가족에게 접근하는 관점이다. 진보적 관점은 갈등론과 여권론을 기본으로 가족 내 불평등의 보편성을 인정하고 계급의 재생산, 성 불평등의 재생산 조직으로서 가족구조의 문제를 노출하여 구조적·제도적 해소방안과 대안을 제시하려는 관점이다. 통합적 관점은 체계론을 기본으로 개인의 근접환경으로 가족과, 광역환경으로서 사회의 역동적 상호작용을 이해하고 문제해결을 위한 실천적 방법을 모색하는 관점이다.

가족관계를 연구하는 목적은 다음 몇 가지가 있다. 즉, 자신의 가족에서 얻은 경험과 지식보다 더 광범위한 것을 알고, 흔히 인식되고 있는 왜곡된 신념을 깨달아 고치며, 빈번히 보고되고 있는 비정상적인 가족생활보다 가족의 정상적인 측면을 파악하기 위해서, 그리고 일반적인 상식을 객관적으로 검증하고, 가족의 다양한 변화에 적응하는 능력을 개발하며, 가족의 변화를 예견하고 대처능력과 의사결정능력을 기르기 위해서이다. 그럼으로써 자신의 가족생활을 향상시키고 나아가 가족문제를 예방하고 해결하기 위한 기초지식을 갖기 위함이다.

CHAPTER 02

한국가족의 특성

가족의 여러 현상과 가족관계를 이해하기 위해서는 그 가족이 소재하고 있는 국가와 지역, 시대, 문화적 배경을 먼저 파악하는 것이 필요하다. 한국사회는 전통 농경사회를 거쳐 근대 자본주의 사회, 산업화 사회로 발전한 이후로 20세기 후반부터는 정보화 사회로 진입하였고, 현재는 세계화(globalization) 추세 속에 사회 각 부문에서 더욱 가속적인 변화를 보이고 있다. 그에 따라 한국가족은 형태, 주기, 가치관, 관계 등에서 역시 급변하는 상황에 있다.

이 장에서는 우리 자신의 가족정체감을 확립하고 현대가족의 변화를 이해하기 위해 먼저 전통 한국가족의 특성을 시대별로 고찰하고, 현대가족의 특성을 형태적 변화, 가족주기의 변화, 가족가치관의 변화, 가족관계의 변화 측면으로 구분하여 살펴보기로 하겠다.

1. 전통 한국가족의 특성

문헌들을 통하여 삼국시대와 통일신라시대, 고려시대의 가족과 조선시대의 전통적 가족의 특성을 살펴보기로 한다.

1) 고대사회의 가족

삼국시대와 통일신라시대의 가족에 관한 기록은 매우 적으나 제한된 자료에서 발견되는 가족의 특성을 요약하면 다음과 같다.

첫째, 고구려에서는 서류부가제(婿留婦家制) 또는 서옥제(婿屋制)라는 고유의 혼인풍습이 있었다. 즉, 신랑이 신부집으로 와서 혼례를 치르고 자녀를 낳고 머물다가 자녀가 장성하면 신랑 본가로 아내와 자녀를 데리고 가서 사는 제도이다.

둘째, 한국 고대가족은 부계적 원리가 우세하면서 양계적 원리도 작용하는 특성을 지닌다. 신라시대 왕위계승에서 아들과 사위, 친손과 외손 사이에 차별이 적고, 통일신라시대에도 서류부가 관행이 있어서 기혼의 딸이 친정에서 오랫동안 지내고 외손과 친밀한 관계를 맺고 지낸 것으로 추정된다.

2) 고려사회의 가족

고려시대 가족에 관한 직접적인 자료는 많지 않으나 관련자료를 통하여 혼인 후 거주형태, 혼인연령, 혼인형태, 재혼, 입양과 상속 등에 대해서 살펴보면 다음과 같이 요약할 수 있다.

첫째, 가족형태는 양계적 확대가족으로 추정된다. 즉, 기혼의 딸과 배우자인 사위, 장남부부, 차남부부 등이 함께 사는 가족들이 발견된다.

둘째, 고려 후기까지도 서류부가 전통이 계속 존속되었다.

셋째, 12세기까지 근친 간에 혼인이 행해졌고, 고려 말까지 동성 간의 혼인이 상당수 행해졌다가 고려 말기로 갈수록 감소추세를 보인다.

넷째, 부부의 연령차이는 남편 연상형이 지배적이었고, 일부다처제가 존재하였으며, 자유롭게 재혼할 수 있었다.

다섯째, 입양이 적었고 양자만이 아닌 양녀입양도 다수 존재하여 가계계승을 위한 입양의 성격이 적었다.

여섯째, 상속에서 부계우위의 양계적인 특징을 보여서 아들, 생질, 친조카, 사위, 손자로 전승되었다.

일곱째, 족보가 일부 가정에서 발행되고 출생순서대로 자녀를 기재하였고 친손과 외손이 동등하게 기재되었다.

3) 조선사회의 가족

조선시대 가족형태와 혼인형태, 재혼, 상속제도, 가족관계 및 가족가치관 특성 등을 살펴보면 다음과 같이 요약할 수 있다.

첫째, 신분이 높은 양반층은 상민들에 비해 직계가족의 비율이 상대적으로 높다.

둘째, 혼인형태는 양반은 양반끼리, 상민은 상민끼리 결혼하는 계급내혼제가 행해졌다. 대부분 남편 연상형이었으나 양반층에서는 아내 연상형 부부가 많았다.

셋째, 조선시대 통치이데올로기가 유교로 개편되면서 서류부가제가 문제시되어 중국의 친영(신랑이 신부를 맞이하여 신랑집에서 혼례식을 올리는)의식을 도입하고, 16세기 명종 때는 신랑이 신부집에 머무르는 기간을 3일로 단축하는 안이 채택되었으나 일반인들에게는 잘 지켜지지 않았다.

넷째, 고려시대와 달리 동성불혼제가 행해졌으나 상민의 경우 동성동본 혼인이 존재하였다.

다섯째, 조선시대 초기의 족보에서는 아들과 딸이 출생순서대로 기재되고 외손과 친손을 동등하게 기재하였으나 조선 후기에 오면 아들을 먼저, 딸은 나중에 기재하는 방식으로 바뀌었고, 친손 위주로 기재되고, 외손의 범위는 축소되었다.

여섯째, 17세기 중엽까지는 양자입양 시에 부계친과 모계친이 모두 결정에 참여하였으나 그 이후에는 부계친 위주로 결정에 참여하였고, 양자의 비율도 증가하였으며 근친에서 원친으로 입양범위가 확대되었다. 그리고 이 시대의 양자입양 목적은 가계계승의 성격이 지배적이었다.

일곱째, 재산상속이 자녀균분제에서 17~18세기에 이르면 장남우대, 남녀차별로 기울어지는 경향을 보였고 장남의 상속분도 증가하였다.

여덟째, 장남이 제사를 지내거나 자녀들이 돌아가면서 제사를 지내던 것에서 17~18세기에 이르면 장남이 제사를 지내는 것으로 굳어지는 추세를 보여서 조상숭배 기풍이 강화되었다.

아홉째, 가족관계에서 엄격한 유교윤리가 적용되었다. 즉, 가족의 중심은 가계계승을 하는 부자관계에 있고 부부관계는 2차적 의미를 지녔으며, 가족 내의 인간관계는 평등한 관계가 아니라 수직적 관계의 성격을 갖는다. 그에 따라 남성우위,

가부장중심, 장남우위, 상하의 신분서열의 관계를 유지하고 개인보다는 가족중심의 가치관을 중시하였다. 그 결과 엄격한 중매혼, 여성의 예속과 칠거지악(七去之惡), 남아선호사상, 남성과 여성의 엄격한 역할분리, 권위, 복종관계가 가족관계의 특징으로 나타났고, 여성의 시집살이는 아들에 대한 집착으로 이어져서 고부간의 갈등을 양산하는 악순환을 가져왔다.

열째, 가족가치관으로 우선하는 것은 효사상이다. 이는 부모에 대한 구체적 존경과 시중, 부양, 사후 제사 등의 내용을 포함하는 절대적 가치로서 모든 인간관계에 우선한다. 또한 삼종지도(三從之道)와 부덕(婦德)이 여성에게 요구되었다. 즉, 조선 후기로 갈수록 부계혈통체제의 경직화로 일부종사(一夫從事)와 열녀관, 재가금지, 출가외인(出嫁外人) 개념이 강조되었다. 여성은 가부장제 속에서 어머니로서의 영역을 강화시킴으로써 생존하고 남성의 보완자로 기능하였다.

2. 현대가족의 특성

한국사회는 1960년대 이후 본격적인 산업화 사회로 진입하였고, 현재는 정보화 사회로 가고 있다. 즉, 1960년대 이후 1980년대까지는 경제발전 및 산업화와 민주화를 추구하였고, 1990년대 이후는 환경문제와 삶의 질 향상, 복지문제와 함께 국가경쟁력이 관심주제로 부각되었다. 21세기는 국제화와 정보화 사회로서 지식과 정보의 창출・확산이 세계적으로 이루어지고, 힘보다는 감성(feeling), 가상(fiction), 여성(female)의 영향력이 증대되는 것이 특징이다. 이와 같이 한국사회는 서구에서 100여 년 걸리는 변화를 몇십 년 동안 겪음에 따라 가족은 형태, 가족주기, 가치관, 가족관계 등에서 급속한 변화를 나타내고 있다. 이에 대해 차례로 살펴보기로 하겠다.

1) 현대가족의 형태적 특성

첫째, 가족의 크기와 세대구성이 작아지고 있다. 전통적인 한국가족의 이념적 이상형은 노부모와 장남부부, 손자녀가 함께 사는 직계가족이었다. 그러나 <표 2

-1>에서와 같이 지난 30년간(1980~2010년) 1인 가구 비중이 4.8%에서 23.9%로 급증하고, 평균 가구원 수는 4.5명에서 2.7명으로 감소하였다. 1세대로 구성된 가구 비중도 8.8%에서 17.5%로 증가하였고, 반면 3세대로 구성된 가구 비중은 17.6%에서 6.1%로 감소하고, 2세대 가구도 68.5%에서 51.3%로 감소하였다.

〈표 2-1〉 가구구조 변화 추이

구 분	1980년	1985년	1990년	1995년	2000년	2005년	2010년
1인 가구(%)	4.8	6.9	9.0	12.7	15.5	20.0	23.9
4인 이상 가구(%)	70.1	64.3	58.1	50.1	44.5	36.9	30.6
평균 가구원 수(명)	4.5	4.1	3.7	3.3	3.1	2.9	2.7
1세대(%)	8.8	10.5	12.0	14.7	14.2	16.2	17.5
2세대(%)	68.5	67.0	66.3	63.3	60.8	55.4	51.3
3세대(%)	17.6	15.8	13.6	11.4	8.2	6.9	6.1

출처 : 통계청(2011). 2010 한국의 사회지표 재구성. http://kosis.nso.go.kr

이와 같이 현대가족은 그 크기가 작아지고 있다. 이러한 변화는 여러 원인이 작용하는 것으로, 우선 출산율 하락경향과 연관이 깊다. 한국의 출산율은 1970년 4.5명에서 2005년 1.08명으로 급격하게 줄어 초저출산 상태가 지속되다가 2010년 1.23명, 2012년 1.30명으로 약간 증가하였다. 그러나 통계청의 장래인구추계에 의하면, 향후 출산율이 소폭 상승한다 해도 2060년 출산율은 1.42명에 그치고 인구감소가 현저해진다고 한다. 또한 1인 가구 비율이 급증하는 것도 가족의 소규모화를 촉진시키는 원인이 된다. 1인 가구가 늘어나는 이유로 이혼율이 급증하면서 이혼 후에 따로따로 살게 된 '돌아온 싱글'이 증가하는 것과, 경제활동, 직업, 학업, 자녀교육 등의 이유로 가족과 떨어져서 사는 '싱글'과 '기러기아빠'가 늘어나며, 경기가 나빠지면서 가족과 떨어져 사는 40대와 50대가 늘어난 것도 영향을 준 것으로 보인다. 도시지역 1인 가구의 비율은 30~40대가 높으며, 2005년 40대 1인 가구는 5년 전인 2000년과 비교해 51.6%, 50대 1인 가구는 60.7% 증가하였다(통계청, 2006). 또 초혼연령이 2000년에 비해 2005년, 2010년, 2012년, 남자는 29.3세에서 30.9세, 31.8세, 32.1세로, 여자는 26.5세에서 27.7세, 28.9세, 29.4세로 매년 높아지고 있어 늦은 결혼과 독신주의 경향을 볼 수 있는데, 이들 요인들이 1인 가구 비율을 높이는 데 작용한 것으로 보인다.

이 외에 평균수명이 2000년 76.0세에서 2005년 77.9세, 2010년 80.7세로 상승되고 고령인구비율도 7.1%에서 9.5%, 11%로 증가하면서 늘어나는 노인들이 자녀와 함께 살지 않고 단독으로 가구를 형성하고 사는 비율이 증가하는 것도 가족규모를 작게 만드는 요인이 된다. 그리고 1인 가구의 성별구성이 2005년에 남성 44.7%, 여성 55.3%에서 2010년에 남성 46.5%, 여성 53.5%로 여성 1인 가구 비율이 감소추세이나 여전히 과반수 이상을 차지하였다. 남성은 30대에서, 여성은 70대 이상에서 비율이 높고, 혼인상태별로는 남성은 미혼에서, 여성은 사별에서 1인 가구 비율이 높게 나타났다. 특히 2005년에 비해서 2010년에 남녀 모두 사별비율이 감소하고 이혼비율이 증가하는 경향을 보였다.

둘째, 다양한 가족이 출현하고 있다. 지난 수십 년 사이에 맞벌이가족, 주말부부, 재혼가족, 한부모가족, 다문화가족이 꾸준히 증가하고 있다.

통계청 자료에 의하면, 우리나라 맞벌이가족은 기혼여성의 취업률 증가와 더불어 증가하고 있다. 앞으로 저출산, 고령화로 인한 노동력 부족의 해결을 위해 여성 노동력의 활용이 장려되고 경제적 문제 해결을 위한 여성의 취업가능성이 높아져서 맞벌이가족은 더 증가할 것으로 전망된다.

재혼가족의 비율은 2005년까지 증가하다가 약간 감소하고 있는데, 결혼건수 대비 재혼건수 비율을 살펴보면, 2000년, 2005년, 2010년 각각 18.1%, 26.2%, 21.9%를 차지하였다. 이 중 남녀 모두 재혼인 경우가 과반수 이상을 차지하고 남성초혼-여성재혼이 그 다음으로 많았으며, 남성재혼-여성초혼은 적었다.

한부모가족은 한부모와 자녀로 구성된 가구로 전체 가구 중 2000년 7.9%, 2005년에 8.6%, 2010년 9.2%로 그 비율이 증가하였다. 반면에 부부와 자녀로 구성된 가구가 2000년 48.2%에서 2005년 42.2%, 2010년 37.0%로 감소하여 대비를 이룬다. 한부모는 이혼과 사별로 발생한다. 최근 사별에 의한 한부모가족 비율은 감소하고, 이혼에 의한 한부모가족 비율이 증가하고 있다. 이혼부부 중 미성년 자녀가 있는 비율이 2000년 70.4%에서 2005년 63.3%, 2010년 53.8%로 지속적으로 감소하나 여전히 과반수 이상을 차지한다. 가구주 혼인상태의 2000년에서 2010년까지 추이를 보면,

2000년, 2005년, 2010년 각각 기혼상태는 75.0%에서 70.0%, 66.6%로서 감소하는 반면, 미혼상태는 10.2%에서 12.8%, 14.4%를 보여 증가하는 추세이며, 이혼상태도 3.9%에서 5.7%, 7.3%를 보여 증가하고 있다. 사별상태는 10.9%에서 11.5%, 11.7%로 근소하게 증가하였다. 그리고 2000년 여성가구주의 비율은 2000년 18.5%이었으나 2005년 21.9%, 2010년 25.9%로 해마다 지속적으로 증가하고 있다.

다문화가족의 수도 1990년대 이후 2005년까지 지속적으로 증가하다가 그 후 약간 감소추세를 보인다. 즉, 전체 혼인건수 중 국제결혼이 차지하는 비율이 3.0% 미만에서 2005년도에는 13.5%로 15년 사이 네 배 이상 증가하였고, 그 이후 2010년도에는 10.5%로 10%대를 유지하고 있다.

우리나라의 사회변화속도는 세계에서 가장 빠르다는 측면에서 향후추세가 주목되고 있다. 급속한 저출산과 고령화로 초래되는 인구구조상의 변화 외에 여성의 경제활동참가율의 증가, 만혼경향, 이혼율과 재혼율의 증가, 결혼이민자 수의 증가 등으로 앞으로 한국가족의 소규모화와 다양화는 지속될 것으로 전망된다.

참고 2-1 국내 남녀 미혼인구비율의 변화

국내 남성 중 미혼인구비율 변화

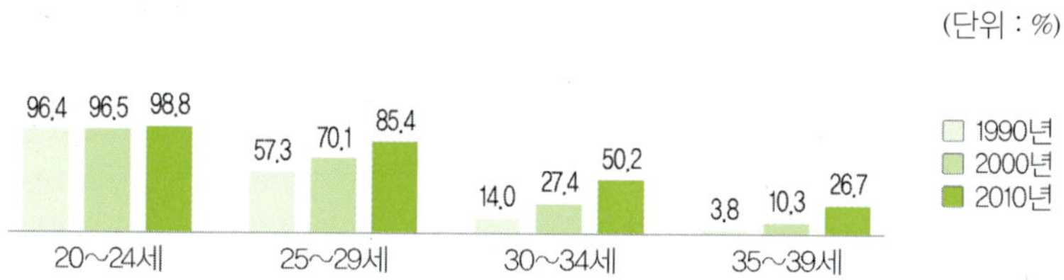

국내 여성 중 미혼인구비율 변화

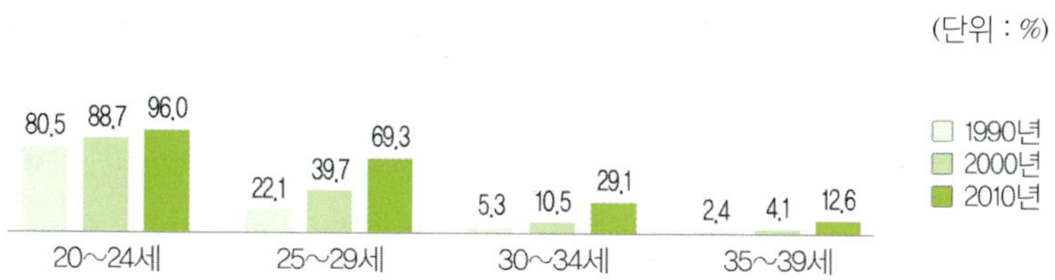

자료 : 통계청.

출처 : 동아일보(2013. 11. 23).

2) 현대가족의 가족주기의 변화

만혼경향과 출산율의 급감, 수명연장으로 인한 고령화 현상, 여성의 역할변화 등으로 가족주기단계에 변화가 일어났다. 현대 한국사회의 가족주기의 변화를 다음과 같이 요약할 수 있다.

첫째, 이전에 비해 가족주기의 전 기간이 길어지고 있는데, 이는 평균수명의 연장에 기인하는 것이다.

둘째, 결혼에서 자녀 출산완료까지의 가족형성 및 확대기는 초혼연령의 상승과 출산율 저하로 단축되고 있다.

셋째, 자녀 출산완료 이후 자녀 독립이 시작될 때까지의 자녀양육 및 교육기는 길어지고 있다. 이는 자녀 출산기간이 단축되었으나 평균 학력수준이 상승하면서 자녀를 교육하는 기간이 늘어나고 또한 사회 · 경제적 여건으로 취업연령과 결혼연령이 과거에 비해 늦어졌기 때문이다.

넷째, 자녀의 결혼 이후 부부의 사망에 이르기까지의 축소기가 길어지고 있는데, 이는 자녀 수의 급감과 평균수명의 연장에 기인하는 것이다. 즉, 자녀 독립 후에 '빈둥지' 기간이 늘어나 중년기, 노년기가 길어지고 있다. 그에 따라 중년기, 노년기의 적응과 준비대책이 필요하고, 특히 부부관계의 재정비가 필요하다. 황혼이혼으로 인한 가족해체문제, 중 · 노년기의 재혼문제, 노부모와 성인자녀 간의 관계, 노인부양문제 등이 중요한 이슈로 대두되고 있다.

3) 현대가족의 가족가치관의 변화

한국인의 가족가치관의 근간은 유교에 토대한 가족주의이고 가부장적 질서에 사회구조의 뿌리를 두고 있다. 즉, 우리나라는 전통적으로 가족주의가 매우 강하며 가부장적 가족주의는 삶을 지배하는 중심원리이다. 그에 따라 가족관계에서 역할과 의무가 인간관계의 토대가 되고 부모와 조상, 우리 집과 가문이 삶의 우선순위에 놓이게 된다. 그 결과 개인보다는 가족집단의 화목과 결속을 중시하고 희생을 덕목으로 강조하여 구성원들에게 공동체 의식과 소속감, 책임감을 갖게 하고 사회질서를 유지시켰다는 장점을 지닌다. 한편 전통적 가족주의의 문제점으로는 부계혈통을 강조하고 가족 내에서의 상하 서열관계가 사회적 관계로 확대됨으로써 여성에 대한 차별, 권위주의, 친소의식, 배타적 집단주의를 양산하여 시대변화에 역행한다는 것이다.

그동안 한국사회는 짧은 기간 내에 정치적 민주화, 산업화를 이루고 정보화·국제화 사회로 변하면서 여성의 지위가 향상되고 이혼과 재혼의 증가와 출산율의 감소, 호주제 폐지 등 실로 전통적 가족가치관으로 따라가기 어려운 현상이 발생하였다. 사회변화에 따라 양성평등사상과 인간해방사상, 개인주의, 편의주의, 경쟁적 업적주의가 사회에 확산되면서 전통적 가족주의 가치관에 변화가 나타나게 되었다. 그 결과 전통적 가족주의와 부계혈연 중심의 가족가치관이 바뀌어서 세대 간의 연대의 약화, 개인주의 등장, 여성의 의식화와 조직화, 정치화, 그리고 여성의 남성에 대한 의존성 약화 등의 변화가 나타나고 있다(변화순 외, 2003).

가족가치관은 결혼가치관, 부부관계 가치관, 자녀에 대한 가치관, 부모부양에 관한 가치관 등을 총칭하는 개념으로 지금까지의 연구(문화방송, 2004; 여성가족부, 2005, 2010; 통계청, 2005, 2010)에서 나타난 가족가치관의 변화들을 살펴보기로 하겠다.

(1) 가족의 범위 및 결혼에 대한 가치관

가족의 범위 인식에서 자녀, 배우자, 부모, 형제자매, 배우자의 부모 순으로 높게 인식하며, 다음으로 배우자의 형제자매, 친손자녀, 며느리, 형제자매의 배우자, 외손자녀, 사위를 가족범위에 포함하였다. 전반적으로 가족인식범위가 좁아지고, 부계위주성향이 줄었다. 또한 남성이 여성보다 가족의 범위를 넓게 인식하고 윗세대를 포함하는 반면, 여성이 지각한 가족의 범위는 남성에 비해 자녀 및 자녀의 배우자, 손자녀 등 아랫세대를 더 포함하였다(여성가족부, 2010).

종전에는 결혼은 필수적인 통과의례였으나 현재는 이 가치관이 약화되는 가운데 남녀 간에 인식차가 더 커지고 있다. 우리나라 미혼남녀 중 '결혼을 반드시 해야 한다'와 '하는 것이 좋다'고 답한 미혼남성은 2009년 69.8%에서 2012년 67.5%로 소폭 줄었고, 미혼여성은 63.2%에서 56.7%로 감소폭이 남성보다 더 컸다. 결혼 기피와 지연의 이유로는 남성의 87.8%가 '고용 불안정', 여성의 86.3%가 '결혼비용 부족'을 우선으로 꼽았다. 실제로 미혼남성의 40.4%, 여성의 19.4%가 경제적 이유로 결혼을 하지 않았다고 응답해 낮은 소득, 불안한 직장, 과도한 주거·결혼 비용이 결혼가치관에도 영향을 미치는 것으로 나타났다(한국보건사회연구원, 2012). 또한 '외국인과의 결혼', '결혼을 전제하지 않은 성관계', '동거', '결혼하지 않아도 괜찮다'에 대해 전체적으로 약간 부정적인 태도를 보이나 연령이 어릴수록 이 경향이 약해져 개방적으로 변하고 있다. 또한 '결혼을 전제하지 않은 성관계'와 '동거'에 대해서는 남성이 더 허용적인 반면, '결혼하지 않아도 괜찮다'에 대해서는 여성이 더 허용적이었다. '외국인과의 결혼'에 대해서는 성별차이가 없었다(여성가족부, 2010).

(2) 부부관계 가치관

과거의 제도적 결혼(institutional marriage)에서 동반자적 결혼(companionate marriage)으로 바뀌고 있다. 즉, 결혼의 유지와 안정을 중시하는 규범, 법, 종교적 신념의 영향력이 감소하고 부부간의 동료애, 상호 협력과 친밀감, 사랑 등의 결혼의 질적 측면이 중시되고 있다. 따라서 부부간의 신뢰와 애정, 행복에 문제가 발생하면 결혼생활을 유지하기보다 이혼할 수도 있다는 가치관이 증가하였다. 즉, '부부 사이의 문제를 해결할 수 없다면 이혼하는 것이 좋다'에 찬성하는 비율이 증가하고 있다. 특히 연령대가 낮을수록, 남성보다 여성의 경우에 이혼찬성 정도가 더 높아 이혼에 대해 허용적이었다(여성가족부, 2010). 기혼여성의 28.4%가 이유가 있으면 이혼하겠다고 응답해 2009년 20.5%에 비해 증가하였고 기혼남성 20.3%보다 높게 응답하였다(한국보건사회연구원, 2012).

그리고 부부역할에서 전통적으로 남편우위와 아내복종의 권위주의적 관계에서 평등한 동반자로서 상호 인격을 존중하며 대화를 통하여 공동결정하는 관계로 변화하고 있고, 남편의 직업적 성공과 아내의 내조로 대표되는 부부유별과 역할분리적 가치관에서 부부공동의 발전과 능력개발을 선호하는 유연한 역할과 역할공유의 가치관으로 바뀌고 있다. 여성의 가족부양과 관련하여 '오늘날에는 여성도 남성과 똑같이 가족부양의 책임이 있다'와 가사분담 관련 '맞벌이부부는 집안일도 똑같이 나누어서 해야 한다'에 찬성하는 비율이 높아 양성평등적인 부부역할을 지지하는 것으로 나타났다. 그리고 이러한 양성평등적인 가치관은 연령대가 낮을수록, 남성보다 여성의 경우에 현저히 증가하였다. 한편 '남자가 할 일은 돈을 버는 것이고 여자가 할 일은 가정을 돌보는 것이다'라는 전통적 성역할 분리에 대해서는 유보적 태도를 보이고 성별차이가 없어서 양성평등적 성역할 태도를 지지하면서 전통적 태도에 반대하지도 않는 혼재양상임을 알 수 있다(여성가족부, 2010).

(3) 자녀에 대한 가치관

아들을 통한 가계계승과 노후의존도가 약화되고 자녀양육 자체에 대한 보람과 자녀를 통한 자신의 자아발전에 의의를 두는 경향이 많아지고 있다. 그에 따라 과거에 비해 자녀출산은 선택이라는 가치관도 증가하고 있다.

즉, 기혼여성들은 '자녀를 반드시 가져야 한다'에 찬성하는 비율이 2009년 55.9%에서 2012년 46.2%로 낮아졌고 '자녀를 반드시 가질 필요는 없다'에 53.5%, '아들이 없어도 무관하다'에 58.3%가 찬성하는 것으로 나타났다(한국보건사회연구원, 2012). 기혼남성들은 여성들에 비해 '자녀의 필요성'에 더 높은 비율의 찬성을 보이는 반면, '아들이 없어도 무관', '자녀를 반드시 가질 필요는 없다'에 찬성률이 낮았다. 이로써 여성이 남성에 비해 자녀출산의 필요성을 적게 인식하며, 남성은 여성에 비해 자녀에 대한 전통적 가치관을 갖고 있음을 알 수 있다. 그리고 연령대가 낮을수록 전통적 가치관에서 벗어나는 것으로 나타났다(여성가족부, 2010; 한국보건사회연구원, 2012).

아들이 필요한 이유도 '심리적 만족'과 '가정행복'이 가장 많았고, 다음은 '가문유지', '노후생활' 등으로 나타나 전통적 자녀관이 감소하였음을 알 수 있다.

전통적으로 아들을 우대하고 딸을 차별하던 가치관이었으나 현대 부모들은 딸과 아들이 동일하게 교육기회를 가져야 하고(88.5%), 직업기회도 동일하게 가져야 하며(70.3%), 집안일도 같이 분담해야 한다(64.7%)고 생각하고, 부모유산도 자녀 간에 똑같이 배분해야 한다(91.4%)고 생각하여 가족 내 아들, 딸의 차별이 적어지는 경향을 보였으며, 이 경향은 세대가 젊을수록 증가하는 것으로 나타났다(문화방송, 2004).

그러나 전통적 가족주의 가치관인 '자식을 위해서 이혼은 하지 말아야 한다', '자식이 공부를 잘하고 출세하는 것은 곧 부모의 성공이다', '부모와 자식은 한몸과 같다'와 같은 문항에 비교적 강한 전통적 의식을 보여서 양면성을 나타냈다(유계숙, 2005).

(4) 노부모 부양에 대한 가치관

노부모 부양과 관련된 견해로 '자식은 나이든 부모를 모시고 살아야 한다', '자식은 나이든 부모를 경제적으로 부양해야 한다', '딸도 아들과 똑같이 나이든 부모를 돌보아야 한다'에 동의하였다. 남녀가 이에 대해 유사한 태도를 보이고 고령층에서도 자녀세대와 차이 없이 성인자녀의 노부모 부양책임에 동의하였으나, 노부모와의 동거에 대해 남성이 더 많이 동의하고 딸이 아들과 똑같이 노부모를 돌보아야 한다는 데 대해 젊은 연령층에서 더 많이 동의하는 경향을 보였다(여성가족부, 2010). 다른 연구에서는 노부모 부양을 '가족이 책임져야 한다'는 비율이 2006년 60.7%에서 2010년 30.4%로 대폭 감소하고, '가족과 정부 · 사회가 책임져야 한다'는 비율이 29.1%에서 51.0%로, 그리고 '부모 스스로 해결해야 한다'는 비율이 7.7%에서 15.0%로 늘었으며, 65세 이상 시민의 77.9%가 '자녀와 함께 살고 싶지 않다'고 답하여 2006년 71.1%보다 더 높아졌다(서울특별시, 2010). 그리고 60대 이상 노년층의 80%가 '자녀에게 부양을 기대하지 않는다'고 답하고 노후준비가 부족할 경우 '스스로 해결하겠다'고 답하는 비율이 74%였으며 '자식의 도움을 받겠다'는 답은 26%였다. 만성질환으로 몸이 불편하면 '요양원에 가겠다'는 응답이 55%를 보였다. 이로써 상당수의 노인들이 자식이나 며느리와의 관계에서 생길 수 있는 갈등을 걱정하고 부모봉양=가정불화로 생각하여 자식들에게 의지하지 않으려는 경향을 나타내고 있다(서울신문, 2009).

가족가치관의 변화를 표로 정리하면 다음 <표 2 - 2>와 같다.

〈표 2-2〉 전통적 가족주의 가치관과 개인주의 · 양성평등적 가치관

전통적 가족주의 가치관	개인주의 · 양성평등적 가치관
• 결혼, 부모됨은 필수	• 결혼, 부모됨은 선택
• 아들, 장남 우선, 딸 차별, 혈연중심 가문유지, 노후를 위해 자녀양육	• 아들 · 딸 공평, 자녀입양도 가능 심리만족, 가정행복을 위해 자녀양육
• 남편은 가장으로서 가족을 부양 아내는 가사와 자녀양육 책임	• 가족부양 책임과 가사, 자녀양육은 상황에 따라 융통성 있게
• 남편의 직업이 우선, 아내는 남편 내조에 헌신	• 부부가 능력에 따라 일하고 자기계발, 내조와 외조의 병행
• 남편은 가장으로서 최종결정자, 아내는 남편의 말에 순종	• 남편과 아내의 협조적 의논, 대화를 통한 공동 의사결정
• 노부모 봉양은 장남의 의무, 가족의 책임	• 노부모 봉양은 자녀공동의 의무, 사회로의 이전도 가능
• 여성은 결혼하면 시가 위주로 생활	• 시가 · 처가와 친밀한 관계
• 이혼은 가족해체, 인생실패	• 이혼은 갈등해결방법, 새로운 출발

그러므로 현대 한국가족은 전통적 가족주의 가치관에서 개인주의 · 양성평등적 가치관으로 대부분 변하는 과정에 있으나 아직도 부계혈연중심의 가계계승과 상하 서열적인 인간관계, 부모 - 자녀의 융합된 관계 등은 여전히 전통적 가족주의에서 벗어나지 못하고 혼재되어 있다. 그리고 개인의 상황과 편의성에 따라 다양한 가치변형이 이루어지고 있다(성미애, 2012). 개인주의 · 양성평등적인 가치관으로의 변화는 연령이 젊을수록 대부분의 영역에서 현저하게 나타나고 있고, 남성보다는 여성들의 경우 더 변화속도가 빠르다는 특징이 있다.

참고 2-2 사랑과 간섭 사이 - 엄마는 '슈퍼매니저'

지극한 사랑인가, 지나친 간섭인가

대학생 자녀의 일상생활부터 인생계획까지 모든 결정을 100% 대신하는 학부모가 늘어나고 있다. 서울 K대 경영학과 '06학번 김모 씨(20 · 여)는 2007년 1학기 시간표를 100% 어머니의 뜻대로 짰다. 골프수업을 듣고 싶었다는 김씨는 "엄마가 성적이 안 나온다면서 절대 신청하지 말라고 했다"고 말했다. 김씨의 어머니는 딸이 초등학교에 다닐 때부터 학원스케줄 관리는 물론 친구들의 필기노트까지 직접 빌리러 다녔다.

자신의 소원대로 딸이 명문대에 입학한 후에도 이런 '극단적인 개입'은 변함없이 계속되고 있다. 주위인맥을 총동원해 수강신청 및 학점관리, 자격증, TOEIC/ TOEFL, 해외연수 등 정보를 캐고 심지어 기말고사 '족보'와 기업체 채용일정까지 직접 챙긴다.

김씨의 어머니는 마치 온라인 롤플레잉게임(RPG)에서 자신의 캐릭터를 키우듯 딸의 일상사에 깊숙이 자리 잡은 채 모든 의사결정을 대신하고 있다.

김씨의 어머니처럼 교육열이 뜨겁기로 소문난 서울 강남구와 송파구 일대의 극성엄마들 가운데 상당수가 대학생 자녀의 인생을 직접 '매니지먼트'하고 있는 것으로 알려졌다.

문제는 김씨가 어머니의 행동에 대해 아무런 거부감을 갖지 않는다는 점이다. 오히려 "엄마 덕분에 장학금까지 탔다. 엄마 없이는 대학생활이 힘들 것 같다"고 털어놓을 정도다.

극성부모들의 지나친 자식사랑이 대학으로 확대되고 있다. 이들의 '개입과 간섭'은 자녀가 명문대에 입학하는 순간 끝나는 게 결코 아니다. 자녀들의 완벽한 대학생활을 위해 성적은 물론 연애까지 전방위적인 인생설계를 대신한다. 신입생 전원을 대상으로 독후감 보고서를 요구하는 서울 S대 조교 김모 씨는 최근 한 학부모로부터 황당한 전화를 받았다. 지난 학기 독후감 성적이 발표된 뒤 한 학생의 아버지가 조교실로 전화를 걸어와 "내 아들이 C를 받았다는 것을 도저히 용납할 수 없다"고 펄펄 뛰었다. 그는 "내 아들은 고등학교 때부터 전문적인 논술교육을 받았다. 도대체 어느 문장이 잘못됐는지 밝혀달라"며 "대학교수인 친구에게도 보여줬는데 C학점짜리 독후감은 아니라고 했다"고 주장했다. 조교 김씨는 "조교는 필요 없으니 당장 교수를 바꾸라고 난리를 치는 바람에 정말 황당하기 짝이 없었다"고 밝혔다.

이런 사례는 대학교 1, 2학년에만 해당되는 게 아니다. 대학졸업을 앞둔, 심지어 남들이 부러워하는 직장에 버젓이 취직한 성인들도 부모가 만들어 준 '인생계획표'에서 벗어나지 못하는 경우가 많다.

서울 모 대학에서 조교로 일하고 있는 황모 씨는 "졸업을 앞둔 자녀의 취업을 위해 직접 발로 뛰는 부모님들이 적지 않다"고 밝혔다. 2년 전 모 은행에 입사한 안모 씨(26・여)의 인생 역시 엄마의 '작품'이다. 안씨는 "엄마가 28세에 시집을 가라고 해서 그에 맞춰 준비를 하고 있다"고 말했다. 대학 시절 소문난 '퀸카'였던 안씨가 대학 4년 내내 남자친구를 한 번도 사귀지 않은 것 역시 "어차피 결혼할 사람은 졸업 후에 만나야 한다"는 엄마의 뜻을 따른 것이라고 한다.

이 같은 사회현상에 대해 이종한 대구대학교 심리학과 교수는 "가족을 하나로 묶어 평가하는 우리나라 특유의 집단주의적 전통에서 비롯된 현상"이라며 "부모의 자기과시의 일환으로 '양식된 자녀'는 성인이 돼서도 정서, 가치관, 행동 등 모든 분야에 걸쳐 부모에 의존할 가능성이 높다"고 밝혔다. 이 교수는 또 "경제적으로 안정된 부모일수록 자녀교육에 집착하는 경향이 있다. 자녀의 출세가 곧 가족 전체에 대한 사회적 평가로 이어진다고 보기 때문에 돈과 시간을 아낌없이 투자하는 것"이라고 진단했다.

출처 : 스포츠조선(2007. 2. 4).

4) 현대가족의 가족관계 변화

가족관계는 결혼과 출산에 의해 형성되며 그 양상은 가족구조와 기능, 가족가치관과 밀접히 연관된다. 현대사회에서 개인주의와 남녀평등사상이 확산되고, 여성의 사회참여율과 사회적 지위가 높아지면서 사회 전반적으로 양성평등 방향으로 나아가고 있다. 이에 따라 가족관계에서 다음과 같은 변화가 특징적으로 나타나고 있다.

첫째, 부부관계가 양성평등적이고 친밀한 관계와 동반자적 부부를 지향하는 방향으로 바뀌고 있다. <표 2-3>에서와 같이 결혼동기가 가문계승과 규범을 위한 제도적 결혼에서 애정과 행복과 자기실현을 위한 본질적 결혼으로 바뀌고 있고, 결혼의 성격도 여성이 시댁에 혼입되고 적응해야 하던 것에서 남성과 여성이 새로운 가족을 창조하는 것으로 바뀌었다. 그리고 결혼한 여성은 시댁 위주의 친척관계를 유지해야 했으나, 현대사회에서는 아내의 시가와의 관계와 남편의 처가와의 관계를 동등하게 유지하는 방향으로 가고 있다. 또한 결혼생활 유지가 전통사회에서 남편은 가계부양을 책임지고 가장으로서 지배하고, 아내는 남편에게 순종하고 현모양처 역할을 잘하는 데 기반을 두었으나, 현대가족에서는 부부간의 상호 존중과 협동, 애정과 친밀감, 개방적인 대화가 중시되고 있다. 부부역할에서 전통가족에서는 성별 역할분리적이었던 것에서 현대는 정보의 공유와 양성성, 역할의 융통성과 역할공유를 중시하는 것으로 변화하고 있다.

〈표 2-3〉 부부관계의 변화

전통부부	동반자 부부
가문계승, 규범, 제도적 결혼	애정, 행복, 본질적 결혼
여성의 시댁에의 혼입	남성과 여성의 새로운 가족창조
시댁 위주 친척관계	시가, 처가와의 동등한 관계
남편은 지배, 아내는 순종	상호 존중, 협동, 친밀감, 평등성, 개방적 대화
남자다움, 여자다움, 성별 역할분리	양성성, 역할의 융통성 및 공유

둘째, 부모 - 자녀관계에서 아버지 역할이 확대되고 상호 사회화와 탈권위가 촉진되고 있다. 즉, 사회환경의 변화로 인해서 부모됨에 대한 동기와 모성이데올로기도 변화하여 자녀양육을 부모가 공유하는 방향으로 가고 있고, 권위주의적 부모와 순종하는 자녀의 관계에서 민주적인 관계로 바뀌고 있다. 한편 급속한 정보화와 대중매체의 영향으로 부모의 자녀에 대한 영향력이 약화되고 부모 - 자녀 간의 대화와 친밀감이 적어져서 가족원의 응집성이 약화될 수 있다. 그 결과, 가족의 변화에 적응해야 하는 자녀에게서 심리 · 정서 · 행동문제가 발생하는 경우도 늘어나고 있다.

셋째, 친족관계가 소원해지고, 양계화되고 있다. 즉, 사회가 복잡해지고 이동성이 증가함에 따라 친족 간에 접촉이 감소되고 유대감이나 의무감이 약화되고 있는 것이다. 그 결과, 전통사회에서처럼 일상적인 상부상조와 교환이 이루어지는 대신에 의식과 행사 때 제한적으로 접촉하는 경우가 많아졌다. 그리고 종래의 시가중심, 부계중심의 접촉에서 처계 · 모계 친척으로 관계가 확대되고 더 친밀하게 접촉하는 경향을 보인다. 이런 경향은 여성의 지위향상과 사회참여의 증가로 더 확대될 것으로 전망된다.

PART

02 결혼과정

POINT

이 단원에서는 결혼의 기초가 되는 사랑과 성, 이성교제, 배우자 선택과 결혼과정을 조망해 봄으로써 배우자 선택에 대한 올바른 이해와 건전한 결혼문화 형성에 도움이 되고자 한다.

CONTENTS

CHAPTER 03

사랑과 성

사랑이란 인간의 긍정적 정서 중의 하나로 인간이 체험하는 가장 아름답고 행복한 기억들은 대부분 사랑하는 사람과 함께 한 시간들이다. 사랑은 인간을 내적으로 성숙시켜 주고 삶을 풍요롭게 해주는 힘이 되며, 결혼과 가족관계의 출발점이자 기초가 된다. 그리고 성은 사랑을 표현하고 공유하는 수단과 행동양식으로 작용한다. 일반적으로 성은 남녀의 사회적 역할과 관련된 젠더부분과 생물학적 성과 성행동과 관련된 섹스부분으로 구분할 수 있는데, 모두 가족형성과정과 부부관계의 기본 요소로 중시된다. 그러므로 사랑과 성은 가족의 토대가 되고 친밀한 관계 유지에 매우 중요한 역할을 한다. 이 장에서는 가족관계의 중요한 정서적 과정인 사랑과 성행동, 성역할에 관하여 살펴보기로 한다.

1. 사 랑

사랑을 과학적으로 정의하는 것은 간단하지 않으나 사랑이 행복한 결혼생활과 가족관계를 위해서 중요한 전제가 된다는 것에는 대다수가 동의하고 있다. 사랑에 관한 이론들과 성숙한 사랑을 하는 방법을 이해하는 일은 개인의 삶과 가족관계의 질을 향상시키는 필수요소가 된다.

1) 사랑의 본질

사랑에 대해 정의하려는 노력은 인류역사가 시작된 이래 계속되어왔지만 여전히 일치된 정의는 존재하지 않는다. 이것은 사랑의 경험이 모든 사람마다 독특하고 주관적이기 때문이다. 고대 그리스 철학자들은 사랑을 세 가지로 나누어 정의하였는데, 즉 에로스(Eros), 아가페(Agape), 필로스(Philos)이다. 에로스는 이성 간의 성적 사랑이고, 아가페는 이타적 사랑이며, 필로스는 오랜 친구의 우정 같은 사랑이다.

옥스퍼드 영어사전에서는 사랑이란 단어에 대해 "상대방의 복지를 갈망하여 나타나는 어떤 사람에 대한 기분 혹은 감정상태로 흔히 그 상대방의 존재 자체에 기뻐하고, 그 사람에게 인정받고 싶어 하는 따뜻한 감정과 애착이다"라고 정의하였다.

사랑의 동기에 대해 두 가지 견해가 있다. 하나는 사랑이 인간의 중요한 욕구 중의 하나라는 견해이다. 인본주의 심리학자인 매슬로우(Maslow)는 인간의 욕구위계가 생리적 욕구, 안전의 욕구, 사랑과 소속감의 욕구, 자존감의 욕구, 자아실현의 욕구 등의 5단계로 존재한다고 하였다. 이에 의하면, 사랑과 소속감의 욕구는 자존감과 자아실현의 기초가 된다고 할 수 있다. 대상관계이론가인 말러(Mahler), 설리반(Sullivan)은 인간이 최초로 부모 - 자녀관계에서 욕구충족을 느끼게 될 때 사랑(애착)을 경험하게 되고, 자존감이 증진되며 세계를 긍정적으로 보는 자아체계를 구축한다고 하였다. 이에 의하면, 어린 시절에 부모에게서 충분한 관심과 사랑을 받은 사람은 성인기에 건강한 사랑을 할 수 있고 건강한 대인관계를 구축할 수 있다고 한다.

두 번째 견해는 인간의 성격역동요소가 발달하고 작용하는 것으로 보는 견해이다. 프로이트(Freud)는 본능(id), 자아(ego), 초자아(superego)로 성격역동요소를 구분하고, 초자아에는 양심과 자아이상(ego ideal)이 있고, 자신이 소중히 생각하는 자아이상을 표본으로 하여 그 자아이상이 투사된 특정 대상을 사랑의 대상으로 삼는다고 한다. 이에 의하면, 개인은 자신을 완성시키는 데 필요한 사람에게, 그리고 자신의 자아결핍의 감정을 충족시키는 사람에게 사랑을 느낀다고 한다. 오만(Ohman)은 인간이 성장과정 중에 어느 특정 인물에게 무의식적으로 동일시를 경험하게 되는데, 성인기에는 자기가 소중히 여기는 속성을 나타내고 자신을 완성시키는 데 필요한 사람에게 사랑을 느끼게 된다고 하였다.

이런 견해를 종합하여 사랑을 정의하자면, '상대방이 자신의 중요한 욕구를 충족시켜 주거나 자신을 완성시키는 데 필요한 중요한 속성을 가진 것으로 지각할 때 경험하는 긍정적 감정'이라고 할 수 있다.

2) 사랑의 요소와 특성

에리히 프롬(Erich Fromm)은 『사랑의 기술(The Art of Loving)』에서 "사랑은 받는 것이 아니고 주는 것이고, 피동적 감정이 아니고 활동적인 것이라고 하고, 사랑이란 자신 안에 살아있는 모든 것들을 상대방에게 줌으로써 상대방의 생활을 풍요롭게 만들어 자신이 살아있음을 느끼는 행위"라고 정의하였다. 그리고 모든 사랑에는 공통적으로 배려(caring), 책임(responsibility), 존중(respect), 지식(knowledge)의 네 가지 기본 요소가 있다고 하였다. 배려란 사랑하는 자의 삶과 복리와 성장에 대하여 적극적인 관심을 갖고 보살피는 행동을 하는 것을 내포한다. 책임은 사랑하는 자에 대한 자발적인 감수성과 반응능력을 갖고 있음을 의미한다. 존중은 사랑하는 자를 있는 그대로 수용하고 용납하며 인격을 존중하는 것을 의미한다. 지식은 사랑하는 대상을 객관적으로 볼 수 있고 충분히 이해하는 것을 내포한다. 에리히 프롬은 사랑의 네 가지 요소들이 상호 의존하면서 성숙한 사랑으로 발달한다고 하였다.

버어 등(Burr et al., 1993)은 가족사랑에 초점을 맞추어 사랑의 네 가지 기본 요소로 타인지향적 · 행동지향적 · 무조건적 · 지속적인 면이 있다고 하였다(최연실 외, 1995 재인용).

사랑에 대한 정의는 간단하지 않지만 대다수 사람은 사랑이 인간의 삶에 매우 중요한 영향을 미치고 행복한 결혼생활을 하기 위한 필수요소라는 것을 인정한다. 사랑은 인간에게 가장 충족감을 주는 감정이고 잠재력을 발휘하도록 하는 강력한 힘을 갖고 있다. 그러므로 사랑은 다음과 같은 기능을 갖는다(Benokraitis, 1999; Satir, 1988).

첫째, 사랑은 인간의 신체적 건강과 정서안정에 기여하고 삶의 에너지와 원동력, 활력을 제공한다.

둘째, 사랑하게 될 때 인간은 긍정적 자아상을 갖게 되고 타인과 세상에 대해 긍정적 사고와 신뢰감을 가지며 잠재력을 발휘할 수 있다.

셋째, 사랑은 두 사람을 갈라놓은 벽을 허물어 하나로 만들고 결속시키는 힘이 있고, 동시에 그 안에서 두 사람의 개별적인 존재를 인정하게 해주는 강력한 힘으로 작용한다.

일반적으로 사랑은 다음의 특성을 가진다.

첫째, 사랑은 현실생활에 존재하고 경험을 통해 알 수 있다.

둘째, 사랑의 능력과 표현방법은 개인의 성장환경과 사회문화적 환경에 의해서 학습된다.

셋째, 사랑은 여러 단계로 존재하고, 여러 사랑의 유형이 있다.

넷째, 사랑은 인격성장과 비례하여 성장한다.

다섯째, 이성과의 사랑은 다른 사랑에 비해 강한 매력과 집착, 배타성, 상대방을 이상화, 극단적인 고조와 하강 상태 등이 특징적으로 나타난다.

3) 사랑의 발달

사랑은 정지되어 있는 것이 아니라 계속 변화하고 발달한다. 사랑의 발달에 관한 이론들은 다음과 같다.

(1) 연령별 사랑의 발달단계

헐록(Hurlock)은 유아기부터 성인기에 이르기까지 3단계로 사랑이 발달한다고 하였다.

① 1단계 : 이성 혐오기

유아기나 아동기에는 자신의 욕구를 충족시켜 주는 사람인 부모에게 애착을 형성하고 충분한 관심과 사랑을 주는 사람에게 사랑을 느낀다. 그러나 아동 후기에 이르면 이성에 대한 관심이 경쟁과 무시하는 행동, 불쾌한 느낌을 주는 행동으로 표출되게 된다. 대체로 12세경 전후에 동성친구와의 친밀감이 깊고 이성을 거부하는 특징을 보인다.

② 2단계 : 동성 애착기 및 영웅 숭배기

자신보다 나이가 많은 동성 연장자나 유명인물에 대해 애착을 갖고 숭배하게 된다. 이 시기는 자신에게 부족한 것을 상대방이 갖고 있음을 확인하여 정서적 보상을 받고 자아결핍감과 불안감에서 벗어나려는 욕구가 작용한다.

③ 3**단계 : 이성애기**

이성에게 관심을 기울이고 사랑을 느끼며 성적 애정의 단계로 발전하는 시기로 세 가지로 구분된다.

첫째, 송아지 사랑단계가 있는데, 이 시기는 이성 연장자를 사모하는 시기로서 비교적 애정적 요인이 강하다. 예를 들면, 이성의 교사, 가수, 운동선수 등을 열광적으로 좋아한다.

둘째, 강아지 사랑단계가 있다. 연령이 비슷한 이성에 대한 관심이 집단활동이나 장난기로 표현된다.

셋째, 낭만적 사랑단계가 있다. 이 시기는 이성과 일대일의 관계로 열중하고 지속적으로 자주 만나는 동안 감정적 유대감이 깊어지게 된다.

(2) 사랑의 관계 발달단계

골드스타인(Goldstein)은 시간이 흐름에 따라 사랑이 3단계로 발달한다고 하였다.

① 1**단계 : 사랑에 빠지는 단계**

이 단계에서는 정서적으로 고조되어 흥분감과 짜릿함에 사로잡히게 된다. 상대방의 좋은 점만이 보이고 부정적인 면은 지각되지 않거나 무시하는 경향이 있다. 이 시기는 두 사람이 서로의 매력에 끌려 서로에게 감정적으로 빠져있는 상태이고, 사랑이 자신의 인생을 바꾸어 줄 것이라는 생각을 갖고 있다.

② 2**단계 : 실망하는 단계**

이 단계는 눈에 콩깍지가 벗어지면서 시작된다. 서로의 차이점과 단점이 보이고 갈등요소가 쌓이게 된다. 이때 서로의 차이점이나 단점을 받아들이고 이해하며 해결하는 노력을 하는가 여부에 따라 관계가 지속될 수도, 종료될 수도 있다. 모든 사랑의 관계에서 이 단계를 거치기 때문에 이를 받아들이고 해결하기 위한 노력이 있으면 다음 단계로 발전하게 된다.

③ **3단계 : 수용하는 단계**

두 사람이 경험하는 의견차이와 갈등문제를 수용하고, 이 점들이 두 사람의 관계에 부정적인 영향을 미치지 않도록 노력하는 단계이다. 이 단계에 이르면 두 사람은 상대방에 대한 장점과 단점을 모두 수용하고 신뢰감과 자신감을 갖게 되며 더욱 친밀감이 깊어지게 된다.

(3) 사랑의 수레바퀴이론

레스(Reiss)는 친근감(rapport), 자기개방(self-disclosure), 상호의존(mutual dependency), 친밀감 욕구충족(intimacy need fulfillment)의 네 가지로 구성된 수레바퀴가 회전하며 사랑이 발달한다고 하였다. 이 이론에 의하면, 만약 서로에 대한 친근감이 느껴지면 자기개방을 잘 하게 되고, 그 결과 상호 의존성이 증가하면서 친밀감 욕구충족이 이루어져서 다시 친근감이 더 증가하고 계속 다음 단계로 진행되어 사랑이 극대화된다. 그러나 만약 서로에 대한 친근감이 약화되면 자기개방이 감소하고, 그 결과 상호의존성도 약화되며 친밀감 욕구충족도가 감소되어 다시 친근감이 감소되는 영향을 미치게 되어 회전이 멈추면서 사랑이 식고, 관계가 종료된다는 것이다(그림 3 - 1).

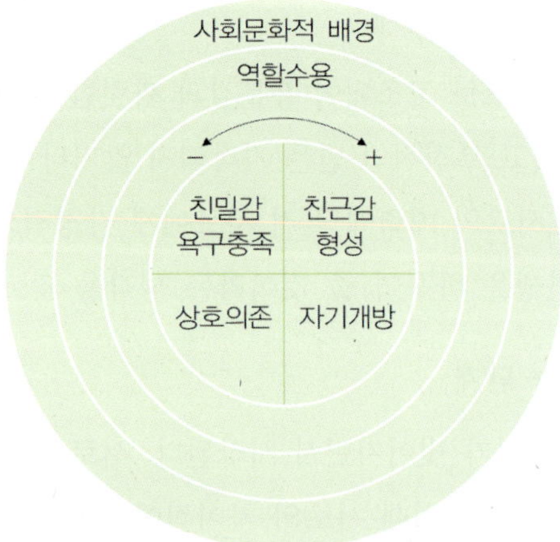

| 그림 3–1 | 사랑의 수레바퀴이론

출처 : Reiss, I. L.(1971). Toward a sociology of the heterosexual love relationship. Marriage and family living, 22, pp.139-145.

① 친근감 형성 단계

서로에게 매력과 흥미를 느끼고 각자가 중요하게 여기는 속성을 발견하여 존경과 믿음, 친근감을 경험하고, 더 깊이 교제하고 싶어 하는 단계이다.

② 자기개방 단계

두 사람이 생각과 감정과 사적인 정보를 나누고 의사소통을 함으로써 상호 이해를 공유하고 더욱 관계가 밀접해지는 단계이다. 흔히 자존감이 높은 사람은 자기개방을 잘하지만 자존감이 낮거나 자기개방에 불안감을 느끼는 사람은 자기개방을 꺼리는 경우가 있다. 그리고 가정분위기와 성장환경이 개방적인 사람이 억압적인 환경에서 성장한 사람보다 자기개방을 더 많이 한다.

③ 상호의존 단계

자신의 생각과 감정을 표현하고 서로에 대해 더 많이 이해하게 됨으로써 서로에 대한 의존도가 증가하게 된다. 이 단계에서는 공통의 생활방식과 의사소통방식에 익숙해지고 서로의 요구에 반응하는 데 익숙해져서 혼자일 때 허전함과 서로의 존재의 필요성을 느낀다.

④ 친밀감 욕구충족 단계

두 사람의 관계가 발전하게 되면서 점점 더 친밀감의 욕구가 충족됨을 경험하게 된다. 그 결과 두 사람은 더욱 일치감을 느끼고 친근감과 자기개방과 상호의존이 깊어져서 친밀감 욕구충족이 극대화됨으로써 정서적 안정감과 인간의 기본 욕구를 만족시키게 된다.

수레바퀴 외부에 있는 두 개의 원은 '역할수용'과 '사회문화적 배경'이다. 역할수용은 사람들이 사랑을 지각하고 표현하는 데 있어서 어떻게 친근감을 느끼고, 어떻게 자기개방을 하며, 어떻게 상호 의존하는가 하는 데 영향을 준다는 것이고, 이 역할수용은 또한 그 사회문화적 배경의 영향을 받는다는 것을 의미한다.

4) 사랑의 유형

리(Lee, 1988)는 사랑의 유형을 색깔로 비유하고 사람마다 선호하는 사랑의 유형이 있다고 하였다. 1차색은 낭만적 사랑(eros), 유희적 사랑(ludus), 동료적 사랑(stroge)이고, 2차색은 소유적 사랑(mania), 실용적 사랑(pragma), 이타적 사랑(agape)으로 된 여섯 가지 유형을 제시하였다. 이를 구체적으로 살펴보면 다음과 같다.

(1) 낭만적 사랑

이 유형은 이상적인 사람을 만나 사랑하고 결혼하는 것을 가장 중요하게 여긴다. 이들은 이상적 타입에 가까워 보이는 사람을 만나면 강하게 이끌리는 열정적인 사랑을 한다. 첫눈에 반해버리고 상대방뿐만 아니라 때로는 사랑 그 자체에 빠지게 된다. 사랑의 속도가 빠르고 강력하며, 모든 생활을 지배하고 운명적으로 단 한 번의 사랑으로 믿는다. 이들은 처음부터 상대방을 자주 만나고 신체적 접촉을 통한 성적 친밀과 강렬하고 깊은 친밀감을 원한다.

(2) 유희적 사랑

이 유형은 한 대상과의 지속적인 관계를 거부하고 사랑을 놀이로 간주하여 재미를 추구하며, 장기계획이나 속마음을 터놓고 친밀감을 유지하는 의도가 적다. 이들은 상대로 하여금 정서적으로 조바심을 갖게 만드는 것이 특징이고, 상대방과 어느 정도의 거리감을 두고 즐거운 추억이 남는 사랑의 재미를 추구한다. 이들은 또한 동시에 여러 명을 사귀기도 하며 상대방에게 헌신할 생각이 없어 즐거움이 사라지면 관계를 끝낸다.

(3) 동료적 사랑

이 유형은 극적으로 고조된 것이 아니라 서서히 애정을 느끼며 사이좋은 친구나 오래된 동료 같은 관계의 사랑이다. 이성적이고 감정을 억제할 수 있으며, 독립적이고 안정적이며, 상대방에게 과도히 요구하지 않고 친구와 같은 반려적인 감정을 가진다. 현실을 받아들여 협조하고 보완하려고 하며 자신감을 갖는다. 상호 공유할 수 있는 관심사에 대해 이야기하고 많은 시간과 활동을 공유하는 것을 중시하고 관계가 장기간 안정적으로 지속되나 열정적인 요소는 약하다.

(4) 소유적 사랑

사랑하는 상대방의 모든 것을 독점하고 파악하고 소유하려는 의도가 작용하고, 자신도 상대에게 완전히 소유당하고자 하는 유형이다. 이들은 상대방을 잃지 않을까 불안해하고 의심한다. 이 유형은 완전히 소유했다고 생각하면 사랑의 희열을 경험하지만 그렇지 않을 때는 절망과 질투심에 사로잡히게 된다. 이들은 상대방에게 과도하게 의존하여 더 많은 애정과 헌신을 요구한다. 이 유형은 대개 아동기가 불행했던 사람들이 많고 성인이 되어서도 친구나 즐길 만한 일이 부족하다.

(5) 실용적 사랑

이 유형은 두 사람의 관계에서 얻을 수 있는 실질적인 가치에 중점을 둔다. 상대방의 배경이나 교육 정도, 성격, 종교, 연령, 취미 등이 자신과 잘 어울리는가를 논리적으로 생각하며, 이상적인 조건을 갖추지 않은 사람과는 사랑을 하지 않는다. 이들은 자신이 원하는 상대방의 자질목록을 기준으로 상대방에 관한 자료와 정보를 수집하고 면밀하게 검토하여 조건이 합리적으로 맞다고 생각될 때 사랑이 이루어져야 한다고 생각한다. 만약 서로 맞지 않는 점이 발견될 때는 그 이유를 논리적으로 분석하여 해결방향으로 노력하지만, 그 노력이 효과가 없을 때는 관계거래에서 손해보지 않으려는 의도가 작용하여 단호하게 결별한다.

(6) 이타적 사랑

이 유형은 사랑하는 상대방을 무조건 돌봐주고 지지해 주며 자신을 희생하면서 만족감을 가지는 종교적 의미의 사랑이다. 구체적이고 현실적이라기보다 추상적이고 이상적인 측면이 있어서 실제로 결혼과정에서는 극히 드문 형태의 사랑이다. 이 유형의 사랑을 하는 사람들은 사랑하는 사람에게 보살핌과 무조건적 헌신을 베풀어야 할 의무감을 강하게 가지므로, 사랑의 대상은 보살핌을 받아야 할 사람이어야 한다는 생각이 강하다. 그에 따라 상대방이 자신보다 다른 누구와 함께 있는 것이 더 행복하다고 느끼면 기꺼이 양보할 수 있다고 생각한다.

이와 같은 사랑의 유형 분류는 개인이 선호하는 사랑의 유형을 이해하고, 두 사람의 사랑에 대한 선호의 일치 여부를 파악하는 데 유용하게 사용될 수 있다. 우리나라 미혼남녀를 대상으로 조사한 결과에서는 사랑의 유형이 한 가지로 나타나는 것이 아니라 혼합되어 나타나고 성별로 사랑의 유형에서 차이가 있어서 낭만적 사랑은 남성이 여성보다 더 많고, 동료적 사랑과 실용적 사랑은 여성이 남성보다 더 많았다(김애순 · 윤 진, 1997; 박수선 · 김명자, 2004; 이정은 · 최연실, 2002; 조은혜, 1996).

참고 3-1 "나의 사랑은 어떤 유형일까?"(애정유형검사)

1. 나는 '첫눈에 반한다'는 것이 가능하다고 생각한다.
2. 나는 한참 지난 다음에야 비로소 내가 사랑하고 있음을 알았다.
3. 둘 사이의 일이 잘 풀리지 않으면 나는 소화가 잘 되지 않는다.
4. 현실적인 관점에서, 나는 사랑을 고백하기 전에 장래목표부터 생각해 보지 않으면 안 된다.
5. 먼저 좋아하는 마음이 얼마 동안 있은 다음에 비로소 사랑이 생기게 되는 것이 원칙이다.
6. 애인에게 나의 태도를 다소 불확실하게 해두는 것이 언제나 좋다.
7. 우리가 처음 키스하거나 포옹했을 때 강한 성적 욕망을 느꼈다.
8. 나는 전에 연애상대였던 사람들 거의 모두와 지금도 좋은 친구관계를 유지하고 있다.
9. 애인을 결정하기 전에 인생설계부터 잘 해두는 것이 좋다.
10. 나는 연애에 실패한 후 너무나 우울해져서 자살까지도 생각해 본 적이 있다.
11. 나는 사랑에 빠지면 흥분되어 잠을 이루지 못하는 때가 있다.
12. 애인이 어려운 처지에 빠지면 설사 그가 바보처럼 행동하더라도 힘껏 도와주려고 노력한다.
13. 애인을 고통받게 하기보다는 차라리 내가 그 고통을 당하겠다.
14. 연애하는 재미란 그것을 진행시키면서 동시에 내가 원하는 것을 거기서 얻어내는 재주를 시험해 보는 데 있다.
15. 사랑하는 애인이라면 나에 관하여 모르는 것이 있다 하더라도 그것 때문에 그렇게 속상해하지는 않을 것이다.
16. 비슷한 배경을 가진 사람끼리 사랑하는 것이 가장 좋다.
17. 우리는 만나자마자 서로가 좋아서 키스를 했다.
18. 애인이 나에게 관심을 보이지 않으면 나는 온몸이 쑤시고 아프다.
19. 애인이 행복하지 않으면 나도 결코 행복해질 수 없다.
20. 대개 제일 먼저 나의 관심을 끄는 것은 상대방의 외모이다.
21. 최상의 사랑은 오랜 기간의 우정으로부터 싹튼다.
22. 나는 사랑에 빠지면 다른 일에는 도무지 집중하기가 어렵다.

23. 그의 손을 처음 잡았을 때 나는 사랑의 가능성을 감지했다.
24. 나는 어느 사람하고 헤어지고 나면 그의 좋은 점을 발견하려고 무진 애를 쓴다.
25. 나는 애인이 다른 사람하고 같이 있는 것 같은 생각이 들면 도저히 견딜 수 없다.
26. 나의 두 애인이 서로 알지 못하도록 교묘하게 꾸민 적이 적어도 한 번은 있다.
27. 나는 사랑했던 관계를 아주 쉽게 그리고 빨리 잊어버릴 수 있다.
28. 애인을 결정하는 데 있어서 가장 고려해야 할 점은 그가 우리 가정을 어떻게 생각하는가 하는 것이다.
29. 사랑에서 가장 좋은 것은 둘이 함께 살며, 가정을 꾸미고 함께 아이들을 키우는 일이다.
30. 애인의 소원성취를 위해서라면 기꺼이 나의 소원을 희생시킬 수 있다.
31. 배우자를 결정하는 데 가장 고려해야 할 점은 그가 좋은 부모가 될 수 있겠는가 여부이다.
32. 키스나 포옹이나 성관계는 서둘러서는 안 된다. 그것들은 서로 충분히 친밀해지면 자연스럽게 이루어지는 것이다.
33. 나는 매력적인 사람들과 즐기는 것을 좋아한다.
34. 나와 다른 사람들 사이에 있던 일을 애인이 알게 된다면 매우 속상해할 것이다.
35. 나는 연애를 시작하기 전부터 나의 애인이 될 사람의 모습을 분명히 정해놓고 있었다.
36. 만일 나의 애인이 다른 사람의 아기를 갖고 있다면 나는 그 아기를 내 자식처럼 키우고 사랑하며 보살펴 줄 것이다.
37. 우리가 언제부터 서로 사랑하게 되었는지 정확하게 알 수 없다.
38. 나는 결혼하고 싶지 않은 사람하고는 진정한 사랑을 할 수 없을 것 같다.
39. 나는 질투 같은 것은 하고 싶지 않지만 나의 애인이 다른 사람에게 관심을 가진다면 참을 수 없을 것 같다.
40. 나의 존재가 애인에게 방해가 된다면 나는 이 관계를 차라리 정리하자고 말하겠다.
41. 나는 애인의 것과 똑같은 옷, 모자, 자전거, 자동차 등을 갖고 싶다.
42. 나는 연애하고 싶지 않은 사람하고는 데이트도 하고 싶지 않다.
43. 우리들의 사랑이 끝났다고 생각될 때도 그를 다시 보면 옛날 감정이 되살아나는 때가 한 번쯤은 있었다.
44. 내가 가지고 있는 것은 무엇이든지 나의 애인이 마음대로 써도 좋다.
45. 애인이 잠시라도 나에게 무심해지면 나는 그의 관심을 끌기 위해 때로는 정말 바보 같은 짓을 할 때도 있다.
46. 깊이 사귀고 싶지는 않더라도 어떤 상대가 나의 데이트 신청에 응하는지를 시험해 보는 것도 재미있는 일이다.
47. 상대를 택할 때 고려해야 할 중요한 것은 그가 자신의 직업을 어떻게 생각하는가 하는 것이다.
48. 애인과 만나거나 전화한 지 한참 되었는데도 아무 소식이 없다면 그에게 그럴 만한 이유가 있기 때문일 것이다.
49. 나는 누구와 깊게 사귀기 전에 앞으로 아기를 가지게 될 경우 유전적 배경이 서로 잘 맞는지부터 먼저 생각해 본다.
50. 가장 좋은 연애관계란 가장 오래 지속되는 관계이다.

출처 : 김중술(2007). 사랑의 의미. 서울 : 서울대학교출판부, pp.28-31.

참고 3-2 "나의 사랑은 어떤 유형일까?"(애정유형검사 분석표)

참고 3 - 1의 애정유형검사 50개 문항 중 '그렇다'고 답변한 문항의 번호를 아래에서 찾아 ○표를 하고 각 유형별로 자신이 표기한 ○표 개수와 백분율을 해당란에 적는다. 여섯 개의 백분율 값 중 가장 높은 것이 자신의 유형이다.

동료적 사랑	이타적 사랑	실용적 사랑	소유적 사랑	낭만적 사랑	유희적 사랑
2	12	4	3	1	6
5	13	9	10	7	14
8	19	16	11	17	15
21	24	28	18	20	26
29	30	31	22	23	27
32	36	38	25	35	33
37	40	42	39	41	34
50	44	47	43		46
	48	49	45		
합계 ____개 %	합계 ____개 %	합계 ____개 %	합계 ____개 %	합계 ____개 %	합계 ____개 %

출처 : 김중술(2007). 사랑의 의미. 서울 : 서울대학교출판부, p.31.

5) 성숙한 사랑의 요소

스턴버그(Sternberg, 1986)는 사랑의 삼각이론을 개발하고 사랑의 3요소인 친밀감, 열정, 헌신이 잘 조화될 때 성숙한 사랑이라고 하였다.

친밀감(intimacy)은 정서적 측면으로 가깝게 연결되어 있고 따뜻함과 편안함, 신뢰, 수용, 존중, 나눔, 의사소통, 이해와 지지 등을 포함한다. 초기에는 상대방을 파악하려고 친밀감을 높이게 되다가 어느 정도 파악이 되면 친밀감을 높이려는 시도가 감소하여 안정된 상태로 된다.

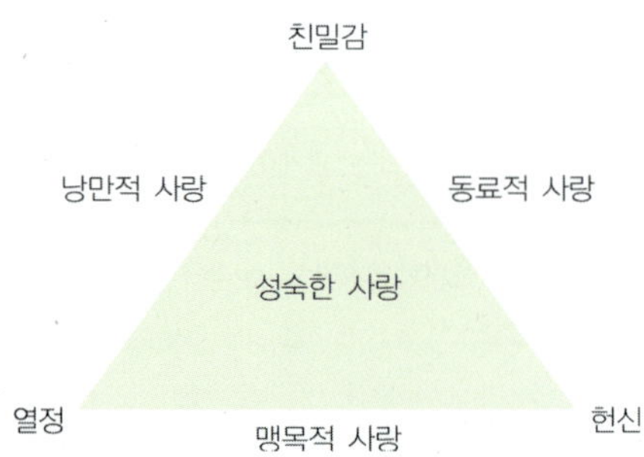

| 그림 3-2 | 사랑의 삼각이론

열정(passion)은 감각적 측면으로 사랑하는 사람과 하나가 되려는 강렬한 욕구와 신체적 매력이다. 친밀감과 달리 빠른 속도로 증가하며, 배타성이 있다. 초기에는 뜨겁고 격렬한 열정을 느끼지만 점차 습관화되면서 이후에 강도가 둔화될 수 있다.

헌신(commitment)은 의지적인 측면으로 어떤 사람을 사랑하기로 결심하고 오랜 기간 그 사랑을 계속 유지시키겠다는 책임감이다. 대개의 경우 결심이 먼저 있고 그 후 책임감이 수반된다.

이러한 세 가지 요소는 속성이 서로 달라서 친밀감과 헌신은 비교적 안정적이나 열정은 비교적 불안정적이다. 또한 친밀감은 어느 정도 통제할 수 있고, 헌신은 더 의식적인 통제가 잘 되지만, 열정은 조절이나 통제가 어렵다.

두 요소를 조합하면 세 가지 사랑의 유형이 된다. 친밀감과 열정이 합해진 것이 낭만적 사랑이고, 친밀감과 헌신이 합해지면 동료적 사랑이 되며, 열정과 헌신이 합해지면 맹목적 사랑이 된다. 세 가지 요소가 모두 균형을 이루며 결합된 것이 성숙한 사랑이다. 우리나라 기혼부부들을 대상으로 사랑구조의 변화를 연구한 결과(강진경 외, 2001)를 보면, 친밀감이 다른 요소에 비해 가장 핵심적인 위치를 차지하며, 결혼기간이 짧을수록 헌신요소가 낮은 비중을 차지하는 것으로 나타났다. 또한 장기적인 관계에서는 헌신이 큰 비중을 차지하고 열정은 줄어드는 반면, 단기적 관계에서는 주로 열정이 중요한 비중을 차지한다(최혜경 · 신수진 · 강진경, 2004 : 41-42).

사람마다 선호하는 사랑의 유형이 다르고 그에 따라 배우자의 애정표현에 대한 기대가 다르며 상대방에게 애정을 표현하는 방법도 다르다. 그러므로 사랑에도 다양한 유형이 존재한다는 것을 인식하고 상대방에 대한 믿음을 토대로 상대방의 행동의 정서적 동기를 이해하고, 서로 간에 조화를 이루는 방법을 모색하는 것이 갈등을 예방하는 방법이다.

따라서 성공적인 사랑을 가꾸기 위해서는 첫째, 자신이 선호하는 사랑의 유형과 상대방이 선호하는 사랑의 유형을 정확하게 파악하는 일이 필요하다. 둘째, 상대방이 선호하는 사랑의 유형을 이해해야 한다. 셋째, 자신이 선호하고 기대하는 사랑의 표현방법을 상대방의 방법과 어울리게 맞추려는 태도를 갖고 행동으로 보여줄 필요가 있다.

사랑에서 중요한 것은 LOVE의 각 글자를 따라 다른 사람의 말을 경청하기(Listening), 다른 사람의 허물과 결점을 덮어주기(Overlooking), 다른 사람을 소중하게 생각하기(Valuing), 다른 사람에게 말과 행동으로 표현하기(Expressing)로 설명하기도 한다. 결론적으로 사랑은 감정만이 아닌 상대방에 대한 배려와 존중을 행동으로 나타내는 것이고, 나중이 아닌 그때그때 현재시점(present)에서 나의 소중한 사람들에게 시간과 마음, 물질과 꿈 등의 소중한 것들(선물, present)을 나누는 일을 통해 서로 성장하며 풍요로운 삶을 만들어가는 것이라 하겠다.

참고 3-3 열정적인 사랑의 감정은 영원할 수 있을까?

사랑에 빠지면 뇌 안에서 러브칵테일이라고 불리는 화학물질이 분비되는데, 시간이 지나면서 러브칵테일의 분비가 점점 줄어들게 되고 900일이면 바닥을 드러낸다.

미국 코넬대학의 인간행동심리학자 하잔 박사가 2년 동안 전 세계 37개 문화권 5,000명을 관찰한 결과, 열정적 사랑의 지속기간은 대략 18개월에서 30개월이라는 사실을 발견했다.

그렇다면 사랑에 빠지는 데 걸리는 시간은?

첫눈에 반한다는 말도 있듯이 사랑에 빠져드는 것은 순식간이다.

과학자들에 따르면, 이성을 본 뒤 우리의 뇌가 매력과 호감을 판단하는 데 걸리는 시간은 불과 1초도 안 되는 150마이크로초(십만분의 15초)라고 한다.

대화를 통해서 상대의 매력을 판단하는 데 걸리는 시간은 90초에서 4분 가량이라고 한다.

이 순간의 끌림으로부터 900일간의 격정적인 항해가 시작되는 것이다.

출처 : KBS 1TV(2006. 3. 15). 생로병사의 비밀 : 900일간의 폭풍.

2. 성(sexuality)

성은 사랑, 결혼에 필요한 요소이고 친밀한 관계를 유지시키는 중요한 수단이 된다. 성은 생물학적 성과 성행동과 관련된 섹스(sex)부분과, 남녀의 사회적 역할과 심리적 측면과 관련된 젠더(gender)부분을 모두 갖고 있으므로 이를 포괄적으로 이해하는 것이 필요하다.

1) 성의 개념과 기능

성(性)은 우리말로 한 가지 용어로 사용되지만 영어로는 sex, gender, sexuality로 표기한다. 섹스라는 용어는 생물학적으로 남녀를 구분하는 의미이나 18세기부터 의미가 확장되어 남녀의 생리적 기능과 종족보존의 생물학적 측면인 정자 및 난자의 생성부터 성적 흥분, 성교와 같은 성행동을 의미하는 말로 사용되고 있다. 19세기부터는 협의의 섹스와 구분하는 개념으로 섹슈얼리티라는 용어가 사용되기 시작하였는데, 이는 남녀의 생물학적 기능, 성기관, 성행동은 물론 성에 대한 규범과 가치관, 태도, 행동방식 등 신체적 · 심리적 · 사회적 측면을 포괄하는 개념이다. 즉, 인간의 성행동을 비롯한 개인의 성에 대한 사고, 태도, 감정, 가치관, 선호도, 신념 등을 모두 포함하는 것이 섹슈얼리티라 하겠다.

성의 여러 기능 중 가장 일반적으로 알려진 것은 생리적 측면의 생명잉태로서 생식의 기능과 신체적 · 감각적 측면의 근육의 긴장해소로서 쾌락추구기능, 그리고 심리적 측면의 사랑과 친밀감의 표현으로서의 관계의 기능이다. 종족보존은 성관계의 결과 자녀를 출산할 수 있는 생식기능을 의미한다. 쾌락추구는 성적 긴장을 해소하고 즐거움의 욕구를 충족시키는 기능을 말하며, 관계기능이란 애정과 친밀감을 표현하고 결속감과 일치감을 증진시키는 것을 의미한다.

이 외에 규칙적인 성관계는 통증완화, 근육긴장의 이완, 신진대사 촉진, 노화방지, 월경주기 정상화, 여성의 생식기관의 건강유지, 남성의 전립선 건강과 심장건강 유지, 중년기 남성의 성기기능 보존, 자긍심과 행복감 증진, 면역기능 강화로 질병발생 감소, 스트레스 감소와 정신건강 유지에 도움이 된다고 한다(홍성묵, 2003).

2) 성의 생물학적 측면

(1) 성의 해부학적 구조

남성과 여성의 해부학적 구조의 차이는 임신 3개월 말에 분별되지만 2차적 성징이 나타나는 사춘기를 전후하여 확실하게 성기관의 성숙이 나타난다. 대표적인 성의 생물학적 측면을 이해하기 위해 남성과 여성의 성기관을 구체적으로 알아야 할 필요가 있다.

① 남성의 성기관

남성의 외부 생식기는 음경과 음낭이고 음낭 안에 고환과 부고환이 들어있다. 내부 생식기에는 전립선, 정낭, 정관 등이 있다.

음경은 귀두와 몸체로 구성되고 사정 시 중요한 역할을 한다. 흥분상태가 아닐 때는 늘어진 상태로 있으나 발기 시에는 8~14㎝로 커진다. 음경 내부는 세 개의 원통형 해면체가 있는데 위에 있는 두 개의 해면체는 성적으로 흥분했을 때 신체로부터 혈액을 받아들여 발기현상을 일으키고, 아래에 있는 해면체는 요도를 감싸고 보호해 주며, 요도를 통해 소변과 정액, 정자를 배출하는 기능을 한다. 귀두 부분은 말초신경조직이 몰려있어서 작은 자극에도 민감한 성적 반응을 나타내며, 끝부분에 요도의 출구가 있어서 소변과 정액이 배출된다.

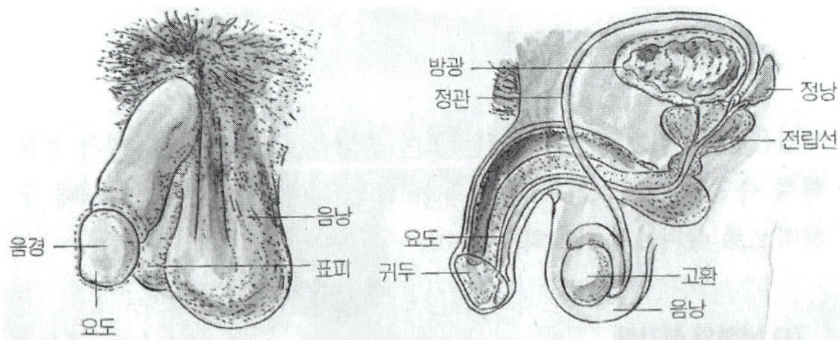

| 그림 3-3 | 남성성기의 구조

출처 : Strong & Devault(1995), 유영주 외(2002), p.88 재인용.

음낭은 음경의 뿌리 아래에 있는 피부주머니로서 두 개의 고환이 들어있다. 고환은 부드러운 타원형 구조로서 정자와 남성호르몬을 생산하는 기능을 한다. 음낭이 신체로부터 떨어져 있는 것은 매일 생산되는 수백만 개의 정자들을 신체온도보다 2~3도 낮은 온도에서 보관하고 성숙시키기 위해서이다. 성숙이 완료된 정자는 정관을 따라 전립선 부위에 도달하고 전립선에서 만들어진 정액과 만나 요도를 통해 분출하게 되는데 이것을 사정이라고 한다.

② 여성의 성기관

여성의 성기관은 외부 생식기, 내부 생식기로 나뉜다.

음부는 여성의 외부 생식기관 전체를 말하며 대음순, 소음순, 음핵, 질구 부위로 구성된다. 대음순은 여성의 성기의 가장 바깥부분으로 지방조직과 얇은 근육으로 구성되어 질구와 요도를 보호한다. 소음순은 좌우의 대음순 안쪽 사이에 있으며 크기도 작고 얇으며 안쪽에 있는 바톨린 유선에서 윤활제 역할을 하는 분비물이 생산된다. 좌우 양쪽의 소음순은 윗부분에 합쳐져서 음핵을 부분적으로 덮는다. 음핵은 외음부에서 가장 성감대가 높은 기관으로 음경과 유사하게 발기력이 있고 예민한 말초신경이 몰려있다.

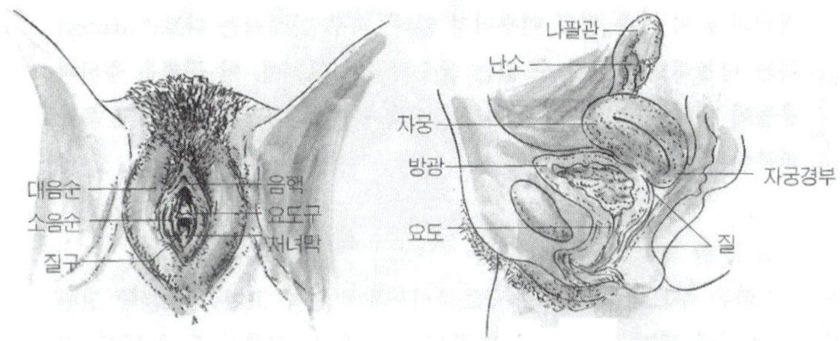

| 그림 3-4 | 여성성기의 구조

출처 : Strong & Devault(1995), 유영주 외(2002), p.89 재인용.

질구부위는 요도와 질 입구로 나뉜다. 요도는 음핵 바로 아래, 질 입구의 위쪽에 있고 소변을 배출시키는 통로이다. 질 입구는 여성의 내부 생식기의 입구로 대음순과 소음순을 양쪽으로 펼치면 쉽게 발견되며 작은 동굴모양을 하고 있다.

여성의 내부 생식기는 골반 내에 위치하며 좌우 양쪽에 있는 두 개의 난소, 나팔관, 자궁, 경구, 질, 처녀막으로 구성된다.

처녀막은 얇은 주름조직으로 질구 바로 안쪽에 있어 아동기의 질 입구를 보호하는 역할을 한다. 처녀막의 모양, 크기, 두께는 사람마다 다양하며 첫 성교로 파열되기도 하지만 심한 운동이나 탐폰 사용 시 파열되기도 한다.

질은 입구에서 자궁경부까지 연결되어 있는 섬유질 근육의 관이다. 길이가 7～13㎝ 정도이고 질 벽은 많은 주름이 잡혀있어 고도의 확장이 가능하다. 질은 입구로부터 3~4cm 정도까지 신경세포가 펴져있어 약간의 접촉만 있어도 예민한 반응을 보인다. G반점은 질 입구로부터 2~5cm 위쪽부분에 있는 작은 완두콩만한 크기의 부위로 아주 예민한 혈관과 말초신경이 몰려있어 자극이 가해지면 오르가즘을 일으킨다.

경부는 자궁의 가장 아래쪽에 있고 질과 연결되어 있는 부분이며 고도의 확장이 가능하다. 자궁은 서양배를 거꾸로 세워놓은 모양으로 중앙부는 비어있고, 윗부분은 나팔관에, 아랫부분은 질에 연결되며 임신 시 태아가 자라고 출생 시까지 머무는 곳이다. 나팔관은 자궁의 위쪽과 두 개의 난소를 연결하는 관으로 가늘고 길이가 10cm 정도 되며, 이를 통해 난자가 난소로부터 자궁으로 운반된다. 난소는 난자생산과 성 호르몬인 에스트로겐과 프로게스테론을 분비하는 기능을 한다.

3) 성 반응주기

(1) 성 반응주기

성 반응주기는 성적 자극이나 만족을 경험하는 동안에 나타나는 생리적·심리적 변화의 단계를 의미한다. 인간의 성반응을 과학적으로 연구하기 시작한 것은 1960년대 마스터즈(Masters)와 존슨(Johnsons)에 의해서이다. 이들은 남녀의 성반응을 4단계로 구분하고 단계별로 신체변화와 특징을 설명하였다.

① 흥분(excitement)단계

이 단계는 성적 자극에 의해 신체반응이 나타나는데, 주로 근육이 단단해지고 심장박동 수와 혈압이 증가하며, 신체의 여러 부분에서 성행위 전의 흥분상태가 표현된다. 대표적으로 남녀 모두 성기 주변에 많은 양의 혈액이 몰려들어 남성은 음경이 발기되고 음낭이 수축되며, 여성은 소음순과 대음순, 음핵이 부풀어 올라 두꺼워지고 질은 넓어지고 탄력성이 있게 된다.

② 고조(plateau)단계

이 단계 동안 더욱 심장박동과 혈압이 상승되어 성기부위에 최대의 혈액이 몰리게 되고, 성적인 흥분상태가 극에 달한다. 남성의 경우 음경이 100% 발기되고 여성은 성기부위의 모든 부분이 부풀어 오르고 질액이 분비된다.

③ **절정**(orgasm)**단계**

이 단계는 성적 긴장이 갑자기 방출되면서 강렬한 성적 쾌감을 느낀 후 성적 흥분상태가 급감하게 된다. 남녀 모두 성기 주변의 근육이 불수의적으로 수축하면서 순식간에 황홀한 느낌을 경험한다. 남성은 일반적으로 사정을 할 때 오르가즘을 느끼고, 여성은 질내 근육과 소음순이 수축한다. 보통 남성은 한 번의 성관계에서 한 번의 오르가즘을 경험하나 여성은 여러 번의 오르가즘을 경험할 수 있다.

④ **해소**(resolution)**단계**

이 단계는 남녀 모두 성적인 흥분이 사라지고, 근육의 긴장, 심장박동, 혈압 등이 보통의 상태로 되돌아온다. 여성은 남성에 비해 해소단계가 길다.

4) 성행동의 남녀차이

남성은 10대 중반에서 20대까지 성적 관심과 충동이 급상승하고 최고조에 달한다. 그 후 남성은 발기와 사정능력이 서서히 감퇴되고, 40대가 되면 성반응, 흥분의 강도, 성기능이 약화되어 50대, 60대가 되면 성기능이 현저하게 저하된다. 그러나 성적 만족은 변하지 않는다.

반면 여성은 남성보다 평균 2년 정도 빨리 사춘기가 시작되므로 성에 대한 관심이 먼저 발달하나 연령증가에 따라 오르가즘을 느낄 때까지의 시간은 더 오래 걸린다. 폐경기는 45~55세에 경험하며 여성호르몬이 현저하게 줄어드나 오르가즘 기능에 변화는 없다. 여성은 나이에 따른 성 반응 및 기능의 저하속도가 남성에 비해 훨씬 느리다.

성적 감각자극에서 남성의 성욕은 시각과 후각에 의해 더 쉽게 영향을 받으나, 여성은 청각이나 촉각에 의해 더 쉽게 영향을 받는 것으로 알려졌다. 또한 남성은 사랑의 감정을 느끼는 것과 성행위가 동시진행형으로 필요하나, 여성은 성행위 전에 애정표현과 정서적 만족감을 느끼는 것이 필요하다(윤가현, 1998).

5) 성의 사회적 측면

성은 친밀감, 성욕과 같은 심리적 요인, 성적 반응과 같은 생물학적 요인, 성역할과 같은 사회적 요인, 성의 의미와 가치, 규범 같은 문화적 요인들이 통합된 다차원적인 속성을 지닌다.

시대와 문화에 따라 성에 대한 규범이 상이하고 그에 따라 성의 기능에 대한 강조점이 변화하였다. 동서양을 막론하고 전통사회에서는 남성중심의 성규범과 성의 자녀출산기능이 강조되었다. 즉, 남성은 선천적으로 성적 충동을 갖고 태어나나, 여성은 원래 성적으로 수동적이므로 남성이 성행위를 주도해야 한다고 믿었다. 그에 따라 남성은 여성의 성에 대한 소유와 통제권을 가지며, 여성은 성적 자율권과 결정권을 갖지 못하였다. 그리고 남성의 성적 긴장 방출이 필수적이라고 생각되어 혼외의 성에 대한 자유를 허용하였으나 여성의 성적 순결은 중시되는 이중적 성기준이 있었다. 또한 키스나 애무, 자위 등은 출산과 관련이 없는 성행동으로서 금기시되었고, 노인의 성은 무시되었다.

근대사회가 되면서 성에 관한 지식이 증가함에 따라 여성도 성욕이 있으며 남성도 성적 충동을 지연할 수 있다는 견해가 나타나게 되었고, 인본주의와 양성평등주의, 성 개방주의의 영향으로 남성중심적인 성문화에서 벗어나 여성의 성적 자율권과 결정권을 인정하게 되었다. 즉, 남녀 모두가 성의 대등한 주체가 되어 성행위를 주도할 수 있다고 믿게 되었고, 성반응에서 남녀별로 차이가 있음이 인정되었으며, 성의 쾌락적 기능과 관계적 · 심리적 기능이 중시되었다. 그리고 출산과 관련이 없는 성행동이나 노인의 성도 자연스러운 것으로 인정하였다.

성에 관한 지식이 부족하면 건강한 성기능 및 만족에 부정적 영향을 미치게 된다. 흔히 일반 사람들이 가지는 성에 관한 통념과 신화들은 <참고 3 - 4>와 같다.

참고 3-4 성행동과 관련된 통념

1. 남성의 성과 관련된 통념
   - 성과 사랑, 결혼은 분리될 수 있다.
   - 남성의 혼전순결은 중요하지 않으며, 외도도 허용되나 결혼은 정숙한 여성과 한다.

- 남성은 여성이 원하면 언제든지 성행위를 할 준비가 되어 있어야 한다.
- 남성은 항상 성행위를 주도해야 하고 성적 능력은 남성성의 기준이다.
- 피임이나 임신은 여성의 몸과 연관되므로 여성이 책임져야 할 문제이다.
- 여성이 원하는 것을 말하지 않아도 다 알고 있어야 한다.
- 남성은 일단 발기가 되면 반드시 사정을 해야 하며 그래야 몸에 해롭지 않다. 또는 사정을 참으면 정력이 강해진다.
- 남성의 성기의 크기가 성적 능력을 좌우한다.
- 남성은 한번 시작하면 멈출 수 없다.
- 술은 성욕을 강화시킨다.

2. **여성의 성과 관련된 통념**
- 여성은 사랑하는 사람 외에는 성적 욕구를 느끼지 않는다.
- 여성이 자신의 성적 느낌을 표현하거나 성행위를 주도하는 것은 여성답지 못하다.
- 여성은 삽입에 의한 성교를 통해서만 오르가즘을 느낄 수 있다.
- 여성의 거절은 동의를 의미한다.
- 여성의 가슴크기는 성적 능력과 직접 관련이 있다.

출처 : 임정빈 · 정혜정(1997). 성역할과 여성. 서울 : 학지사, pp.194-195 재구성.

6) 건강한 성

인간은 전 생애 동안 성적 존재이므로 전 생애에 걸쳐 올바른 성에 관한 개념과 태도를 형성하고, 건강한 성에 관한 정보를 습득하여 적용하는 것이 필요하다. 인간의 성행동은 충동과 본능에 의한 동물적 행위가 아닌 이성과 감정, 정신의 종합적인 작용의 총체이며, 통제와 조절이 가능하므로 타인과 인격적인 관계로 유지되도록 길들이고 관리해야 한다. 즉, 건강한 성행동은 애정을 바탕으로 서로 간의 동의에 의해 자발적으로 이루어지므로 기쁨과 자존심 회복을 가져오며, 죄의식이나 긴장, 두려움, 불쾌감을 전혀 느끼지 않는다. 그리하여 성행동은 두려움이나 의무감, 압력과 관계없이 자신의 선택에 의한 것이어야 하고, 자신에 대한 긍정적 감정과 기쁨, 만족감을 주는 것이어야 하며, 원하지 않는 임신을 예방하고 성병의 감염위험이 없으며, 법적으로 받아들여지는 것이어야 한다.

건강하고 안전한 성은 다음의 조건을 갖추어야 한다.

① 부부간의 성행동으로 한정하고 위험한 성행동 금하기

② 성행위 의도를 표현하고 동의를 구하기

③ 임신을 원하지 않는다면 서로가 동의하는 피임방법을 선택하기
④ 성행위의 결과에 대해 책임지기
⑤ 절제된 성행동으로 성병감염 예방하기

이를 위해 다음과 같은 태도와 신념을 가질 필요가 있다.

첫째, 자발적으로 선택하고 그에 따른 결과를 책임진다.

사랑하면 성적 친밀감과 신체적 접촉욕구가 높아지는 것은 자연스러운 것이다. 그러나 상대방의 요구를 들어주지 않으면 떠나갈지 모른다는 불안과 상대방의 요구를 거절하면 싫어할까봐 염려하는 마음에 원치 않는 성관계를 하거나 신중한 생각 없이 충동적인 성관계를 하는 경우에 긍정적인 영향보다 부정적 영향이 더 크다. 우선 피해의식, 적개심, 불안, 갈등, 죄책감 등을 경험하며, 이후의 이성관계에 부정적 영향을 미칠 수 있다. 이 외에도 원치 않는 임신을 하거나 성병에 감염되기 쉬우며, 임신 때문에 자신의 인생목표를 수정하여 결혼하는 경우 행복한 결혼생활을 영위하기 어렵다. 다른 사람과 결혼하게 되었을 때도 혼전 성경험으로 인한 갈등과 죄의식, 불신감이 결혼의 질을 저하시키게 될 수 있다.

그러므로 자발적인 성관계이면서 자존감을 높여주고 두 사람 모두에게 긍정적으로 작용하며 성관계와 그 후의 임신 및 부모됨에 책임지는 태도를 갖는 것이 건강한 성을 위해 평생 동안 노력할 과제이다.

둘째, 성과 관련된 충분한 의사소통과 상호 간 조화노력이 필요하다.

남녀 두 사람은 이성으로서, 동시에 다른 개성을 가진 사람으로서 성에 대한 개념과 태도가 다를 수 있으며 그 결과 오해와 갈등이 발생하기 쉽다. 그러므로 성에 관한 개념과 태도에 대하여 상대방과 충분히 의사소통하면서 합리적으로 결정하고 조화로운 관계를 유지하는 노력을 하는 것이 필요하다. 이를 위해서 언어적·비언어적으로 분명한 의사표현을 하는 것이 불필요한 오해와 갈등을 예방하며, 문제를 해결할 수 있다. 즉, 성관계를 원하지 않는 경우에 '안 돼'라고 말할 수 있어야 하고, 사랑의 담보가 결코 성행위가 아님을 전달할 수 있어야 한다.

셋째, 성에 관한 지식에 대해 정확하게 알아야 한다.

성은 일방의 주도로 이루어지는 것이 아니라 서로의 욕구를 이해하고 존중하며

함께 나눈다는 의식이 필요하다. 이를 위해 남녀 모두 자신과 상대방의 몸에 관한 지식과 아울러 성욕구와 성반응 및 피임법에 대해 정확하게 알고, 대화를 통해 상대방을 이해하며 건강하게 성을 관리해야 한다.

7) 피임법

피임은 성관계의 결과 정상적인 수정이 일어나지 못하게 하는 것으로, 그 목적은 생명과 몸을 귀중하게 여기고 그에 대해서 책임을 지는 것이다. 어떤 피임방법을 사용하느냐는 개인적 선택의 문제이지만 중요한 것은 남성과 여성이 함께 의논해서 본인들의 사정에 적합한 것이어야 하고, 해나 부작용이 없고 믿을 수 있으며, 간편하고 경제적이어야 한다.

피임법에는 자연적인 피임법, 기구를 이용한 피임법, 화학적인 피임법, 수술에 의한 피임법이 있다. 주요한 피임법은 다음과 같다.

(1) 자연피임법

여성의 월경주기를 이용하여 배란기간과 임신이 가능한 기간에 성관계를 피하는 것이다. 보통 배란은 다음 월경주기 시작일부터 14일 전에 이루어지므로 그 앞뒤 4일씩을 임신가능기로 본다. 예를 들면, 월경주기가 28∼30일인 경우에 월경주기 10일 전부터 19일까지가 임신위험성이 높은 기간이다. 배란일을 알기 위해 기초체온법이나 점액관찰법을 병행하기도 한다. 이 방법은 월경주기가 정확한 여성에게만 가능한 것으로 배란기를 정확하게 측정하고 안전기간에 충분한 여유를 두는 것이 효과적이다.

(2) 콘돔

얇고 질긴 라텍스로 만들어진 것으로 음경에 씌우면 정자가 질 안으로 들어가는 것을 막게 된다. 콘돔은 쉽게 구할 수 있고 사용하기 간편하여 우리나라에서 가장 많이 사용되는 피임법이며 성병예방에도 좋다. 사용방법이 정확하면 피임효과가 높으나 피임실패율이 2∼15%로 높다는 단점이 있다.

(3) 자궁 내 장치(루프)

여성의 자궁 안에 삽입하여 수정란의 착상을 막는 T자형 장치이다. 보통 자녀 출산 후 터울조절을 위해 사용하며 월경을 시작한 지 5일째 되는 날 병원이나 보건소에서 시술을 해주며, 시술 후 6개월에 한 번씩 체크를 받는 것이 바람직하다. 시술이 아주 간단하고 원하는 기간만큼 피임할 수 있다는 이점이 있으나 개인에 따라 하복부 통증과 과도한 월경량 등의 부작용이 있을 수 있다.

(4) 먹는 피임약

먹는 피임약은 여성의 월경과 임신을 좌우하는 호르몬을 함유한 약으로 화학적으로 배란을 억제하는 작용을 한다. 월경이 시작된 날로부터 5일 이내부터 매일 한 알씩 먹어야 한다. 비교적 안전하고 사용이 간편하며 성생활을 방해하지 않는다는 장점을 가지나 구토, 체중증가 등의 부작용이 있을 수 있다. 심장이나 혈관계통 질병, 당뇨병, 고혈압 증세가 있는 사람은 피임약을 사용하지 않는 것이 좋고, 40세 이상 여성도 역시 삼가는 것이 좋다. 최근 먹는 피임약의 불편한 점을 개선하기 위해 6개월이나 1년 주기로 주사를 맞거나 피부 밑에 붙이는 약제가 개발되었다.

(5) 수술에 의한 피임법

영구피임을 목적으로 난자와 정자의 배출을 차단하여 수정을 막는 방법이다. 여성의 나팔관을 묶는 난관수술법과 남성의 정관을 묶거나 잘라내는 정관수술법의 두 가지가 있다. 자녀출산을 더 이상 원하지 않을 때 실시하며 효과가 확실하고 성생활에 영향을 주지 않는다. 부부가 합의하여 시술을 받아야 하며, 임신을 원하는 경우는 복원수술을 해야 한다.

이 밖에 기구를 이용한 피임법으로 여성용 콘돔인 페미돔과 정자를 죽임으로써 피임하는 살정제가 있다.

8) 인공유산 논쟁

인공유산은 모체나 태아의 건강상 이유가 아닌 다른 이유로 낙태를 실시하는 것으로, 이에 대한 찬반논쟁이 있다. 찬성하는 측은 여성 스스로 낙태를 선택할 수 있는 권리를 갖고 원하지 않는 임신에서 해방시켜 주고, 사생아의 출생을 막을 수 있다고 주장한다. 한편 반대하는 측은 낙태란 도덕적·윤리적인 문제이며 살인행위라고 주장한다. 이는 생명의 순간이 언제부터 시작되는가에 대해 다른 견해를 가진 데 기인한다. 즉, 정자와 난자가 수정되는 순간부터 인간으로 볼 것인가 아니면 언제부터 인간으로 볼 것인가에 대한 관점이 다른 것이다.

우리나라에서는 인공유산이 불법으로 규정되어 있으나 피임에 실패하는 경우 대부분 인공유산을 실시하고 있어서 생명경시현상이 만연되어 있다. 더욱이 인공유산 자체는 산모에게 죄책감, 우울증 등의 정신적 후유증과 자궁 내 유착증, 자궁경관 무력증, 불임 등의 신체적 후유증을 일으킬 수 있다. 그러므로 여성은 자율적으로 성관계나 자녀출산, 피임에 대해 선택하고 결정할 수 있어야 하며, 원하지 않거나 계획하지 않은 임신을 하지 않도록 유의할 필요가 있다.

참고 3-5 미혼남녀 555명의 섹슈얼리티 조사결과

1. **성에 대한 의식** : 두렵고 어색, 민망, 이상, 퇴폐, 생명, 야함, 즐거움, 아름다움 등 다양한 이미지를 가지며, 여성이 남성에 비해 부정적인 편
2. **자신의 성적 반응에 대한 생각** : 남성은 자연스러움, 건강함, 긍정적인 면을 생각하나 여성은 이 외에도 수치심, 창피, 당황, 두려움, 자기혐오를 경험
3. **순결과 처녀막에 대한 생각** : 여성 대다수가 불공평하며 여성을 억압하는 것으로 생각하는 반면, 남성 대다수는 여성의 순결과 처녀막이 중요하다고 생각
4. **혼전 성** : 남성 대다수는 찬성하는 편이나 여성은 사랑, 책임, 결혼 등의 조건이 있는 경우 가능하다는 생각이 대부분
5. **여성의 자위행위** : 여성 대다수는 필요하다고 인식하나 남성은 인정하지 않음
6. **선호하는 피임방법** : 여성은 콘돔, 남성은 월경주기법, 질외사정법을 선호
7. **인공유산** : 남성과 여성 모두 해서는 안 되는 것이지만 필요하다고 생각

출처 : 박수선·김명자(2004). 미혼 성인남녀의 섹슈얼리티에 관한 기초연구. 대한가정학회지, 42(5), pp.53-76.

3. 성역할

결혼과 가족생활 자체가 남성과 여성이 부부 또는 부모 - 자녀, 형제자매 등의 가족 내 위치에서 상호 의존적 관계를 이루기 때문에 남성과 여성의 성차와 성역할을 이해하는 것이 건강한 가족관계의 기본이 된다.

1) 성 차

남성과 여성의 공통점과 차이점은 어떤 것인지 알아보기로 한다.

남성과 여성은 공통적으로 인간으로서 기본적인 생존의 욕구, 사랑과 자존감, 자아실현의 욕구를 지니고, 지적인 능력과 감성적 능력, 심리적 특성을 공통적으로 갖고 있다. 그리고 지능, 창의성, 기계적 학습능력, 성적인 반응, 협동성, 지배성, 수줍음, 경쟁성 등이 남녀 간에 큰 차이가 없다고 한다.

남성과 여성의 전형적인 특징으로 알려진 것 중 과학적 근거가 있는 성차는 다음 몇 가지가 있으나 대부분 약간의 차이를 보이는 것들이다. 과학적으로 입증된 남성과 여성의 차이점으로는 남성은 신체적 크기와 신체적 힘, 수학적 능력, 시각 및 공간 능력, 대근육 운동에서 우수하고 공격성과 활동성이 더 발달되어 있는 반면, 여성은 언어능력, 질병에의 저항능력, 촉각의 민감성, 손재주 같은 소근육 운동, 양육성, 사회성, 공감능력 등이 더 발달되어 있다(임정빈 · 정혜정, 1997; 최외선, 1985; Greenberg et al., 1992). 그러나 이러한 차이의 원인에 대해 학자들은 생물학적 차이와 환경의 상호작용의 결과로 해석한다. 그리고 모든 남성이 다 건장하고 공격적이며 달리기 등을 잘하고, 모든 여성은 다 온화하고 부드럽고 손재주가 있는 것은 아니다. 그러므로 남성과 여성의 차이는 그런 특질을 가진 사람이 남성이나 여성 중에 많다는 것을 의미하는 것이며, 성차 외에 개인차가 존재하는 것을 인정해야 한다.

참고 3-6 남성과 여성의 공격성과 스트레스 반응, 우울증이 왜 차이가 날까?

남성이 여성보다 공격적이고 폭력적인 것으로 알려져 있다. 펜실베이니아 대학 연구팀은 편안히 쉬고 있는 남녀의 뇌활동을 양전자단층촬영법으로 관찰했다. 그 결과 여성의 뇌보다 남성의 뇌에서 측뇌변연계가 더 활발히 움직였다. 이곳은 분노와 공격성과 관련된 감정표현을 맡는 가장 원시적인 뇌부위다. 연구팀은 남성의 뇌는 공격성이 항상 깨어있기 때문에 여성보다 더 폭력적이라고 믿는다. 스트레스 반응의 성차를 연구한 독일 뒤셀도르프 대학 올리버 볼프 박사의 연구에 따르면, 스트레스를 받아 스트레스 호르몬인 코르티솔 분비가 증가하면 남학생은 성적이 현저히 떨어진 반면 여학생은 성적이 떨어지지 않았다. 영국 케임브리지 대학의 디노 기우사니 박사도 자궁 속에서 자라는 태아의 호르몬 분비량을 측정해 수컷이 암컷에 비해 스트레스 호르몬인 코르티솔을 두 배나 많이 분비한다는 것을 밝혀냈다. 남녀의 스트레스 반응차이는 태어나기 전부터 이미 결정되어 있는 것이다.

미국정신건강연구소는 왜 여성이 남성보다 우울증에 잘 걸리는지 확인하기 위해 남녀에게 슬픈 추억을 회상토록 한 뒤 뇌의 활동을 양전자방출 단층촬영기로 관찰했다. 그 결과 여성의 뇌는 감정의 뇌인 대뇌변연계 앞면의 활동부위가 남성의 8배에 달했다. 여성들이 심한 우울증을 겪을 가능성이 남성보다 두 배나 큰 것도 바로 그런 이유인 것으로 추정된다.

출처 : 사이언스타임즈(2006. 9. 18).

2) 성역할

성역할이란 사회적 성(gender)과 동일한 개념으로 생물학적 성에 따라 그 사회에서 요구되는 규범적 행동을 의미하며, 대부분 사회화과정을 거쳐 학습된다. 성역할은 심리적 측면으로서 성역할 정체감과 사회적 측면으로서 성역할 태도로 구분된다. 성역할 정체감은 성에 따른 인성 특성이고 '남성적이다', '여성적이다' 등으로 표현된다. 성역할 태도는 '보수적이다', '평등적이다'라는 말로 표현된다.

성역할 정체감은 흔히 '남성성, 여성성, 양성성' 등으로 구분된다. 남성적인 성역할 특성은 결단력이 있고, 모험적이며, 자기주장이 강하고, 지배적이며, 독립적 · 진취적인 것이다. 반면 여성적인 특성은 이해성이 있고 수줍어하고 남을 잘 배려하며, 부드럽고 자애롭고, 감성적이며 인정이 많고 동정심이 많으며, 의존적인 것이다.

우리 사회에서는 남성은 남성다워야 하고 여성은 여성다워야 한다고 기대되어 왔다. 그러나 복잡하고 경쟁적인 현대사회에서는 유능성과 적응력이 있는 사람을 요구하고 있기 때문에 전통적인 성역할에 대한 고정관념이 도전받고 있다. 실제로 남녀의 역할공유가 자연스러워지고 있는 추세이다. 그래서 남성적인 특성과 여성적인 특성을 함께 나타내는 양성적 특성이 더 바람직한 것으로 여겨지고 있다. 양성적인 사람은 사회에서 규정하는 남자다운 특성이나 여자다운 특성에 따라야 한다는 강박관념을 갖지 않고 자신의 진정한 자아를 표현할 수 있다. 요즈음 광고에서도 체력과 실력에서는 강하고 아내와 가족에게는 부드러운 남성이 매력적인 것으로 비쳐지고 있고, 여성의 모습도 남을 잘 배려하면서도 자기주장을 하며 독립적인 것이 바람직하게 묘사되고 있는 것 등이 그 실례라 할 것이다.

성역할 태도는 성별로 기대되는 행동에 대한 개인의 호의적 또는 비호의적인 반응경향을 의미한다. 성역할 태도는 사회적인 남녀평등에 대한 태도와 가정에서의 남녀평등에 대한 태도, 성 고정관념에 대한 태도로 구분된다. 즉, 여성의 취업과 승진, 직장에서의 남녀평등, 부부평등과 역할공유, 아들선호, 여성의 이혼청구나 음주에 대한 선호경향 등이 있다.

성역할 정체감과 성역할 태도가 가족관계에 어떤 영향을 미치는가? 서구사회와 국내의 연구결과에서 다음과 같이 나타났다.

여러 연구에서 양성적인 사람은 알코올중독자가 없고 정신건강이 좋으며 자존감과 생활만족도도 높은 것으로 보고된다. 또 남편이 양성적이어서 가사일을 도와주고 가족과 함께 하는 활동을 많이 할수록 부부행복도는 증가하였다. 반면 남편이 가사일에 협조하지 않는 경우에는 그 부인은 물론 남편도 행복도가 낮은 것으로 보고되었다.

가족원 개개인이 전통적 성역할 태도를 가졌는가 아니면 평등적 성역할 태도를 가졌는가는 가족관계와 역할수행에 매우 중요한 영향을 미친다. 남편이 전통적 성역할 태도를 가지고 아내가 평등적 성역할 태도를 가지는 경우 부부갈등이 많고 만족도가 낮은 데 비해, 남편이 평등적 성역할 태도이고 아내가 전통적 성역할 태도나 평등적 태도를 가질 때 만족도가 높은 것으로 나타났다(최규련, 1984; 윤경자, 1997).

3) 남성과 여성의 콤플렉스

남성과 여성은 성역할 사회화과정이 서로 다르기 때문에 성역할에 대한 고정관념이 각기 다르게 발달하고, 이는 남성과 여성에게 스트레스로 작용하면서 신념에 집착하게 되는 성향, 즉 콤플렉스를 갖게 한다. 콤플렉스는 가정과 학교, 대중매체 등 사회환경의 영향으로 발달하게 되고 남성과 여성의 삶에 깊숙이 내면화되어 구속과 제약을 주게 된다. 가족생활과 연관되는 몇 가지 콤플렉스를 살펴보자(여성을 위한 모임, 1994; 박상창, 1991).

① 엄마 콤플렉스

어머니의 사고방식과 취향의 영향력이 압박감으로 작용하고 아들의 전반적 생활문제에서 최종결재자는 어머니가 된다. 소위 마마보이로 행동하기 때문에 그 아내는 어머니의 대리자이자 성의 도구로 간주되고 소외감과 부담감, 불신감을 느끼게 된다.

② 장남 콤플렉스

전통적으로 장남이 가정의 기둥으로서 경제를 책임지고 중추적 역할을 담당하도록 기대를 받아왔기 때문에 습득되는 압박감과 갈등을 의미한다. 이들은 가정을 책임져야 한다는 것 때문에 자신의 꿈과 적성보다는 현실순응적인 성향을 지니고 변화를 기피하며 그로 인하여 부담과 갈등을 느낀다.

③ 착한 여자 콤플렉스

여자는 늘 착해야 한다는 생각을 지닌다. 남성과 윗사람의 의견에 순종하고 자신의 의견을 내세우지 않고 겸양하며 자신의 욕구를 억제함으로써 늘 남에게 칭찬받아야 자신은 착한 사람이라고 생각한다. 칭찬을 받지 못하면 스스로 자기비하감과 열등감을 갖는다.

④ 신데렐라 콤플렉스

도전이나 변화에 대해 두려움을 가지며 결혼에 대한 경제적·정서적 집착을 보여서 사랑이나 결혼, 남편, 자녀에 맹목적으로 매달리고 자립적인 삶을 기피하게 만든다. 즉, 평생의 안전한 보루로서 결혼을 선택하여 자신을 구속하고 억압하는 관습을 깨닫지 못하고 남편에게 의존하여 살아간다.

⑤ 슈퍼우먼 콤플렉스

직장일과 집안일, 자녀양육 등 여러 역할을 완벽하게 해야 한다는 강박감을 가지고 자신이 갖고 있는 능력에 상관없이 잘하려고 하다 보니 긴장감과 불안, 압박감, 죄책감 등으로 고통을 받는다.

⑥ 카사노바 콤플렉스

남성의 성편력은 자랑스러운 일이고, 여성은 순결해야 한다는 이중적 성규범으로 작용하며, 정력을 남성다움으로 간주하면서 남성은 압박감과 갈등을 경험한다.

⑦ 성 콤플렉스

여성이 성적으로 적극성을 보이면 정숙하지 못하다고 생각하고 성에 대해 소극적 · 의존적 · 수동적인 것이 미덕으로 여겨져서 성에 관한 표현, 욕망, 흥미를 억제하는 동안 성적 부적응, 성적 불만, 강박관념을 갖는다. 그 결과 이러한 콤플렉스들은 남성의 여성에 대한 성폭력을 정당화시키고 성적 억압을 가져오는 결과를 초래하고, 종국에는 남성과 여성의 건강한 관계가 파괴되고 성문제가 발생하게 된다.

4) 평등한 성역할

여러 연구에서 남성과 여성 간에 생물학적 차이 외에 많은 차이가 밝혀지지 않았고 환경의 영향과 개인차가 존재하는 것으로 나타났다. 그리고 성역할 습득은 생물학적 요인 외에 가족, 학교, 대중매체, 사회 전반적인 문화의 영향을 받는 것으로 알려져 있다. 그러므로 남녀의 역할과 남성다움과 여성다움은 사회문화적 환경에 의해 학습되고 사회화되는 측면이 많다.

가족생활에서 남녀 모두가 자신이 지닌 콤플렉스를 극복하고 자연스러운 인간으로 살아가기 위해서는 서로를 돕는 파트너로 인식하여야 하고, 성별보다는 각 개인의 능력과 선호를 기초로 역할을 수행해야 할 것이다. 그리고 현대사회에서 적응력을 갖기 위해서는 양성적이고 평등한 성역할 태도를 가질 필요가 있다. 다음의 <표 3 - 1>과 <표 3 - 2>를 통하여 자신의 성역할 정체감과 성역할 태도를 점검해 보고 앞으로 어떤 노력이 필요한지 생각해 보자.

〈표 3-1〉 나의 성역할 정체감 유형은?

1	2	3	4	5
전혀 나의 성격과 다르다	대체로 나의 성격과 다르다	어느 정도 나의 성격과 비슷하다	대체로 나의 성격과 같다	대부분 나의 성격과 똑같다

특 성	점 수	특 성	점 수
1. 공격적인		12. 진실한	
2. 이해심 있는		13. 주장이 강한	
3. 도움을 주려는		14. 부드러운	
4. 결단력 있는		15. 변덕스러운	
5. 양육적인		16. 지배적인	
6. 행복한		17. 인정이 많은	
7. 모험적인		18. 예측이 어려운	
8. 수줍은		19. 독립적인	
9. 조직적이지 않은		20. 동정심이 있는	
10. 강한		21. 믿음직한	
11. 온화한			

나의 여성성 점수 : ( )점 (2번+5번+8번+11번+14번+17번+20번) / 7
남성성 점수 : ( )점 (1번+4번+7번+10번+13번+16번+19번) / 7
양성성 점수 : ( )점 (남성성 점수 - 여성성 점수)
*양성성 점수가 0에 가까울수록 양성적임
(점수가 +로 높을수록 남성적, 점수가 -로 높을수록 여성적임)

출처 : Strong & Devault(1992). The marriage and family experience, p.112 참조.

〈표 3-2〉 나의 성역할 태도는?

문항내용	전혀 그렇지 않다	대체로 그렇지 않다	그저 그렇다	대체로 그렇다	매우 그렇다
1. 집안의 중요한 결정은 남편이 해야 한다.					
2. 가족을 부양하는 것은 남편(남성)의 임무이다.					
3. 아내가 직업을 갖고 있다 해도 가정살림은 아내의 책임이다.					
4. 아내가 직업이 있더라도 가족의 경제적 부양은 남편의 책임이다.					
5. 가정에서 남자가 할 일과 여자가 할 일은 따로 있다.					
6. 재산은 남편명의로 해야 한다.					
7. 여자아이는 얌전하게, 남자아이는 씩씩하게 키워야 한다.					
8. 여자아이는 남자아이보다 말투나 행동을 조심해야 한다.					
9. 결혼한 남성이 집안일을 하거나 가족을 간호하는 것을 보면 불쌍해 보인다.					
10. 여성이 가족을 위해 자신을 희생하는 것은 어쩔 수 없는 일이다.					
11. 남성이 노부모의 식사나 대소변 등의 시중을 드는 것은 어렵다.					
12. 식사준비나 손님을 접대하는 일은 여성이 해야 한다.					
13. 부모가 수족을 못 쓰게 되면 딸이나 며느리 같은 여성이 간호해야 한다.					
14. 여성의 직장일은 집안일이나 자녀양육에 지장이 없는 범위에서 해야 한다.					
15. 자녀를 키울 동안 여성은 직장에 다니지 않는 것이 좋다.					
16. 남성이 자녀양육문제로 직장을 휴직하는 것은 좋지 않다.					
17. 여성이 직장일과 가정일 둘 다 하기 어려워 고민하면 무리하지 말고 퇴직해야 한다.					

*전혀 그렇지 않다 1점부터 매우 그렇다 5점으로 계산하여 전체 문항 합산점수가 34점 이하는 평등적 태도이고 적을수록 평등적 태도가 강하며, 51점 이상은 전통적 태도이고 이보다 많을수록 더 전통적 태도가 강함

출처 : 한국여성개발원(1998). 한국형 양성평등의식검사 개발, pp.250-254 참조.

CHAPTER 04

이성교제와 배우자 선택

현대사회에서 이성교제는 결혼하기 위한 준비단계로서만이 아니라 성인 초기의 발달과제인 친밀감 형성에 필수적으로 요구되는 과정이다. 배우자 선택은 결혼과정의 시작으로서 일생 중 가장 중요한 결정 중의 하나이며, 결혼생활의 미래를 좌우하므로 자신에게 잘 맞는 배우자를 선택하는 것이 중요하다. 이와 같이 중요한 혼전단계로서 이성교제와 배우자 선택은 미래의 결혼생활의 기초를 형성하고 영향을 미치기 때문에 자신과 상대방을 이해하고 결혼에 대한 준비를 하기 위한 충분한 여유를 가질 필요가 있다.

이 장에서는 이성교제의 기능과 단계, 문제점과 배우자 선택이론을 중심으로 한 배우자 선택기준과 결혼결정요인, 배우자 선택 시 고려사항들을 살펴보기로 한다.

1. 이성교제

이성교제는 데이팅(dating)이라는 용어와 같이 사용되며, 이성을 알게 되는 다양한 활동과 친밀감을 발달시키는 과정을 의미한다. 이성교제는 어느 사회에서나 볼 수 있는 것으로 청년기에 이성에 대한 관심과 만나고 싶은 욕구를 충족하는 자연스러운 행동이다. 그러나 이성교제에 대한 사회의 허용 정도와 이성교제 실제 양상은 시대적·문화적 배경에 따라 다르게 나타난다.

우리나라 전통사회에서는 대부분 중매혼이고, 배우자 선택의 주체가 본인이 아닌 부모였기 때문에 혼전의 이성교제는 허용되지 않았다. 특히 유교윤리에 기반한 엄격한 부계중심 사회였던 조선시대에는 '남녀 칠세 부동석'이라고 하여 남녀 간의 교제를 금지하였다. 그러나 일제시대 이후 서구문화가 들어오면서 우리나라에서도 어른들이 소개한 배우자감을 파악할 수 있는 이성교제 기회를 제한적으로 주었다. 그 이후 배우자 선택권을 당사자들에게 부여하면서 자유로운 이성교제를 허용하여 현대사회에서는 결혼 전의 이성교제는 필수적이고 자연스러운 과정으로 인식하게 되었다.

1) 이성교제의 기능

(1) 사회화의 기능

이성교제는 성인남녀로서 사회적 기술을 배우는 사회화 수단이 된다. 이성교제를 통하여 사회가 기대하는 성인 남성과 여성으로서 역할을 수행하는 기회를 갖게 되고, 사랑과 이성에 대한 관심을 구체화시키며, 이성과 대화하고 배려하며 협력하고 관계를 유지하는 방법과 문제와 갈등에 대처하고 해결하는 방법들을 배운다. 그리고 미래의 결혼생활에 대한 막연한 기대나 비현실적인 사고방식을 구체화시켜서 자신의 역할에 대한 주변사람의 기대를 생각하고 자신의 행동을 조절할 수 있게 된다. 그러므로 이성교제는 성역할을 습득하고 이성과의 관계와 결혼생활기술을 배우는 기회가 된다.

(2) 자기성장의 기능

이성과의 교제를 통하여 상대방으로부터 자신의 행동에 대한 피드백을 얻게 됨으로써 자신을 성찰하게 된다. 즉, 이성과의 관계 속에서 사랑의 기쁨과 좌절을 경험하면서 자신의 행동이 타인에게 주는 영향을 알 수 있고, 자신의 행동에 대해 자각하게 되면서 자신의 장단점을 객관적으로 파악하고 자기이해를 증진시킬 수 있는 것이다. 그 결과 삶의 의미를 깨달아가고 자기성장을 위해 노력하는 기회가 될 수 있다.

(3) 오락의 기능

이성과 만나고 교제하는 동안 즐거움과 오락을 즐기는 기회가 된다. 청년기에 보편적으로 존재하는 이성에 대한 흥미와 친밀감에 대한 욕구를 이성과의 사귐을 통하여 충족함으로써 생활의 활력이 생기고 만족을 증진시키게 되는 것이다.

(4) 배우자 선택의 기능

이성교제는 가능성 있는 많은 결혼상대자들과 인간관계를 형성하고 발전시킬 수 있는 기회를 제공한다. 이성교제의 여러 기능이 있지만 궁극적인 기능은 배우자 선택이다. 이성교제를 통하여 여러 이성 중에서 자신에게 적합한 배우자상을 확립하고 배우자감을 판단하는 안목을 기르며, 가능성 있는 사람 중에서 구체적인 몇 사람으로 범위를 좁히고 결국에는 한 사람을 배우자로 선택하는 것이다. 모든 이성교제가 자신과 잘 조화될 수 있는 배우자를 선택하도록 하는 것은 아니다. 배우자를 잘 선택하는 것은 자신의 능력에 달려있고 자기책임에 속한다.

2) 이성교제단계

이성교제단계는 다음 4단계로 나뉜다.

(1) 가벼운 단계(causal dating)

특정한 상대를 만나는 것이 아니라 여러 사람과 자유롭게 만나는 단계이다. 대체로 상대방을 알고자 하는 호기심으로 교제가 이루어지고 동시에 여러 쌍이 만나는 수도 있다. 이 단계의 교제는 자신을 이해하고 이성에 대한 판단능력을 갖추는 기회가 된다.

(2) 계속적 단계(steady dating)

한 사람을 선택하여 지속적으로 만나는 단계이다. 상대방이 다른 사람과 교제할 수 있지만 자신과 계속 만나기를 기대한다. 이 단계에서 상대방을 더 잘 알게 되고 경우에 따라 애정, 의존성을 경험하면서 심리적 안정도 느낀다.

(3) **진지한 단계**(serious dating)

이 단계는 다른 사람을 배제하고 서로에게 정서적으로 헌신하며 두 사람의 장래와 관련지어 상대방에 대해 현실적인 평가를 하게 된다. 이때는 전 단계와 달리 책임감, 협조적이고 긍정적인 태도로 변화하는 경향을 보이고 심리적 안정감을 가지게 되며 다른 사람과의 교제 가능성은 적어진다.

(4) **구혼단계**(pinning dating)

진지한 교제단계가 발전하면 구혼을 하게 되고 결혼을 전제로 하는 만남이 이루어진다. 이 단계는 정서적 헌신과 결혼을 위한 약속이 이루어지고 장래에 대한 논의를 하는 시기이다. 이때 친밀감이 증진되면서 육체적 친밀감에 대한 욕구가 증가하게 된다.

3) **이성교제와 관련된 문제**

(1) **혼전 성의 통제문제**

청년기에 이성에 대한 호기심과 함께 정서적인 친밀감 욕구가 발단이 되어 이성교제가 진행되기 때문에 이성과 교제하는 대부분의 청년들은 어느 정도 성적 접촉을 할 것인가를 생각하지 않을 수 없다.

전통적인 도덕적 · 종교적 관점은 혼전의 성관계는 통제되어야 하고 혼전 성은 죄의식, 불안감, 비도덕적 행동이라는 비난, 원치 않는 임신, 성병, 성적 자율성 무시라는 문제를 일으킨다고 믿었다. 한편 혼전 성에 대한 개방적 관점은 성은 상대방에 대한 사랑을 표현하고 확인하는 방식이고 상대방 이해에 필수적이며, 자연스럽고 인간의 본성에 충실한 것이라고 주장한다. 그리고 남성에게 혼전 성경험은 허용되나 여성은 허용되지 않는다는 이중기준도 존재한다. 이와 관련하여 다음과 같은 다양한 기준이 있다.

① 절대적 불허 : 남녀 모두 혼전 성경험은 안 된다는 입장

② **이중기준** : 남성의 혼전 성경험은 허용되나 여성은 안 된다는 입장

③ **애정이 있으면 허용** : 사랑하는 관계이거나 약혼했으면 혼전 성경험은 허용된다는 입장

④ **애정과 무관하게 허용** : 애정이나 결혼과 무관하게 혼전 성경험이 허용된다는 입장

대체로 남성은 허용적 입장과 이중기준이 많고, 여성은 절대적 불허입장과 애정이 있으면 허용입장이 많은 경향을 보인다(박수선 · 김명자, 2004).

최근 혼전 성경험을 허용하는 경향이 높아지고 있는데 이는 사회문화적 변화와 연관된다. 즉, 이성교제 행동에 대한 부모의 통제가 약화되어 청년들이 성에 대한 자율적 결정을 내리는 일이 많아졌고, 사회 전반적으로 성적 호기심을 유발하고 자극하는 매체들이 많아지고 성의 쾌락적 측면이 강조되는 경향이다. 또한 양성평등의식이 확산되고 평균 초혼연령이 높아지는 경향에 따라 혼전 성경험에 대한 개방적 태도와 실제 행동화 가능성이 많아진 것이다.

혼전 성에 대한 정답은 개인의 가치관에 따라 다양할 수 있으나, 혼전 성경험의 결과 수반되는 긍정적인 점과 부정적인 점을 고려하여 이성교제 중의 자신의 성행동 수준을 결정하여야 할 것이다.

혼전 성행동과 관련된 문제로서 압박감, 죄책감, 성병, 임신가능성 등을 들 수 있다. 압박감은 이성교제 중인 대부분의 여성이 남성으로부터 원하지 않는 성적 요구를 받을 때 발생하는 것으로 남성의 감정을 상하지 않게 하면서 성적 요구를 거절하여야 하는 어려움을 갖는다. 죄책감은 자신의 성적 규범을 위반하여 경험하는 것으로 미래의 부부관계와 성적 적응에 부정적인 영향을 줄 수 있다. 또한 성병예방에 대한 지식이 없는 상태에서 두 명 이상의 상대와 성행위를 하였을 때 성병에 감염되는 문제가 발생한다. 그리고 피임법의 보급에도 불구하고 혼전 성경험을 하는 경우 대부분 효과적인 피임법을 사용하지 않는 경우가 많아서 임신의 가능성이 높다는 문제가 있다.

이와 같이 남성보다는 여성에게 혼전 성경험의 부정적인 영향이 더 많기 때문에 여성들이 이성교제 중의 성행동을 효과적으로 통제할 필요성이 많아진다. 이

를 위한 다음 몇 가지 방법이 있다. 첫째, 성적 관심을 조장시키는 환경이나 기회를 만들지 않으며 귀가시간을 세밀히 계획한다. 둘째, 성에 대한 태도와 기준을 분명히 밝히고 자신의 입장을 정확하게 전달하며 개방적으로 대화하는 시간을 가진다. 셋째, 부담을 주는 성적 요구를 하는 이성과는 교제를 하지 않는다.

(2) 이성교제 중의 폭력문제

이는 주로 이성과의 만남 동안에 발생하는 언어적 · 신체적 · 성적 폭력을 의미한다. 교제 중인 사람들은 낭만적인 감정에 사로잡혀 상대방을 미화하고 현실을 객관적으로 인식하지 못하는 경우가 많다. 이 시기에 발생하는 폭력이 문제가 되는 것은 이 시기의 두 사람 간의 상호작용방식이 그대로 정착되어 결혼 후 부부관계에서도 그대로 지속될 수 있기 때문이다. 그러므로 이성교제 중의 폭력은 결혼 후의 폭력발생을 예고하는 징조라 할 수 있다.

이성교제 중에 신체적 폭력을 경험한 비율은 보고마다 편차가 커서 정확한 정도는 알 수 없다. 대체로 20~30% 정도가 많고 뺨 때리기, 떠밀기, 물건 던지기 같은 가벼운 폭력이 발생한다고 보고된다. 주로 양방적인 성격이 강해서 일방적인 피해자가 되는 경우가 드물지만 심한 폭력의 피해자는 여성이 되는 경우가 많다. 폭력의 결과 가해자는 슬픔을 느끼며, 피해자는 분노, 충격, 낮은 자아개념을 가지게 되지만, 한편 사랑의 표현으로 폭력을 해석하기도 한다. 폭력의 결과, 관계가 중단되기도 하지만 상당수는 계속 교제하는 것으로 나타났고, 남학생이 여학생보다 폭력 사용을 용인하는 경향을 보였다(김용미, 1996; 이영숙, 1998; 이영숙 외, 2000).

이성교제 중 원치 않는 성적 접촉을 경험한 비율은 통계마다 다양한데 대체로 여성이 성적 폭력의 피해자가 될 확률이 높다. 성폭력 문제는 실제보다 훨씬 낮은 빈도로 보고되는 경향이 많은데, 이는 성폭력 사건을 수치스럽게 생각하여 알려지기를 원하지 않으며, 사회적 비난을 받을까봐 두려워서 말하지 않는 경우가 많기 때문이다.

이성교제 중의 폭력은 남성의 남성우월사상과 가부장적 가치관이 작용해서 발생하는 경우가 많고, 이 외에 남녀 차이와 서로에 대한 이해가 부족하거나 의사소통의 부족, 음주 때문에 발생하기도 한다.

(3) 관계의 종료문제

이성교제가 종결되는 것은 상대에 대한 관심과 사랑이 식었거나 갈등이나 차이를 극복할 수 없는 등의 여러 이유 때문이다. 관계의 종결은 슬픔과 아픔을 동반하는데, 특히 일방적인 헤어짐의 경우 더욱 충격 정도가 크며 정신건강에 부정적 영향을 미칠 수 있다.

관계를 종료하는 경우 다음 사항에 유의하여야 한다.

첫째, 자신이 진심으로 원하는 것이 관계를 끝내는 것인지를 분명히 인식한다. 보통 관계를 끝내고 후회하는 경우가 있는데, 이성과의 갈등 때문에 관계를 종료하는 것이라면 대안으로 먼저 서로 간의 기대를 조정하거나 갈등을 해결하고 타협점을 찾아보는 일을 시도할 수 있다. 그러나 어떤 경우는 깨어진 관계를 회복하려고 노력하는 것보다 끝내는 것이 더 현명할 때도 있다.

둘째, 관계를 끝내는 것이 고통을 수반하고 상대방에게 상처를 준다는 것을 인정하고, 관계지속을 원하지 않음을 분명하게 밝힌다. 즉, 관계를 끝내면서 상대방에게 부정적 영향을 미칠 수밖에 없음을 인정할 때 관계종료에 대한 현실적 준비를 할 수 있고 솔직한 의사전달이 가능해진다. 직접 말하는 것이 힘든 경우에 편지 등의 다른 방법으로 확실하게 의사표현을 하는 것이 좋다.

셋째, 관계를 끝내면 미련이나 여운을 남기지 않는 것이 좋다. 한쪽에서 관계를 끝내기를 원하는 경우 다른 한쪽에서 크게 상처를 받는다는 생각에 상황이 호전되는 방안으로 여운을 남긴다면 관계가 종결되기 어렵다. 그러므로 관계를 종료하기로 결정하였으면 확실하게 끝내는 것이 필요하다.

넷째, 원하지 않는 결별이 발생하는 경우, 관계에 집착할수록 고통이 심하므로 고통에서 벗어나는 노력이 필요하다. 그 방법으로 시간이 약이라고 생각하고 시간이 가면 고통도 없어진다는 것을 기억하는 것, 떠나간 사람의 부정적인 면을 집중적으로 기억하는 것, 관계를 기억나게 하는 물건들을 없애는 것, 여행을 떠나거나 환경을 바꾸는 것, 관계종료에서 배울 점을 찾는 것 등이 있다.

2. 배우자 선택

전통사회에서 결혼은 가문의 영속과 번창을 위하여 가문 대 가문이 결합하는 것을 의미하였기 때문에 부모가 주체가 되어 중매혼에 의한 배우자 선택이 이루어졌다. 오늘날은 결혼에 대한 가치관이 변하면서 개인의 행복을 목적으로 사랑에 기초한 결혼을 하기 때문에 개인의 의사에 따라 자유롭게 배우자를 선택하여 부모의 결정권은 약화되었다. 그러므로 행복한 결혼생활을 위하여 배우자를 잘 선택하는 것이 개인의 책임이 되었고 자신에게 적합한 배우자감을 식별하는 지식과 판단력이 필요하다.

1) 배우자 선택이론

남성과 여성이 배우자를 어떤 과정과 기준으로 선택하는지에 대하여 설명하는 이론들이 몇 가지 있으나 하나로 된 완벽한 이론은 아직 없다. 이론들마다 배경이나 개인적 특성, 상호작용과정을 강조한다.

(1) 동질적 이론

일반적으로 자신과 유사한 배경을 가진 사람을 배우자로 선택하는 경향이 있다. 대체로 인종, 국적, 사회적 지위, 종교, 성장지역, 연령, 교육수준, 가치관, 흥미와 태도 등이 유사한 사람끼리 만나서 사랑하고 결혼한다. 이 외에 지적 능력, 인생목표, 경제관, 취미, 여가, 역할기대, 권력분담, 자녀관, 자녀양육태도, 생활리듬 등이 유사한 사람끼리 결혼하는 경향이다.

이 중 인종, 국적, 신분, 사회계층, 지역, 종교가 같은 집단 안에서 배우자를 고르는 것을 내혼(endogamy)이라 하고, 외모, 교육수준, 가치관, 생활방식, 취미성향, 흥미와 태도 등이 유사한 사람과의 결혼을 동질혼(homogamy)으로 구분하기도 한다. 한편 특정한 집단 밖에서 배우자를 고르는 것을 외혼(exogamy)이라 하는데, 조선시대부터 존속되어온 동성동본 불혼제가 그 예이다. 전통사회에서는 내혼, 외혼의 원리가 규범으로 적용되었으나, 사회변동과 가치관의 변화가 급격한 현대사회에서는 규정이 완화되고 있는 추세이다. 대체로 유사한 배경을 지닌 동질적인 결혼이 상호 간에 이해와 적응에 도움이 되는 것으로 알려져 있다(Warren, 1992).

(2) 교환이론

교환이론가들에 의하면, 인간의 행동은 목적지향적이며 개인이 다른 사람과의 관계에서 최상의 보상을 얻게 되고, 자신의 비용이 적을 때 관계는 유지된다고 한다. 즉, 비용을 최소화하고 보상을 극대화함으로써 최대의 이익을 얻고자 하는 경제원리를 바탕으로 하여 같은 조건이면 자신에게 최대의 보상을 주고 자신의 희생이 적을 수 있는 사람을 배우자로 선택하는 경향이 있다. 이때 배우자 선택을 결혼시장으로 비유하여 사회적으로 가치있는 보상을 많이 줄 사람이 상품가치가 높아서 교환이 잘 이루어지고 결혼이 성사된다는 것이다. 비용과 보상에 대한 가치기준은 시대와 문화에 따라 상이할 수 있는데, 대체로 권력, 사회계층, 신체적 매력, 연령, 직업, 경제력, 학력 등이 교환되는 경우가 많다. 재벌가와 연예인의 결합, 정치계와 재벌가의 결합, 부유층과 전문직업인의 결합 등이 그 한 예가 될 것이다.

(3) 공평이론

공평이론은 교환이론에서 파생된 것으로 이익보다는 교환되는 거래의 공정성을 더 중요시한다는 점이 특징이다. 사람은 인간관계에서 자신의 이익과 보상을 최대한 얻는 것만을 추구하는 것이 아니라 상대방과의 공정한 교환이 이루어질 때 만족스러운 관계를 유지한다는 것이다. 즉, 자신과 상대방이 공평하게 자원을 교환하고 보상을 주고받는다고 생각하는 사람을 배우자로 선택하는 경향이다.

배우자 선택에서 공평성의 판단에는 상대방의 가치를 어느 정도 인정하느냐 하는 심리적 요인이 개입된다. 호박이 넝쿨째 굴러들어온다는 느낌을 주는 사람에게는 불균형감을 가지기 쉽고, 한쪽이 기울어진 결혼은 두 사람 모두를 힘들게 할 수 있으므로, 두 사람 누구도 손해가 없고 공평하게 주고받는 것으로 생각되는 사람을 배우자로 고른다는 것이다.

(4) 보완적 욕구이론

사람들은 자신의 욕구와 반대되는 욕구를 가진 사람에게서 자신을 보완해 주는 요인을 찾고 배우자로 선택한다는 것이다(Winch, 1955). 욕구가 보완되는 예는 지배적 - 순종적, 외향적 - 내향적, 사교적 - 과묵한, 활동적 - 정적, 보살피는 - 보살핌을 받는, 성취적 - 대리성취적, 소극적 - 적극적인 것처럼 높은 욕구를 가진 사람과 그렇지 않은 사람 같이 상반되는 성향을 가진 경우가 있고, 또 예술적 - 과학적, 학문추구 - 경제추구와 같이 관심분야가 서로 다른 경우가 있다.

이 이론은 동질성 이론과 대립되는 것이나 실제 배우자 선택과정에서 동질적 요인과 보완적 요인을 같이 고려하고 있기 때문에 두 이론은 상호 보완적인 특징이 있다 하겠다. 윈치(Winch)도 두 사람에게 동질적 요인이 많이 존재하면서 서로 자극이 될 정도의 보완적 요인이 있는 경우에 배우자를 선택한다고 하였다.

(5) 여과망 이론

시간의 흐름에 따라 관계가 진전되고 점차 선택폭이 좁혀지는 배우자 선택과정에 초점을 둔다. 즉, 여러 단계를 거쳐 남녀관계가 발달하는 동안 배우자감이 걸러지게 되어 최종적으로 한 사람을 배우자로 결정한다는 이론이다. 우드리(Udry, 1971)는 모든 가능한 데이트 상대로부터 결혼에 이르는 여섯 단계의 여과과정을 거치면서 대상이 좁혀져 마지막으로 한 사람을 선택하게 된다고 하였다(그림 4 - 1).

① 근접성의 여과망

데이트 상대가 될 수 있는 다수의 사람들 중에서 지리적인 근접성이 첫째 여과망이다. 같은 지역, 직장, 학교, 동호인모임, 종교단체 등에서 접촉기회가 많은 경우 이성교제상대를 만나기 쉽다.

② 매력의 여과망

자주 만나는 사람 중에서도 매력적이라고 생각되는 사람에게 더 호감을 갖게 되어 관계가 발전된다. 매력을 느끼게 하는 것에는 외모, 성격, 능력 등이 작용한다.

③ 사회적 배경의 여과망

인종, 연령, 종교, 직업, 교육수준, 사회계층 같은 사회적 배경이 유사한 사람으로 그 범위가 더 축소되는데, 이때 동질적 요인이 작용한다.

④ 의견일치의 여과망

가치관과 태도가 일치되고 마음이 맞는 사람으로 대상이 좁혀지고 관계가 발전하게 된다. 두 사람의 자제력과 친절함, 에너지 정도가 유사하여 성격이 크게 이질적이지 않을 때, 그리고 중요한 문제에 대한 의견과 역할에 대한 기대가 두 사람 간에 일치할 때 관계는 발전한다.

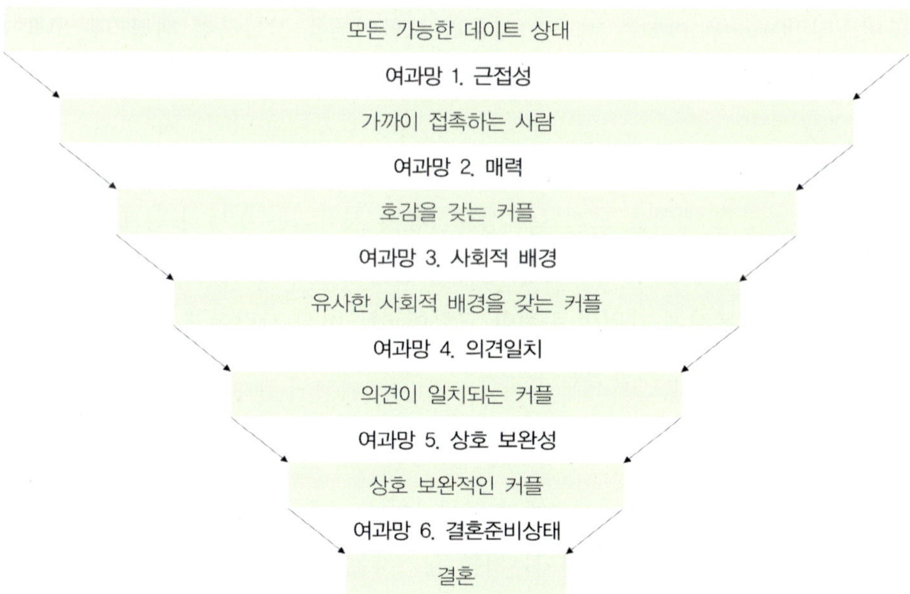

| 그림 4-1 | 여과망 이론

출처 : Udry, R.(1971). The Social context of marriage. N. Y. : Lippincott. Co., p.212.

⑤ 상호 보완성 여과망

대화가 잘 되고 일치감을 느끼는 사람 중에서도 상호 간의 필요를 충족시켜 줄 수 있고 상호 보완과 역할양립 및 조화가 이루어질 사람에게 애정을 느끼고 관계가 발전한다.

⑥ **결혼준비상태 여과망**

상황적으로 결혼준비가 되어 있는 사람으로 최종 배우자 선택이 이루어진다.

우리나라에서 여과망 이론의 적용가능성을 실제 배우자 선택과정으로 추적하여 연구한 것은 없고 신혼부부에게 회상기법으로 조사한 결과(김혜선 · 한희선, 1995), 6개의 여과망이 차례로 작용하는 것이 아니라 첫 만남에서 근접성 여과망, 매력 여과망이 작용하고 그 다음에는 의견일치나 상호 보완성 여과망이 작용하여 전체 네 개의 여과망이 동시에 작용하는 것으로 나타났다.

(6) 자극 - 가치 - 역할 이론

머스테인(Murstein, 1978)은 여과망 이론과 교환이론을 결합하여 재정리한 SVR이론(Stimulus-Value-Role Theory)을 제안하였다.

① **자극단계**

첫 단계는 상호 매력을 느끼므로 상호작용이 시작되는 만남의 단계이다. 초기에 외모, 인성, 지적 능력, 사회계층, 장래성 등을 토대로 자신에게 최대한의 보상을 줄 수 있고, 동시에 자원의 공평한 교환이 이루어질 사람에게 호감을 갖게 되고 끌리게 되며 관계가 발전된다.

② **가치비교 단계**

호감과 매력을 느끼는 사람에게서 인생관이나 결혼관, 중요한 문제에 대한 태도 등이 유사하고 의견이 일치되는지를 평가하는 단계이다. 유사성과 일치성을 발견할 때 관계는 더욱 진전되어 다음 단계로 발전한다.

③ **역할적합성 단계**

두 사람이 부부로서 잘 기능할지, 그리고 직업인 역할, 부부역할, 부모역할, 며느리역할, 사위역할 등에 대한 기대들이 양립되고 적합하게 수행될지를 파악하는 단계이다. 평가결과 상호 양립될 수 있고 적절하게 기능할 것으로 판단되면 결혼으로 발전되나, 기대가 어긋나고 적합하지 못하면 관계는 중단된다. 그리고 누구나 이

세 단계를 거친 후에 결혼하는 것은 아니고 1, 2단계에서 결혼결정을 하기도 한다.

여과망 이론과 SVR이론은 단계이론에 속하는 것으로 실제 단계가 존재하는지, 단계가 순차적으로 나타나는지 아니면 순서가 바뀌는지, 또 동시에 나타나는지에 대한 더 많은 연구가 필요하다.

2) 배우자 선택 시 고려사항

배우자를 선택할 때 여러 요인을 신중하게 고려하여야 원만한 결혼생활을 영위할 수 있다. 배우자를 선택할 때 자신의 가치관과 태도가 가장 많이 작용하지만 이 외에 자신의 성숙 정도와 상황적 요인, 부모와 가족의 가치관과 기대, 친구와 직장동료의 가치관, 사회문화적 · 경제적 환경 등이 영향을 주게 된다.

배우자를 최종 선택하기 전에 다음과 같은 점을 고려하여 점검하는 것이 바람직하다(유영주 외, 2002; Duvall, 1980; Stinett & Defrain, 1985; Warren, 1992).

① 잘못된 결혼은 피한다. 잘못된 결혼이란, 예를 들면, 혼전 임신에 대한 책임 때문에 결혼하거나 자신이 원하는 것이 아닌 누군가를 즐겁게 하기 위하여 결혼하는 것, 폭력과 불행이 예견되는데도 주위체면 때문에 결혼하는 것이다. 이와 같은 결혼은 갈등과 문제를 안고 출발하는 것이므로 바람직하지 않다.

② 이상적 배우자상을 분명히 하고 상대방을 잘 알아야 한다. 자신이 바라는 배우자상을 현실적이고 구체적으로 정하고 자신이 상대방에게 기대하는 몇 가지 중요한 점을 충족하는지를 판단한다. 그리고 상대방의 욕구, 성격, 관심, 가치관을 잘 알고 자신과 조화되는지를 판단한다.

③ 서로가 상대방을 원하는지, 사랑의 관계를 지속할 수 있는지, 신뢰와 심리적 안정감을 느끼는지, 결혼 전에 친밀감과 열정적인 사랑을 느끼는 사람인지 등을 검토한다. 믿음과 사랑은 결혼의 필요조건이다. 다만, 성적 접촉은 신중하게 해야 현실적 사고를 할 수 있다.

④ 자신이 상대방의 있는 모습 그대로를 수용할 수 있고, 단점을 보완해 주며 상대방의 성장을 격려할 마음이 있는지 고려한다. 상대방을 평생의 동반자로 선택하는 것은 용기가 필요하며 이는 결혼의 충분조건이다. 아무리 상대

방을 열정적으로 사랑한다 해도 상대방의 취약점을 용납하고 보완해 줄 용기가 없으면 결혼하기가 부담스러워진다.

⑤ 자기 스스로 건강한 자존감과 정서적 성숙수준에 도달했는지 검토한다. 문제있는 결혼생활은 자기 자신보다는 상대방을 변화시키려고 하는 경향이 있다. 건강한 결혼을 위해서는 자기 자신이 건강하고 성숙해야 한다. 예로 자신의 장단점을 수용하고, 가정환경의 부정적 영향을 인식하고 극복하며, 정서적으로 안정되고 성숙한 사람이 되는 것이다.

⑥ 주위사람의 지지와 격려를 받는 배우자를 선택한다. 배우자에 대해서 가족이나 친구들이 찬성하는 결혼을 하는 것이 바람직한데, 이는 주위사람들이 본인보다 더 객관적으로 판단할 수 있고, 크고 작은 결혼생활의 어려움을 극복할 수 있는 자원이 될 수 있기 때문이다. 만약 부모나 가족, 친구들이 배우자에 대해 반대하는 경우에는 타당한 이유가 있는지 구체적으로 검토한 후 결정을 재고하는 것이 바람직하다. 만약 그들의 반대가 편견과 오해에 의한 것이고 타당하지 않을 때는 기간을 두고 설득하여야 할 것이다.

CHAPTER 05

결 혼

배우자 선택과정을 통하여 두 사람이 결혼에 합의하면, 결혼준비와 결혼식을 거쳐 새로운 가족을 형성하게 된다. 최근에 결혼은 필수가 아니라 선택이라고 생각하는 사람이 많아졌고, 독신으로 지내거나 동거부부로 지내는 경우도 증가하는 추세이다. 그러나 여전히 어느 사회에서나 결혼은 개인적 결합 외에 성인으로서의 사회적 통과의례 중의 하나로 받아들여지는 보편적인 제도가 되고 있다.

결혼하는 사람은 독신으로 살 때와 다른 경험을 하고 배우자와의 생활에 적응해야 한다. 결혼준비과정부터 결혼의 의미를 알고 부부로서 공동생활을 하는 방법을 익힌다면 성공적인 결혼생활의 토대를 마련하게 된다. 이 장에서는 결혼의 의미, 결혼의 동기, 결혼준비, 결혼의례 등의 결혼과정과 결혼과정에서의 과제에 대하여 살펴보기로 한다.

1. 결혼의 의미

결혼이란 성숙한 남녀가 사회적으로 적법한 의식을 통하여 결합하는 것으로 정의된다. 결혼은 개인적으로 사랑하는 사람과의 심리적 · 정서적 · 성적 결합인 동시에 사회적으로 부부로서의 역할과 지위를 부여하고, 가족과 사회가 존속되는 수단이 된다.

결혼의 의의와 기능을 구체적으로 살펴보면 다음과 같다.

① 결혼은 배우자와의 정서적 · 성적 관계를 독점적으로 유지한다는 의의가 있고, 부부는 결혼을 통하여 친밀감과 성적 욕구를 충족하게 된다.

② 결혼은 사회적 · 법적으로 부부로 공인받는 행동이라는 의의가 있고, 부부는 사회적 · 법적인 의무와 책임, 권리가 수반되는 관계를 가지게 된다.

③ 결혼은 자녀의 적출을 보장하는 관계라는 의의가 있고, 부부는 자녀를 부양하고 부모로서 법적 책임과 의무를 지는 기능을 갖는다.

④ 결혼은 부모에 대한 의존에서 벗어나 독립된 가족을 형성하고 주체적인 새로운 인생을 출발한다는 의의가 있고, 그에 따라 스스로의 선택에 의하여 건전하고 성숙한 사회인으로서 기능하여야 한다는 기대를 갖게 된다.

⑤ 결혼을 통하여 시가 · 처가와의 관계로 인간관계 범위가 확장되고 다양한 역할이 주어진다는 의의가 있고, 그에 따라 인생의 깊이와 가치를 발견하고 인격이 완성되는 기회가 된다.

결혼의 의미는 시대의 흐름에 따라 강조점이 변화되고 있다. 전통사회에서는 경제적 안정, 성인으로서의 지위획득, 자녀출산 등의 실용적 필요성이 결혼의 의미로 중요시되어왔다. 결혼은 개인과 개인의 결합이라기보다는 가문과 가문의 결합의 의미가 강하고, 남편집안의 가계계승과 남아출산을 위해 여성이 시가로 편입된다는 의미를 가졌다.

그러나 오늘날에는 가부장제도의 약화와 개인주의와 남녀평등주의의 확대로 결혼의 의미로 두 사람의 개인적인 결합의 성격이 중시되고, 정서안정과 애정, 동료감, 행복감, 인간적 성장 등 개인적이고 정서적인 측면이 강조되고 있다. 즉, 많은 사람들에게 결혼은 서로에 대한 신뢰와 애정관계를 사회적으로 공인받는 방법이고, 자신이 선택한 사람과 인생의 동반자로서 정서적으로 안정된 관계를 유지하며 함께 행복을 추구한다는 의미를 지닌다.

그러므로 오랜 기간 행복한 결혼생활을 한 부부들이 결혼의 의미로 가장 많이 지적하는 것도 평생을 사랑하고 믿고 의지하며 함께 하는 삶이라고 한다. 그리고 결혼생활을 통해 대부분의 부부는 여러 역할을 수행해야 하고, 그에 따라 상호 협력과 절충과 의견조정을 하며 다양한 문제에 대처해야 하므로 헌신과 인내와 융통성, 지혜로움이 요구되며, 지적 · 사회적 · 정서적 · 육체적 · 정신적 · 영적인 영역에서 서로 간의 깊은 공감대를 필요로 한다. 그에 따라 원만한 결혼생활을 하는 부부는 내면적인 성숙과 인생에 대한 깊은 통찰, 성숙한 사랑과 일치감, 행복감을 경험하며 풍부한 인간성을 개발하게 된다.

따라서 진정한 결혼의 의미는 혼자로는 불완전한 남성과 여성이 만나서 서로 의지하고 격려하고 도와주고 보완해 주면서 여러 영역에서 친밀감과 일치감, 공감대를 나누며 동반자로서의 삶을 영위하는 것이라 할 수 있다. 즉, 부부가 똑같아지는 것이 아니라 각자의 다른 점들이 조화를 이루고 '우리'라는 의식과 경험을 가지며 각자의 발전과 성장을 향하여 걸어가는 삶이 결혼생활의 본질인 것이다.

그러므로 행복한 결혼생활을 하려면 남성과 여성 모두 결혼의 진정한 의미를 인식하고 결혼에 대한 심리적 준비와 계속 노력하는 자세가 필요하다.

2. 결혼의 동기

사람들이 독신으로 지내지 않고 결혼을 선택하는 데는 여러 가지 동기가 작용하고, 그 결과 결혼과 배우자에 대한 기대가 다르게 나타나게 된다. 결혼의 동기가 건전하고 현실적일 때 결혼생활에 적응하고 원만한 관계를 이루어갈 수 있지만, 동기가 비현실적이고 기대가 너무 높을 때 결혼생활에 대한 불만이 많아져서 부적응하기 쉽다.

결혼의 동기를 개인적 동기와 사회적 동기로 나눌 수 있고, 또 현실적인 동기와 비현실적인 동기로 나눌 수 있다.

1) 개인적 동기와 사회적 동기

개인적 차원에서 결혼을 하는 동기는 다음과 같다. 첫째로 결혼을 통해 사랑하는 사람과 함께 살면서 동반자로서 성숙한 사랑을 나누고자 한다. 둘째로 결혼을 통해 합법적으로 성적 욕구를 충족하고자 한다. 셋째로 결혼을 통해 경제적 협력과 안정을 이루고자 한다. 넷째로 결혼하여 한 사람에게 정착함으로써 정서적 만족감과 안정감을 얻고자 한다.

이와 같은 개인적 동기 외에 개인이 속한 가족과 사회환경에 의하여 결혼하는 동기가 영향을 받을 수 있다. 예를 들면, 사회규범과 가치가 결혼한 사람을 사회적으로 독립된 성인으로 인정하는 경우에 결혼을 함으로써 사회적으로 책임있는 사람으로서 지위를 얻고 사회의 기대에 부응하게 된다. 그리고 사회규범이 결혼적령기를 규정하고 있다면, 이미 결혼한 동년배들이 많은 상황에서 미혼인 상태로 남아있는 것은 정신적으로 건강하지 못하고 사회적으로 미숙하다는 압박을 받게 될 수 있다. 그에 따라 사회적 스케줄대로 사는 건강한 보통사람으로 사회주류에 포함되기 위한 동기가 작용하여 결혼하기도 하는 것이다. 또한 가정상황에서 경제문제 해결이 필요하거나, 가사일하는 사람이 필요해서, 자녀를 출산하고 부모역할을 하고자 하는 동기로 결혼하는 경우에 역시 사회적 동기가 작용한다고 하겠다.

2) 현실적 동기와 비현실적 동기

현실적이고 바람직한 동기는 결혼의 진정한 의미를 인식하고 친밀한 관계유지와 행복추구 목적에 근거하는 것이다. 반면 결혼에 대한 비현실적 기대를 가지거나 결혼을 수단으로 삼게 되면 문제를 내포한 결혼생활이 시작되게 된다.

비현실적이고 바람직하지 않은 결혼의 동기를 구체적으로 살펴보면 다음과 같다.

(1) 수단으로서의 결혼동기

첫째로 현실도피적인 동기가 있다. 즉, 현재의 불행한 가정과 부모와의 갈등에서 벗어나기 위해서, 또는 목표에 달성하지 못한 좌절감에서 벗어나기 위한 방편으로, 그리고 외로움에서 벗어나기 위하여 배우자의 여러 면을 고려하지 않은 채 결혼하는 것이다.

둘째로 지위상승을 위한 동기가 있다. 현재 상태보다 더 나은 경제적 지위로 오르거나 높은 사회적 지위를 확보할 목적으로 결혼하는 것이다.

셋째로 죄책감과 책임감이라는 동기가 있다. 결혼에 대한 준비가 미흡한 상태에서 신체적 진도가 앞서나가 임신을 하는 경우, 또는 자신은 관계를 끝내기를 원하고 부담을 느끼지만 상대방에 대한 죄책감과 책임감, 동정심 때문에 결혼하는 것이다.

(2) 결혼의 환상

결혼생활에 대해 비현실적인 기대와 환상을 갖고 있고, 성숙한 사랑을 할 준비가 되어 있지 않은 경우에 문제있는 결혼생활을 시작하게 된다. 원만한 결혼생활을 위해서는 결혼의 환상에서 벗어나 현실적인 결혼관을 갖는 것이 먼저 필요하다. 결혼의 환상은 결혼의 신화라고도 하는데 이를 구체적으로 살펴보면 다음과 같다.

첫째, 이상적인 조건과 배경을 갖춘 사람과 결혼하면 사랑하게 된다.

옛날 부모님들은 서로의 얼굴도 보지 않고 혼인식을 했어도 해로하고 살았던 것을 내세우며 넉넉한 수입과 든든한 직장과 빠지지 않는 외모와 괜찮은 학벌이 있으면 살아가면서 정이 들고 행복한 생활을 할 수 있다고 믿는 사람이 많다. 그러나 결혼했다고 사랑의 마음이 샘솟는 것은 아니고 오히려 상대방의 결점과 약점이 더 많이 발견되어 실망과 좌절, 분노가 더 증가할 수 있다. 그리고 상황이나 외적 조건이 바뀌게 되면 이를 극복할 정서적 유대감이 적은 경우에는 위기를 맞게 되기 쉽다. 실제로 집안배경이나 외적 조건만 보고 내적인 면의 조화를 고려하지 않은 채 결혼했다가 곧 깨어지는 사례들이 종종 있는 것이 그 예가 될 것이다.

둘째, 자녀는 행복한 결혼생활의 필수요소이다.

부부에게 아이가 생기면 남편과 아내는 자녀양육에 협력해야 하는 상황이 되기 때문에 아이가 부모의 결혼생활을 원만하게 만들고 결혼생활문제들이 상당히 개선된다고 생각하는 사람들이 있다. 실제 자녀는 부모에게 책임감을 부과하고 부부로서 연결점과 유대감을 높이며 부모에게 기쁨과 삶의 의미를 주기도 한다. 그러나 자녀는 부모에게 스트레스와 부담을 주고 부부간에 싸우는 요인을 추가시키는 측면도 있다. 여러 국내외 연구에서 밝혀진 것은 자녀가 있음으로써 부모의 결혼행복이 증진되지 않으며, 다만 이혼을 억제하거나 보류시키는 약간의 효과가 있다는 것이다. 잘못된 부부관계를 개선하기 위해 아이를 갖는 것은 자녀양육 책임과 기타 복잡한 문제를 더 가중시킬 뿐이다.

셋째, 결혼은 부부간에 50대 50의 동등한 관계이어야 한다.

주로 젊은 사람들이 결혼은 평등한 관계이고 모든 집안일과 책임을 똑같이 반으로 나누어 분담해야 한다고 생각한다. 즉, 내가 배우자에게 한 가지 해주면 배우자도 똑같이 한 가지 해줄 때 문제가 없다는 것이다. 실제로 부부 사이에 애정과 서비스가 동등하게 교환될 때 원만한 결혼생활이 되는 경우가 많고, 장기간에 걸친 불평등하고 불균형적인 결혼생활은 문제유발의 소인이 된다. 그러나 현실적으로 모든 결혼생활에서 항상 모든 일을 똑같이 분담하기는 어렵다. 상황에 따라 한쪽이 더 많은 일을 맡기도 하고 더 적게 맡기도 하며, 상대방에게 주는 만큼 받지 못할 수도 있다. 그러므로 부부 각자는 절반 이상의 것을 상대방에게 베풀 수 있다는 생각을 하는 것이 합리적이고, 각기 다른 일을 비슷한 비율로 나누어 하는 것이 효율적이라고 생각하는 것이 현실적이다.

넷째, 사랑만 있으면 의견불일치나 갈등이 없고 행복한 결혼생활이 된다.

많은 사람들은 사랑이 충만한 부부는 갈등이 없을 것이라는 생각을 하고 갈등이 발생하면 사랑이 식어서라고 해석한다. 물론 사랑하면 상대방의 단점과 약점도 포용하게 되는 점이 있다. 그러나 이와 같이 갈등발생과 사랑을 연관시키면 사소한 의견차이에 대해서 좌절감과 분노, 배신감을 느끼게 되어 문제해결에 장애가 된다. 그러므로 결혼생활을 하는 동안 아무리 서로 사랑하는 사람이라 해도 의견의 차이나 갈등을 겪지 않을 수 없음을 알아야 한다. 결혼생활에서 부딪히는 갈등이나 문제는 관계에 역기능적으로 작용하는 것만이 아니고 어떻게 대처하느냐에 따라 상대방에 대해 더 깊게 이해하는 기회가 될 수 있고, 자기변화와 성숙의 기회도 될 수 있는 것이다. 진정으로 사랑하는 부부는 갈등과 문제가 없는 것이 아니라 갈등과 문제들을 잘 극복해나가는 사람들이라고 할 수 있다.

다섯째, 결혼 초기에 상대방을 길들여야 한다.

많은 사람들은 남성과 여성은 태도와 행동 면에서 타고난 차이가 있는 존재여서 의견일치나 타협이 되기 불가능하므로 초기에 상대방을 제압하고 길을 잘 들이는 것이 원만한 결혼생활을 위해 중요하다고 믿는다. 실제로 결혼을 앞둔 사람에게 주변사람들이 배우자를 잘 길들여야 결혼생활이 편안해진다고 조언하기도 한다. 이런 환상을 지닌 남편은 아내를 처음부터 지배하려 하고 복종을 요구함으로써 아내의 맞대응을 유발하게 되며, 또는 아내가 남편을 통제하고 간섭하려 하여 남편의 방황과 부부싸움의 원인을 제공하기도 한다. 그러나 결혼생활의 본질은 남성과 여성의 성대결이 아니고 상대방을 통제하고 자신의 우위를 추구하는 것도 더욱더 아니다. 일반적으로 부부간의 갈등은 성별차이만이 아니고 성장배경과 개성이 다른 데서 비롯되기도 하며, 상대방을 있는 그대로 존중하거나 인정하지 않고 상대방을 통제하고 상대방을 무시하는 것에서 더 악화되는 경우가 많다. 그러므로 부부 각자가 상대방을 통제하고 길들여야 한다는 환상을 버리고 상대방을 존중하고 문제해결을 협동적으로 하는 노력을 기울일 때 갈등을 해소하게 되고 원만한 결혼생활이 가능해진다.

여섯째, 배우자가 나에게 관심이 있고 사랑하면 내가 원하는 것을 알아서 해주어야 한다.

보통 부부간에 서로를 사랑하고 정말 서로에게 관심만 있다면 분명한 의사소통이 없어도 배우자의 욕구와 취향을 알 수 있다는 신념이다. 그래서 배우자가 나를 사랑한다면 내가 원하는 것을 알아서 잘 해주어야 한다는 기대를 갖게 된다. 이 신념을 갖고 있는 사람은 자신의 의견이나 소망을 표현하지 않거나 모호하게 간접적으로 표현하고 배우자가 자신이 원하는 대로 행동하지 않으면 불만을 갖는다. 그러므로 이 신념은 부부간에 좌절감과 실망, 오해, 갈등을 유발하게 된다. 이 신념에서 벗어나는 방법은 부부간에 사랑과 관심이 있어도 각자가 자기표현을 하지 않으면 상대방은 그 사람의 의도와 바람을 정확하게 알기 어렵고 짐작만 할 수밖에 없다는 생각으로 바꾸는 것이다. 그리고 각자가 자기표현을 정확하게 하고, 특히 소망과 바라는 것들에 대해서 직접 배우자에게 표현하는 것이다.

이러한 결혼의 환상 외에 '배우자는 내가 원하는 모든 것을 충족시켜 줄 것이다', '세월이 흐르면 부부 사이는 시들해진다', '성생활이 원만하기만 하면 결혼행복은 보장된다'는 등의 환상이 있다. 결혼을 한 후에 실망하거나 후회하지 않으려면 결혼 전에 자신의 결혼동기를 검토해 보고 혹시 결혼하기에 부적합한 동기가 없는지, 결혼에 대한 비현실적인 기대나 환상을 갖고 있지 않은지 점검해 보는 것이 현명하다. 그리고 원만한 결혼생활을 위해서는 지속적으로 이 부분을 점검해서 배우자에 대한 착각과 몰이해, 지나친 기대에서 벗어나 배우자를 정확히 이해하려는 노력을 하여야 한다. 그리고 배우자의 바꿀 수 없는 부분과 바꿀 수 있는 부분을 구분하여, 바꿀 수 없는 부분에 대해서는 용납하는 자세를 지니고 바꿀 수 있는 부분에 대해서는 효율적인 노력을 기울이는 것이 필요하다.

3. 결혼준비

1) 결혼적령기

대부분의 사회에서 결혼적령기를 20대로 삼아 그 시기에 결혼하는 것이 이상적이라고 생각한다. 그러나 결혼적령기는 시대와 문화, 경제상황에 따라 다르고 성별로도 차이를 보인다. 전통사회에서는 가계계승이 중시되어 20대가 되기 전에 결혼하는 조혼현상이 지배적이었고 결혼적령기가 더 낮았다. 반면 현대사회에서 남성은 병역의무가 없는 다른 나라와 달리 우리나라에서 병역의무를 마치고 취업을 한 다음에 결혼하는 것이 일반적이므로 20대 후반이 결혼적령기라 할 수 있고, 여성은 학교졸업을 한 20대 중반부터 결혼적령기라 할 수 있다.

최근 들어 초혼연령이 늦어지는 추세이다. 즉, 남성, 여성의 경우, 1990년 27.8세, 24.8세이었으나 2000년 29.3세, 26.5세이었고, 2005년 30.9세, 27.7세, 2010년 31.8세, 28.9세, 2012년 31.9세, 29.1세로 늦춰지고 있다(통계청, 2012). 이는 결혼이 필수가 아닌 선택이 된 가치관의 변화와 더불어 자기계발과 취업, 경제력, 지위향상을 위해 생존경쟁에서 살아남으려고 노력하는 과정에서 결혼이 젊은이의 관심에서 밀려나있기 때문이다. 또한 취업난으로 안정된 직장을 구하지 못하고 신혼집 비용과 결혼비용이 급등하는 등 결혼을 위한 사회적 · 경제적 여건이 뒷받침되지 않기 때문이다. 보통 35세 이상에서 결혼하는 것을 만혼이라고 하는데, 이 경우 경제적 · 직업적으로 안정된 기반 위에서 결혼생활을 시작하고 정서적으로 안정된 시기여서 결혼생활에 긍정적으로 작용하기도 하지만 자녀출산과 양육에서 어려움이 있을 수 있다. 한편 현대사회에서 20대 이전에 결혼하는 것을 조혼이라고 하는데, 이는 정서적 · 직업적 · 경제적으로 안정되지 않고 미숙한 상태에서 결혼하므로 문제발생 가능성이 높고 문제해결능력도 부족하여 결혼위기가 발생할 수 있다.

그러므로 결혼적령기에 결혼하는 것이 바람직할 수 있다. 그러나 나이 때문에 성급하게 결혼하거나 결혼압력에 못 이겨서 서둘러서 결혼하는 것은 바람직하지 않다. 절대적인 연령기준이 아니라 자신의 결혼에 대한 책임의식이 있고 결혼준비가 되어 있을 때 결혼하는 것이 원만한 결혼생활에 도움이 된다. 따라서 결혼적령기는 결혼에 대한 준비가 되어 있는 상태를 의미한다 하겠다.

2) 결혼준비 조건

결혼준비란 결혼하는 사람이 갖춰야 할 조건들을 구비하는 것이다. 이에는 크게 세 측면이 있다. 하나는 개인적 측면의 준비로, 결혼당사자의 정서적 · 사회적 · 윤리적 성숙이 바탕이 되어 자아정체감과 책임감이 확립되고, 부모로부터 정서적 · 경제적 · 심리적으로 독립된 상태가 되는 것이다. 둘째는 관계적 측면의 준비로, 서로의 애정도가 높은 상태에서 상대에 대한 파악을 충분히 하여 수용할 수 있으며, 의사소통을 통하여 갈등을 해결할 수 있고 관계의 지속적인 성장을 가져올 수 있는 상태가 되는 것이다. 셋째는 생활 측면의 준비로, 각자 결혼생활에 대한 현실적인 기대와 정보를 가지고 헌신하겠다는 의지를 갖고 있으며, 양가가족에 대하여 정확히 알며 차이점을 이해하고 적응하려는 의지를 갖춘 상태이다.

결혼은 제2의 인생출발이라고 할 정도로 개인적인 큰 생활변화이고 동시에 성장배경이 다른 배우자와의 공동생활을 하는 전환점이 된다는 점에서 적응을 요하는 스트레스 사건이다. 결혼의 스트레스 지수가 배우자의 사망, 이혼, 부부별거, 구류, 가족의 사망 다음으로 높은 것에서도 결혼이 상당한 수준의 갈등과 스트레스를 내포하고 있음을 알 수 있다(Holmes & Rahe, 1967). 그러므로 결혼준비에서 중요한 것은 자신이 건강한 사람이 되는 것과 스트레스 대처능력과 문제해결능력, 생활인으로서의 능력들을 갖추는 것이다. 즉, 연령, 신체적 발달, 정신적 성숙, 정서안정, 사회적 · 경제적 독립, 자율적인 의사결정능력, 환경적응력과 책임감, 대인관계기술, 부모의 승낙 등이 필요하다.

3) 준비된 결혼

준비되지 않은 결혼은 다음과 같다.

- 혼전임신을 이유로 또는 가족에서 도피하거나 부모에게 효도하기 위한 결혼
- 낭만적 사랑만이 작용하거나 비현실적 기대에 의한 결혼
- 성격문제, 폭력문제 등을 간과한 결혼

- 사회적 · 경제적 지위의 상승을 위한 결혼
- 조혼, 갑작스러운 결혼

따라서 준비된 결혼을 하려면 다음 사항을 구체적으로 노력해야 한다.

첫째, 자기 자신을 수용하는 것이다. 자신의 장단점을 정확하게 알고 자신을 사랑하고 소중하게 여기며, 자신의 한계와 책임을 수용하는 것이다. 그리고 다른 사람들에 의해 자신의 가치가 좌우되지 않는다고 생각하고 다른 사람들이 자신을 좋아하고 받아들인다고 인식한다. 즉, 자아존중감이 높은 사람이 되는 것이다.

둘째, 다른 사람을 존중하고 수용하는 것이다. 다른 사람을 좋아하고 존중하며 그들의 개성과 한계를 인정하고 용납하는 사람이 되는 것이다.

셋째, 정서적으로 안정되고 성숙해야 한다. 즉, 감정기복이 적고 감정을 잘 조절하여 표현하며, 필요할 때 자신의 행동을 억제하고 조절할 수 있는 사람이 되는 것이다. 그리고 다른 사람의 입장에서 생각하고 상황을 이해하는 사람이 되는 것이다.

넷째, 생활인으로서의 사회적 기술을 가져야 한다. 자신의 연령에 맞는 생활능력과 판단력, 문제해결능력을 갖추고 대인관계기술을 가져서 사회생활과 인간관계, 업무와 역할 수행 면에서 신뢰할 수 있고 효율적이며, 원만하게 사는 사람이 되는 것이다.

다섯째, 사회규범을 존중한다. 사회규범과 관습, 전통을 존중하고 삶의 가치를 추구하며 성장과 자아실현을 추구하는 것이다.

여섯째, 독립적이어야 한다. 원가족과 부모로부터 경제적 · 심리적으로 독립해야 한다. 즉, 자신의 생계를 유지할 수 있는 능력을 갖추고, 자기책임의 자율적인 인생을 독립적으로 추구하는 것이다.

일곱째, 갈등과 스트레스 관리를 잘 해야 한다. 갈등이 발생하고 스트레스를 주는 변화사건이 생겼을 때 생산적으로 갈등을 관리하고 스트레스에 적극적으로 대처하는 능력을 갖추는 것이다. 그리고 실패와 좌절의 경험과 문제들을 성장의 기회로 유용하는 용기를 가지는 것이다.

여덟째, 결혼 자체에 대한 긍정적 태도를 가진다. 결혼생활과 성에 대하여 부정적 태도나 혐오감을 갖지 않고 긍정적인 태도와 올바른 지식을 가지며, 계속 노력하고 배우는 자세를 가지는 것이다.

아홉째, 배우자에 대해 충분히 파악하고 단점을 보완할 자신감을 가진다. 이를 위해서는 성숙한 사랑을 하여야 하며, 상호 신뢰와 상호 이해를 구축하는 의사소통능력과 배려가 필요하다.

열째, 결혼생활에 필요한 역할을 효율적으로 수행할 의지와 능력을 갖추고 상대방과 역할에 대한 합의와 조화를 이루는 것이다. 예로 결혼 후 일과 가정의 양립, 금전관리, 가사분담, 자녀출산 및 양육, 여가, 종교, 대화와 애정표현 등에 관하여 합의를 이루는 것이다.

그러므로 결혼과정에서 외적·물질적 준비와 병행하여 이와 같은 준비를 갖추는 것이 진정한 결혼의 의미를 경험하고 부부 두 사람의 행복과 자기성장을 촉진시키는 필수조건이 된다. 이를 위해 종교기관이나 지방자치단체, 건강가정지원센터에서 운영하는 '결혼예비학교' 프로그램에 참가하면 도움이 될 것이다.

참고 5-1 결혼준비도 평가영역

구 분	세부영역	구체적 상태
개인적 준비	성숙	자기조절능력, 타인배려, 자기정체감 확립
	부모로부터 독립	경제독립, 정서적 독립, 자율적
	건강	정신적·신체적 건강
관계적 준비	애정도	애정표현 정도, 사랑의 요소 균형, 사랑에 대한 확신
	상대방에 대한 이해	상대방의 과거, 현재에 대한 현실적 파악, 미래에 대한 정확한 인식과 이해
	의사소통능력, 갈등해결능력	자기표현기술, 공감능력, 이성적인 갈등해결기술
	자율성	배우자와의 자율성
결혼 생활 준비	성	성에 대한 현실적 지식과 기대, 태도
	결혼관	결혼에 대한 현실적 기대, 결혼적응의지
	결혼생활정보	결혼생활에 유용한 자원 확보, 대처방안 인식 및 정보 소유
	역할분담	역할분담에 관한 합의 및 역할수행 의지
	자녀출산과 양육	자녀출산, 양육방식에 대한 합의, 역할수행의지
	금전관리	가정경제에 대한 구체적 계획과 합의
	양가가족에 대한 이해	양가가족에 대한 정확한 파악 및 이해, 관계유지방법에 대한 합의

출처 : 김혜선·신수아(2002). 결혼준비도 척도개발연구 - 기혼남녀를 중심으로. 대한가정학회지, 40(3), pp.41-53 재구성.

4. 결혼의례

결혼의례는 부부로서 가정을 이루어 새 삶을 시작한다는 것을 사회적으로 공표하는 의식절차이며 이를 통하여 부부로 공인받는다는 의미를 지닌다. 전통사회에서는 결혼을 장가들고 시집간다는 의미의 혼인(婚姻)이라고 하고, 의식을 혼례(婚禮)라고 하여 가장 크게 축하해야 할 인륜대사이자 중요한 통과의례로 여겼다. 현대사회에서는 혼인보다는 결혼이라는 용어로 바뀌어 결혼의례가 결혼식으로 사용되고 있다. 결혼의례는 시대와 지역, 문화에 따라 다양한 양식을 보여주고 있으며, 그 사회에서 결혼에 부여하는 상징적 의미를 반영한다.

1) 전통혼례

고려시대까지의 혼인의례는 남자가 여자집에 가서 결혼하고 살다가 자식이 크면 집으로 돌아가는 서류부가혼(婿留婦家婚)이었다. 조선시대에 통치이념이 유교로 정해지면서 중국의 주자가례(朱子家禮)가 도입되어 친영제가 권장되었다. 친영제는 신랑이 신부집에 가서 신부를 데리고 본가에 와서 혼례를 치르는 것이다. 조선시대의 지배층에서는 친영제를 장려하였으나 고구려시대부터 오랜 기간 존속되어 오던 서류부가혼은 바뀌지 않았고 조선시대 중기부터 두 의례가 절충된 반 친영제가 행해졌다. 반 친영제는 신랑이 신부집에 가서 혼례를 치르고 신부집에서 머물다가 본가로 가는 것은 서류부가혼과 같으나 신부집에 머무는 기간이 단축되었다. 처음에는 자녀를 낳고 자녀가 클 때까지였으나 나중에는 1년, 1개월, 그 다음에는 3일 후로 바뀌어 일반화되었다. 전통혼례의 절차는 의혼(議婚), 납채(納采), 납폐(納幣), 친영(親迎)의 사례(四禮)로 구성되었다.

(1) 의혼

혼기에 이른 자녀를 둔 부모가 중매인에게 적당한 혼처를 부탁하여 중매가 들어오면, 그 사람의 집안사정을 탐문하고 양가의 부모들이 당사자의 됨됨이를 여러 방법으로 알아본 후 결정을 내린다. 배우자감이 정해졌으면 신랑집에서 신부집으로 청혼서를 보내고, 신부집에서는 혼인을 허락한다는 허혼서를 보내는 것이 의혼이다.

(2) 납채

의혼 후에 사주를 보내고 택일을 청하는 절차이다. 신랑집에서 신랑의 사주를 적은 봉투와 납채문을 함께 홍색보자기에 싸서 신부집으로 보낸다. 신부집에서 사주를 받으면, 궁합을 본 뒤에 신랑·신부에게 좋은 길일을 혼인날로 잡아 신랑집에 보내는데 택일날짜를 적어 보내는 종이를 연길(涓吉)이라 한다. 연길을 받은 신랑집에서는 신랑의 의복길이와 품 치수를 신부집에 알리는데 이를 의제라 한다.

(3) 납폐

신랑 측에서 혼인이 이루어진 것에 대한 감사의 뜻으로 함에 혼서지와 예물을 넣어 신부집에 보내는데 이를 납폐라 한다. 형식은 지방에 따라 다르지만 보통 혼례일 며칠 전이나 하루 전에 보낸다. 혼서지에는 흰색 간지를 세로로 아홉 칸 접어 양쪽 한 칸씩을 남기고 가운데 일곱 칸에 '○○○님의 귀한 따님을 아들의 배필로 허락해 주심에 감사드립니다'라는 내용을 쓴다. 혼서지는 예를 정식으로 갖추어 혼인했다는 증거로 소중히 여겼다. 전통사회에서 예물은 적어도 두 가지는 넣어야 하고, 많아도 열 가지는 넘지 않는다는 기준을 정하여 사치를 방지하고 정성 어린 마음으로 예물을 보낼 것을 권장하였다. 보통 신부의 옷감, 노리개, 가락지 등을 보냈다.

함을 지고 가는 사람을 '함진아비'라고 하여 보통 첫 아들을 낳은 복이 많은 사람이 맡았다. 함을 보내고 받을 때는 양가에서 모두 붉은 팥을 넣은 찰시루떡을 쪄서 시루째로 마루에 올려놓고 그 위에 함을 올려놓았다가 함을 보냈다. 붉은 팥떡을 하는 것은 도중에 있을 지도 모르는 온갖 부정한 것을 멀리하고자 해서이고, 찰시루떡을 하는 이유는 부부금슬이 찰떡처럼 좋으라는 뜻이다. 신부집에서 함을 받을 때도 대청에 돗자리를 깔고 소반에 붉은 보자기를 덮고 떡시루를 올려놓은 후 그 위에 붉은 보자기를 덮어 함을 받을 자리를 마련한다. 함이 도착하면 떡시루 위에 놓고 함을 열어서 혼서지를 꺼내 읽고 난 후에 함을 안방으로 옮겨 신부 어머니가 연다. 떡은 칼로 자르지 않으며, 떡 윗부분의 대추와 밤이 있는 부분은 혼례 전날 밤에 신부가 먹게 하는데, 이는 부부가 화합하며, 아들을 낳고 자손이 번창하기를 바라는 마음에서이다. 나머지는 자리에 모인 친척들이 모두 나누어 먹으며 복이 새나가지 말라는 의미에서 문 밖에 보내어 이웃에게 돌리지 않는다.

(4) 친영

친영이란 신랑과 신부가 혼례를 치르는 절차로 요즘의 결혼식이다. 주자가례에서 친영은 신랑집에서 혼례를 치르는 것을 의미하지만, 우리나라에서는 신부집에서 혼례를 치루는 것이 관행으로 되었다. 친영은 전안례(奠雁禮), 교배례(交拜禮), 합근례(合巹禮)의 순서로 행해지고 교배례와 합근례를 합하여 초례라고 한다.

전안례는 신랑이 신부집에 도착하여 백년해로 서약의 징표로 신부어머니에게 기러기를 드리는 예이다. 초기에는 산 기러기로 하다가 나중에는 나무기러기로 대신하였다. 전안례가 끝난 후 신랑과 신부는 초례청에서 처음 마주보고 서서 신부가 하님의 도움으로 재배하면 신랑은 답으로 일배하고 백년해로를 서약하는데 이를 교배례라 한다. 합근례는 신랑과 신부가 술잔을 나누어 마시는 의식으로 석 잔의 술을 교환하여 마시는데, 이는 부부로서 인연을 맺는 것과 부부의 화합을 의미한다.

(5) 신행과 폐백

친영 후 신랑과 신부가 신랑집으로 가는 것을 신행(新行)이라 한다. 이때 신부측의 남자어른이 상객으로 동행하고, 혼수와 예단, 폐백음식을 가지고 가는 사람들이 동행한다. 신랑집에 도착하면, 신부는 시부모로부터 시가의 친척들에게 차례대로 폐백음식을 올리고 절을 한다. 이를 폐백(幣帛) 또는 구고례(舅姑禮)라 한다. 시부모는 절을 받은 후 대추와 밤을 신부에게 건네주며 아들딸 잘 낳으라는 덕담을 한다.

2) 현대의 결혼의례

(1) 약혼식

약혼식은 결혼식을 하기 전에 양가의 직계가족이 처음 공식적으로 인사하는 상견례의 의미를 갖는다. 형식절차를 갖추는 경우에 보통 사회자의 진행으로 개식, 신랑・신부 가족 소개, 신랑・신부 인사, 사주함 전달, 약혼예물 교환, 식사와 여흥, 폐식의 순으로 진행되고 신부 측에서 주관한다. 최근에는 이런 형식을 갖추지 않은 채 단순히 양가의 상견례와 식사로 끝내기도 한다.

(2) 결혼식

오늘날 결혼식은 전통혼례에서와 마찬가지로 부부로서 사회적으로 인정받는 통과의례의 의미를 가지고 있으나, 사회여건의 변화로 의식의 외형적 모습이 변모되었다. 현대사회에서 결혼식은 기존의 전통혼례와 서구식 결혼식이 절충된 모습으로 행해지고 있다. 일반적인 현대 결혼식의 절차는 다음과 같다.

① 결혼식 날짜와 장소 선정

결혼을 결정하고 양가의 부모님에게 인사드리고 결혼허락을 받으면 양가의 직계가족이 만나 상견례를 하고 결혼식 날짜를 정한다. 당사자와 양가의 사정, 장소 사정, 참석자의 사정, 혼수준비 등을 고려하여 날짜를 정한다. 주로 주말이나 공휴일 낮 시간으로 정하는 경우가 많으나 최근에는 주중이나 야간에도 하는 추세이다.

결혼식 장소는 주로 예식장, 회관, 호텔, 종교시설 등에서 행해지고 이 외에 강당, 야외 등이 이용된다.

② 주례위촉과 청첩장 발송

결혼식 사회를 맡을 사람과 주례자를 결정하고 직접 부탁을 드린다. 보통 사회자는 친하게 지내는 친구나 동료가 맡고, 주례자는 평소에 잘 알고 지내고 존경하는 분으로 모신다. 청첩장은 친척과 친구, 친지들에게 정식으로 알리는 서식으로 보내고 진심으로 축복해 줄 사람에게 보내는 것이 예의이다. 청첩장은 늦어도 결혼식 일주일 전에 도착되도록 한다.

③ 함들이

함들이 행사는 전통혼례에서 유래된 것으로 전통혼례의 납폐형식을 갖춰서 사주와 혼서지, 예물을 넣는다. 보통 결혼식 전날 저녁에 첫아들을 낳은 친구가 함진아비가 되어 여러 친구들과 함께 신부집으로 함을 지고 가고 신부집에서는 이들을 잘 대접하고 즐거운 놀이마당을 만들어 주는 형태로 되고 있다. 요즈음 잔치분위기 조성이 지나쳐서 신랑친구들이 신부집에 지나친 함값을 요구하거나 함값 실랑이를 벌임으로써 신부집에 부담을 주고 주위사람들에게 비난을 받는 폐해가 발생하기도 한다. 그에 따라 최근에는 함들이 행사를 생략하거나 신랑이 함을 들고 가는 식으로 간소화시키는 사람들도 있다.

④ 결혼식

예식장에서 결혼식을 하는 경우에 개식선언, 주례소개, 신랑입장, 신부입장, 신랑·신부 맞절, 혼인서약, 성혼선언, 주례사, 축가, 신랑·신부 내빈께 인사, 신랑·신부 행진, 기념촬영이 끝나면 의식이 끝난다. 대부분 결혼식 비용은 신랑과 신부 측에서 반반 부담한다. 최근 예식장 외에 종교기관, 야외 등으로 다양화되는 추세이다.

⑤ 폐백

결혼식이 끝나면 폐백실에서 신부 측에서 준비해간 폐백용 음식을 차려놓고, 신랑과 신부가 신랑 측 부모와 친척들에게 큰 절을 하고 절을 받은 시부모는 아들을 많이 낳고 잘 살라는 덕담을 하고 대추를 신부치마에 던지며, 다른 친척은 보통 신혼여행비에 보태도록 현금을 준다. 전통적인 폐백은 신부집에서 혼례를 치르고 3일 후에 신랑집으로 신행을 가서 신부가 시부모와 시집식구들에게 처음 인사를 드리는 의식이었으나 오늘날은 결혼식 직후에 치르고 신랑과 신부가 같이 절을 하는 것이 다른 점이다. 최근 폐백이 양성평등을 저해하는 가부장적 가치관의 반영이라는 인식에서 신랑 측 가족만이 아닌 신부 측 가족들도 같이 모시는 경향이 있고, 폐백의식을 신혼여행 뒤로 미루어 시부모 댁에서 치르는 경향도 나타나고 있다.

⑥ 피로연과 신혼여행

결혼식에 온 하객들이 음식점에서 식사를 하는 것을 피로연이라고 하는데, 원래 전통사회의 혼인잔치가 일제시대에 와서 변형된 용어이다. 음식접대는 결혼잔치의 의미로 손님에 대한 예의상 필요하다. 그러나 평상의 식사시간과 상관없이 결혼식 직후에 음식점에서 식사하도록 되어 정성이 결여되는 형식적 접대에 그칠 수 있다.

신랑과 신부는 결혼식 예복을 폐백 옷으로 갈아입은 후 폐백을 드리고 다시 옷을 갈아입고 피로연 장소에 나가 양가부모와 함께 하객들에게 인사를 드린 후 신혼여행을 떠난다. 신혼여행은 시대에 따라 가까운 지역여행에서 제주도 같은 원거리 여행으로 바뀌었고, 최근에는 동남아, 하와이, 유럽 등으로의 해외여행도 늘어나고 있다.

신혼여행은 가족과 친지로부터 떠나서 두 사람만의 애정관계와 성적 친밀감을 높일 수 있도록 함으로써 결혼생활로의 전환과 부부로서 정체감 확립을 용이하게 하는 기능을 갖고 있다. 가보지 않은 장소로의 여행의 의미보다는 두 사람이 즐거운 추억을 만드는 것에 더 비중을 두고 안전도, 기후, 교통편, 숙박시설, 취향과 경비를 고려하여 목적지 장소와 기간을 정하고 준비물을 챙긴다. 신혼여행지에 도착하면 양가에 도착인사를 드리고 다녀올 때는 기념선물을 준비하여 찾아뵙는다.

⑦ 혼수준비

결혼식에 수반하여 생활필수품으로서의 '혼수'와 배우자의 식구들에 대한 선물로서의 '예단', 그리고 신랑과 신부가 사랑의 징표로 주고받는 '예물' 등을 준비하는 것을 넓은 의미의 혼수준비라고 한다. 결혼비용은 이 외에도 주거공간 마련비용, 결혼식 관련비용, 신혼여행비 등이 포함된다.

오늘날의 혼수준비는 과거에 비해 범위가 확대되고, 고가품이 추가되어 금액이 늘어났으며, 예단과 예물을 물품보다는 현금으로 주고받는 경향이 많아졌다. 과거에는 신랑의 부모와 친척들에게만 예단을 보내었으나 요즈음에는 신부의 부모에게까지 확대되었고, 혼수에 가전제품 세트와 가구류 세트가 추가되었다.

우리나라 신혼부부들의 평균 결혼비용은 계속 증가하는 추세여서 1999년에는 7,630만 원, 2000년에는 7,845만 원, 2001년에는 8,660만 원, 2005년에는 1억 3천만 원, 2009년 1억 754만 원, 2012년 2억 808만 원을 지출한 것으로 나타났다(보건복지부, 2013). 이는 신혼집 마련비용이 크게 상승하였고 혼수, 예물, 예단, 결혼식, 신혼여행비 등 비용이 많이 늘어났기 때문이다. 최근 2년 안에 결혼을 한 당사자와 혼주 1,000명을 조사한 결과, 응답자의 85%가 "우리나라의 결혼문화에는 호화사치 풍조가 존재한다"고 답했고, 그 원인으로 '남만큼 해야 한다는 의식 때문'이 많았으며, 소득차에 비해 결혼비용은 차이가 적게 나타났다(중앙일보, 2013).

3) 결혼의례의 의미와 개선방향

(1) 전통혼례의 의미

전통혼례의 여러 형식과 절차에서 기복사상과 부정한 일 방지(예 길일을 택하는 것, 부정을 방지하기 위해 붉은 팥떡을 챙기거나 짚불을 넘어오게 하는 것 등), 적응과 통합을 위한 배려(예 시댁에 처음 간 신부가 3일간 아침문안 드리기, 3일간 부엌에 들어가지 않기 등), 남아선호와 남성중심적 가치관(예 신부가 재배하고 신랑이 일배하는 것, 신부의 폐백, 첫아들을 낳은 사람이 함진아비가 되는 것 등), 지역공동체 행사(예 혼례가 신부집에서 치러지고, 이웃사람들이 의례에 참여하고 돕는 것 등)로서의 의미들을 발견할 수 있다.

(2) 현대 결혼식의 문제점

현대의 결혼문화에서 다음과 같은 문제점이 지적되고 있다.

첫째, 불평등한 결혼식 관행이 양성평등사회에 부적합한 문제가 있다. 우리 사회가 양성평등으로 가고 있지만 여전히 결혼은 여성이 시집에 혼입하는 의미를 지닌다. 예를 들면, 결혼하는 여성은 직업 여부에 상관없이 남성의 사회적 지위와 경제력에 의존하는 대가로 예단과 혼수를 잘 준비해야 하며, 남성의 직업이나 사회적 지위가 안정되고 경제적 보장이 확실할수록 여성이 준비해갈 혼수와 예단이 상대적으로 커지도록 요구된다.

또한 결혼식 절차에서도 전통혼례와 달리 신랑·신부가 한 번 맞절하는 것으로 바뀌었지만, 현대 결혼식에서 신랑은 혼자 입장하는 데 비해 신부는 아버지의 손을 잡고 입장하고 신랑에게 인계되는 절차가 보편화되었다. 이는 여성이 결혼 전에는 아버지에게 종속되다가 결혼 후에는 남편에게 종속되고, 늙으면 아들에게 종속되는 가부장적 전통의 삼종지도(三從之道)의 의미를 상징적으로 보여주는 것이다. 여전히 함들이에 첫아들을 낳은 사람이 함진아비가 되고 함값으로 신부집에 부담을 주는 것, 시집식구에 대한 신고식의 의미를 지니는 폐백 등이 행해지고 있다.

둘째, 결혼비용의 과다문제와 결혼식에서 자녀의 부모에 대한 의존성이 커지는 문제가 있다. 결혼비용이 해마다 증가하고, 비용마련에서 부모에게 의존하는 비율이 70% 이상 되는 것은 우리 사회의 체면문화와 자녀에 대한 과보호가치관, 과소비를 조장하는 결혼산업의 상업주의 영향에서 비롯된다. 이는 혼수를 둘러싼 시댁과의 갈등으로 파급될 수 있고, 부모의 간섭과 영향력이 심리적으로 독립된 부부로 생활하는 데 장애물로 작용할 수 있다.

셋째, 결혼식과 피로연이 본래 의미를 상실하고 세속화되고 있고 가세를 나타내는 형식치레에 그치고 있다. 예식장에서의 결혼은 이윤추구 위주의 상업주의와 체면치레의 형식적 결혼문화의 영향으로 결혼의 의미를 살리는 분위기가 조성되지 못하고 있다. 즉, 예식장에서 결혼식을 치르기 위해서는 개개인의 기호와 사정에 맞추지 못하고 호화롭고 복잡한 결혼상품 세트에 따르는 결과, 시간대별로 신랑·신부를 양산하는 상품화시스템에 함몰된다는 문제가 있다.

또한 결혼식에 많은 하객이 북적대는 문제가 있다. 이는 결혼식이 주로 주말에 집중되고 예식시간도 촉박하게 잡기 때문이기도 하지만 결혼식에 많은 하객이 북적대야 혼인당사자 가족이 높은 지위를 가지고 있고, 인간성이 좋다고 생각하는 가치관과 축의금이라는 경제적 이유들이 작용한 결과이다. 이런 체면문화는 하객 중 절반 이상이 예식에는 관심이 없이 얼굴만 내미는 식으로 와서 축의금만 내고 아는 사람과 담소하거나 식사를 하러 가는 등 소란스러운 분위기를 만듦으로써 결혼의 신성한 의미를 퇴색시키게 된다. 많은 사람들이 이러한 하객초청을 비난하면서도 자신이 낸 만큼 받아야 한다는 생각과 경제적 손해를 보지 않아야 한다는 생각에 계속 많은 하객을 초청하는 허례허식 문화가 사라지지 않고 있다. 피로연도 상업적인 음식마련과 여유 없는 시간으로 인해 정감있고 정성스러운 마음이 느껴지는 지역사회의 결혼잔치의 성격이 없어지고 형식 위주의 절차에 그치는 문제가 있다.

(3) 결혼문화 개선방향

앞으로의 결혼문화는 겉치레와 가문의 위세를 보여주기 위한 형식적 절차에서 탈피하고, 호화롭고 고급화되고 대형화되는 경향에서 벗어나 검소하고 실용적으로 바뀌어야 하며, 종래의 부계중심적인 가치관을 극복하고 양성평등적인 절차로 바뀌어야 한다. 그리고 획일화되고 상품화된 절차와 세속화 압력을 극복하고 개인의 선택에 의한 개성적이고 추억에 남으며, 결혼의 의미가 드러나는 상징을 살리는 결혼의례절차를 만들어가야 한다. 아울러 결혼비용 마련에서 부모에 대한 의존을 최소화하고 자력으로 분수에 맞게 결혼하는 방향으로 바뀌어야 한다.

이를 위해서는 당사자의 결단과 의지가 중요하며, 동시에 신랑 측 부모의 인식 전환이 필요하다. 특히 예단의 많고 적음이 신랑부모에 대한 예우의 척도라고 생각하는 것은 혼인당사자와 그 집안을 과시하려는 천박한 가치관이므로 이를 마음과 예의를 표하는 의미로 받아들이는 사고의 전환이 필요하다. 그리고 개개인의 변화만으로 사회 전체의 결혼문화가 바뀌기는 어려우므로 사회구조와 가치관 면에서 양성평등주의와 실용주의가 확산되어야 한다. 특히 사회에 영향력 있는 지도층부터 구습에 매여서 과시적 소비와 과다혼수를 하는 풍조에서 벗어나야 하고, 결혼하는 자녀가 건강하고 행복한 결혼을 위한 심리적 준비와 태도를 갖추어 자신의 능력에 맞게 평등하고 간소한 결혼절차를 주도하도록 도와야 할 것이다.

5. 결혼과정에서의 과제

결혼을 앞둔 자녀가 자신의 원가족을 떠나 결혼하고 가정을 이루기까지 당사자와 부모의 개인적인 노력이 필요하고 아울러 부모 - 자녀 간에 지속적인 대화와 협조관계를 유지하는 것이 바람직하다. 결혼하는 개인이 노력할 일은 결혼준비에서 살펴보았다. 그 부모가 노력할 일과 부모 - 자녀가 같이 노력할 일들은 다음과 같다.

첫째, 부모는 성인자녀를 인격을 갖춘 성인으로 대하고 자녀와의 지속적인 유대관계를 가지는 것이 필요하다. 그리고 자녀에 대한 의존과 통제를 줄이는 대신에 배우자와의 부부간 친밀도를 높여서 자녀에게 좋은 결혼생활모델이 되어야 한다.

둘째, 부모와 성인자녀 모두는 서로 존중하고 현재 있는 그대로에 감사하는 마음을 가져야 한다. 그리고 상대방이 할 수 없는 부분에 대하여 비난하지 않아야 하고, 자녀 자신이 원하는 기준에 부모를 맞추려고 하거나 부모 자신이 원하는 기준에 자녀를 맞추려고 노력하지 않는 것이 필요하다.

셋째, 부모와 성인자녀는 과시적 결혼절차와 과다한 혼수준비를 강조하는 사회분위기에 편승하지 않아야 하고, 결혼당사자는 혼수준비로 인해 부모의 노후생활이 희생되거나 신랑과 신부 양가 중 어느 한 쪽이 희생되지 않도록 주관을 갖고 분수에 맞는 결혼문화를 만들어가야 한다.

참고 5-2 건전한 결혼문화를 위한 지침

1. 평등하고 간소한 결혼의례를 치른다.
2. 약혼식은 당사자와 직계가족만 참석하여 상견례와 결혼절차를 협의하는 것으로 대신한다.
3. 함에는 혼서지와 최소한의 예물을 넣고 신랑집에서 신부집으로 직접 전달한다.
4. 혼수와 살림집은 부모에게 의존하지 말고 기본적인 품목만을 마련하고, 가구나 가전제품은 신혼집의 규모에 맞는 것으로 선택하고 결혼 전에 쓰던 가구를 최대한 활용한다.
5. 예물은 커플링 같이 간단한 가락지로 대신한다.
6. 예단은 양가부모로 제한하고 내용은 한두 가지로 제한한다.
7. 결혼식은 공공기관이나 종교기관을 이용하고 복잡한 주말을 피하고 평일야간으로 예식날짜를 잡는다.
8. 다양한 예복의 수를 줄이고 피로연 예복이나 신혼여행복은 예식 후에도 입을 수 있는 정장으로 마련한다.
9. 하객초청은 가까운 친척들과 친지들에 한해서 알리고 진정으로 결혼을 축하해 줄 사람으로 범위를 정한다.
10. 피로연은 가족중심으로 최소한의 하객만을 초청하여 단출하면서도 정감있는 피로연이 되도록 한다.
11. 폐백은 결혼식 후에 시간에 쫓겨 치르기보다는 신혼여행 후 간소한 가족모임으로 하여 인사를 드린다. 예식 후 폐백을 할 때는 신랑·신부 양가어른들을 모시고 하며 폐백음식은 생략하거나 간소화시키고 절값은 없앤다.
12. 결혼식순에서 혼인서약서에 신랑·신부가 서명하는 순서와 예물로 지환을 교환하는 순서를 넣음으로써 결혼의 의미를 살릴 수 있고, 주례도 남자만을 고집하지 않으며, 신랑과 신부가 독립된 주체라는 의미에서 동시입장한다.
13. 예비 신랑·신부는 함께 생활하는 삶에 대해 설계하는 시간을 많이 갖는다.
14. 획일적인 청첩장, 호화로운 촬영을 지양하여 엽서와 작은 기념앨범으로 바꾼다. 신혼여행지도 상업주의에 휘말리지 않고 둘만의 상황과 관심에 맞게 창의적으로 선택하도록 한다.
15. 화환은 보내지도 받지도 말고, 축의금은 최소한으로 하여 거품을 빼는 것이 바람직하다.

출처 : 생활개혁실천협의회(2002). 준비된 결혼으로 행복한 결혼생활을, pp.59-165 재구성.

PART

03 가족관계

POINT

이 단원에서는 가족원 간의 인간관계를 고찰하고자 한다. 가족형성으로 시작하는 부부관계와 결혼적응, 자녀출산으로 시작되는 부모 - 자녀관계, 형제자매 관계, 그리고 가족관계의 누적과 확대 결과인 친족관계 등을 조망해 봄으로써 가족관계를 체계적으로 이해하는 데 도움이 되고자 한다.

CONTENTS

CHAPTER 06

부부관계

부부는 결혼이라는 의식을 통하여 매우 친밀하고 지속적인 관계를 시작하게 되고, 가족의 하위체계로서 역동적 상호작용과정에서 고유한 관계구조를 구축한다. 부부관계가 부부 각자의 성장과 발전에 기여하는 기능적 체계가 되려면, 부부의 상호작용요소들이 긍정적인 방향으로 작용하여야 한다. 이 장에서는 부부관계의 특성과 체계를 이루는 상호작용요소인 부부간의 역할, 권력, 의사소통, 갈등관리 등에 대하여 살펴보기로 한다.

1. 부부관계의 특성

현대사회에서 부부관계를 원만하게 유지하려면 부부관계의 전반적 특성을 이해하여야 한다.

첫째, 부부관계는 가족관계의 중심요소이다.

전통사회에서는 가계계승과 가문의 번영을 과제로 하는 가족주의 가치관이 지배적인 영향을 미쳤다. 그에 따라 부부관계보다 친자관계를 우선으로 하였고, 부부관계의 희생으로 자녀가 성공하면 부모의 성공으로 간주하였다. 그러나 오늘날은 개인의 행복과 발전을 중시하는 사회이므로, 부부관계가 가족관계의 중심축이 되며 친자관계보다 우선으로 한다. 부부가 화목하고 행복할 때 자녀들도 건전하게 성장하고 가족 전체가 안정된 생활을 할 수 있으므로 부부로서 역할에 충실하고 원만한 관계를 유지하는 데 더 많은 관심을 두어야 한다. 만일 부부가 불화하면서 부모역할에만 충실하고 자녀에게 집착하는 경우에 부모 - 자녀관계가 왜곡

되어 자녀들에게 불필요한 긴장과 압력을 줄 수 있다.

둘째, 부부관계는 가장 가깝고 상호 의존적인 관계이다.

결혼생활은 평균수명의 2/3 기간 동안 계속 이어지는 인간관계이고, 여러 인간관계 중에서도 부부관계는 가장 높은 친밀감과 일치감, 행복을 기대하고 추구하는 중요한 관계이다. 부부는 물리적으로 많은 시간을 같은 공간 속에서 생활을 하고 정서적으로 중요한 사람(significant others)으로 의존하는 존재이므로, 서로의 인격이 적나라하게 드러나고 많은 영향을 주고받게 된다. 그 과정에서 서로에게 좋은 영향을 주기도 하지만 상처를 주는 관계가 되기도 하며, 관계양상에 따라 인격적 성숙과 행복을 경험하기도 하지만 반면에 파괴적이고 고통스러운 경험을 할 가능성도 있다. 사랑으로 시작한 부부가 어떤 관계를 만들어가는가는 부부 각자의 올바른 태도와 노력 여하에 달려있다.

셋째, 부부관계는 평등하고 상호 호혜적인 관계이다.

부부는 두 사람 각자의 고유한 개성과 정체성을 유지하고 서로를 존중하면서 공동체로서 공유된 의미체계를 개발하고 고유한 문화를 만들어간다. 즉, 부부관계를 통해 각자가 자기정체감을 발달시키고 성장하면서 동시에 상대방의 과거, 현재, 미래를 존중하고 대등한 영향을 주고받는 가운데 부부로서 정체감과 유대감을 발전시켜나간다. 어느 한 편이 일방적으로 지배하거나 무조건적으로 희생하고 억압되는 것은 부부 두 사람을 위해 바람직하지 않으며, 개방적이고 자유로운 의사소통과 평등한 인격적인 관계를 유지하는 것이 중요하다.

2. 부부역할

1) 부부역할의 기본 개념

역할(role)의 개념은 두 가지로 정의된다. 구조론자들은 '일정한 사회에서 특정한 지위에 있는 개인에게 요구되는 행동규준이나 문화적 행동양식'으로 정의하고, 상호작용론자들은 '개인이 차지한 지위와 타인과의 상호작용과정에서 기대되는 태도와 행동을 개발하고 조정하고 변화시키는 것'이라고 정의한다. 부부는 결혼하면서 남편과 아내라는 사회적 지위를 갖게 되고, 이에 따라 사회문화적인 규범과 기대에 따르는 행동을 해야 하는데, 이를 부부역할이라 한다.

역할과 관련된 개념들은 다음과 같다.

역할기대는 역할담당자에 대한 타인의 요구나 평가기준으로서 흔히 집단 내의 타인과의 상호작용과정을 통해 직간접적으로 학습된다. 역할인지는 역할담당자가 자신이 수행해야 할 역할을 지각하고 있는 상태이다. 역할수행은 역할담당자가 실제로 행하는 행동이다. 역할평가는 역할담당자에게 부여되는 역할기대나 역할인지에 역할수행이 어느 정도 일치하는지를 따져봄으로써 얻게 되는 개인적 충족감이다. 역할취득은 상대방이나 다른 사람들의 기대를 고려하면서 자신의 역할행동을 습득해가는 과정이다. 역할갈등은 역할취득과정에서 불일치, 상충, 낮은 평가로 나타나는 갈등이다. 이에는 하나의 역할에 대한 기대들이 불일치되어 발생하는 역할 내 갈등과 개인이 동시에 여러 역할들을 수행해야 함으로써 발생하는 역할 간 갈등이 있다.

2) 부부역할의 변화

역할은 사회와 밀접한 관계를 맺고 있기 때문에 시대적 · 문화적 배경이 변함에 따라 부부역할도 변하고 있다.

전통사회에서 남편은 가계부양자 역할과 가정을 대표하는 역할을 수행하고, 바깥일을 담당하는 것으로 기대되었고, 아내는 가정관리와 자녀양육 역할과 가정화합 역할을 수행하고 안일을 하는 것으로 기대되었다. 그래서 흔히 남편을 바깥양반으로, 아내를 안사람으로 통칭하기도 하였다.

구조기능론자인 파슨즈(Parsons, 1955)에 의하면, 전통적으로 가정에서 남편과 아내는 역할을 분담하여 수행한다고 하였다. 남편은 목표지향적이고, 대외적으로 가정생활에 필요한 자원과 수단을 공급하는 기능을 담당하므로 남편의 역할을 도구적인 역할(instrumental role)이라 하였다. 아내는 가족구성원 간의 관계를 통합하고 긴장을 완화하는 기능을 담당하므로 아내의 역할을 표현적인 역할(expressive role)이라고 하였다. 가족원들은 남편의 역할을 통해서 경제생활의 안정을 얻고, 아내의 역할을 통해서 정서적 안정을 얻게 된다. 남편과 아내가 원만하게 역할을 수행할 때 가족이 원활하게 기능한다고 하였다.

그러나 현대사회에서는 여성의 사회참여와 경제활동이 증가하고 양성평등주의 가치관이 확산되면서 부부역할도 변하고 있다. 아담스(Adams, 1980)는 부부역할의 변화방향을 전통주의, 신전통주의, 평등주의로 구분하고, 사회변화에 따라 전통주의에서 신전통주의, 평등주의로 진행한다고 하였다.

전통주의는 부부역할이 성별에 의해 규정되어 분리된 역할을 수행하는 것으로 남편역할과 아내역할이 엄격하게 구별되고 역할공유나 역할전환이 일어나지 않는다. 아내의 사회활동이나 경제활동은 용인되지 않으며 특수한 경우에만 허용된다. 신전통주의는 아내의 역할이 확대되어 가정일 외에 사회참여와 경제활동을 할 수 있지만, 남편의 역할은 변하지 않는 것이다. 즉, 아내가 바깥일을 하는 경우에는 집안일도 잘해야 하며, 남편의 역할보완은 기대하지 않음에 따라 아내가 사회활동을 하려면 슈퍼우먼이 되어야 하는 것이다. 평등주의는 성별로 부부역할이 규정되지 않고 역할을 공유하거나 개인의 특성과 상황에 따라 융통성 있게 역할을 수행하는 것으로 어떤 경우에는 남편이 집안일을 하고 아내가 부양자 역할을 하는 역할전환형을 자연스럽게 받아들인다(유영주 외, 2002 : 78 재인용).

나이(Nye)와 맥라프림(Mclaughlim)은 현대사회의 부부역할을 다음과 같이 제시하고 기본적인 가정생활과 원만한 가족관계를 영위하기 위해서는 각각의 역할이 효율적으로 수행되어야 한다고 하였다.

첫째, 가계부양 역할이다. 독립적인 가정생활을 위해서는 경제적 소득원을 제공하는 부양자 역할이 필요하다.

둘째, 가정관리 역할이다. 의식주생활과 살림을 맡는 가사역할이다.

셋째, 애정교환 및 성적 역할이다. 남편과 아내로서 애정교환과 성의 파트너가 되는 것이다. 이는 감정적 교류와 대화를 통하여 친밀감을 나누는 것과 불가분의 관계를 이루며, 동반적 관계를 추구하는 현대사회에서 부부관계 유지를 위해 중시되는 역할이다.

넷째, 치료적 역할이다. 부부가 서로의 고민과 어려움을 털어놓고 문제해결을 돕는 상담자 역할이며, 특히 가치관과 생활양식이 급변하고 경쟁력이 요구되는 현대사회에서 정신적 건강을 잘 유지하고 부부간의 조화를 이루기 위해 필요한 역할이다. 치료적 역할을 수행하지 못하는 경우에는 부부관계에 틈이 생기고 각자가 외로움과 고독감을 경험할 수 있다.

다섯째, 오락 및 휴식의 역할이다. 심신의 피로와 긴장을 해소하는 역할이 현대사회에서는 중시되고 있고 부부 공동의 노력이 필요하다.

여섯째, 자녀양육 및 사회화의 역할이다. 자녀를 바르게 키우고 부부가 협조해서 자녀의 성장과 발달을 돕는 일은 부부에게 보람과 행복을 주는 중요한 일이다.

이 외에도 우리나라 문화에서는 친인척과의 관계유지 역할이 부부역할에서 여전히 중요한 비중을 차지한다. 부부 두 사람의 관계는 친인척과의 관계를 떠나 독자적으로 존재할 수 없고 밀접하게 영향을 주고받게 되어 있다.

3) 원만한 부부역할 수행의 조건

부부역할이 원만히 수행되려면 여러 조건들이 갖춰져야 한다.

첫째, 남편과 아내 각자가 여러 부부역할에 대하여 갖고 있는 태도가 일치되어야 한다. 예를 들면, 남편과 아내가 같이 전통주의 태도를 가진다면 배우자의 역할에 대한 기대수준과 자기역할 인지수준이 일치되므로 갈등이 적을 것이다. 그러나 만약 아내가 평등주의 태도이고 남편이 전통주의 태도일 때 역할기대와 역할인지가 불일치되기 때문에 갈등이 발생할 수밖에 없다. 여러 연구에서도 남편이 전통주의 태도이고 아내가 평등주의일 때 부부 모두 갈등을 가장 많이 겪는다고 보고한다.

둘째, 부부는 자신과 배우자의 역할평가가 긍정적이도록 노력을 하여야 한다. 이를 위해서는 먼저 자신의 역할인지수준과 배우자에 대한 역할기대수준을 현실적으로 낮추는 일이 필요하다. 예를 들어, 아내가 도중에 취업을 하게 된 경우 아내는 종전에 수행하던 자신의 가사역할수준을 그대로 유지하여야 한다는 역할인지수준을 낮추고 다른 사람의 도움을 받는 방향전환이 필요하다. 이 경우 남편도 종전의 아내의 가사역할에 대한 기대수준을 낮추고 자신의 가사역할에 대한 인지를 바꾸어 자신이 할 수 있는 일을 하는 변화노력이 필요한 것이다.

그리고 배우자의 역할기대를 충분히 이해하고 존중하여야 하며, 이에 자신의 역할인지를 조정하면서 배우자의 기대에 부응하는 역할수행을 하는 노력이 필요하다. 예를 들어, 남편이 아내에게 아침밥을 챙겨주기를 기대한다면, 아내는 그 기대를 존중하고 그대로 역할을 수행하는 것이 부부관계를 긍정적으로 이끌어가는 방법이다. 또 아내가 아침출근 시에 남편의 애정표현을 기대한다면 남편은 역시 이를 존중하고 그대로 역할을 수행하는 것이다. 만일 배우자의 역할기대를 잘 파악하지 못하거나 존중하지 않고 자기생각대로 역할을 수행한다면, 배우자는 역할에 대한 낮은 평가를 하고 결혼생활에 불협화와 갈등이 발생하는 것이다.

셋째, 현대사회에서는 부부가 역할에 대하여 유연한 자세를 갖고 개방적인 대화를 하는 것이 필수적이다. 과거와 달리 오늘날은 모든 것이 급변하고 있고 예측할 수 없는 상황도 발생하는 것이 현실이다. 그러므로 현대사회에 적응하고 원활한 가정생활을 영위하려면 역할에 대한 유연한 태도를 가져야 하고, 부부간에 역할에 대한 기대와 인지에 대해 충분한 대화를 나누는 것이 필요하다. 그럼으로써 서로 상대방의 역할기대를 파악하고 자신의 역할인지를 조정하며 기대에 부응하는 역할수행이 가능하게 된다. 그리고 역할갈등이 발생한 경우에도 부부간에 솔직한 대화를 나눔으로써 해결의 실마리를 풀 수 있다.

특히 현대사회는 남편이 부양자, 아내는 가사전담자라는 성역할 분업의 경계를 완화시켜서 평등주의 관점에서 역할을 공유하고 융통성 있게 역할을 수행하는 동반자적 부부관계를 지향하고 있다. 그러므로 부부 각자가 부양자 역할, 가사와 자녀양육 역할 등 고정된 역할관념에서 벗어나 개방적으로 협력하는 자세가 필요하다. 그리고 이같은 생활수단으로서의 역할 외에 부부간의 애정과 성적 역할, 치료적 역할 등의 정서적 역할에 비중을 두고 수행하는 것이 부부친밀도를 높일 수 있다.

넷째, 역할수행에서 부부간에 균형이 맞는 것이 중요하다. 상황에 따라 일시적으로 남편이나 아내 한편에게 역할이 집중되는 경우도 있지만 지속적으로 역할수행에서 부부간에 균형이 깨지면 역할과다 문제와 역할과소 문제가 발생한다. 부부 한쪽이 역할과다인 경우에 가정의 중심이 되고 피로와 시간갈등 문제가 발생하게 되는 반면, 역할과소인 사람은 가정에서 소외되고 외로움, 무력감 문제가 발생할 수 있다. 그뿐 아니라 자녀들의 성역할 습득과 장래의 결혼생활에도 부정적 영향을 미칠 수 있다. 즉, 역할과소의 무기력한 아버지와 역할과다의 지배적인 어머니이거나 역할과다의 지배적인 아버지와 역할과소의 무기력한 어머니인 경우 모두 아들과 딸들은 남성 또는 여성으로서, 그리고 동반자적 부부의 성역할 모델로 부적합한 부모를 보면서 성장한다는 문제가 있는 것이다.

우리나라 기혼남성과 여성의 가사분담과 자녀돌봄 역할수행을 보면 기혼남성, 즉 남편의 경우 쓰레기 분리수거를 한다는 비율이 제일 높고, 시장보기>집안청소>가정경영>음식물쓰레기 버리기>설거지>식사준비>세탁>다림질>인터넷쇼핑의 순이다. 그러나 1주 평균 소요시간이 가장 긴 항목은 식사준비이며, 그 다음이 시장보기>집안청소>설거지와 세탁>인터넷쇼핑>가정경영>다림질>음식물쓰레기 버리기와 쓰레기 분리수거의 순으로 나타났다. 아내집단의 경우, 식사준비, 설거지, 세탁, 청소, 음식물쓰레기 버리기, 쓰레기 분리수거, 시장보기 등의 항목은 90% 이상 하고 있으며, 1주 평균 소요시간이 가장 긴 항목은 식사준비로 10.1시간이며, 그 다음이 설거지>세탁>청소 등의 순서로 나타났다(표 6-1 참조).

〈표 6-1〉 남편과 아내의 10개 가사노동항목 수행비율

항 목	남 편				아 내			
	수 행	1주 평균 수행횟수	1회 평균 소요시간 (분)	1주 평균 소요시간 (시간)	수 행	1주 평균 수행횟수	1회 평균 소요시간 (분)	1주 평균 소요시간 (시간)
식사준비	15.9	3.9	37.4	2.7	96.2	12.7	47.7	10.1
설거지	24.3	3.5	20.6	1.2	96.5	12.7	22.7	4.8
세 탁	14.9	2.0	34.1	1.2	94.9	3.7	43.3	2.7
다림질	9.3	1.4	25.1	0.6	80.3	1.9	24.9	0.8
집안청소	36.7	2.6	32.3	1.3	96.1	4.9	35.1	2.8
음식물쓰레기 버리기	27.4	2.2	13.5	0.5	94.9	3.4	13.4	0.7
쓰레기 분리수거	39.9	1.7	16.4	0.5	94.8	2.1	15.7	0.5
시장보기	37.1	1.6	63.3	1.7	95.7	2.1	56.4	1.9
가정경영	32.5	1.3	33.3	0.7	86.0	1.5	34.3	0.8
인터넷쇼핑	8.2	1.3	43.6	1.1	33.1	1.3	40.7	0.9

출처 : 여성가족부(2010). 전국가족조사보고서, p.260.

자녀돌보기에서도 남성보다 여성의 돌봄시간이 훨씬 많고 맞벌이보다 홑벌이 가정에서 자녀돌봄시간이 더 길다. 자녀가 어릴수록 돌보는 시간이 길어서 1주일 평균 취학 전 자녀의 돌봄소요시간이 22.2시간, 초등학생 자녀 10.8시간, 13세 이상 자녀 9.6시간의 순이며, 노인 및 기타 가족원 돌봄도 주로 여성이 맡는 것으로 나타났고 홑벌이 가정에서 돌봄시간이 더 길었다.

가사노동과 돌봄노동의 분담에 대한 만족도가 여성의 경우 낮으며, 가사노동과 돌봄노동의 분담이 공평하다는 인식은 30%, 아내에게 불공평하다는 비율이 64%로 높았다. 성별로는 남성보다 여성의 경우, 홑벌이 가정보다 맞벌이 가정에서 더 여성에게 불공평하다는 인식비율이 더 높게 나타났다.

1차 조사와 비교해 보면, 공평한 편이라는 응답비율이 줄고 아내에게 불공평한 편이라는 응답비율이 높아졌다. 그에 따라 남편은 집안일을 분담한다지만 아내는 별다른 도움을 받지 못하고 불공평하게 역할을 분담한다고 인식하는 경향을 보이며, 최근에 이르러 그 경향이 현저해진 것으로 보인다.

참고 6-1 남편은 "집안일 돕는다"지만… 아내는 "도움 못 받아"

"절반씩 분담" 男 18%, 女 9% 시각차

가사와 자녀양육 분담을 두고 남편과 아내의 인식차가 크다는 연구결과가 나왔다. 24일 한국보건사회연구원의 '2012년 전국 출산력 및 가족보건복지 실태조사'에 따르면, 남편은 자신이 집안일을 돕고 있다고 생각하는 반면, 아내는 별다른 도움을 받지 못한다고 느끼는 것으로 나타났다.

연구팀은 지난해 15~64세 기혼남녀 8,309명을 대상으로 가사와 양육분담에 대한 설문을 실시했다. 응답자 중 87.6%는 아내가 주로 집안일과 자녀양육을 맡는다고 응답했다. 아내가 전적으로 가사를 맡아 한다는 응답은 21.8%였고, 아내가 중심이 돼 집안일을 하고 남편은 도움을 준다는 응답은 65.8%였다. 가사노동을 절반씩 나눠서 한다는 응답은 10.6%, 남편이 주로 한다는 응답은 1.9%였다.

특히 부부가 절반씩 나눠서 가사를 한다고 응답한 남성은 18.8%였지만, 여성은 9.2%로 남성의 절반에 불과했다. 남성은 자신이 가사를 분담한다고 평가하고 있지만, 여성들은 남편이 가사를 돕는다고 느끼지 않는 것으로 풀이된다.

가사활동 종류별로 보면 부부가 반씩 나눠 식사를 준비한다고 응답한 남성은 14.5%였지만 여성은 6.3%에 불과했다. 청소, 세탁, 설거지를 부부가 분담해서 한다는 남성은 17.9~24.7% 수준이었지만 여성은 9.3~16.6% 정도로 낮았다.

출처 : 동아일보(2013. 8. 26).

참고 6-2 가사노동은 무엇인가, 누가 해야 하나?

가사노동의 특징

① 가사노동은 무보수 노동이다.
② 가사노동은 대체로 재화와 용역의 소비를 수반하는 노동이며, 금전적 가치를 창출하는 노동이 아니므로 사회적인 평가가 낮다.
③ 가사노동은 작업계획을 세워 수행하기가 어렵다.
④ 가사노동의 종류와 내용은 매우 다양하다.
⑤ 가사노동은 반복적이고 휴일이 없다.
⑥ 가사노동은 여성이 담당하고 이를 잘 하는 것이 여성스러운 것이라는 통념이 있다.

가사노동의 경제적 가치

주부의 학력, 소득수준, 가족 수, 자녀 수, 자녀연령 등의 변인에 따라 다양하므로 금전적 환산이 단순하지 않다. 그러나 여성의 사회적·경제적 지위향상을 위해서 가사노동의 경제적 가치평가는 중요한 작업이다.

가사노동과 여성의 지위

가사노동이 문제시되는 이유는 가사노동을 여성의 일, 무보수 노동으로 간주해온 사회통념이 가사를 담당하는 주부의 사회적·경제적 지위에만 영향을 미치는 것이 아니라 시장노동에 참여하는 취업여성에 대한 각종 차별과 불평등의 원인으로도 작용하기 때문이다.

우리 사회의 현재 처방

① 가사노동이 전형적인 여성의 천직이므로 주부의 자아실현은 부엌에서 하라.
② 주부는 무직 대신 주부로서 당당함을 지녀라.
③ 가사노동은 가족에 대한 사랑의 자발적 표현이고 자신이 선택한 것이다.

문제해결방안

① 의식의 전환 : 가사노동에 대한 소중함과 기여도 인식하기, 역할분업 의식 지양, 가족이기주의 지양
② 제도개선 : 법률의 개선, 가사노동의 사회화

출처 : 한국여성개발원(1992). 평등한 부부.

3. 부부권력

1) 부부권력의 개념

권력(power)이란 다른 사람과의 관계에서 자신의 의지를 행사하는 능력(Lamanna & Riedman, 1991)이라고 정의되고, 또는 상대방의 행동에 영향을 끼칠 수 있는 잠재적인 능력(Blood & Wolfe, 1960), 또는 다른 사람의 행동을 통제하고 주도하며, 변화시키고,

수정하는 행동(Straus, 1964), 사회체계 내의 다른 구성원의 행동을 변화시킬 수 있는 잠재적 또는 실제적 능력(Olson & Cromwell, 1975) 등으로 정의된다. 이와 유사한 개념으로 권위(authority)가 있는데, 이는 합법적으로 사회에서 용인되는 권력을 의미한다.

부부도 일종의 사회적 관계이므로 권력현상이 존재한다. 부부권력은 부부 중 한 사람이 다른 사람을 지배하거나 영향을 미치는 불균형상태를 보이는 경우가 있고, 또는 부부 모두 상호 존중하고 권력이 균형상태를 보이는 경우가 있다. 크롬웰과 올슨(Cromwell & Olson, 1975)의 권력요인에 관한 이론을 부부권력에 적용시키면, 부부권력은 권력의 기반, 과정, 결과의 세 요인들로 구성된다.

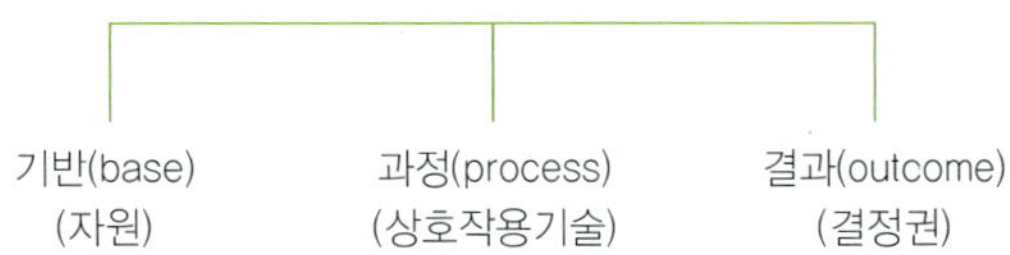

| 그림 6-1 | 부부권력의 요인

(1) 부부권력의 기반

권력의 기반은 권력을 발생시킬 수 있는 자원이다. 이는 화폐, 자산 등 물질적 자원인 경제적 자원과 비경제적 자원으로 구분되고, 비경제적 자원은 다시 다음 네 가지 자원으로 나뉜다.

- **규범적 자원** : 특정 지위에 따라 가질 수 있다고 사회문화적 · 법적으로 인정되는 자원으로 법, 문화, 성별규범, 연령별 규범 등이 있다. 예를 들면, 사회적으로 남성이, 연령이 많은 사람이 권력을 많이 가지는 것이 정당화되면, 이것이 남편이나 연령이 많은 배우자가 권력을 가지는 기반이 된다.
- **개인적 자원** : 개인이 갖고 있는 재능, 특성, 전문적 지식, 전문기술, 선택대안 등이다. 예를 들면, 부부 한 사람의 특성이 지배적인 성격인 경우, 정보가 많은 경우, 대화기술과 설득력이 있는 경우, 건강한 사람, 체력이나 체격이 강한 사람, 직업을 가지고 있는 사람, 외부사람과 접촉이 많은 사람, 선택할 수 있는 대안을 가진 사람들이 그렇지 않은 사람보다 권력을 가지는 경향이다.
- **감정적 자원** : 타인과의 관계에서 나타나는 의존적 특성이다. 예로 부부 중 한

사람이 배우자에게 더 정서적 애착을 많이 가지는 경우에 상대적으로 관심과 정서적 애착이 적은 사람이 권력을 가진다는 '최소 관심의 원리'가 작용한다.

- **인지적 자원** : 영향력에 대하여 주관적으로 지각된 자원이다. 예로 부부 중 한 사람이 자신의 수입 자체보다 수입이 부부의 권력에 미치는 영향을 크게 인지하는 경우에 권력을 가진다는 것이다.

(2) 부부권력의 과정

부부가 영향력을 행사하기 위하여 사용하는 다양한 상호작용기술을 권력과정이라 한다. 이는 합리적 방법과 비합리적 방법으로 구분된다. 전자에는 설명, 설득, 절충, 논리적 진술 등이 있고, 후자에는 위협, 도피, 애정철회, 비난, 언쟁, 벌, 침묵, 고립화, 폭력 등이 있다. 전자의 권력과정이 부부관계에 도움이 되는 반면, 후자의 방법은 부부관계에 부정적 영향을 미치고 관계를 파괴하는 결과를 초래한다.

(3) 부부권력의 결과

부부 중 최종적으로 누가 의사결정권을 가지고 상황을 통제하는가와 관련되는 것이 권력의 결과이다. 이는 권력의 기반이나 과정보다 눈으로 보고 측정하기 쉽기 때문에 관심을 가장 많이 받는 연구주제가 되었다. 권력의 결과를 측정하기 위해 가장 흔히 사용되는 방법은 여러 결혼생활 영역들에 대해 부부 중 누가 의사결정권이 있는지를 파악하고 유형을 분류하는 것이다.

부부권력유형은 부부 각자가 결정하는 부분이 많은 자율형, 부부가 동등하게 결정하거나 공동으로 결정하는 공동형 또는 일치형, 그리고 남편이 더 지배적인 남편우위형, 아내가 더 지배적인 아내우위형으로 구분된다. 가부장주의가 지배하는 전통사회에서는 남편이 부인에게 명령하거나 지시하고 남편이 지배적인 남편우위형이 많았었다. 그러나 아내의 경우 의생활, 식생활, 가사 등의 한정된 영역에서는 독자적으로 결정하는 면도 있었다. 한편 양성평등주의가 지배적인 현대사회에서는 개인의 인격을 존중하고 협력적인 의사결정을 하는 공동형(일치형)이 증가하고, 부부가 평등한 권력관계를 추구하는 경향이다.

한편 부부권력을 측정할 때 의사결정권의 양만을 기준으로 하지 않고, 중요한 비중의 영역에 대한 의사결정에 누구의 영향력이 더 큰지, 재산권과 경제적 측면, 가사노동 측면, 권력의 과정 등의 여러 차원을 고려한 측정방법들이 필요하다는 지적도 있다.

2) 평등부부

현대사회에서 부부권력이 평등한 방향으로 가고 있고, 남편과 아내 사이에 민주적 관계를 지향하는 평등부부가 바람직한 것으로 간주된다.

평등부부의 개념은 1차적으로 부부 상호의식에 평등성이 내재되어 있는 정도와 실제 부부가 일상생활에서 얼마나 공평하고 상호 존중하면서 지내는가에 달려있다. 구체적인 평등부부의 특징은 ① 남편과 아내가 집안일과 자녀양육을 함께 하고 가계부양도 같이 하며, ② 재산과 통장 등을 공동명의로 하거나 동등한 대표권과 관리권을 인정하며, ③ 가정 내 의사결정에 부부가 함께 참여하고, ④ 인격을 존중하는 대화문화를 정립하며, ⑤ 시가・처가와 동등한 관계를 유지하고, ⑥ 부부 모두 자기개발 기회를 활용하고, ⑦ 불평등한 혼인관행에서 탈피하며, ⑧ 아들, 딸 구별 없이 양성적인 인간으로 키우는 것이 특징이다.

평등부부를 실현하기 위한 방안으로 남성의 가족역할 참여가 확대되도록 남성의 의식변화와 제도적 뒷받침이 필요하고, 노동시장에서의 여성의 지위가 향상되어야 하며, 여성의 의식변화가 이루어져야 한다.

우리나라 부부의 의사결정방식을 보면 <표 6-2>와 같이 모든 의사결정에서 부부가 공동으로 결정하는 유형이 가장 높은 비율을 보였다.

〈표 6-2〉 부부 의사결정방식

영 역	주로 남편이	대체로 남편이	부부가 함께	대체로 아내가	주로 아내가	부부 각자
자녀교육 관련	0.6	1.5	56.7	17.6	23.0	0.6
주택구입	2.8	5.6	77.2	9.2	4.8	0.3
투자 및 재산관리	2.7	8.5	70.8	11.6	5.9	0.5
생활비지출 관련	1.3	3.2	43.9	29.9	21.0	0.7

영 역	주로 남편이	대체로 남편이	부부가 함께	대체로 아내가	주로 아내가	부부 각자
배우자의 취업이나 직장이동	4.4	11.4	65.2	12.0	4.5	2.6

출처 : 여성가족부(2010). 전국가족조사보고서.

배우자의 취업이나 직장이동 결정은 남편주도형과 아내주도형이 비슷한 비율을 보이고, 이를 제외한 나머지 모든 결정(자녀교육, 주택구입, 투자 및 재산관리, 생활비 지출)에서는 아내주도형이 남편주도형보다 높은 비율을 나타냈다. 1차 조사와 결과를 비교해 보면, 부부공동형과 아내주도형의 비율이 증가하였고 남편주도형의 비율은 감소하였으며, 특히 주택구입과 투자 및 재산관리 결정에서 아내주도형 비율이 남편주도형 비율보다 더 높게 나타난 변화를 보였다. 이로써 부부간 의사결정구조가 부부평등방향 또는 아내주도방향으로 바뀌고 있는 것으로 보인다.

참고 6-3 평등한 부부의 평가범주와 세부항목

평가범주	세부항목
1. 의사결정	중요한 가정사는 의논을 통해 결정하는가 서로의 인격을 존중하는가 폭력이 철저히 배제되는가 존중하는 호칭과 언어를 사용하는가 상대방의 의견을 존중하는가
2. 가사분담/ 자녀양육	가사는 공동분담되는가 가사노동의 경제적 가치를 인정하는가 자녀양육(교육)에 공동책임을 지는가 대외활동에 함께 참여하는가 평등한 성역할 의식을 갖고 있는가
3. 경제적인 면	가정경제를 공동으로 운영하는가 재산의 소유, 증식에 공동책임을 갖고 있는가 부부 공동명의의 경부조금을 지출하는가 전업주부의 용돈지출 자율권을 인정하는가
4. 심리적 · 정서적인 면	자유로운 의사표현이 가능한가 배우자의 자아실현을 위해 배려하는가 성생활에서 상호 존중하는가 취미 · 여가 생활을 이해하고 공유하는가 배우자 가족에 대해 이해하고 관심을 가지고 있는가

출처 : 한국여성개발원(1992). 평등한 부부; 좋은 엄마. 2000년 10월호, pp.17-29 재구성.

참고 6-4 10년차 주부역할을 하는 남편

3일 오후 2시 제주 서귀포시 대포동. 대문을 열자 오성근 씨(43)가 초등학교 3학년인 딸 다향이(9)와 거실에서 글자퍼즐 맞추기 놀이에 빠져 있다. 한낮에 부녀가 함께 노는 모습이라니, 낯설다. 향긋한 냄새에 고개를 돌리자 식탁에 아빠와 딸이 함께 구운 각양각색 동물모양의 쿠키가 군침을 돌게 한다.

오씨는 살림을 전담하는 남편, '전업주부(主夫)'다. 공무원인 아내의 아침밥상 차려주기부터 집안청소, 빨래, 딸의 교육과 놀이 등 모두 그의 몫이다. 오씨가 환히 웃으며 내민 명함에는 이름 밑으로 'house husband(집에서 일하는 남편)'가 왼쪽, 'writer(작가)'가 오른쪽에 나란히 쓰여 있다. "내 본업은 주부, 작가는 부업이라는 뜻"이라 한다.

오씨가 주부의 길에 들어선 것은 육아문제 때문이다. 그는 1993년 아내 이정희 씨(38)와 결혼하면서 "육아는 부모의 공동책임이니 당신이 어려우면 내가 키우겠다"고 약속했다. 물론 그때는 농담 반의 약속이 현실화될지 꿈에도 생각 못 했다. 그러다 1999년 초 출산을 앞둔 아내가 "계속 직장에 다니고 싶다"고 얘기를 꺼내면서 오씨는 깊은 고민에 빠졌다. 그는 "고심고심하다가 '그래 내가 키우자'고 결심했고 바로 회사를 그만뒀다"고 말했다.

그렇게 육아와 가사를 맡은 지 올해로 10년째. 능숙한 살림꾼인 오씨가 가정생활에서 가장 중시하는 것은 가족구성원의 '평등'과 민주적 의사결정이다. 오씨는 "남편이 집에서 살림하고 아내는 바깥에서 일한다고 해서 양성평등이 아니다"라며 "큰 일이든 작은 일이든 모든 일을 토론과 합의를 통해 결정해야 평등부부"라고 말했다.

그는 "우리 부부도 의견을 모으기 전에는 절대로 행동에 옮기지 않고 있다"며 "경기 과천시에서 제주로 내려오기로 합의하는 데도 꼬박 3년이 걸렸다"고 말했다.

그래서 어린 딸도 당당한 의사결정의 주체다. 오씨는 "제도권 공교육 대신 대안교육을 시키고 싶지만 내 생각을 강요할 수는 없다"며 "딸의 의사가 더 중요한 만큼 대안교육의 이점 등을 설명하면서 계속 대화하고 있다"고 말했다.

집안일 하는 오씨는 바깥일 하는 아내에게 서운한 점은 없을까. 그는 "경제권을 아내가 쥐었으니 아무래도 설움을 느낄 때가 있다"며 "특히 돈문제와 관련해서는 나도 모르게 아내눈치를 많이 보게 된다"고 말했다. 그는 "무심코 한 아내의 말에 상처를 받기도 하는데, 이웃 아주머니들과 '우리도 돈을 벌어야 한다'고 얘기하며 스트레스를 풀곤 한다"고 웃었다.

그래도 주부생활에 대한 후회는 없다. 어차피 남편과 아내, 둘 중 누군가는 반드시 해야할 일을 남편이 한 것일 뿐이라는 것이다. 오히려 얻은 것이 많다. 딸과 가까워졌고, 육아경험을 담은 책을 두 권이나 낸 작가가 됐다.

오씨는 "솔직히 살림하면서 사회와 단절됐다는 고립감도 많이 느꼈지만 내가 사랑하는 두 여자가 행복해했으니 만족한다"며 "딸이 충분히 자란 만큼 나를 위한 일도 찾아보고 싶다"고 하였다.

출처 : 한국일보(2008. 1. 3).

4. 부부 의사소통

1) 부부 의사소통의 개념

의사소통(communication)이라는 용어는 공유 또는 공동체, 공통성을 나눈다는 의미를 갖는다. 의사소통의 정의에서 세 가지 관점이 있다. 첫째로 구조적 관점은 메시지나 정보의 송수신과정으로 정의하고, 주어진 정보를 정확하고 신속하게 전달하는 것에 비중을 둔다. 둘째로 기능적 관점은 기호를 사용하는 행동, 그 자체로 정의하고 의사소통의 기능이나 의미, 해독과정을 중요시한다. 셋째로 의도적 관점은 한 사람이 다른 사람에게 영향을 끼치기 위하여 의도적으로 계획한 행동으로 정의하고, 효과를 중요시한다. 그러므로 이 관점들을 종합하면 부부간의 의사소통은 부부가 언어와 상징 등의 기호를 통하여 서로 정보나 메시지를 전달하고 수신하여 공통된 의미를 수립하고, 서로의 행동에 영향을 끼치는 과정 및 행동이라고 정의된다.

2) 부부 의사소통의 구성요소

부부 의사소통은 다음과 같은 요소로 구성된다.

① **발신자** : 행위자로서 남편과 아내 또는 부부
② **정보나 메시지** : 발신자가 보내고자 하는 내용으로 객관적 사물, 사상, 개념, 감정
③ **매체** : 메시지를 전달하는 방식으로 글자, 말, 몸짓
④ **수신자** : 메시지를 받는 개인이나 집단
⑤ **상황** : 의사소통이 일어나는 시간적 · 지리적 · 심리사회적 상태로 분위기, 장소, 시간, 송 · 수신자 간의 관계, 사회문화적 배경
⑥ **효과** : 발신자가 보내는 메시지를 수신자가 받아 나타내는 반응 중 발신자가 의도한 반응

그러므로 부부가 의사소통을 효율적으로 하려면 위에서 언급한 여섯 가지 구성요소가 적절히 작용하여야 한다.

3) 부부 의사소통의 공리

부부 의사소통에 공통적으로 작용하는 신념과 믿음은 다음과 같다.

첫째, 부부가 의사소통하지 않는다는 것은 불가능하다. 부부가 존재하는 한 상호작용이 계속되고 모든 행동을 통해 메시지를 전달하는 것이므로, 의도하든 의도하지 않든 의사소통을 하고 있는 것이다.

둘째, 모든 의사소통에는 내용과 관계의 두 가지 측면이 있다. 내용은 사실적 보고를 의미하고, 관계는 내용 밑에 깔린 의도와 목적을 의미한다. 예를 들어, "변기 물이 계속 흐르고 있어요"라는 말에는 사실 그대로를 전달하는 내용 측면이 있고, 동시에 이 얘기를 듣고 바로 변기 물이 새는 것을 고치든지, 수리하는 사람을 부르든지 해서 문제에 대한 조치를 시행하기를 요구하는 관계 측면이 있는 것이다. 그러므로 부부가 친밀한 의사소통을 하려면 두 가지 측면을 이해하고 일치되도록 사용하여야 한다.

셋째, 모든 사람은 언어적 형태와 비언어적 형태로 의사소통을 한다. 대개 사실과 의견을 표현할 때보다 감정을 표현할 때 비언어적 형태를 사용하는 경우가 많다. 비언어적 형태의 의사소통은 표정, 눈맞춤, 침묵, 몸짓, 움직임, 자세, 공간적 거리 등이 있는데, 언어적 형태보다 분명하지 않고 오해의 소지가 있을 수 있으므로 의사표현 시 두 가지 형태가 일치되고 서로 보완이 되도록 활용하여야 하고, 수신자로서는 두 가지 형태의 의사소통을 통합적으로 이해하는 노력이 필요하다. 흔히 언어적 형태는 의사소통의 내용 측면과 관련되고, 비언어적 형태는 의사소통의 관계 측면과 관련된다.

넷째, 의사소통자 간의 관계는 단락짓기에 의해 영향을 받는다. 대개 사이가 좋지 않은 부부는 상대방이 자신을 자극하여 원인을 제공하고, 자신은 반응을 하는 것으로 인식하여 단락짓기의 불일치를 보인다. 예를 들어, 아내는 '남편이 늦게 오면서 미리 전화를 하지 않아 아내에게 소홀하고 기다리는 아내를 무시하는 것이 문제'라고 하는 데 비해 남편은 '아내에게 전화를 하면 남편을 이해하기보다 간섭하고 잔소리를 하고, 자신이 아내 눈치보고 사는 것을 동료들이 알까봐 전화하기가 꺼려진다'고 하는 등 자극과 반응의 관계에 대하여 불일치를 나타낸다. 그러나 사이가 좋은 부부는 단락짓기에서 한 사람이 상대방을 자극하여 원인을 제공하고 상대방이 그 결과, 반응을 보인 것으로 일치된 생각을 하는 결과 문제해결의 실마리를 찾게 되는 것이 특징이다.

다섯째, 모든 부부간 의사소통은 관계를 반영하며 대칭적 관계이거나 상보적 관계로 구분된다. 전자는 부부가 상호 대등하고 주고받는 것에 균형을 이루는 것으로, 예를 들어, 한 사람이 칭찬하면 상대방도 칭찬하고, 한 사람이 논쟁을 하면 상대방도 논쟁하는 형태이다. 후자는 부부 양쪽이 상호 보완작용을 하는 관계로 한쪽이 지시하거나 물어보면 상대방이 순종하거나 대답을 하는 등의 형태이다. 이 관계가 경직되어 있는 것보다 유연한 것이 바람직하고 상황에 따라 적절하게 바뀌는 것이 바람직하다. 만약 의사소통관계에 유연성이 적은 경우 불화와 긴장, 불만의 요인으로 작용할 수 있다.

4) 부부 의사소통유형

부부가 의사소통을 계속하는 가운데 반복적으로 나타나는 스타일을 의사소통유형이라 한다. 부부 의사소통유형에 대해 학자들은 여러 가지로 구분하였다.

(1) 언어화와 감정노출 정도별 분류

① **차단형** : 자신의 의견을 언어로 잘 표현하지 않으며, 감정노출이 적어 자신을 개방하지 않는 유형이다.

② **억제형** : 자신의 상태를 언어로 잘 표현하지 않으나 감정은 잘 노출하여 다른 사람이 감정의 변화를 쉽게 알 수 있는 유형이다.

③ **분석형** : 언어적 표현이 많으나 자신의 감정노출은 적은 유형으로 주로 사실을 분석하고 이성적인 면에 치우쳐 표현하는 유형이다.

④ **친숙형** : 언어적 표현이 잘 되고 감정도 직접적으로 언어로 표현하여 자신을 개방하는 유형이다.

〈표 6-3〉 호킨스(Hawkins et al., 1980) 등의 의사소통유형

감정노출 \ 언어화	폐쇄적	개방적
낮음	차단형	분석형
높음	억제형	친숙형

(2) 의사소통방향에 의한 분류

① **일방형** : 부부 중 일방이 다른 쪽보다 말을 더 많이 하는 유형이다.

② **쌍방형** : 부부 모두 말을 많이 하는 유형이다.

③ **침묵형** : 부부 모두 서로에게 말을 잘 하지 않는 유형이다.

(3) 기능성에 의한 분류

① **기능형** : 자발적으로 성실하게 정보를 탐색하거나 제공하며 솔직하게 의사표현과 감정표현을 하며, 상대방을 존중하는 경청과 공감적 반응을 나타내는 유형이다. 상황에 적절하게 의사소통을 하므로 문제해결과 관계에 도움이 된다. 이를 일치형 · 지지형 의사소통이라고도 한다.

② **역기능형** : 방어적이거나 비자발적으로 말하고 듣는 유형이다. 예로 경청을 하지 않거나 자신을 솔직하게 개방하지 않는 것, 상대방을 통제하거나 비난, 비교, 원망, 책임을 전가하는 식의 말을 하는 것, 불분명하거나 모순된 의사소통을 하는 것 등이 있다. 결과적으로 갈등과 싸움, 오해를 낳게 되며, 이를 불일치형 · 방어형 의사소통이라고도 한다.

5) 부부간 의사소통의 장애

부부가 효율적으로 의사소통을 하는 것은 부부관계의 친밀과 자아성장에 필수적이다. 그러나 부부간에 의사소통이 원활하지 못한 경우가 흔히 발견되는데, 의사소통 장애의 요인과 유형은 다음과 같다.

(1) 부부간 의사소통장애 요인

첫째, 의사소통규칙의 차이이다. 부부 각자는 성장환경이 다르기 때문에 의사소통규칙에서도 차이를 보일 수 있다. 예를 들어, 부부 중 한 사람은 일상생활에서 언어표현과 감정표현이 적은 것이 습관화된 가정에서 성장하고 다른 사람은 언어표현과 감정표현이 자유로운 가정환경에서 성장한 경우에 의사소통규칙의 차이로 인하여 원활한 의사소통이 어려워지게 된다. 또 부부 중 한쪽은 애매한 표현과 모순된 표현, 간접적인 표현이 일반적이고 이에 대한 반응도 추측하고 해석하여 나타내는 데 익숙한 데 반해, 그 배우자는 직접적인 의사소통과 분명한 표현에 대한 반응에 익숙한 경우에 역시 부부가 의사소통을 잘 하지 못하게 된다. 또 같은 단어라도 의사소통규칙의 차이로 인하여 의미를 다르게 받아들일 수 있고 다르게 사용되어 의사소통에 장애가 발생한다.

둘째, 성차에 대한 이해부족이다. 성별로 문화적 기대가 다른 데서 오는 성차가 의사소통에도 반영되어 흔히 남성은 사실과 정보를 말하고 의견을 나누며 문제해결을 위한 대화를 하는 정보성 대화(report-talk)를 선호하는 반면, 여성은 감정을 나누고 공감을 위한 대화를 하는 친교성 대화(rapport-talk)를 선호한다. 그에 따라 부부간에 상대방에게 기대하는 의사소통방식이 상이하여 효과적인 의사소통을 하는 데 지장을 초래하는 것이다.

셋째, 상대방에 대한 태도문제이다. 상대방에 대하여 이해하고 존중하려 하지 않고 비난과 위협, 모욕, 경멸하는 태도를 지니거나 강압적 태도, 설득하려는 태도, 넘겨짚는 태도, 불확실한 가정, 지나친 일반화를 고집하는 태도, 책임을 전가하는 태도, 무반응 등을 보이는 경우에 상대방은 감정적 손상을 입게 되고 정확하고 개방적인 의사소통에 장애요인이 된다.

넷째, 자아상의 문제이다. 자신감이 부족하고 상대방에 대한 피해의식과 두려움, 불안감을 지니는 경우에 자신의 생각이나 감정을 분명하게 표현하지 못하게 되고, 배우자에 대하여 이해하려 하기보다는 자신을 방어하려고 함으로써 의사소통의 장애요인이 된다.

다섯째, 부정적 감정의 통제문제이다. 대화 중에 화가 나고 원망과 불평하는 마음, 짜증나는 등의 부정적 감정이 고조될 때 이를 이성적으로 통제하지 못하고 폭발적으로 표출하는 경우, 연쇄적 화풀이를 불러일으키는 싸움이 발생하기 쉽다. 그 결과 상호 간에 자존심이 상하게 되고 상처를 주는 말을 주고받음으로써 관계는 악화되고 문제해결도 어려워지게 된다. 그러므로 부부간의 대화상황에서 부정적인 감정을 이성적으로 통제하는 능력이 부족한 것은 부부대화에 중요한 장애를 일으키는 요인이다.

여섯째, 물리적 환경문제이다. 부부가 친밀한 의사소통을 하기 위해서는 사생활이 보장되는 시간과 공간이 필요하며, 물리적으로 가깝게 접촉하는 공동활동이 필요하다. 그러나 여러 이유로 부부간에 같이 하는 활동이 드물고 대화할 수 있는 시간과 공간에 제약이 많은 경우 부부 의사소통에 장애요인으로 작용한다.

일곱째, 대화기술의 부족이다. 부부가 의사소통을 원활하게 하기 위해서는 말하는 기술과 듣는 기술이 필요하다. 대화기술이 부족할 때 부부간에 생산적이고 효율적인 의사소통을 하지 못하고 상호 간에 오해와 싸움을 유발하는 파괴적인 의사소통을 하게 되어 의사소통에 장애요인이 되는 것이다.

(2) 부부간 의사소통장애 유형

① **송신자 장애** : 부부가 서로 무관심하여 의도하지 않은 메시지를 보내거나 자기중심적인 경향이 강하여 상대방의 메시지 수용에 관계없이 오로지 자신이 전하고 싶은 것을 전달하는 데 열중한 나머지 의사소통장애가 발생한다.

② **수신자 장애** : 부부가 상대방의 말을 부주의하게 받아들이거나 자신이 듣고 싶은 내용만 듣고 자신의 생각과 다른 내용은 무시하는 등 상대방의 대화내용을 선택적으로 듣는 경우 장애가 발생한다.

③ **메시지 장애** : 부부간의 의사소통은 상호 이해와 의미의 공유를 전제로 하는데, 부부의 가치관, 태도, 문화적 차이로 인해 부부가 의미를 공유하지 못하고 이해가 되지 않는 경우 메시지를 해석하는 데 장애를 느낀다.

④ **회로 장애** : 의사소통이 일어나는 물리적 환경이 적절하지 않은 경우 발생한다.

6) 부부 의사소통 정도

우리나라 부부 의사소통 정도를 보면 하루 평균 30분~1시간 대화를 하는 부부가 40%로 가장 많았으며 1~2시간이 26.2%, 30분 미만이 16.6%, 2시간 이상이 16.5%의 순으로 많았다. 성별 차이를 보면, 아내들이 남편에 비해 하루 평균 부부 대화시간이 적고 부부 의사소통에 대해서도 불만스럽게 인식하였다(여성가족부, 2010). 결혼기간과 부부간 대화시간은 반비례하며, 대화주제는 40.4%가 '자녀의 교육과 건강'이고, '생일 · 이사 등 가정사'(28.2%)가 그 다음으로 많으며, '부부자신들에 관한 얘기'는 14.7%에 불과하였다. 부부간 대화를 막는 요인으로는 '늦은 귀가와 주말근무'(33.4%)가 가장 많았고 뒤이어 'TV · 컴퓨터 · 스마트폰 이용'(29.8%), '자녀양육으로 인한 시간부족'(19.2%), '대화기술 부족'(10.3%), '무관심'(6.3%)으로 나타났다(인구보건복지협회, 2013).

7) 부부 의사소통의 촉진방안

(1) 긍정적인 자아상을 가진다

자신의 얘기를 잘 하기 위해서는 자신의 것을 인정하고 솔직하게 얘기할 수 있는 용기와 자신감이 있어야 한다. 그리고 열등감이나 피해의식에서 벗어나야 상대방의 말에 대하여 방어적 태도가 아닌 이해하려는 태도를 가질 수 있고, 상대방에 대해서 비난하거나 공격하지 않으면서 자신의 말을 정확하게 할 수 있게 된다.

(2) 상대방에 대하여 존중하는 태도를 가진다

대화다운 대화를 하기 위해서는 상대방의 말을 잘 경청해야 하고, 그 기본으로 상대방에 대한 존중하는 태도가 필수적이고, 그 사람의 입장이 되어 이해하는 마음의 여유가 있어야 한다.

(3) 배우자와의 심리적 · 문화적 차이를 이해한다

동일한 경험에 대해서 부부간의 의견이 다를 수 있는데, 상대방의 심리와 문화적 배경을 이해하면 불일치를 극복할 수 있고 대화가 원활해진다.

(4) 부부 공통의 활동을 많이 가진다

부부가 같이하는 시간이 많고 같이하는 활동이 많을 때, 친밀감을 느끼고 자연스럽게 의사소통이 될 수 있으며, 대화소재도 풍부해지고 다양해져서 밀도있는 의사소통을 할 수 있다.

(5) 의사소통규칙을 정한다

부부가 의사소통을 하다가 계속하기 어려운 상황이라고 판단되는 사람이 "잠깐 쉬었다 하자"고 제안하면 상대방은 "알았다"고 하고, 제안한 사람이 30분 후에 다시 대화를 재개하는 규칙을 정하는 것이다. 예를 들어, 상대방의 말을 듣다가 대화가 아닌 싸움으로 간다는 생각이 들 때, 또는 계속 대화하기 어려울 정도로 화가 날 때 또는 급한 일이 발생할 경우에 이 규칙을 활용할 수 있다.

(6) 듣기기술을 사용하여 경청한다

자기가 하고 싶은 말만 하고 상대방의 말을 경청하지 않으면 싸움이 발생하기 쉽다. 특히 부부간의 의견이 다른 경우에 내 말을 하기보다 상대방의 말을 더 많이 경청하는 것이 의견차이를 좁히는 데 필수적이다. 이를 위해서는 경청에 방해가 되는 다음 사항을 하지 않는 것이 중요하다.

첫째, 상대방이 말할 때 다른 데를 쳐다보거나 다른 일을 한다. 둘째, 상대방의 말이 끝나지 않았는데 상대방의 말을 중단시키고 자기 말을 하거나 자리를 뜨는 행동을 한다. 셋째, 상대방의 말을 다른 의미로 해석하거나 과장하고 축소하거나 자신에게 유리한 쪽으로 해석한다. 넷째, 상대방의 말을 끝까지 듣지 않고 미리 판단이나 평가하거나 결론을 내리고 상대방이 할 말을 넘겨짚어 말을 한다. 다섯째, 상대방의 이야기를 들으면서 자기생각을 하거나 다음에 할 말을 준비한다.

듣기의 본질은 상대방을 충분히 이해하는 것이고, 이를 토대로 듣기기술을 사용할 때 진정으로 상대방을 이해할 수 있다. 듣기기술은 다음과 같다(최규련, 2001, 2012; Miller et al., 1994).

① 주의 기울여 듣는다

말하는 상대방을 바라보고 끝까지 경청하며 상대방의 얘기를 따라가는 것이다.

② 상대방의 경험을 인정해 주는 반응을 한다

듣는 중간에 그리고 상대방의 말이 끝난 경우에 상대방의 이야기 내용과 감정을 상대방 입장에서 인정해 주는 반응을 하는 것이다.

③ 요약한다

상대방의 얘기가 끝나면 제대로 정확하게 이해하였는지를 확인하기 위해서 들은 내용을 요약해 주는 것이다.

④ 개방질문을 한다

혹시 상대방에 대한 이해가 불충분할 때, 그리고 상대방의 얘기내용에 모순이 발견될 때 더 정확하고 충분하게 이해하기 위해서 개방질문을 하는 것이다.

(7) 말하기 기술을 사용하여 자신의 의견을 분명하게 말한다

말을 잘 하는 것은 자신을 상대방에게 이해시킨다는 마음으로 이야기하는 것이다. 하고 싶은 모든 이야기를 할 수 있어야 하고, 긍정적인 감정만이 아니라 부정적인 감정도 숨기지 않고 이야기하는 것이 바람직하다. 그러나 표현방법에서 다음과 같은 말은 삼가는 것이 좋다. 예를 들어, “여자들이란”, “남자들이란” 등의 일반적인 말이나 “왜”, “도대체”, “그럴 줄 알았다니까” 같은 비난하고 공격하는 말, “맨날”, “항상”, “한 번도”, “절대로” 같은 극단적인 말, 과거의 잘못과 지나간 일을 들추는 일, 주제에서 벗어난 얘기를 하는 일들은 삼가야 한다. 그리고 특히 대화주제가 무겁고 부담스러울 수 있거나 문제에 대하여 의논하는 얘기를 할 때는 말을 꺼내기 전에 이야기할 적절한 상황인지, 상대방이 이야기를 듣고 어떻게 생각할지, 관계에 어떤 영향을 미칠지 등을 미리 고려해야 한다. 그리고 말을 하기 전에 할 말을 생각해 보고 정확하게 이야기를 하는 것이 효과적이다. 말을 정확하게 하는 요령은 다음의 말하기 기술을 활용하는 것이다(최규련, 2001, 2012; Miller, et al., 1994).

① 자신이 말하는 주인이 되어 말한다

배우자에게 할 이야기가 있으면 이야기해도 될 상황인지 확인한 다음 생각을 정리하여 자신에 대하여 말하는 방식으로 이야기를 꺼낸다. 즉, 말의 주어가 "내"가 되는 것이다. 첫말이 "당신은"으로 시작하면 듣는 상대방은 자신이 비난받는다는 생각에 자신을 방어하려고 하고 말하는 사람을 이해하려는 태도를 갖기 어렵다. 그러므로 "나는"이라는 말로 시작하는 것이 중요하다.

② 자신이 보고 들은 구체적 사실을 말한다

자신이 직접 본 것과 들은 것을 근거로 말하는 것으로 예를 들면, "내가 보기에는", "내가 듣기엔" 등으로 시작하는 것이다.

③ 자신의 생각을 말한다

구체적 사실에 대한 자신의 생각과 해석을 말하는 것이다.

④ 자신의 감정을 말한다

자신의 긍정적인 감정이나 부정적인 감정을 적절한 언어로 표현하는 것이다.

⑤ 자신의 소망에 대해 말한다

자신이 바라는 것을 정확하게 구체적으로 말하는 것이다. 상대방이 이미 알고 있을 것이라고 가정하지 않아야 하고 솔직하게 자신이 원하는 바를 전달한다.

⑥ 자신의 행동에 대해 말한다

자신의 과거행동과 미래행동에 대하여 차분하게 말한다.

이렇게 말할 때에 상대방은 자신을 방어하거나 이야기를 회피하지 않고 이해하려는 마음을 갖고 들을 수 있어서 효과적인 말하기가 되는 것이다.

(8) 감사와 칭찬, 인정하는 표현을 자주 사용한다

다수의 부부관계 전문가들은 관계를 증진하고 생산적인 대화를 하기 위해서는 감사, 칭찬, 격려 같은 긍정적인 언어와 비판이나 단점 지적, 불만 같은 부정적인 언어의 비율을 5 : 1로 하도록 제언하고 있다. 배우자의 단점을 지적하더라도 최근의 행동에 대하여 말하고, 인간성을 거론하거나 지나친 비판을 해서 자존심을 상하게 하는 일이 없도록 주의해야 한다.

참고 6-5 불행한 부부들과 이혼하는 부부들의 의사소통 특징

첫째, 감사와 칭찬, 격려의 말을 거의 하지 않고 상호 불평과 불만을 많이 얘기하며 상대방에게 인신공격적인 말과 모욕적인 말을 자주 한다.
둘째, 사소한 말 한마디가 싸움으로 확대된다.
셋째, 문제의 본질에서 벗어난 얘기를 하고 상대방의 과거의 실수를 반복적으로 얘기한다.
넷째, "항상", "절대로" 등의 극단적인 말을 잘하고 비교를 잘한다.
다섯째, 상대방의 얘기를 경청하지 않고 잘못 해석하거나 방어하는 반응을 보인다.
여섯째, 상대방의 생각을 추측하고 마음을 읽는 경향이 있다.
일곱째, 분노나 적대감 등의 부정적인 감정을 조절하지 못하고 즉각적으로 비언어적 · 언어적 행동으로 표현한다.
여덟째, 상대방에 대해 이해하려는 마음이 부족하여 자기생각에 고착된 대화를 한다.
아홉째, 보통 다툼식 말하기와 비난형, 일방형 대화가 많고 관계가 단절된 경우는 침묵형, 차단형 대화가 많다.
열째, 부부간의 대화주제가 극히 한정되어 있고 배우자보다는 다른 사람과 더 많은 얘기를 나눈다.

출처 : 최규련(2001). 행복한 결혼생활을 위한 부부대화법. 신정, pp.87-90 재구성.

참고 6-6 부부간에 피해야 할 말과 자주하면 좋은 말

Do not 관계를 악화시키는 말

- 서로 피하는 화제를 갑자기 꺼낸다. - "당신 월급은 언제쯤 올라?"
- 다른 사람과 비교한다. - "옆집 남자는 승진했다는데."
- 상대방의 자신 없는 용모를 이야기한다. - "당신 머리 때문에 10년은 늙어보여."
- 내가 잘났다고 주장한다. - "우리 집안은 당신네 집안과 수준이 달라."
- 상대방의 집안식구들 흉을 본다. - "당신네 식구들은 모두 다 문제야."
- 자존심을 건드린다. - "그것도 못하고 쩔쩔매니…. 이리 내."
- 상대방을 무시한다. - "내 그럴 줄 알았지."

Do! 부부간에 자주 하면 좋은 말

• 사랑해요. 고마워요. 잘했어요. 당신밖에 없어요. 도와드릴게요.
• 잘될 거예요. 믿음직스러워요.
• 당신 곁에는 항상 제가 있을 거예요. 어려울 때 말씀하세요. 제가 도울게요.
• 이해하세요. 그 사람들이 몰라서 그래요. 속상해하지 말아요. 제가 알잖아요.
• 내가 생각이 짧았어, 미안해요.

출처 : 여성조선. http://danmee.chosun.com/wdata/html/news/200610/20061013000025.html 재구성.

참고 6-7 원만한 부부관계를 위한 대화기술

원만한 부부관계를 위한 대화의 기술

• TV나 컴퓨터를 끄고 서로의 눈을 보면서 손을 잡고 이야기하라.
• 매일 저녁식사 후나 취침 전에 20분 정도 하루일과 중 좋았던 것과 속상했던 것을 이야기하라.
  - 대화가 제대로 안 될 때는 5분 정도라도 일단 시작하라.
• 매일 배우자에게 감사하거나 칭찬할 것을 한 개 이상 찾아서 이야기하라.
  - 노트에 적어서 냉장고에 붙여놓으면 더욱 효과적이다.
• 상대의 이야기를 들을 때에는 잘잘못을 생각하지 말고 상대가 어떤 감정을 느끼고 무엇을 원했었는지를 생각하면서 들어라.
• 속상했던 이야기를 할 때는 다른 사람을 비난하거나 책임을 전가하지 말고, 자신의 감정만 이야기하라.
• 화가 나거나 흥분했을 때는 대화를 중단하고 잠깐 쉬면서 주전부리를 즐겨라.
• 상대에게 무엇을 부탁할 때 항상 거절할 권리를 주어라.
• 상대의 요구를 들어줄 수 없을 때에도 끝까지 이야기를 들어줘라.
• 답답한 태도를 보이거나 결론을 알 수 없는 말을 할 때에도 상대의 말을 자르지 마라.

부부관계 점검항목

• 최근 3개월간 부부만의 데이트를 한 적이 없다.
• 대화를 나누다가 의도하지 않은 싸움이 시작된 적이 있다.
• 배우자보다는 자녀 또는 일이 더 편하고 좋다.
• 배우자의 목소리를 듣거나 얼굴을 보면 짜증스럽다.

※ 1개 이상 해당 사항이 있으면 '옐로카드' - 대화의 기술을 연습할 필요가 있음
※ 2개 이상 해당 사항이 있으면 '레드카드' - 부부관계 검사 및 치료가 필요함

출처 : 한국일보(2006. 9. 1) 재구성.

5. 부부갈등

갈등은 개인의 욕구가 동시에 둘 이상 존재하여 해결에 곤란을 느끼는 상태인 개인 내적 갈등과 개개인의 욕구가 다른 데서 발생하는 개인 간의 갈등으로 구분된다. 이 중 부부갈등은 남편과 아내의 의견이 상충되거나 대립되는 개인 간의 갈등에 속한다.

부부갈등이 존재하는 것은 자연스러운 현상이다. 부부는 사랑하는 관계이지만 계속적으로 친밀한 접촉을 하는 과정에서 각자의 가치관이나 사고방식, 느낌, 행동이 서로 일치하지 않음을 경험하고 서로의 단점을 발견하게 된다. 또한 결혼생활 자체도 계속 변하고 개개인도 계속 변하므로 상호 간의 이해부족이나 역할수행 관련 불만 등이 발생할 수 있고, 의사결정과정에서 부부간에 힘겨루기가 작용하는 측면도 있다.

갈등 자체는 긴장을 유발하므로 흔히 부정적인 것으로 생각할 수 있다. 그러나 이를 원만하게 해결하면 부부 상호 간의 이해에 도움이 되고 활기와 역동적 자극을 주어 개인의 발전과 자기개발, 관계의 결속과 성장을 촉진시키는 긍정적인 면도 있다. 반면 갈등을 초기에 해결하지 못하고 누적시키거나 잘못 해결하는 경우에 갈등이 더 증폭되어 부부관계를 악화시키고, 그 과정에서 폭력이 발생할 수 있고 종국에는 별거나 이혼을 초래할 수도 있다. 그러므로 갈등 자체를 문제시하거나 기피할 것이 아니라 건설적인 해결방법을 찾는 것이 중요하다.

1) 부부갈등의 유발요인과 영역

부부갈등이 발생하는 요인은 다양하다. 예를 들어, 부부 상호 간의 행동, 지각, 가치관, 규칙, 힘의 균형 등에서의 차이, 일관련 스트레스, 역할기대와 수행의 불일치, 의존과 독립의 부조화, 비현실적 기대, 바람직하지 않은 행동, 정신건강문제, 상호 불신과 비협조적 태도, 의사소통기술 부족 등이 갈등을 유발하고 심화시킨다. 우리나라 부부갈등의 발생영역은 성격차이 문제, 가치관이나 생활방식의 차이 문제, 대화방법문제, 애정표현과 성생활 문제, 여가생활문제, 인척과의 관계문제,

자녀관련 문제, 가사분담문제, 수입과 지출 등의 경제문제, 건강문제, 직업관련 문제 등으로 구분된다. 그러나 부부갈등의 영역이 분명하게 구분되지 않고 복합되어 있는 경우가 많고, 그 바탕에는 가치관이나 생활방식, 성격 특성의 차이와 의사소통기술의 부족이 작용한다.

우리나라 부부들의 주요 갈등내용으로 '일상생활문제', '대화방법문제', '성격문제'가 가장 많았고, 이 외에 '경제문제', '자녀문제', '시댁 · 처가문제' 등으로 나타났다.

〈표 6-4〉 영역별 부부간 갈등경험

		배우자의 성격	배우자의 사고방식	배우자의 생활방식	자녀교육	내 부모/형제와의 관계	배우자 부모/형제와의 관계	가사 및 육아부담	경제적 문제
평균	전 체	2.67	2.69	2.69	3.11	2.66	2.69	2.45	2.72
	남 편	2.65	2.67	2.60	3.07	2.71	2.62	2.45	2.69
	아 내	2.68	2.71	2.74	3.15	2.61	2.76	2.44	2.75
		-.70	-1.32	-3.82***	-1.43	-2.36*	-3.08**	.18	-1.82

주 : **p*<.05, ***p*<.01, ****p*<.001

전국가족조사결과(여성가족부, 2010)에 의하면, 부부간 갈등경험에서 자녀교육 영역의 갈등이 가장 높았으며, 그 다음 가사 및 육아부담이 높은 수준을 나타내었다. 갈등수준을 성별로 분리하여 차이를 분석해 보면, 내 부모/ 형제와의 관계부문에서 남편이 아내에 비해 보다 높은 갈등을 지각하고 있으며, 배우자의 생활방식과 배우자 부모/ 형제와의 관계부문에서 아내가 남편보다 많은 갈등을 경험하는 것으로 나타났다. 남편의 경우에는 내 부모/ 형제와의 관계에서 보다 높은 갈등을 지각하는 반면, 아내의 경우 배우자 부모/ 형제와의 관계에서 보다 높은 갈등을 지각하는 것은 한국의 가부장적 가족관계 속에서 시댁식구와 며느리 및 부모와 결혼한 아들 사이에 존재하는 갈등이 처가식구와 사위 및 부모와 결혼한 딸 사이에 존재하는 갈등보다 더 많은 것으로 해석할 수 있다.

특히 배우자 가족으로 인한 갈등이나 배우자의 생활방식으로 인한 갈등은 비교적 결혼 초기인 20대와 30대에서 많이 나타났다. 또 가사나 육아분담 갈등도 20, 30대에서 두드러졌으나, 자녀교육문제는 40대 부부에게서 가장 높게 나타났다(강학중 · 유영주, 2003; 김갑숙 · 최외선, 1992; 여성가족부, 2005, 2010; 연합뉴스, 2003).

2) 부부갈등 해결유형

부부갈등의 해결을 방해하는 요인은 개인의 미성숙, 인내심 부족, 무의식적 왜곡과 경쟁심, 원망과 분노, 적대감, 피해의식, 불안 등의 부정적 감정, 과음이나 피로 등이 있다. 갈등해결과정에서 이런 요인이 작용하면 갈등이 더욱 심화되고 해결 자체가 불가능해질 수 있으므로 갈등 발생 시에는 이들 방해요인을 사전에 없애는 것이 선결과제이다.

부부갈등을 해결하는 방법을 유형화하면 회피형, 설득 및 언쟁형, 겉돌기형, 타협형, 협동형 등으로 대별된다(Miller, et al., 1994).

(1) 회피형

갈등소지가 있는 문제가 생기면 힘든 상황을 벗어나기 위해서 문제를 피해가거나 화제를 바꾸거나 또는 문제의 중요성을 무시하거나 부인하는 경우이다. 참고 이야기하기를 꺼리거나 잡담으로 그것을 얼버무리거나 문제가 없다고 하거나 또는 서로 접촉을 피하는 행동을 보인다.

(2) 설득 및 언쟁형

부부가 서로 상대방을 설득하고 자기주장을 하려고 하여 말로 싸우는 유형이다. 어느 한 쪽이 언쟁을 그만두지 않으면 심한 말다툼이나 파괴적 싸움으로 번질 수 있고, 만일 한쪽 편이 져주게 되면 다툼은 끝나나 계속 져주게 되는 배우자는 분노와 원망을 갖게 된다. 또 언쟁과정에서 언어적 폭력이나 신체적 폭력이 발생하기 쉽다.

(3) 겉돌기형

말로는 노력하겠다고 하고 합의에 이르지만 행동으로 실천이 되지 않고 계속 문제는 남아있는 유형이다. 대체로 문제의 겉면만을 스치고 진정으로 충분한 자각을 하지 못하며 문제해결을 위한 적합한 행동을 취하지 못하게 된다.

(4) 타협형

부부 각자가 양보하고 절충하여 하나의 타협점에 이르는 유형이다. 두 사람 모두 어떤 것을 얻기 위하여 일정한 부분을 같이 양보함으로써 갈등을 해결하는 방법이므로 싸움을 예방하고 해결책을 찾는 점에서 바람직하다. 그러나 문제에 따라서는 부부가 균등하게 양보하거나 타협할 수 없는 경우가 있고 부부 양쪽에게 완전히 만족스럽지 않을 수 있다.

(5) 협동형

이 유형은 타협과 절충, 협상을 넘어서서 협동하는 것이다. 협동하는 과정에서 각자는 모두에게 이득이 될 해결책을 찾거나 또는 새롭게 만들어낸다. 부부 두 사람은 대화로 충분하게 서로의 입장을 이해하게 됨으로써 갈등이나 문제에 대해 정확하게 파악하게 되고 갈등과 관련된 오해나 감정들이 분명하게 정리됨으로써 최선의 해결책을 찾기가 용이해진다. 이 유형은 대화를 통해 이해와 합의를 이루어내는 데 많은 시간이 소요될 수 있으나 결과는 두 사람 모두에게 만족스러운 '양승(win-win)' 결정이 된다.

실제 연구에서 부부의 갈등대처방식 유형을 분류하는 방법은 다양하다. 이성형, 공격형, 회피형 세 가지로 구분하거나 이 외에 행동표출, 외부도움요청, 순응 및 체념, 의견강요를 추가하여 일곱 가지로 구분한다. 대체로 이성형을 사용하는 경우 결혼만족도가 높게 나타났으나 공격형인 경우와 공격형과 회피형이 병행될 때 낮은 결혼만족도를 보였다(강학중 · 유영주, 2003; 박경란 · 이영숙, 2005; 이선미 · 전귀연, 2005; 최규련, 1994). 이성형이 협동적 갈등해결방법과 동일한 것으로 간주되므로, 가장 바람직한 유형인 협동적 갈등해결의 구체적인 방법을 살펴보기로 한다.

3) 협동적 갈등해결방법

갈등을 협동적으로 해결하기 위해서는 다음의 원칙을 지켜야 한다.

첫째, 갈등의 존재를 인정한다.

둘째, 분노조절을 한다.

셋째, 적절한 대화시간을 찾는다.

넷째, 문제중심으로 다룬다.

다섯째, 상대방의 긍정적인 점을 인정하고 상대방의 입장을 존중한다.

여섯째, 상대방에 대한 판단을 유보하고 성급한 결론을 삼가며, 상대방을 이해하려는 태도를 갖는다.

일곱째, 차이점보다는 공통점을 강조한다.

여덟째, 부부간에 대화하는 기본 태도와 기술을 갖춘다.

아홉째, 부부간에 말싸움을 하는 경우는 부부싸움규칙을 지키고 마무리를 잘한다.

열째, 경쟁적으로 이기려고 하기보다 협동하는 방법을 찾아가는 자세를 지닌다.

즉, 갈등을 해결하는 과정에서 상대방을 이기려고 하거나 배우자를 굴복시키는 대상으로 생각하기보다는 부부 모두가 만족스럽게 결말을 맺는 협동적 관계가 되도록 노력하여야 한다.

협동적 갈등해결은 다음과 같은 단계를 거치게 된다.

1단계 : 갈등문제 확인하기

무엇이 문제인가를 확인하고 그것은 누구의 문제인가를 생각하여 문제의 소유권을 명료화하는 것이다.

2단계 : 대화계획 세우기

논의할 주제를 정하고 어떤 절차로 대화할 것인지를 정하는 준비를 하는 것이다. 계획을 세울 때 누가, 어디서, 언제, 어떻게 등에 대하여 합의하는 것이 필요하다.

3단계 : 문제에 대한 각자의 관점 이해하기

문제와 관련하여 객관적이고 정확하게 이해하는 것이다. 즉, 부부 각자가 문제와 관련하여 무엇을 보고 들었는가, 그리고 그에 대처하기 위해서 자신의 과거 행동은 어떠했고 그 결과는 무엇이며 현재 행동은 어떠한가, 그리고 자신의 계속되는 생각과 감정은 어떠한가에 대해서 대화를 나누는 것이다. 부부 각자가 말하기 기술과 경청 기술을 사용하여 문제에 대한 서로의 입장과 느낌을 정확하게 파악할 때까지 교대로 말하고 듣는다. 이때 자신의 소망이나 해결책, 결론을 말하지 않는 것이 중요하다.

4단계 : 바라는 것 확인하기

문제와 관련되어 각자 바라는 것을 교대로 말한다.

5단계 : 자신의 행동대안 탐색하기

각자 바라는 것을 바탕으로 자신이 할 수 있는 해결방안을 탐색하고 제안한다. 상대방이 원하는 것에 나의 대안을 맞추는 것이 협동적 갈등해결의 중요한 요소이다.

6단계 : 최선의 행동 선택하기

각자가 여러 대안의 실천가능성을 검토하여 자신이 실천할 행동과 기간을 선택한다.

7단계 : 행동계획의 실천가능성 검증하기

행동계획을 선택한 후에 각자 행동을 실천에 옮기는 자신을 상상해 보고 현실적으로 실천가능성이 있는지를 검토한다. 만일 행동계획을 실행할 수 없다면 방해요인에 대해 생각해 보고 현실성 있는 계획으로 바꾼다.

8단계 : 실행결과 평가하기

시간이 지나서 각자가 행동을 실행할 기회를 가진 후에 그 결과를 평가하고 행동이 효과적인지 여부를 평가하는 것이다. 결과가 효과적인 경우에 해결에 한몫을 담당한 배우자에게 긍정적인 피드백을 주는 것이 좋다. 만일 행동이 효과적이지 못하면 다른 행동계획을 세운다.

참고 6-8 갈등이 부부싸움으로 되지 않게 하는 방법

1. 아무리 화가 나도 고함을 치지 말고 오히려 목소리를 낮춰라.
2. 같이 화내지 말라.
3. 상대의 자존심을 존중하고 인신공격형 말을 하거나 약점을 건드리지 말라.
4. 폭력을 절대로 사용하지 말라.
5. 비판이나 평가식, 독백식, 책임전가식, 비교하는 말, 성급한 결론을 말하지 말라.
6. 자신의 책임을 인정하고 자신의 입장을 제시하는 대화를 해라.
7. 화난 채 잠자리에 들지 말고, 성을 싸우는 무기로 사용하지 말라.
8. 상대방을 배려하며 공감능력과 경청기술을 사용하라.
9. 해가 지기 전에 화해를 신청하라.
10. 상대방을 이해하고 문제를 해결하기 위한 대화임을 잊지 말라.

출처 : 최규련(2001). 행복한 결혼생활을 위한 부부대화법. 신정, pp.168-170 재구성.

참고 6-9 내 배우자가 싫거나 좋을 때

구 분	남	여
내 배우자가 가장 싫을 때	• 사사건건 잔소리를 늘어놓을 때(18%) • 내 앞에서 생리현상을 자신있게 표출할 때(13%) • 집안일에 너무 신경 안 쓸 때(13%)	• 연애시절과 너무 달라진 외모·성격을 느낄 때(17%) • 집안일에 너무 신경 안 쓸 때(13%) • 사사건건 잔소리를 늘어놓을 때(12%)
내 배우자가 가장 좋을 때	• 우리 부모님한테 잘할 때(28%) • 힘들어도 내색 안 하고 든든하게 버텨줄 때(19%) • 집안일, 아이들에게 신경 쓰고 잘할 때(13%)	• 우리 부모님한테 잘할 때(24%) • 집안일, 아이들에게 신경 쓰고 잘할 때(19%) • 애정표현하고 나만을 사랑해 주고 믿어줄 때(15%)

출처 : 중앙일보(2008. 5. 22).

CHAPTER 07

결혼적응

결혼한 부부는 한 공동체 단위로서 결혼 전과 달리 의사결정이나 문제해결에서 협력관계를 유지하며 의논과 타협이 이루어지고 재협상을 해야 한다. 사랑하고 배우자를 선택하는 것은 짧은 기간이지만 결혼생활은 두 사람이 한 단위로 살면서 기쁨과 괴로움을 같이하고 조화를 이루어야 하는 긴 여정이다. 원만한 부부관계를 통해 개인의 성장과 가족의 안정과 발전이 이루어지나 부부간에 불화하면 개인의 정신적・신체적 건강수준의 저하는 물론 삶의 질이 저하되고 자녀들에게도 부정적 영향을 미치게 된다. 그러므로 부부는 결혼생활에 적응하고 성공적인 결혼생활을 하는 방법들을 이해하고 노력하는 것이 필요하다. 이 장에서는 결혼적응과 발달단계별 부부의 적응과제, 결혼만족에 대하여 살펴보기로 한다.

1. 결혼적응

적응이란 환경의 변화에 자신을 순응시켜나가는 과정이다. 결혼적응은 각기 결혼한 배우자 사이의 차이를 줄이며 결혼생활에 익숙해져가고 발전적인 부부관계를 위해 노력하는 과정으로 정의된다. 그러므로 결혼적응은 결혼생활이 영위되는 신혼기에서부터 노년기 부부들에 이르는 장기간의 과정이며, 부부관계의 질과 결혼생활의 성공을 좌우할 정도로 중요하다. 과거 전통사회의 결혼은 실용적 결혼의 성격을 지녀서 경제안정, 사회적 지위의 획득, 자녀출산 등 실용적 필요에 바탕을 두고, 도덕률이나 사회규범이 결혼유지에 매우 중요하였다. 그러나 오늘날에는 본질적 결혼의 특성으로서 부부 상호 간의 동료감과 애정, 자아성장 등 개인의 정서적 충족을 추구함에 따라 부부 상호 간의 적응노력이 필요하게 되었다.

결혼적응은 속성상 일생 동안 부부관계가 지속되는 한 계속되는 과정이며, 결혼 초기의 적응이 가족주기 진행에 따른 제반 적응에 영향을 미친다. 다음 사항에 유의하여 적응을 위한 노력을 하여야 한다.

첫째, 부부는 자신과 다른 상대방의 인성 특성이나 생활방식, 가치관을 적절히 수용하고 상호 기대수준을 합리적으로 조정하여야 한다. 부부가 부딪히는 상호 간의 차이점을 갈등이나 부조화 없이 극복해나갈 때 서로의 부족한 점이 보완되고 두 사람의 인격이 성장하게 되는 것이다.

둘째, 적응은 먼저 자기 스스로의 변화와 노력이 전제가 되므로 자신이 먼저 바뀌고 상황에 따라 유연하게 자신을 개발해나가는 것이다. 부부가 서로를 변화시키려 하면 다툼만 발생하고 관계가 악화되기 쉽다. 한 사람의 변화노력은 배우자의 변화를 유발하는 역동성을 지닌다. 자신이 먼저 변화의 필요성을 인정하고 자신이 가능한 부분부터 변화시키는 노력을 하는 것이 중요하다.

셋째, 결혼적응은 두 사람의 관계만이 아닌 주변환경의 변화나 다른 가족원과의 변화하는 관계에 대한 적응을 포함한다. 이를 위해서 부부가 외부상황의 변화에 대하여 충분히 인식하고 협동적 동반자로서 팀워크를 이루도록 지속적으로 노력하는 것이 중요하다.

결혼생활의 구체적인 영역을 중심으로 다음과 같은 적응노력이 필요하다.

(1) 성격적 적응

부부는 각자가 고유한 성격적 특성을 지니며 성격차이가 결혼생활을 하는 동안 계속적으로 직간접적인 영향을 미친다. 성격에 차이가 나는 경우 흔히 배우자의 성격을 문제삼아 비난하며 상대방의 성격을 변화시키려는 노력을 한다. 그러나 성격이란 그렇게 쉽게 고칠 수 있는 것이 아니고 누구든지 자신의 성격적 약점을 지적받으면 부정적 감정이 작용하여 방어적으로 대응하게 되는 결과 부부간 갈등이 발생한다. 이혼하는 부부들의 이혼사유 중 첫째 사유로 보고될 정도로 성격차이는 결혼생활의 다양한 영역에서 갈등요인이 되고 있다. 성격차이를 극복하고 성격의 조화를 이루기 위해서는 각 개인의 인격적 성숙과 정서적 안정감, 대화를 통한 이해, 적응기간 등이 필요하며 다음 사항에 유념해야 한다.

첫째, 부부간의 성격차이와 가치관 차이는 당연하고 정상적임을 알고 수용해야 한다. 성격장애나 정신장애 증상이 있을 때는 치료가 필요하나 대부분의 일반사람의 경우 성격이 모두 완벽한 사람도 모두 나쁜 사람도 없으며 누구나 장점과 단점이 있음을 인정해야 한다. 그리고 어느 부부도 가치관이 같을 수는 없으므로 같기를 기대해서도 안 된다. 단순한 성격차이와 가치관 차이가 부부적응에 문제가 되는 것이 아니라, 부부관계에 기능적으로 작용하여 상보적인 부부관계가 되지 못하고 역기능적으로 작용하는 것이 문제이다. 그러므로 상대방을 자신의 기호에 맞게 바꾸려고 하거나 자신은 옳고 상대방은 틀렸다는 생각을 하기보다는 자신과 상대방의 차이점을 수용하고 서로의 다름을 인정하는 것이 중요하다.

또한 상대방의 행동 특성의 배경을 이해하고 수용하도록 해야 한다. 성격이란 개인의 총체적 특성으로서 개인의 습관, 사상, 정서반응, 태도, 행동양식 등 외부로 나타나는 것일 수 있고, 개인의 내부에 잠재하여 눈에 보이지 않는 면도 있다. 또 행동 특성은 고정된 것이 아니고 환경과 상황 속에서 변화하는 것이고, 인간관계에서 계속 변화한다. 상대방의 행동을 단기간에 이해하기는 쉽지 않고 시간이 가면서 그 의도와 동기를 파악하게 된다. 그러므로 일시적인 행동에서 나타난 면으로 사람을 평가하여 확대해석하거나 그릇된 판단을 하지 않도록 주의해야 한다.

오히려 모든 겉으로 드러난 행동에는 보이지 않는 원인이 있음을 알고 상대방 입장에서 볼 수 있어야 한다. 부부 각자가 상대방이 그러한 행동을 하게 된 동기와 의도를 파악하고 상대방 입장에서 이해하는 것이 중요하다. 원래 행동 특성은 습관적으로 굳어진 것이 많으므로 자신이 먼저 이해하고 상대방을 보완해 주는 노력을 하게 될 때 적응할 수 있다.

둘째, 상대방의 독립성과 자율성을 인정해 주어야 한다. 부부는 각기 다른 경험과 성장배경을 가졌고 별개의 인격체이기 때문에 동일한 사실에 대하여 사고와 감정을 다르게 가질 수밖에 없다. 부부 상호 간에 차이나는 부분들에 대해 서로를 비난하거나 상대방을 변화시키려고 하면 갈등이 발생하기 쉽다. 그러므로 부부 상호 간에 서로 상대방에게 변하기를 요구하거나 자신의 기준에 따라 조종하려고 하기보다는 상대방의 독립된 세계와 가치관을 인정하고 상대방의 욕구와 자율성을 존중하면서 대화로 차이점을 극복해가야 한다.

셋째, 부부 모두 자신의 장점과 상대방의 장점이 같이 발전하도록 노력해야 한다. 사람은 누구나 단점과 취약점이 있기 마련이다. 부부 상호 간에 서로의 단점과 약점만을 보고 비난하면 있는 장점마저 성장하거나 발전하지 못하게 되어 자존감이 저하된다. 그러므로 부부가 자신의 장점을 성장시키고, 상대방의 장점도 발전할 수 있도록 서로 변화가능성을 격려해 주는 것이 필요하다. 그 결과 결혼생활 중에 부부 모두의 장점들이 잘 발휘됨으로써 상승효과가 발생하여 인격적 성숙에 도달하고 단점들이 보완되어 상보적이고 기능적인 관계를 갖게 된다.

(2) 사회문화적 적응

성장배경이 다른 두 사람이 만나 부부로서 공동생활을 하려면 일상생활에 관한 규칙과 역할에 관한 의견일치가 필요하다. 두 사람이 개인적으로나 가족배경 면에서 의생활, 식생활, 주생활, 직업생활, 집안일, 육아, 가정의례, 생활관습 등의 차이가 있을 때 사회문화적 적응이 요구되는 것이다. 과거에는 일방적으로 아내가 남편과 시댁의 사회문화적 관습에 맞추는 것이 통례였다. 그러나 오늘날은 결혼생활을 하는 부부 모두의 적응이 필요하다. 이를 위해 부부 양자가 대등하고 개방적인 대화를 통해 합리적이고 창의적인 방식을 정립하고 양자가 만족할 수 있는 방식과 규칙을 개발해나가야 한다.

(3) 성적 적응

성은 결혼생활에서 중요한 기본 요소이다. 과거에는 부부에게 성이란 자녀출산의 의미가 컸고, 개인적인 행복으로서 성생활은 논의를 삼가왔다. 따라서 성적 부적응 문제에 대해서 적극적인 대책을 세우지 못하고 잠복되어 있는 부부문제 중의 하나가 되어왔다. 그러나 현대사회에서는 개인의 행복추구 성향이 커짐에 따라 성에 대한 관심이 고조되고 성적 적응이 더 중요시되었다. 부부간의 성적 적응을 위해 다음 사항을 유념하여야 한다.

첫째, 성은 복합적 요인을 갖고 있으므로 성적 적응을 위해 통합적 노력을 하여야 한다. 부부간의 성은 신체생리적 요인뿐만 아니라 감정적 · 인격적 요인을 포함하고, 출산력을 가지고 있을 뿐만 아니라 두 사람의 친밀감을 증진시키는 의사소통기능을 갖는다. 부부간의 성은 기교문제가 아니라 몸과 마음의 건강성, 사랑과 신뢰, 정서적 · 인격적인 교감, 정확한 성지식, 성에 대한 태도 등이 더 중요하게 작용하므로 이를 고려하여 상호 조화시키는 노력이 필요하다.

둘째, 부부의 성적 적응을 위해서는 성에 관한 정확한 이해와 부부 공동의 지속적 노력이 필요하다. 성은 계속적으로 성장하고 발전하며 만족을 추구하는 과정이다. 부부간의 성은 두 사람을 연합시키는 예술이므로 적응을 위해 시간과 협동적 노력이 필요하다. 성적 적응을 위해 한쪽 배우자에게만 책임이나 의무가 있는 것이 아니고, 부부 쌍방에게 책임이 있고 부부가 같이 노력해야 한다. 그리고 성반응과 성적 자극에서 성별차이를 이해하여야 하며, 상대방을 비난하거나 완벽을 요구하기보다 신뢰감을 바탕으로 만족스러운 성생활을 위한 개방적 대화를 하는 것이 중요하다.

(4) 경제적 적응

부부간의 경제적 적응이란 적절한 소득수준과 서로가 인정할 수 있는 소비 · 지출 방법과 합리적 태도를 지녀서 만족스러운 경제생활을 하는 것이다. 부부는 흔히 소비패턴이나 돈 사용관념에서 차이가 난다. 따라서 우선적으로 그들이 성장과정에서 돈에 대해 배운 의미가 무엇인지, 각자의 경제적 욕구가 무엇인지를 대화를 통해 검토하여 차이를 해소하고 경제공동체로서 만족한 상태에 도달하는 방법을 찾아서 실천해야 한다. 부부가 경제관리와 관련하여 책임감과 투명성, 평등성과 공동의 의사결정, 계획성이 중요하고 그 과정에서 개방적 대화를 하는 것이 필요하다.

(5) 인척관계 적응

결혼생활은 부부만의 생활이 아니라 결혼으로 형성된 시가, 처가와의 인척관계에 의해 많은 영향을 받는다. 전통적으로 가장 많은 적응이 요구되는 관계는 며느리와 시집식구의 관계이다. 그중에서 고부관계는 한국가족에서 가장 취약한 가족관계로 알려져 있으므로 특별한 적응노력이 필요하다. 고부간의 관계는 부부관계에 직접 영향을 미치고 모자관계나 조부모 - 손자녀 관계에도 영향을 미치므로 갈등이 발생하는 경우 가족문제로 비화될 수 있다.

전통사회에서 부계중심적 가족구조의 특성상 고부간의 갈등은 필연적이었으나 현대사회에서는 상황과 여건에 따라 고부관계가 다양한 양상을 보인다. 그리고 최근에는 시아버지와 며느리의 갈등, 장모와 사위의 갈등도 발생하고 있다. 이와 같이 혈연에 의해 맺어진 관계가 아닌 결혼으로 맺어진 관계에서는 서로를 파악하고 이해하며 적응하는 데 시간과 노력이 필요하다.

인척관계 적응을 위해서는 다음 사항을 노력해야 한다.

첫째, 시가식구, 처가식구와의 관계가 원가족과의 관계와 동일하기를 바라는 환상에서 벗어나야 한다. 환상에서 벗어나지 못할 때 실망과 좌절감이 증대되고 관계는 악화된다. 그러므로 인척관계에 대한 현실적 기대를 갖는 것이 중요하다.

둘째, 인척과의 갈등이 발생하면 상대방이 문제가 있다고 생각하기보다는 서로를 알아가는 과정이라고 생각하고 상대방을 이해하려고 노력해야 한다. 그리고 적절하게 갈등을 표현하며 직접 대화를 통해 해결노력을 기울여야 한다. 중간에 남편이나 아내가 문제를 해결해 주기를 기대하거나 중재하기만을 기대하고 아무 노력도 하지 않는 것은 현실적이지 못하고 부부간의 갈등이 발생할 수 있다.

셋째, 시가식구나 처가식구는 며느리나 사위에 대해 독립된 인격체로서 존중하고 간섭이나 의존, 지나친 기대를 지양해야 하고, 자녀의 부부관계의 자율성을 인정하여야 한다. 며느리나 사위는 시부모나 처부모의 요구를 이해하고 그들의 경험을 존중하면서 자신의 도리를 다하는 노력을 해야 한다. 마찰이 심한 경우에는 자신이 열심히 잘하면 내가 원하는 모습으로 상대방이 바뀔 것이라는 환상을 버리고, 서로 부딪히는 일이 적도록 적당한 거리감을 유지하면서 상호 독립적인 생활을 하고 필요시 협조하는 관계로 지내는 것이 바람직하다. 중간에 있는 남편은 아내의 며느리로서의 고충을, 그리고 중간에 있는 아내는 남편의 사위로서의 애로사항을 이해하고 진심으로 인정해 주며 고충을 덜어주려는 노력을 하는 것이 중요하다.

참고 7-1 결혼 초기 여성의 결혼적응의 의미

1. 현실을 알아가는 것 : 연애와는 달리 남편과 늘 함께하여야 하고 집안살림과 시댁식구에 대하여 알아가는 것
2. 결혼한 여자로서 자신을 받아들이는 것 : 남편 내조와 주부, 시댁의 며느리 역할을 받아들이는 것
3. 서로에게 (중간으로) 맞추는 것 : 부부간에 차이를 인정하고 서로를 배려하고 이해하며 차이를 좁혀 나가는 것
4. 여우가 되어가는 것 : 시댁이나 남편에 자신을 순응해나가는 것
5. 내가 커나가는 것 : 인격적으로 성숙한 어른이 되어가는 것

출처 : 이지선 · 천혜정(2006). 결혼 초기 여성이 체험한 결혼생활적응의 의미. 대한가정학회지, 44(7), pp.41-52 재구성.

2. 발달단계별 부부적응 과제

1) 신혼기의 부부적응 과제

결혼생활의 기초를 확립하는 시기이다. 부부로서의 정체감 확립과 부부라는 하나의 단위로 함께 사는 것에 적응해야 한다. 부부의 애정표현과 대화, 갈등관리, 역할, 경제에 관한 규칙을 정하며 상호 이해와 신뢰, 유대감 증진을 위한 노력이 필요하다. 그리고 자녀출산과 자녀양육 태도에 관한 합의와 조정, 준비가 필요하다. 그리고 결혼생활 여러 분야에 걸친 적응노력과 상호 협력적 체제구축이 되어야 성공적인 결혼생활의 토대를 마련하게 된다. 이 시기를 포함한 결혼 초기의 부부적응 과제는 <표 7 - 1>과 같다.

2) 자녀양육기의 부부적응 과제

부부만의 2인 가족에서 자녀가 생기고 부모가 되는 3인 가족으로 변하면서 부부의 기존 역할들과 새로운 역할들 간의 균형이 요구된다. 자녀출산과 양육, 교육 등의 부모역할을 잘 수행하기 위해 먼저 부모로서의 정체감과 자녀양육기술을 가지는 것이 필요하다. 역할의 확대에 따라 시간과 물질, 에너지를 사용해야 하고, 재정적 지출증가에 부응하는 경제관리가 필요하다. 그러므로 이 시기에 부부관계

가 소홀해지고 우선순위에서 밀려날 수 있다. 그러나 부부관계가 원만해야 부모 역할 수행도 잘 한다는 의식을 갖고 부부로서 유대감과 친밀감을 유지하며, 효과적인 의사소통을 통해 다양한 욕구를 조정하고 역할을 분담하는 것이 중요하다.

〈표 7-1〉 결혼 초기의 부부적응 과제

과 제	주 제	내 용
부부 정체감 확립	현실적 기대, 책임감	• 결혼의 신화와 비현실적 기대에서 탈피, 관계에 대한 책임감
	원가족에서 심리적 분리	• 심리적 독립, 개별화, 자존감, 자율성
	자율적 정체감	• 독립적이면서 친밀함과 하나됨 유지, 배우자와 융합되지 않고 배우자를 개별적 존재로 인지, 배우자가 나와 다름을 인정
성격적 적응	결속감과 자율성의 균형	• 우리 의식의 공동체적 헌신과 나 중심의 개인적 욕구충족의 균형, 상호존중, 융통성
가족규칙 및 역할체계 정립	일과 가족, 관계성의 조화	• 직업과 가족역할의 양립, 가사분담, 시간과 에너지 관리
	부부평등	• 권력과 책임의 평등한 공유, 가부장적 문화 극복
	경제적 적응	• 경제생활에 대한 가치관 공유, 계획성과 융통성
성적 적응	성적 사랑과 친밀감 탐색	• 친밀한 애정 - 성적 관계 발달, 애정표현
효율적인 대화체계 정립	정서적 지지와 배려적 의사소통	• 상호존중, 배려하는 태도, 개방적 의사소통, 감정표현, 상대방의 감정 인정, 상대방 이해
위기대처와 갈등해결방식 확립	효과적인 문제해결과 갈등해결 방법	• 스트레스와 문제발생에 효과적으로 대처, 긍정적 사고, 생활주기단계 전이 시 적응력, 적절한 분노표현, 갈등해결방법 습득과 활용
활력있는 관계유지	즐거움 공유	• 부부 공동의 활동, 유머, 공동의 놀이 및 여가 활동, 공통의 관심사 개발
인척관계 적응	친족관계	• 시가 및 처가와의 관계적응
부모역할 적응	부모됨	• 부모됨의 계획(피임, 임신, 출산), 부모역할 공유

출처 : McGoldrick(1999), Wallerstein(1995) 재구성.

3) 중년기의 부부적응 과제

가족주기를 기준으로 막내자녀가 성인기에 진입하고 독립하는 시기를 중년기의 시작으로 정의한다. 중년기는 개인적으로 사추기(思秋期)라고 일컬어지는 다양하고 급격한 변화를 경험하는 시기이다. 중년기 위기감의 문제에 대해서는 그 보편성에 의문을 제기하는 학자들도 있고 오히려 인생의 황금기라는 주장도 있다. 그러나 일반적으로 중년기는 인생에 대한 재평가가 이뤄지는 중요한 시기이고 신체적 · 사회적 · 심리적 변화를 경험하는 시기라고 알려져 있다.

또한 중년기 부부는 자녀양육에서 벗어나 부부 두 사람만의 구조로 복귀하게 되면서 부부관계에 대한 재평가를 하게 된다. 흔히 이 시기는 적막한 둥지(quiet nest) 또는 빈둥지(empty nest)에 비유되고 결혼생활에 위기가 발생하기도 한다. 특히 아내는 성인기 동안 열중해온 모 역할이 상실됨으로써 남편에 비해 허무감과 위기감을 더 많이 경험할 수 있고, 남편과의 결혼생활의 의미를 찾지 못한 경우에 부부관계가 흔들리고 황혼이혼을 제기하기도 한다. 대개 황혼이혼을 하는 경우에 이 시기에 갑작스러운 결정이기보다는 젊은 시절부터 존재하던 갈등이 자녀를 키우는 동안 누적되고 억압되었다가 자녀독립으로 둘만이 남으면서 표출되기 때문인 경우가 많다. 반면 이 시기에 부부가 제2의 신혼기를 시작하여 평생 동반자로서 오붓한 시간과 새로운 활동을 즐기는 경우도 있다.

남편의 경우에 이 시기에 젊음의 상실과 직장에서의 위치 불안정, 가족 내에서의 권위약화 등이 작용하여 심리적으로 위축되고 소외감, 위기의식을 경험하기 쉽다. 또 한편 가족에 대한 관심이 증가하고 아내와의 친밀한 관계를 추구하는 경향을 보인다. 반면 이때 대부분의 아내들은 외부활동에 관심이 많아지고 적극성과 주도성이 증가하게 된다. 그에 따라 부부간에 욕구의 부조화와 갈등이 발생할 수 있고, 혼외관계와 이혼이 발생하기도 한다. 그러므로 이 시기의 부부는 상호간에 욕구변화를 이해하고 역할을 재정립하며 조율하는 노력이 필요하다.

배우자와 결혼생활에 대한 권태감을 극복하고 부부관계를 향상시키기 위한 방법으로 첫째, 배우자와 함께하는 시간을 늘리고 부부 공동의 활동을 개발하는 일, 둘째, 배우자의 장점과 매력을 발견하고 배우자에게 몰입하며 배우자에 대해 수용과 연민감을 가지고 정서적으로 지지하고 사랑하는 일, 셋째, 자신의 중년을 받아들이고 노년기를 대비하며 자기개발을 하는 일, 넷째, 부부가 함께 성적 즐거움을 개발하는 일, 다섯째, 부부 대화방법과 관계향상기술을 배우는 일 등이 권장된다.

또한 이때 의존성이 증가된 노부모를 부양하는 책임을 수행해야 하는 경우가 많다. 특히 별거하던 부모가 건강이 악화되어 직접 모셔야 할 상황에서는 새로운 역할에 적응하고 생활방식을 조절하여야 한다. 이 과정에서 부부간의 갈등이 발생하기 쉬우므로 현실적 변화를 수용하고 이해하며 대화를 통해 효과적으로 대처하는 노력이 필요하다.

참고 7-2 아버지 어깨를 펴게 합시다

의사결정권을 잃다

아버지의 권력상실시대다. 한때 헛기침 소리만으로도 집안을 긴장시켰던 절대권력자가 이제는 우스갯거리로 전락했다. 외환위기 이후 조기퇴직 붐과 맞물려 불거졌던 '고개 숙인 아버지' 현상과는 다른 차원이다. 이제는 돈을 버는 가장까지 의사결정권을 잃었다. 이사와 재테크 등 집안 대소사를 모두 아내가 결정한다. 경제력은 있어도 경제권은 없는 셈이다. 아이들 교육문제에 들어가면 발언권마저 잃는다. 복잡한 입시제도, 사교육 광풍 때문이다. 동네 아줌마 모임이며 학원 입시설명회 등에서 온갖 소식을 듣고 오는 아내와 '정보력'에서 상대가 안 된다. 모르니 입을 다물 수밖에 없다.

연봉 7,000만 원인 김진철 씨(43)의 한달 용돈은 15만 원이다. 월급통장은 전업주부인 아내가 관리한다. "집 살 때 진 빚 갚아가며 초·중학생 남매 사교육비 대려면 돈이 없다"는 아내의 주장에 김씨도 동의했다. 하지만 부모님 용돈 한번, 친구들 술 한번 마음 놓고 살 수 없는 처지가 초라하게 느껴질 때가 한두 번이 아니다. 아이들도 돈 쓸 일이 있으면 아내만 찾는다.

퇴직 이후 가장의 형편은 더 딱하다. 한국남성의전화 이옥이 소장은 "퇴직금 관리를 아내에게 모두 맡겼는데 아내가 용돈을 주지 않아 고민하는 남성도 많다"고 밝혔다.

왕따. 자초했나, 떼밀렸나

아버지는 가족 안에서 정서적으로 소외된다. 아이들은 엄마와 똘똘 뭉쳐 한편이다. 결혼 13년차인 직장인 허정석 씨(42). 휴일 아침 일어나 보면 빈집에 혼자 남겨진 경우가 다반사다. 아내가 아이들만 데리고 영화도 보고 당일치기 여행도 가는 것이다. 처음엔 회사일 때문이었다. 휴일에도 회사 갈 일이 많았다. 모처럼 쉴 때는 자고 싶어 "난 못 간다"고 했다. 이젠 제안도 못 받는 처지다. 허씨는 "혼자 집에서 라면으로 식사 때우며 TV 보고 인터넷하다 보면 폐인이 된 기분"이라고 말했다. 퇴직 공무원 한성진 씨(62)는 "나는 집에서 강아지보다 못한 존재"라고 한탄한다. 외출하고 돌아온 아내가 강아지에게는 "밥 먹었느냐"고 물으면서 자신에게는 말 한마디 없다는 것이다. 한씨는 엄한 가장이었다. 아이들과 동등한 입장에서 대화를 나누지 못했고 무조건 명령했다. 아내에게도 마찬가지였다. 결과는 대화단절. 한씨는 "부양책임을 다했으니 존경받을 수 있을 거라고 생각했다"며 "우리 세대는 다 그렇게 알지 않았느냐"고 말했다.

대부분의 경우 아버지 왕따현상은 가해자·피해자를 가리기 힘들다. 원죄가 있다면 결혼기념일이어도, 아이생일이어도 회식은 거절할 수 없었던 직장문화에 있다. 아버지는 바깥일에 몸 바쳐 살고, 남은 가족들은 싫지만 적응한다. 이렇게 10년이 지나면 아버지가 끼면 어색하고 불편한 가족이 돼 버린다.

아버지에게 40대 후반~50대 초반의 시기는 사회생활에 승패가 갈리는 시기. 많은 아버지가 좌절감을 경험한다. 잔뜩 위축된 상태에서 비로소 가족을 돌아보니 아이들은 마침 사춘기다. "아빠 들어오는데 인사도 안 하느냐"로 시작된 잔소리가 "애들 교육을 어떻게 시킨거야"로 이어지고, 끝은 "당신은 애들 클 때 뭐했는데"라는 아내의 반격이 돌아온다. 이 단계에서 자칫하다간 '패륜가장'이 되기 십상이다. 결국 아버지는 입을 다물고 가족들과 지내는 시간은 더 줄어든다.

부부클리닉 후 김병후 원장은 "먹고사는 문제가 해결된 사회에서 가장이 밖에서 돈 벌어오는 것만으로는 가족들을 만족시키지 못한다"며 "미국에서도 50년 전 아버지 권위추락문제가 불거진 뒤 기업·사회분위기가 가족친화적으로 바뀌었다"고 말했다.

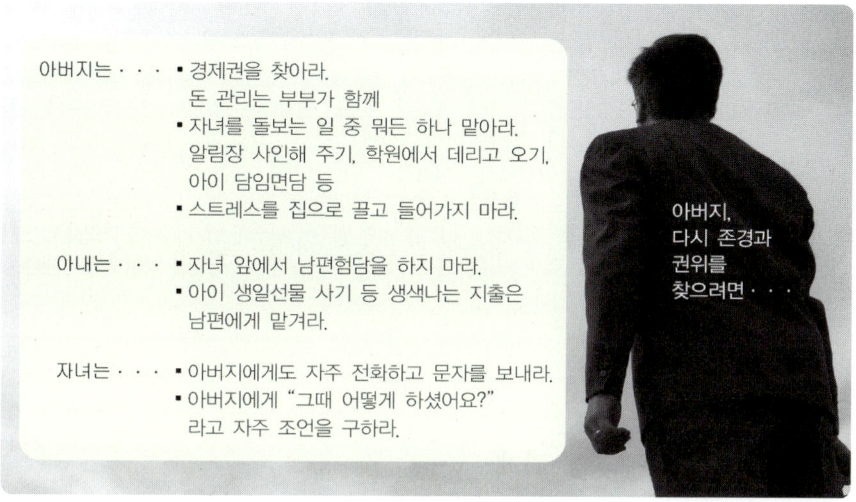

출처 : 중앙일보(2007. 2. 17).

참고 7-3 중년여성의 외도 왜 증가하나?

미국 유럽연합 등 선진국과 마찬가지로 우리나라 역시 경제수준이 올라가면서 주부들의 개인주의 성향이나 정체성을 찾으려는 욕구가 강해졌다. 전통적인 가족구조에서의 부부간 신뢰도가 약화되었고, 가족의 기능 자체가 변해가고 있는 점도 주목해야 한다. 요즘의 기혼여성들은 가족에 대한 의무감보다는 '나대로의 자유와 행복'을 추구하려는 성향이 강하다. 인간으로서의 권리와 생물학적 욕구를 최대한 충족시키면서 기존 도덕과 대치되는 나름대로의 '개인적 도덕률'을 만들어 자신의 욕구와 행동을 합리화하고 새로운 자아정체성을 찾으려 하는 것이다.

물론 '허울뿐인 가족'이 증가하는 것은 사회 기초집단인 가정이 와해된다는 의미에서 결코 바람직하지 않다. 그러나 윤리적·법적 잣대를 들이댄다고 해결될 문제는 아니다. 주부들이 아무 의지 없이 행동하는 게 아니며 나름대로 자기 정체성을 형성해가는 과정이기 때문이다. 지금은 일종의 과도기이다. 사회는 개인의 권리를 옹호해 주는 방향으로 나가고 있지만, 외도를 즐기라고 장려할 수는 없다.

이런 과도기의 사회적 충격을 흡수할 '완충지대'가 만들어져야 한다. 다시 말해, 법적 강제를 완화해 주면서 부부관계나 가정의 의미를 다시 생각해 보는 사회적 담론이 필요하다. 외국의 연구결과에 따르면, 부부간의 성(性)생활도 외도에 굉장히 중요한 요소이다. 부부간 정신적 공간도 메워야 하지만 육체적 공간을 메우는 것이 무척 중요하다. 부부간에 성적인 문제를 얘기하고 고쳐가는 노력을 기울여야 한다.

기혼여성들의 외도는 그들 특유의 욕구와 밀접한 관계가 있다. 여성들은 남성에 비해 정서적인 관계(친밀감, 공감적 대화)의 욕구가 강한 편이며, 사회적·경제적 안정감(학력, 직업, 수입 등)에 대한 욕구도 강하다. 남성들은 결혼을 위해 일시적으로 여성과의 정서적 관계유지에 많은 노력을 기울인다. 이로 인해 여성들은 남성들의 정서적 관계에 관한 능력을 과대평가하기 쉽다. 그러나 남성들은 일단 결혼을 하면 본래의 자기모습으로 돌아가며, 여성들은 남편에게 실망해 충족되지 않은 정서적 욕구를 해결하기 위해 노력한다. 특히 남편에 대한 자신의 노력이 실패할 경우엔 외도를 해도 죄책감을 덜 느끼게 된다.

과거 여성들은 배우자와의 정서적 욕구가 충족되지 않을 때 참고 살면서 자녀교육, 재테크, 종교생활, 사회봉사활동 등으로 표출하였었다. 그러나 요즘은 무조건 참고 사는 것보다 개인의 행복추구를 중시하는 가치관으로 바뀌고 사회·경제활동이 확대되면서 쉽게 이성을 만날 수 있는 여건이 됐고 시간적 여유도 갖게 됐다. 그 결과 남편에게서 채워지지 않은 정서적·성적 욕구충족을 위해 외도를 하는 것이다. 그러므로 여성의 외도를 막으려면 부부간 대화가 중요하지만, 사실 더욱 필요한 것은 '대화의 기술'이다. 사이가 좋지 않은 부부들은 대화를 하면 할수록 싸우게 되기 때문에 대화를 나누지 않는 경우가 많다. 정서적 관계능력이 부족한 경우 '대화의 기술'만 잘 배우고 익혀도 부부관계를 원만히 하는 데 상당한 효과가 있다.

출처 : 동아일보(2006. 3. 2) 재정리.

4) 노년기의 부부적응 과제

평균수명이 늘어나면서 노년기에도 부부가 해로하는 경우가 많아짐에 따라 노년기의 삶에서 부부관계의 비중이 커지고 있다. 노년기에 원만한 부부관계는 생활만족에 긍정적 영향을 미치고 개인적인 통합감과 행복감을 갖게 한다. 이 시기의 부부관계 형태는 오랜 기간 동안 살아온 부부생활의 결과물이다. 젊은 시절에 부부간의 친밀감과 유대감을 유지한 부부는 이 시기에도 조화로운 관계를 유지하며 서로에게 의지가 되고 도움이 되는 존재로 살아가지만, 젊어서부터 친밀감이 없고 서로에게 헌신하지 않은 무늬만 부부인 경우에는 황혼이혼으로 이어질 가능성이 높다. 또한 노년이 되어서 여러 상황과 역할이 변하는 데 적응하지 못하고 부부로서 유대감을 갖는 노력을 하지 않는다면 역시 부부갈등과 불화가 발생한다.

이 시기는 자녀의 결혼과 독립, 손자녀의 출생, 남편의 은퇴에 따르는 역할변화가 나타난다. 은퇴 후 남편이 집에서 보내는 시간이 증가하고 부부간의 상호작용이 많아지면서 집 밖에서 새로운 활동을 추구하려는 아내의 욕구와 남편의 집안일에 대한 관심과 간섭이 충돌하여 갈등이 발생하기 쉽다. 그러므로 부부는 변화하는 배우자의 욕구와 심리를 이해하고 융통성 있게 역할을 조정하여야 하며, 동반자로서 부부관계를 재정립하는 데 함께 노력하여야 한다. 예를 들면, 부부가 함께 식사를 하고 같이 운동하며 함께 여가생활을 하는 일, 함께 집안일 분담을 하고 상대방에게 도움이 되는 일을 하는 것, 부부간의 애정과 성적 친밀감을 증진시키는 일, 효과적인 대화를 지속하고 상대방을 인정하고 감사의 표현을 하는 일들을 하는 것이다.

특히 남녀노인의 경우 자아존중감과 건설적 의사소통이 결혼만족도에 긍정적 영향을 미치고 있다는 보고(김선우 · 김태현, 2003)가 있어 노인 자신이 스스로를 가치있는 사람으로 평가하고 부부간에 건설적 의사소통을 하는 것이 노년기 부부적응에 중요하다.

참고 7-4 미운 늦둥이 퇴직남편

주부 권모 씨(59). 금실 좋다고 이웃에 소문날 정도는 아니었어도 오순도순 반평생을 함께 살아온 남편이 요즘들어 그렇게 징그러울 수 없다. 최근 30여 년 다니던 직장을 정년퇴직한 남편이 집을 어지르며 번잡스럽게 구는 것도 모자라 하루종일 옆에 붙어 잔소리를 해대기 때문이다. 처음엔 '적응하느라 저러겠지' 하는 안쓰러운 마음에 아무 말도 안 했지만 하루, 이틀이 지나고 일주일, 한 달을 넘기면서 권씨의 참을성도 바닥이 났다. 눈 뜨면 아무것도 아닌 일로 싸우는 일이 반복되다 보니, 이젠 아침에 눈을 뜨면 골치부터 아프다.

권씨뿐이 아니다. 퇴직한 남편수발에 고통을 호소하는 주부가 의외로 많다. 황혼이혼이라고 하면 젊은 시절 남편의 무관심이나 폭력 · 바람기 때문에 아내가 요구하는 것으로만 생각하지만 남편의 퇴직도 주요한 요인이다. 한집에 살면서도 완전히 다른 생활을 하던 부부가 하루 온종일 얼굴을 맞대게 되면서 신혼 때처럼 사사건건 부부싸움을 해 사이가 멀어지기 때문이다.

우리보다 먼저 고령화 사회를 맞은 일본에서는 아예 '은퇴한 남편증후군'(RHS : Retired Husband Syndrome)이란 말까지 있을 정도다. 할 일 없는 남편들이 아내가 매 끼니를 챙겨주길 바라며 집안일 간섭하는 걸로 시간을 보내다 보니 그 스트레스 탓에 정신과 치료까지 받는 노년여성들이 늘면서 생긴 말이다.

노후대책으로 재테크뿐 아니라 마음을 다스리는 심(心)테크가 필요한 것도 이 때문이다. 남편의 은퇴를 경험한 퇴직가정 구성원들은 "준비된 퇴직이든 아니든 일단 퇴직을 하게 되면 심리적 충격이 상당하다"며 "퇴직교육이 절실하다"고 입을 모은다. 그러나 우리의 노후대책은 아직 재테크나 건강관리도 급급한 실정이다.

매일같이 남편 점심상 차려주느라 한동안 못 만났던 친구를 만나러 혼자 외출하면서 상을 차려놓고 나갔던 주부 서모 씨(56)는 집에 돌아와 밥이 그대로 있는 걸 보고 깜짝 놀랐다. "왜 밥을 안 먹었느냐"는 물음에 남편 답이 더 걸작이었다. 수저가 어디 있는지 몰라 못 먹었다는 것이다.

늘 그 자리에 놓여있는 수저통에서 자기수저를 찾지도 못하는 남편을 보고 앞으로의 생활이 막막해졌다. 실제로 이 남편은 수저통에서 수저 찾는 데 한 달, 자기가 먹은 밥그릇을 싱크대에 갖다 놓기까지 1년이 걸렸다.

퇴직한 남편이나 그 수발을 드는 아내 모두를 고통스럽게 만드는 건 바로 '밥' 문제다.

퇴직자 아내들은 새로운 환경에 적응하느라 스트레스 받는 남편이 한편으론 이해가 되면서도, 노년에 다시 찾아온 '남편 시집살이'에 고통스럽다. 우리나라 주부들은 낮에 모임이 많아 사회생활하는 남자들 못지않게 바쁘다. 이렇게 살던 아내가 하루아침에 집안에 들어앉아 남편 잔심부름에 잔소리까지 듣자니 쉬울 리가 없다.

주부 박모 씨(55)는 "전에는 남편이 출근만 하면 하루종일 찜질방에서 살든 말든 간섭하는 사람이 없었는데 이젠 무슨 특별한 용무가 아니면 외출하기가 쉽지 않다"며 "집에서도 남편눈치에 친구들과 전화로 수다도 못 떠니 감옥이 따로 없다"고 말한다.

몇십 년을 함께 산 부부라 해도 퇴직 후의 부부관계는 전과는 전혀 다르다. 생활패턴이 완전히 달라지는데다 서로에게 기대하는 것도 판이하게 바뀌기 때문이다. 함께 사는 방법을 새로 배워야 하는 것도 이런 이유다. 아내가 원하는 이상적인 퇴직 남편상은 '자립형 남편'이다. 실제로 일본에서는 은퇴한 남편의 자립을 돕는 재교육 프로그램이 수천 개나 있다. 재취업이나 재테크 등 거창한 재교육이 아니라 집에서 남편 스스로 할 수 있게 요리와 쇼핑·청소 등을 가르치는 것이다.

"가족을 위해 평생 뼈 빠지게 일했는데 이제 살림까지 배우라는 거냐"며 반발할 수도 있겠다. 이럴 때는 우선 뭔가 할 일을 만들어 주는 게 좋다. 공과금 내는 일 등 아내가 하던 일 가운데 자존심 상하지 않을 만한 일을 골라 남편에게 맡기는 것이다.

전화받기 싫어하는 눈치면 아예 툭 까놓고 "낮에 온 전화는 내가 받겠다"는 배려도 필요하다.

대한은퇴자협회 주성룡 회장은 "가스불 조심하고, 불조심하고, 지퍼 조심하고, 마누라 찾아 징징대지 말 것이며, 라면이나 끓여먹고 있으라는 일명 '까불지마'식의 아내 때문에 위축된 남편이 많다"면서 "남편에게 당장 뭔가 하라고 다그치기보다는 기다려 주는 자세도 필요하다"고 조언한다.

출처 : 중앙일보(2005. 12. 19).

3. 결혼만족

부부에게 결혼만족은 인생의 행복과 성공을 좌우할 정도로 중요한 비중을 차지한다. 결혼생활을 행복하게 하는 요인과 방법에 관하여 많은 전문가들이 관심을 기울여왔고 여러 연구가 진행되었으나 간단하게 결론을 내리기는 쉽지 않다. 또한 사회변화에 따라 결혼생활 자체가 변화하고, 이에 영향을 미치는 시대문화적 환경도 변하기 때문에 결혼만족에 관한 연구는 계속되고 있다. 최근까지의 연구 결과들을 중심으로 결혼만족에 관하여 살펴보기로 한다.

1) 결혼만족 개념

결혼만족(marital satisfaction)이란 결혼생활 전반에 대한 개인의 목표나 기대가 충족될 때 경험하는 주관적 태도와 감정상태로 정의된다. 이와 유사한 용어로 결혼행복, 결혼의 질, 결혼적응, 결혼안정 등이 있다. '결혼행복'은 결혼생활에서 경험하는 즐거운 감정상태로 정의되고, '결혼의 질'은 결혼생활에 대한 주관적·객관적인 평가를 의미하며, '결혼적응'은 결혼생활에 순응하고 배우자와 환경변화에 맞추어가는 과정으로 정의된다. 이 세 가지 용어는 유사한 의미를 갖고 있어서 혼용된다. '결혼안정'은 결혼생활이 흔들리거나 위협받는 일이 없이 지속적으로 유지되는 정도로 정의되어 결혼만족과는 구분된다. 일반사람들이 일상적으로 가장 많이 사용하는 용어는 결혼행복이며 연구에서는 결혼만족 용어가 광범위하게 사용된다.

2) 결혼만족에 관한 이론모델

(1) 역할이론에 기초한 이론모델

버어 등(Burr et al.)은 많은 연구결과를 정리하고 다음과 같은 명제들을 제안하였다.

명제 1 자신의 역할수행의 질과 배우자의 역할수행의 질에 대한 주관적 지각이 각각 결혼만족에 정적 영향을 미친다.

명제 2 역할기대의 중요도가 클수록 역할수행의 질이 결혼만족에 대해 갖는 영향력은 더욱 크다.

명제 3 개인이 지각한 상대적 결핍감은 결혼만족에 부정적 영향을 미친다.

명제 4 부부간의 역할기대의 일치도는 결혼만족에 정적 영향을 미친다.

(2) 사회교환이론에 기초한 이론모델

루이스와 스패니어(Lewis & Spanier)는 사회교환이론을 적용하여 많은 연구결과를 종합하는 결혼만족과 결혼안정에 관한 다음의 명제들로 구성된 이론모델을 제안하였다.

명제 1 개인의 결혼생활에 유용한 혼전의 사회적·개인적 자원이 많을수록 결혼만족은 높다. 예로, 혼전자원으로 건강, 자존감, 교육, 교제기간, 혼전

친숙도, 연령, 동질혼, 부모의 결혼행복도, 아동기 행복도, 가족의 지지 등이 포함된다.

명제 2 부부가 결혼생활에서 자신의 생활양식에 만족할수록 결혼만족은 높다. 예로, 생활양식에는 경제수준, 가족구성, 자녀요인, 직업변인 등이 포함된다.

명제 3 부부가 결혼생활에서 배우자로부터 받는 보상감이 클수록 결혼만족은 높다. 예로, 배우자로부터 받는 보상감에는 의사소통, 애정표현, 성적 만족, 역할양립, 공동활동, 배려와 친절한 태도, 관계헌신, 힘의 균형, 정서적 만족 등이 포함된다.

명제 4 결혼만족이 높을수록 결혼안정성이 높다.

명제 5 결혼만족과 결혼안정성의 관계에 매개변인으로 결혼대안 요인과 결혼해체 장애요인이 작용한다. 즉, 동일하게 결혼만족이 낮은 경우에 결혼대안 요인이 많을수록, 결혼해체 장애요인이 적을수록 결혼안정성은 더 낮아진다.

3) 결혼만족의 관련변인

사회인구학적 변인으로 성별, 교육수준, 직업지위, 소득, 연령, 자녀, 가족주기 등의 영향은 다음과 같다. 성별에서 여성이 남성보다 결혼만족도가 낮은 것으로 보고된다(여성가족부, 2005, 2010; 조은경 · 정혜정, 2002; 최규련, 1988, 1990, 1995). 한편 성별차이가 없다는 보고(강유진 · 옥선화, 2005; 이정은 · 이영호, 2000; 지혜정, 2006)도 있어 심층적 연구가 필요하다. 대부분의 연구에서 교육수준과 직업지위 등은 결혼만족과 정적 관계를 나타내 교육수준이 높을수록, 직업의 사회적 지위가 높을수록 결혼만족이 높다. 소득 정도와 경제수준에 대한 주관적 인식은 결혼만족과 정적 관계로서 소득이 높을수록, 경제수준이 높다고 인식할수록 결혼만족이 높다는 보고가 많다. 한편 소득액이 중간수준까지는 결혼만족과 정적 관계를 보이나, 그 이상에서는 결혼만족의 증가가 둔화된다는 보고도 있어서(강은령, 1989; 최규련, 1988, 1990) 심층연구가 필요하다. 연령은 결혼만족과 부적 관계로 연령이 젊을수록 결혼만족이 높다는 보고가 많다.

자녀는 대체로 부모의 결혼만족을 감소시키는 요인으로 작용하여 무자녀인 경우에 결혼만족이 높고 자녀가 출생하면 결혼만족이 감소한다. 이때 여성의 결혼만족 하락의 폭이 남성보다 더 크다는 보고도 있다. 대부분의 연구에서 가족주기별 결혼만족은 U자형 곡선을 나타낸다. 이에 대해 자녀가 부모에게 역할과중과 긴장을 주어 결혼만족에 부정적인 영향을 미치기 때문이라는 해석과 결혼기간이 길어지면서 관계의 활력이 감소하고 갈등이 증가하는 영향이라는 해석이 있다.

상호작용 변인과 심리적 변인으로 남편의 가사참여, 성역할 태도, 의사소통, 갈등해결방법, 성, 애정표현, 공동의 여가활동, 평등성, 성격 특성 등이 있다. 많은 연구에서 모든 연령층 부부들의 경우 남편의 가사참여, 남편의 평등적 성역할 태도, 부부간 의사소통의 빈도와 효율, 이성적 갈등해결기술 사용, 성생활 만족, 애정표현, 공동의 여가활동, 평등성 등은 결혼만족과 정적 관계를 보인다고 하였다. 또한 심리적 요인으로서 신경증 성향과 결혼생활에 대한 비합리적 신념, 비현실적 기대는 남편과 아내 모두의 결혼만족에 부정적 영향을 미치는 것으로 나타났다(강유진・옥선화, 2005; 김경미・김영희, 2009; 하상희・정혜정, 2000). 그리고 상호작용 요인과 심리적 요인이 인구사회학적 변인보다 결혼만족에 더 중요한 영향력을 가진 것으로 보고되었다.

아내의 취업과 결혼만족도의 관계는 아내의 취업유무보다는 취업을 둘러싼 여러 요인의 영향이 중요한 것으로 나타났다. 즉, 비경제적인 취업동기, 직업의 사회적 지위가 중간수준 이상, 높은 사회경제적 지위, 남편의 가사참여와 자녀돌보기 정도, 취업에 따른 주관적 보상, 직업만족, 낮은 역할갈등 등이 결혼만족에 정적 영향을 미치는 것으로 보고되었다(김경신・김오남, 1996; 최규련, 1993, 1995).

4) 행복한 결혼생활과 불행한 결혼생활의 특징

행복한 결혼은 부부간에 갈등, 불안이 적고, 정서적 욕구가 충족되어 일체감과 결속감, 친밀감을 느끼며, 본인과 다른 사람이 행복감을 느끼는 상태이다. 부부상담가와 연구자들이 임상에서 관찰하여 비교한 바에 의하면, 행복한 부부와 불행한 부부는 다음과 같은 특징이 있다.

(1) 행복한 결혼생활을 하는 사람들의 특징

개인적 요소로서 그들은 정서적으로 성숙하고 결혼생활과 가정을 소중히 여긴다. 그리고 배우자와 결혼생활에 대해 현실적 기대를 가지며 낙관적이고 긍정적인 태도와 상대방을 배려하는 자세를 지니고, 융통성과 책임감, 성실성, 친화성이 있고, 자기반성과 향상을 위한 노력을 한다.

환경적 요소로서 그들은 대부분 안정된 직장과 건강을 지니며, 생활유지에 필요한 적절한 정도의 수입이 있고 계획적이고 합리적인 지출방법을 사용한다. 그리고 그들은 대부분 같은 종교활동을 하며 취미활동과 여가활동, 집안일을 같이 한다.

상호작용 요소로서 그들은 효율적인 대화기술과 갈등해결기술을 갖고 있어서 상대방의 얘기를 충분히 끝까지 경청하고 자신의 견해를 솔직하고 정확하게 전달하며, 갈등과 문제를 누적시키지 않고 대화로 해결한다. 그리고 그들은 감사, 칭찬, 격려, 위로, 지지 등의 긍정적인 감정을 자주 교환한다. 또한 그들은 주위친척이나 친구, 일, 여가 등과 결혼생활의 조화와 균형을 유지한다.

(2) 불행한 결혼생활을 하는 사람들의 특징

개인적 요소로서 그들은 정서적으로 미성숙하여 자기중심적이고 신경증을 보이며 대인관계도 원활하지 못하다. 결혼생활과 가정보다는 다른 일에 더 관심이 많다. 그리고 배우자와 결혼생활에 대해 지나친 기대를 가지며 현실에 대해 원망과 비난, 분노표출이 많고 상대방을 변화시키려 한다. 그리고 고집이 너무 세거나 무책임하거나 성급하고 자기반성이 부족하며 술, 마약, 도박 등의 습관문제가 있고 자기조절능력이 부족하다.

환경적 요소로서 그들은 대부분 직업적으로 안정되어 있지 않거나 수입이 지나치게 적다. 그들은 또한 경제관리를 계획적이고 합리적으로 하지 않아서 낭비나 지나친 검약으로 배우자를 배려하지 못한다. 또한 그들은 대부분 같이 있는 시간이 적고 독립적인 생활에 익숙해져 있다.

상호작용 요소로서 그들은 대화시간이 부족하고 효과적인 대화기술과 갈등해결기술이 부족하다. 그 결과 사소한 갈등이 부부싸움으로 비화되고 분노폭발, 폭력 등의 비생산적인 방법으로 갈등문제에 대처하며 싸움의 마무리가 되지 않아서 갈등이 누적되어 있다. 그들은 대화에서 상대방의 얘기에 주의를 기울이지 않고 끝까지 듣지 못하며, 서로 상대방을 설득하려 하고 자기주장을 앞세운다. 또한 과거 상대방의 실수를 반복적으로 말하거나 비교하는 말, 비꼬는 말, 보복적인 말, 가시 돋친 말 등을 많이 교환하며 화풀이식의 말을 자주한다. 그리고 부부 사이에 문제에 대해 의논하거나 함께 의사결정하는 일이 어려워진다. 또한 그들은 주위 친척이나 친구, 일, 여가로 인해 결혼생활이 간섭받거나 방해받기도 한다.

그러므로 부부가 행복하게 살려면, 먼저 개인적인 태도와 행동 면에서 긍정적인 방향으로 노력하여야 하고 행복하기 위한 좋은 씨앗을 심어야 한다. 그리고 환경적 요소와 상호작용 요소에서 필요한 조건과 대화기술, 관계를 맺는 기술을 갖추어야 하고, 필요하면 이를 배우고 연습하는 노력이 중요하다.

참고 7-5 특집 - 행복 코리아! : 행복헌장 10계명, 한번 따라해 보세요

지난 2005년 5월부터 7월까지 영국 BBC방송이 6명의 전문가들로 구성된 행복위원회와 함께 슬라우시 주민들을 대상으로 실시한 행복실험. 이 실험에서 행복위원회는 슬라우시 주민들에게 제시한 행복헌장 10계명을 제시했다. 슬라우의 자원자들은 실험이 계속되는 3개월 내내 이 10계명을 실천했고, 행복감을 느꼈다. 이 과정을 『영국 BBC 다큐멘터리 행복』이란 제목의 책으로 펴낸 자유기고가 겸 방송인 리즈 호가드는 2개월 동안만 아래의 행복헌장을 실천해 보면 이전보다 훨씬 더 행복해질 것이라고 자신했다.

1. 운동을 하라. 일주일에 3회 30분씩이면 충분하다.
2. 좋았던 일을 떠올려 보라. 하루를 마무리할 때마다 당신이 감사해야 할 일 다섯 가지를 생각하라.
3. 대화를 나눠라. 매주 온전히 한 시간은 배우자나 가장 친한 친구들과 대화를 나누라.
4. 식물을 가꾸라. 아주 작은 화분도 좋다. 죽이지만 말라.
5. TV 시청시간을 반으로 줄이라.
6. 미소를 지으라. 적어도 하루에 한 번은 낯선 사람에게 미소를 짓거나 인사를 하라.
7. 친구에게 전화하라. 오랫동안 소원했던 친구나 지인들에게 연락해서 만날 약속을 하라.
8. 하루에 한 번씩 유쾌하게 웃으라.
9. 매일 자신에게 작은 선물을 하라. 그리고 그 선물을 즐기는 시간을 가지라.
10. 매일 누군가에게 친절을 베풀라.

영국 BBC 다큐멘터리 행복(예담)

출처 : 문화일보(2006. 11. 1).

참고 7-6 지금 행복하십니까? : 부부행복의 비결 열 가지

2005년 5월부터 3개월 동안 영국의 버크셔타운 슬라우시에서 '행복'에 관한 이론이 실제로 효과가 있는지를 확인하기 위한 실험이 실시되었고 결과는 놀라웠다. 이 실험은 영국 BBC에서 「행복」이라는 다큐멘터리로 만들어져 방영되고 책으로 출판되었다. 다음 부부행복의 비결 열 가지는 실험결과를 근거로 제안되었다.

1. 배우자가 완벽할 것이라는 생각을 버려라.
2. 남편의 집안일 참여를 늘려라.
3. 부정적인 생각과 말을 긍정적인 생각과 말로 전환하라.
4. 부부 각자의 대표적인 장점을 발전시켜라.
5. 긍정적인 반응을 하며 경청하는 방법을 연습하라.
6. 말하는 사람과 듣는 사람을 정하고 자신의 말을 하라.
7. 개방형 질문을 하라.
8. 낙천적인 사람이 되라.
9. 부부 사이에 적절한 자율성을 유지하라.
10. 부부가 함께 관계지도를 작성하고 상대방 이해를 위해 힘써라.

출처 : 조선일보(2006. 8. 10), http://danmee.chosun.com/wdata/html/news/200608/20060810000031.html.

CHAPTER 08

부모 - 자녀관계

현대사회에서는 과거에 비해 자녀를 출산하고 양육하는 일을 필수가 아닌 선택으로 여기는 경향을 보인다. 그러나 대부분의 건강한 부부는 자녀를 낳고 부모가 되는 일을 자연스러운 일로 받아들인다. 부모역할을 성공적으로 수행하고 부모-자녀관계가 원만할 때 모든 가족원이 행복하고 발전할 수 있다. 그러므로 부모-자녀관계와 부모역할은 현대가족에서 매우 중요하다.

오늘날 자녀양육방법에 관한 많은 정보들이 쏟아져나오고 시대변화에 따라 바람직한 부모역할도 변하고 있기 때문에 부모들은 자신감을 잃거나 혼란을 경험할 수 있다. 그러나 여전히 자녀가 한 인간으로 성장하고 발달하는 데 부모의 영향력이 지대하고 또 장기간 지속되는 부모-자녀관계에서 자녀가 부모에게 매우 큰 영향을 미치는 존재이다. 그러므로 부모역할에 대해 배우고 훈련함으로써 부모로서 최선의 노력을 다하고 행복한 부모-자녀관계를 만들어가는 것이 중요하다.

이 장에서는 부모됨의 의미, 부모역할의 특성, 바람직한 부모역할, 발달단계에 따른 부모-자녀관계 특성과 적응과제에 대해 살펴보기로 한다.

1. 부모됨의 의미

자녀를 낳고 부모가 된다는 것은 개인과 가족, 사회적으로 매우 의미있는 일이다. 사람들은 왜 자녀를 낳아 부모가 될까? 부모가 된다는 의미가 무엇인가? 과거에는 부부의 의지나 계획에 의해서가 아닌 운명에 의해서 자녀를 얻을 수 있고 인간의 본능이 작용하는 자연스러운 일이라고 생각하였다. 그러나 현대사회에서 부모가 된다는 것은 선택에 의한 결정이 되고 있다. 자녀를 낳기로 결정하는 것에는 개인의 심리적 요인과 환경적 요인들이 사람마다 다르게 작용하여 부모됨의 의미를 한 가지로 설명하기 어렵다. 일반적인 부모됨의 의미를 요약하면 다음과 같다.

1) 자기 연장감

자녀를 가짐으로써 후손을 남기고 가계를 계승할 수 있다. 그리고 자녀를 통해 자신이 이 세상에서 지속적으로 이어지며 연장되고, 자신의 과제나 계획이 자녀를 통해 실현되고 확장된다는 느낌을 가지게 된다.

2) 사회적 기대 부응

일반적으로 사회에서는 자녀가 결혼한 부부의 사랑의 결실이라고 생각하여 온전한 가정의 상징이 되고 부부유대와 가족의 결속력을 강화시키므로 부모가 되는 것은 매우 중요하고 당연한 의무라고 생각한다. 그리고 자녀의 존재는 부모가 책임감 있는 성인임을 보여주는 것이다. 그러므로 부모됨은 이런 사회적 기대에 부응하는 일이 된다.

3) 사랑과 애정의 욕구충족

부모가 되고 자녀와 상호작용을 하는 가운데 인간의 중요한 욕구인 사랑하고 사랑받고자 하는 욕구를 충족할 수 있다. 그리고 부모로서 자녀에게 모성과 부성을 실현할 수 있고, 심리사회적 발달과제인 '생산성'을 실현하게 되며, 부모가 노년이 될 때는 자녀를 부모의 여러 욕구를 채워줄 존재로 기대하는 것이다.

4) 성취감

부모로서 어린 자녀를 잘 양육하고 지도하여 신체적 · 정신적으로 성숙한 사회인으로 키워낸다는 것은 인생에서 경험할 수 있는 가장 큰 성취감 중 하나이다.

그리고 부모는 자신보다 더 나은 인간으로 자녀를 키우기 위해 막대한 시간과 에너지와 물질을 투자하고 필요한 것을 제공하느라 열심히 살기 때문에 부모됨이 생의 의미와 보람을 주는 일이 된다.

5) 풍요로운 생

부모가 되어 자녀를 양육하고 인생여정 동안 자녀와의 관계를 맺는 가운데, 다양한 일과 인생의 희로애락를 경험하면서 인생을 풍요롭게 살게 되는 것이다. 예를 들어, 자녀가 집에 있음으로써 가정은 활기를 띠고 웃음이 있게 된다. 자녀가 성장하는 과정을 통해서 부모들은 신비로움을 느끼고, 자녀의 재롱은 즐거움의 원천이 되며, 자녀와 노는 가운데 긴장을 풀고 근심을 잊게 된다. 또한 부모는 자녀를 통해 자신의 부족한 점을 인식하고 자녀와 관련된 문제를 해결하는 과정에서 자기를 완성시키고 자아를 실현하게 된다.

이상의 부모됨의 의미는 부모됨에 따른 보상으로 기대되는 것이다. 일반적으로 부모됨에 따른 비용은 자녀양육에 드는 돈과 시간과 에너지 소모, 부부만의 시간감소, 직업발전 기회제한, 자유제한, 개인의 발전제한 등이 있다. 보통 부모됨에 따른 보상이 비용보다 클 때 부모가 되기로 선택하고, 부모됨에 따른 보상이 비용보다 적을 것으로 예상되면 부모가 되는 것을 망설이게 된다.

2. 부모역할의 특성

부모역할은 성인 남성과 여성이 수행하는 여러 역할 중의 하나이다. 부모는 어린 자녀가 성숙한 인격을 갖춘 건강한 사회인으로 성장하도록 물리적 · 심리적 환경을 제공하여야 한다. 현대사회에서 학교나 또래집단, 매스컴 등이 자녀에게 많은 영향을 미치고 있지만, 여전히 부모가 자녀의 인성형성과 사회화에 미치는 영향은 근본적이고 중요하다. 바람직한 부모역할에 대해 여러 이론이 난무하고 시대에 따라 사회적 여건과 전문가들의 주장도 자주 변하기 때문에 오늘날의 부모들은 역할갈등과 부담을 겪기 쉽다. 부모역할의 특성을 다른 역할과 비교하여 살펴보면 다음과 같다.

① 부모역할은 자녀와 부모 양자에게 장기간 큰 파급효과를 지닌 중요한 일이며, 복잡하고 전인적인 노력을 요하는 힘든 일이다

부모와 자녀는 오랜 기간 동안 서로에게 중요한 영향을 주는 존재이다. 즉, 부모의 여러 특성과 양육방법이 자녀의 인성형성과 신체발달, 사회적응 등 전반적인 영역에 큰 영향을 미치고 동시에 부모는 자녀와의 관계를 통해 자신의 정체감과 인격을 발전시키고 생의 의미를 찾는다. 부모는 직장과 달리 출퇴근이나 휴식시간이 없이 계속적으로 자녀를 돌보고 일상의 삶 전반에 걸쳐 전인적인 노력으로 역할수행을 하여야 한다.

② 부모역할에서 실수나 시행착오를 돌이키지 못하고 그만둘 수도 없다

일반적으로 부모는 최선을 다해서 자녀를 잘 키우도록 기대된다. 만약 부모가 지식과 기술이 부족하거나 경험부족으로 자녀양육에 실수와 시행착오를 하게 되면, 다시 만회할 수 없고 이런 점이 부모에게 불안감과 죄책감을 준다. 또 부모역할이 어렵다고 도중에 그만둘 수도 없고 부모역할을 다른 사람에게 양도할 수도 없다.

③ 부모역할에 대한 분명한 규준과 지침이 없어 혼돈된다

부모가 자녀에게 미치는 영향을 유념하여 최선의 양육을 해야 하는데, 자녀에게 그때그때마다 어떻게 하는 것이 바람직한지 명확한 규준과 지침이 없어 혼돈되는 일이 많다. 또 전문가들의 조언과 이론들을 어떻게 적용해야 하는지, 어디까지, 언제까지, 어떻게 부모역할을 해야 하는지에 대해 모호하여 부모들은 불안감을 느끼기 쉽다. 오늘날 전통적인 부모상과 현대적 부모상이 혼재하고 다양한 가족형태와 생애주기가 출현하는 데 따른 부모역할 지침이 없어 부모로서 자신감을 잃기 쉽다. 현대사회에서 부모역할은 과거보다 더 많은 어려움과 부담을 수반하는데, 이는 부모역할에 대한 가치관이 변하고 사회환경과 다양한 가치체계(예로, 개인주의, 성공추구와 업적주의, 물질만능주의, 경쟁주의 등)가 부모역할 수행가치와 대립되는 상황에서 조화와 균형을 이루는 선택을 해야 하기 때문이다.

④ 남성보다 여성이 부모역할 수행에 대한 문화적 압력을 더 크게 받는다

전통적으로 남성은 직업인 역할에 비중을 두었고, 여성은 모로서 자녀양육의무를 수행하여왔다. 이에 따라 여성의 취업은 여성의 부모역할 수행에 많은 어려움을 주게 되었다. 여성의 역할이 변하고 확대되었는데도 여전히 자녀양육은 여성의 책임으로 간주되어 맞벌이하는 어머니들은 남편들보다 가사일과 자녀양육에 더 많은 책임을 지는 것이다. 그 결과 맞벌이 어머니들은 죄책감과 갈등과 역할과중을 겪기 쉽고, 또한 부모역할 수행과 관련하여 기존 질서에 익숙한 남편과 남편의 변화를 요구하는 아내 간에 부부간의 갈등이 발생하는 것이다.

⑤ 부모 두 사람이 한 팀이 되어 부모역할을 수행해야 한다

자녀양육을 위해서는 부모가 협동하여야 한다. 즉, 좋은 부모가 되려면 부부관계가 견고하고 협동적이어야 하며 개방적 의사소통을 하여야 한다. 부부는 자녀를 어떻게 양육할 것인가에 대해 의논하여 자녀에게 일치된 방향을 제시해야 하고, 자녀의 성장에 따라 자녀양육방식을 조정해야 한다. 부모가 팀워크가 잘되는 것이 바람직하나 의견이 다르고 의사소통이 안 되어 부모의 팀워크가 깨지게 되면 자녀에게도 부정적인 영향을 주게 된다. 만일 부부불화가 있거나 별거나 사별, 이혼으로 인해서 한 팀으로 기능하지 못하면 자녀양육에 어려움이 발생하는 것이다.

⑥ 대부분의 부모들은 준비나 훈련 없이 부모역할을 수행한다

부모의 역할이 어렵고 복잡함에도 불구하고 대부분의 부모들은 역할수행을 위한 체계적 훈련이나 지식 없이 자녀를 양육한다. 이들에게 첫아이를 기르는 것은 새로운 경험이고 첫아이를 대상으로 부모역할을 연습하는 아마추어 부모가 되기 쉽다. 이런 점에서 성인의 다른 역할을 준비하는 것에 비하면 부모역할 준비는 아주 미흡한 상태이다.

3. 바람직한 부모역할

부모가 됨으로써 부부 둘만의 관계에서 부모 - 자녀의 3자관계로 가족체계가 변화되고, 그에 따라 생활패턴과 역할을 재조정하며 부모역할을 수행해야 한다. 좋은 부모에 대한 기준은 사회문화적 환경이나 시대적 배경에 따라 다르고 자녀의 특성과 연령에 따라서 부모역할은 달라져야 한다. 핵심적인 부모역할은 자녀의 심리적 · 경제적 독립을 준비시키는 것이다. 과거에는 아버지 역할과 어머니 역할이 엄격히 구분되어 '엄부자모'로 표현되었다. 즉, 아버지는 엄하게 자녀를 훈육하는 역할을 담당하고, 어머니는 자애롭게 자녀를 양육하는 역할을 담당하였다. 그러나 현대사회에서는 뚜렷이 구분되었던 아버지와 어머니 역할이 점점 공유되고 혼합되는 경향을 보인다.

전통적 부모역할과 현대적 부모역할을 대비시키면 다음 <표 8 - 1>과 같다.

〈표 8-1〉 전통적 부모역할과 현대적 부모역할

전통적 부모역할	현대적 부모역할
• 자녀양육과 교육은 어머니 책임	• 자녀양육과 교육의 책임은 부모가 공유
• 아들이 대를 잇고 부모를 부양하므로 아들이 있어야 하고 잘 되어야 함	• 혈통계승은 중요하지 않음
• 가문의 영광을 위해 자녀를 키워야 함	• 자녀를 키우는 기쁨을 경험하고 자녀의 능력을 개발시켜 좋은 시민으로 독립시키는 것이 부모의 보람
• 남자는 남자답고 강하게, 여자는 여자답게 키워야 함	• 남성다움이나 여성다움보다는 자신의 개성대로 인간답게 살아가게 키움
• 부모는 부모의 가치관을 자녀에게 잘 전달해야 하고 자녀는 부모에게 복종해야 함	• 부모는 자녀의 좋은 친구, 안내자가 되어 자녀의 인생을 살도록 도움

출처 : Duvall(1980). Marriage & family development. Lippincott Co. 재구성.

1) 아버지 역할

과거에 아버지들은 자녀를 위해 돈을 벌어오고 자녀를 엄하게 바로잡는 일을 하였다. 그러나 오늘날 아버지의 모습은 많은 변화를 겪고 있고 좋은 아버지에 대한 개념이 시대변화에 따라 변하고 있다. 그래서 예전보다 많은 남성들이 아버지 역할이 중요하다는 것을 인식하고 실제 젊은 남성들은 아내의 태교와 출산과정에 참여하고, 아이에게 우유를 먹이고 기저귀를 갈아주며 목욕을 시키는 일, 아이와 놀아주고 책을 읽어주는 일들을 하고 있다.

그러나 여전히 한 가정의 가장으로서 생계부양 역할을 강조하는 사회적 상황 때문에 아버지 역할과 가족과의 생활을 희생하는 아버지들이 많고, 또한 성장기에 경험한 애착관계의 영향으로 아버지 역할을 수행하는 방법을 모르거나 혼란을 겪는 아버지들이 많은 것이 사실이다. 그 결과 대부분의 가정에서 아버지들이 자녀양육에 참여하는 정도가 매우 낮고 모와 자녀와의 관계보다 친밀하지 않은 경우가 많다.

〈표 8-2〉 좋은 아버지상의 변화

전통적인 좋은 아버지	현대적인 좋은 아버지
• 자녀를 위해 목표를 세운다.	• 자녀의 자율성과 실패할 자유를 허용한다.
• 자녀를 위해 일하고 무엇인가를 주는 것을 강조한다.	• 자녀에 대해 비현실적 기대를 갖지 않고 잠재력을 개발하도록 돕는다.
• 자녀에게 무엇이 옳은 것인지를 안다고 생각하여 부모가 자녀의 규칙을 정한다.	• 자녀의 특성과 기질, 생각과 감정을 이해하고 규칙을 정할 때 자녀의 의견을 존중해 준다.
• 아버지는 항상 옳고 강하며 권위적이다.	• 아버지도 실수할 수 있고 잘못을 사과할 수 있다. 자녀의 권리뿐 아니라 부모의 권리도 존중된다.
• 자녀에게 지시 · 명령을 하고 순종하기를 요구한다.	• 자녀를 인격체로 대하고 지적 · 사회적 · 정서적 발달을 자극시킨다.
• 아버지로서 책임의식이 강하고 자녀를 관리한다.	• 아버지가 되는 것을 선택하고 자녀와 함께 하는 시간을 즐긴다.
• 자녀에게 엄격하고 과묵하다.	• 칭찬과 격려를 잘한다.

출처 : Duvall(1980). Marriage & family development. Lippincott Co. 재구성.

'아버지는 훌륭한 남성이 되면 훌륭한 아버지가 되는 것이지 반드시 직접적으로 자녀양육에 참여해야 하는 것은 아니다' 같은 사회적 통념이 작용하여 남성의 아버지 역할을 제한하고 있다.

아버지 역할에 관한 다수의 연구에서 아버지가 자녀의 성장 · 발달에 주는 영향을 다음과 같이 보고한다. 즉, 아버지는 아들의 성역할 습득과 남성성 발달에 기여하고 딸의 여성성 발달에 중요한 영향을 미친다. 아버지와의 안정된 애착관계는 자녀의 도덕성과 인지능력의 발달, 성취동기에도 영향을 미친다. 그리고 아버지의 자녀양육 참여는 어머니의 자녀양육 과중을 덜어주고 자녀와 친밀한 관계를 즐기게 되며, 자녀의 양성성 발달에도 긍정적 영향을 주기 때문에 바람직하다.

아버지의 역할수행과 자녀의 발달 특성의 관계에 관한 국내외 연구를 메타분석한 결과에서도 아버지가 부역할을 많이 수행할수록 아동 및 청소년 자녀의 경우 자아존중감이 높고 우울이 낮으며, 학교생활적응을 잘하고 문제행동이 적은 것으로 나타났다. 또한 성별차이가 나타나 아들의 경우는 내적 발달 특성에서, 딸의 경우는 외적 발달 특성에서 부역할 수행의 영향을 더 많이 받는다고 보고되었다 (여성가족부, 2011).

그러므로 좋은 아버지가 되기 위해서는 아버지의 역할이 얼마나 중요한 역할이고 아버지 역할을 원만하게 수행할 때 자녀와 아버지에게 얼마나 큰 보상을 주는지를 인식하여야 한다. 그리고 사회와 직장에서도 좋은 아버지 역할을 정립하고 지지하는 가족친화적인 정책과 프로그램을 실시하여야 한다.

참고 8-1 좋은 아버지상

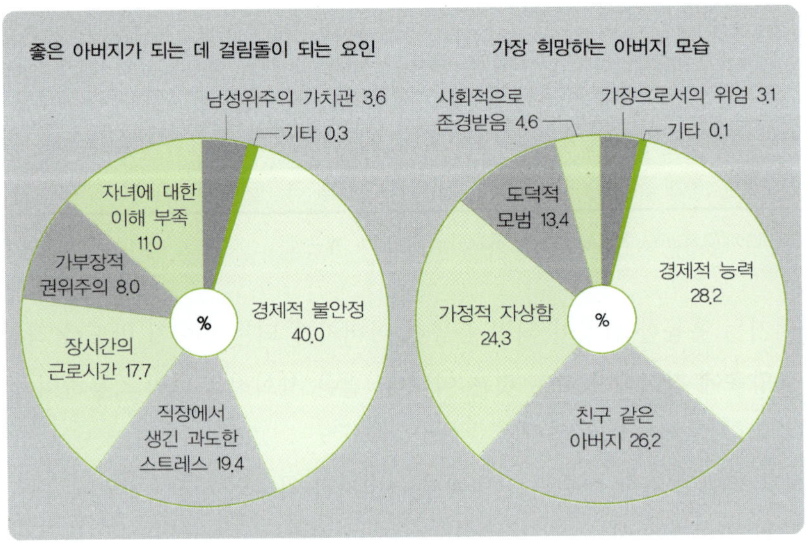

우리나라 아버지들에게 스스로 자녀의 성장과정에 대한 참여 정도를 1점(전혀 하지 않는 편)부터 4점(매우 자주 하는 편)까지 점수를 매기도록 했더니, 평균점수는 2.74점으로 낮은 편이었다.

이런 경향은 아버지의 책임은 무엇보다도 '돈 버는 일'이라는 인식에서 비롯된다. 이상적인 아버지상을 묻는 설문조사를 한 결과 남성들은 '경제적으로 능력있는 아버지'(28.2%)를 첫 번째로 꼽았다. '친구같이 지낼 수 있는 아버지'(26.2%), '가정적으로 자상한 아버지'(24.3%)가 그 뒤를 이었다. 반면 여성들과 자녀들은 '가정적으로 자상한 아버지'(34.6%)를 가장 많이 꼽아 차이를 보였다.

이처럼 아버지 구실을 '경제적 부양자'로만 바라보는 경향은 여성이 이중부담을 져야 하는 결과로 이어질 수 있다. 맞벌이부부가 늘어나는 등 여성의 경제활동 참여가 늘어나더라도 다양한 돌봄행위들이 '아내의 몫'으로만 남겨질 수 있기 때문이다. 아버지 스스로도 '경제적 부양자'로만 머물러 있다 보면, 다른 가족들과 원만한 관계를 형성하지 못하고 소외되거나, 자녀와의 의사소통이나 친밀감 형성이 어려워 스트레스를 받을 수 있다. 따라서 아버지 구실을 바라보는 시야를 더 넓혀야 한다는 필요성이 제기된다.

이번 연구를 맡은 김혜영 한국여성정책연구원 연구위원은 "부모가 함께 경제활동과 자녀돌봄에 참여하려면 아버지 역할에 대한 사회적 인식의 변화와 동시에 일과 가족의 양립에 대한 제도적 지원이 절실하다"고 말했다. 아버지가 가족과 함께하고 싶은 욕구가 커도 평일 장시간 노동, 조직을 우선하는 직장문화 등에 가로막히기 십상이기 때문이다. 아버지 구실을 제대로 수행하기 위해 어떤 정책이 필요하냐는 질문에, 남성들은 '국가의 보육료지원 확대'(27.8%)와 '주5일 근무 전면시행'(17.1%), '탄력적 근무제 확대 · 실시'(15.2%), '가족간병 휴가제 실시'(9.0%) 등을 꼽았다.

최원형 기자(circle@hani.co.kr)

출처 : 한국여성정책연구원(2008). 남성의 부성경험과 갈등에 관한 연구.

2) 어머니 역할

대부분의 사람들은 어머니가 자녀를 임신하고 출산하는 과정에서 생물학적으로, 심리적으로 자녀와 밀접한 관계를 맺고 있으므로 자녀의 신체적 · 심리적 욕구를 가장 잘 충족시켜 줄 수 있고 이는 '모성본능'에 의한 자동적인 것이라 생각한다. 전통사회에서 어머니는 자녀양육을 전담하고 자녀의 정서안정과 인성형성에 최초의 가장 큰 영향을 미치는 존재로 인식되었다. 그러나 현대에 이르러 모성본능은 타고난 자질에 의해서라기보다 사회화에 의해 강화되며 여성은 자기발전보다 자녀양육이 우선되어야 하고, 아이는 반드시 어머니가 키워야 한다는 '모성이데올로기'도 사회문화적으로 학습된 것으로 밝혀졌다. 또한 사회활동을 하는 어머니들이 증가하면서 어머니 역할의 분담이 필요해졌고, 융통성 있는 아버지 역할과 어머니 역할이 자녀발달에 긍정적인 영향을 미친다는 이론이 설득력이 커지면서 전통적 어머니 역할개념이 변화하였다. 그리고 여성들이 양육부담과 여러 비용 때문에 자녀를 낳지 않으려는 문제가 사회적 저출산 문제로 부각되면서 이들의 양육부담을 감소시켜 주고 비용을 지원해 주는 제도적 대책이 마련되고 있다.

좋은 어머니가 된다는 것에 대해 여러 의견이 있지만, 한 가지 육아이론에 의지하거나 생각 없이 유행만 쫓기보다는 여러 정보를 참고하여 어머니가 아이에 대해 제일 잘 안다는 자신감을 갖고 소신있게 자녀양육을 하는 것이 바람직하다. 그리고 어머니가 시대변화에 맞게 어머니 되기를 배우고 훈련받아서 자신의 자녀양육 철학을 갖고 어머니 역할을 수행하여야 한다. 또한 어머니만이 자녀양육 역할을 전담하는 것이 아니라 아버지와 역할을 공유하고 가족, 나아가 이웃, 보육시설과 자녀양육을 공유하고 협력할 수 있어야 할 것이다.

참고 8-2 '조기교육'이 자녀학대의 일종이었구나…

일본에서 30년간 소아정신과 전문의로 일해온 저자 사사키 마사미가 만 3세 이하의 자녀를 키우는 엄마 3,000여 명을 대상으로 실시한 설문조사 결과가 흥미롭다. 응답자의 32.8%는 '아이 낳은 걸 후회한 적이 있다'고 답했고, 스트레스의 강도는 '아이가 생후 4개월에서 3세 이하'일 때 가장 높고, 30대 엄마보다는 20대 엄마가, 일하는 엄마보다 전업주부가, 이웃과의 교류가 적은 엄마가 스트레스와 불안감을 훨씬 강하게 느꼈다.

"부모 - 자식관계도 결국 인간관계"라고 전제하는 저자는 "육아불안 또한 인간관계에 서툰 엄마가 자기존재에 대해 갖는 불안"이라고 진단한다. 남편과의 관계는 그래서 중요하다. 남편과 대화가 부족할 때 아내는 더욱 고립감을 느끼며 육아에 자신감을 잃기 때문이다. 고립된 엄마는 자식에게 병적으로 의존하며 과잉간섭하는 '정신적 자녀학대'에 빠져든다. 아이의 행동과 생각을 자기마음대로 조정하려 한다는 점에서 '조기교육'도 학대의 일례라고 주장한다.

- 육아우울증을 극복하는 여섯 가지 방법

첫째, 이웃과 함께 키우라. 이웃엄마들과 친하면 아이의 사회성과 자율성이 자라고 엄마도 행복해진다.

둘째, 서두르지 말자. 아이가 늦도록 똥오줌을 가리지 못하고, 말을 늦게 깨쳐도 아이 혼자 설 수 있는 날을 여유있게 기다리자.

셋째, 부모 말 잘 듣는 아이를 원하지 마라. 부모가 좋아하는 일만 하려고 애쓰는 아이는 사춘기 이후 자립하는 데 어려움을 겪는다.

넷째, 아이의 장점을 주목하고 칭찬하라.

다섯째, 충분히 사랑하고 포용하라. 이를 경험하지 못한 아이들이 연애에 일찍 빠져든다.

여섯째, 세 살 전후, 초등학교 입학 전후에 나타나는 아이의 반항을 즐겨라. '오! 녀석, 제법인데?' 하는 자세를 가지면, 타자의 공을 멋지게 받은 수비수의 기쁨을 맛본다.

출처 : http://news.media.daum.net/culture/book/200610/11/chosun/v14297714.html.

참고 8-3 '엄마노릇도 배워야 한다' 프로엄마들의 교육비법

'엄마노릇도 배워야 한다'는 소신을 갖고 아이들을 키워온 고참엄마 세 명이 만났다. 이들은 아이 키우느라 지친 엄마들이 대안을 찾고 위로도 받을 수 있도록 강좌를 만들고, 모임을 결성했다. 최근엔 그 비법을 책으로 펴내기도 했다. 『엄마학교』의 저자 서형숙(47), '엄마학교' 대표와 『부모 마음 아프지 않게, 아이 마음 다치지 않게』를 펴낸 아주대 소아정신과 조선미(44) 박사, 『내 아이가 책을 읽는다』를 펴낸 느티나무 어린이도서관 박영숙(40) 관장이 그 주인공. 세 사람 모두 두 아이들의 엄마다.

• '이상형 엄마'가 되도록 노력하자

서=우선 '나는 어떤 엄마를 원하나'를 생각해 봐요. 다정한 그리고 나를 이해해 주는 엄마를 원하겠죠? 그래서 (좋은 엄마 되기) 훈련을 해요. 매일 세수하듯 마음을 닦아요. 아이에 대한 욕심을 버려요. 육아가 달콤해지고 아이를 출가시키기까지 20~30여 년이 하루처럼 행복해져요.

조=아이를 읽어야 해요. 양육 초기에 아이를 읽지 못하면 키우는 게 갈수록 너무 힘들어지거든요. 특히 초등학생인 12세까지는 말로 의사소통하는 게 제한적이에요. 엄마가 먼저 행동으로 보여주는 등 말이 아닌 다른 방식으로 아이의 눈높이에 맞춰나가야 해요.

박=먼저 엄마가 행복해져야 해요. 아이의 가장 가까운 자리에서 자기의 삶을 사랑하면서 각자의 인생을 사는 거죠. 그게 아이에게도 좋은 영향을 미치게 돼요.

• 다정한 엄마가 되자

서=같은 말이라도 예쁘게 하는 엄마가 되세요. 다정한 엄마가 되려면 '고성능 안테나'를 가져야 돼요. 아이의 마음은 종잇장과 같아서 구겨졌다 펴져도 흠이 생겨요. 잘하는 것이 하나만 있어도 봇물 터지듯 칭찬하세요. '다정한 엄마'가 되면 '영리한 엄마'가 되고, 그러면 '대범한 엄마'가 되며, 결국 '행복한 엄마'가 돼요.

조=제가 경험하기로는 민감해지려면 꽤 노력해야 해요. 엄마가 하고 싶은 얘기가 꽉 차 있으면 아이를 읽지 못해요.

• 엄마가 먼저 중심을 잡자

박=요즘 엄마들은 본인도 책을 안 읽으면서 독후감을 쓰라고 강요하지요. 엄마가 책을 읽는 모습을 보여주고, 아이가 옆에서 보고 배우도록 하면 충분해요.

조=자녀교육의 목표에서 주체는 아이 자신이 돼야 해요. 즉, 아이가 스스로에 대해 '나는 참 괜찮은 사람이야', '나는 유능한 사람이야'라는 신념을 갖도록 해주는 게 부모의 가장 중요한 역할이지요.

서=엄마들에게 우스갯소리로 '내비게이션 엄마'가 되자고 말해요. 내비게이션은 늘 준비된 자세로 옆에 있지요. 운전자가 경로를 이탈하면 억지로 차를 틀지 않아요. '경로를 이탈하셨습니다'라고 알려주고 새 길을 안내할 뿐이죠. 엄마노릇도 그와 다르지 않다고 봅니다.

출처 : 중앙일보(2006. 10. 11).

4. 발달단계별 부모 – 자녀관계와 적응과제

부모를 젊은 부모, 중년부모, 노인부모로 구분하여 각 단계별로 부모 - 자녀관계 특성들과 적응과제를 살펴보기로 한다.

1) 젊은 부모와 자녀의 관계

이 시기는 부모의 자녀에 대한 영향이 매우 큰 시기이므로 부모역할에 대한 다음의 방향설정이 필요하고, 이에 대하여 부부가 협동적으로 의논하는 것이 중요하다.

첫째, 자녀양육에서 아버지와 어머니가 담당하는 역할은 무엇인가? 그리고 그런 역할과 책임은 자녀의 성장에 따라 어떻게 변화시켜나갈 것인가?

둘째, 직업과 부모역할을 어떻게 조화시킬 것인가?

셋째, 자녀양육의 목표는 무엇이며 어떤 자녀양육방식을 선택할 것인가?

넷째, 자녀출산 및 양육, 교육을 위한 경제적 준비는 어떻게 할 것인가?

다섯째, 만일 실직이나 심각한 질환, 별거, 사별이나 이혼, 재혼 같은 환경변화가 발생할 경우 부모역할을 어떻게 수행할 것인가?

여섯째, 효과적인 부모역할은 구체적으로 어떻게 하는 것인가? 부모의 권위유지와 자녀의 인격존중 및 친밀한 관계 유지, 부모역할과 부부관계 등을 어떻게 조화시킬 것인가?

이 시기의 부모의 역할수행과정에서 나타나는 양육태도에 따라 자녀의 발달이 중요한 영향을 받게 된다. 부모의 양육태도를 분류할 때 크게 두 가지 방법이 있다.

하나는 상반되는 양육행동 요소를 양극에 배치한 두세 가지 차원을 기준으로 여러 행동요소를 조합하여 분류하는 방법이다. 쉐퍼(Schaefer)는 사랑 대 적개심의 축과 이와 교차되는 허용 대 통제라는 수평축의 두 가지 차원을 기준으로 수용, 협동, 민주, 무관심, 방치, 거부, 권위, 소유적, 과잉보호, 방종 등의 14가지 태도로 분류하였고, 베커(Becker)는 이에 침착 대 불안의 축을 추가한 3차원을 기준으로 민주적, 관대한, 방임적, 초조한, 통제적, 권위주의적, 조직적, 과보호 등의 8가지 태도로 분류하였다.

다른 하나는 양육행동 특성을 조사·수집하여 통계적 방법으로 분류하는 방법이 있는데 학자들마다 분류가 다르다. 헐록(Hurlock)은 과잉보호적 태도, 거부적 태도, 지배적 태도, 허용적 태도, 포부적 태도, 수용적 태도로 분류하였고, 저실드(Jersild)는 거부적 태도, 익애적 태도, 수용적 태도로, 바움린드(Baumrind)는 권위주의형, 허용형, 권위형으로 분류하였다.

헐록이 분류한 부모의 양육태도를 중심으로 각각의 태도가 자녀발달에 미치는 영향은 다음과 같이 요약된다.

(1) **과잉보호적 태도**(overprotection)

자녀를 지나치게 보호하고 자녀가 스스로 할 수 있는 일까지 대신해 주며 어린 아이처럼 문제를 해결해 주는 태도를 의미한다. 이러한 태도로 양육된 자녀는 자율적인 행동경험이나 실수를 겪어보지 않고 부모가 모든 것을 다 해주기 때문에 지나친 의존성, 욕구불만, 불안감, 자신감 부족, 수줍음, 미성숙한 표정을 보이고, 사회성이 부족하여 독립적 생활과 대인관계에서 어려움이 발생한다.

(2) **거부적 태도**(rejection)

자녀에게 온정과 지지를 보여주지 않고 자녀를 거부하거나 비판, 무시, 억압, 불신, 적개심과 차별을 나타내는 태도이다. 이 경우에 자녀는 사랑받지 못함에 따른 좌절감을 겪고 자신의 가치에 대한 낮은 평가, 무기력, 정서불안을 경험한다. 그리고 인간과 세상에 대한 불신감과 낮은 자존감을 형성하여 권위에 대한 불인정과 반항, 행동장애, 사회부적응을 보이고 반사회적 행동을 초래하기도 한다.

(3) **지배적 태도**(dominating)

자녀에게 지나치게 엄격하고 절대적 복종을 요구하며 자녀를 통제하는 수단으로 종종 비난과 체벌을 사용한다. 자녀를 종속적인 존재로 생각하여 자녀에게 부모의 가치관을 주입시키고 지시와 명령을 하므로 자녀와 원만한 대화나 교류가 부족하다. 이런 부모에게서 자란 자녀는 활기와 자신감, 적극성, 자율성이 부족하고, 낮은 자존감, 열등감과 수동성, 조심성, 수줍음, 무력감을 나타내며, 심한 경우 공격성, 적대감을 보인다.

(4) 허용적 태도(submissiveness)

자녀에게 무엇이나 허용해 주고 자녀가 잘못된 행동을 하는데도 통제하거나 훈육을 하지 않고 제멋대로 내버려 둠으로써 자녀를 방치하는 태도를 말한다. 대개 규율이 없거나 일관성이 부족해 자녀의 행동을 적절히 통제하지 못하고 부적절한 행동을 해도 제재를 하지 않는다. 부모가 시도능력이 부족하거나 자녀양육에 대한 가치관이 뚜렷하지 않아서, 귀찮아서, 무관심, 너무 바빠서, 무책임 등이 원인으로 작용한다. 이런 부모에게서 자란 자녀는 독립성이나 사회적 책임감이 부족하고, 타인의 욕구를 무시하거나 제멋대로 행동하며, 어른의 권위나 규율을 무시하고 자기중심적이며, 충동과 공격성, 무책임, 폭군 같은 행동을 나타낸다.

(5) 포부적 태도(ambition)

자녀에 대한 부모의 기대가 너무 지나쳐서 부모의 채우지 못한 열망을 자녀에게 보상적으로 기대하는 태도를 말한다. 이런 태도로 양육된 자녀는 열등감을 가지기 쉽고, 경쟁이나 실수를 두려워하거나 회피하고, 과도한 정서불안과 초조감, 과도한 근심, 짜증과 소극성, 분노를 나타낸다.

(6) 수용적 태도(acceptance)

자녀를 온정과 사랑으로 대하고 자율성을 인정하며 독립된 인격체로 존중하는 태도로 민주적 태도라고도 불린다. 자녀가 지켜야 할 규칙은 논리적인 설명으로 이해시키고 자녀의 연령에 따라 적절히 정한다. 자녀의 욕구를 고려하여 의견을 경청하고 적절하면 규율을 조정하기도 하며, 자녀의 권리뿐 아니라 부모의 권리도 존중되는 상호존중태도이다. 애정표현과 긍정적 평가, 관심과 대화, 자녀의 잠재력에 대한 신뢰와 지원, 합리적 지도, 자율성 장려 등의 부모행동을 보여준다. 이런 부모의 자녀들은 자존감과 자율성, 독립성이 발달하고 자신에 대한 만족감,

자신감, 정서안정, 책임감, 사회성, 자기조절능력을 갖게 되며, 자기발전 노력을 하게 된다. 그러므로 이 태도가 자녀의 인격적 성숙과 자신감, 의지력, 사회성과 대인관계능력, 적응력과 자기효능감을 발달시키는 가장 바람직한 것이다.

우리나라의 관련연구도 이를 지지하는 결과를 보인다. 즉, 부모의 양육태도가 수용적일수록 아동기 자녀의 자기효능감이 높고, 부모의 양육태도가 지배적일수록 자기효능감이 낮았다(이송이, 2006). 또한 어머니가 수용적인 태도여서 애정적 · 합리적 양육행동을 할 때 아동은 책임감, 독립심, 주도성, 사회적 활동성, 사교성, 친사회성, 사회적 유능성이 높은 것으로 나타났고(김정희 · 문혁준, 2004; 문혁준, 2001; 조복희 외, 1997), 반면 어머니가 통제적 태도일 때 아동은 불안과 위축을 보였다(김정희 · 문혁준, 2004).

이 시기에 부모의 공통적인 과제로는 부모역할에 대한 정체감을 확립하는 일, 자녀의 여러 측면의 발달에 대하여 이해하고 발달을 촉진시킬 수 있는 환경을 조성하는 일, 그리고 민주적 · 수용적 양육태도로 최선을 다하여 자녀를 양육하는 일 등이 있다. 부모의 구체적인 양육행동은 다음 여러 요인에 의해 영향을 받는다.

첫째, 부모의 원가족 부모에 대한 애착, 원가족 부모의 양육태도에 대한 부모의 만족, 부모의 자존감, 부모효능감, 성격적 특성, 양육태도, 의사소통능력, 부모의 결혼만족도, 부모의 일과 가정생활의 균형 정도, 사회적 지지 정도 및 만족도, 가족관계 특성이다.

둘째, 자녀의 기질과 개인적 특성, 자녀의 수이다.

대체로 부모가 원가족 부모에게 애착이 많을수록, 원가족 부모의 양육태도에 만족할수록, 부모의 자존감이 높을수록, 부모효능감을 높게 지각할수록, 성격 특성 중 객관성, 사려성, 사회성, 외향성이 높을수록, 어머니의 의사소통능력이 많을수록 그리고 부모의 결혼만족도가 높을수록, 일과 가정의 균형이 높을수록, 부모의 사회적 지지와 만족도가 높을수록, 자녀의 반응성이 높을 경우에 부모의 수용적 · 애정적 양육행동이 높게 나타났다. 한편 부모가 부모효능감을 낮게 지각할수록, 신경증 경향이 높을 때, 부모의 결혼만족이 낮을수록, 일과 가정의 균형이 적을 때, 사회적 지지와 만족도가 낮을수록, 자녀의 활동성이 높고 반응성이 낮을 경우에 부모는 통제적 양육행동을 하는 것으로 나타났다(김수진 · 도현심, 2001; 박성연 · 김희수, 2002; 박성연 · 이 숙, 1988).

참고 8-4 자녀와 대화 10계명

1. 좋은 말은 밖으로 표현하고 나쁜 말은 속으로 삼켜라.
2. 대화란 잘 듣는 것이다.
3. 설교하지 말라.
4. 다른 아이와 비교하지 말라.
5. 칭찬은 두 번, 야단은 한 번 비율로 해라.
6. 아이에게 반응을 보여라.
7. 과격하고 극단적인 표현을 하지 말라.
8. 말을 빙빙 돌리지 말고 분명하게 메시지를 전달하라.
9. 아이의 말을 끊지 말고, 말꼬리를 잡지 말라.
10. "왜"라는 말을 자주 쓰지 말라.

출처 : 중앙일보(2006. 6. 13).

참고 8-5 자녀에게 Best 부모가 되는 방법

1. 자존감이 높은 아이, 행복한 아이로 키우는 것에 목표를 두라.
2. 아이를 무조건적으로 사랑하고 수용하라.
3. 아이와 친구처럼 놀아라.
4. 칭찬과 격려를 많이 하라.
5. 비현실적 기대를 갖지 말라.
6. 과잉보호를 하지 말라. 실패할 자유를 주라.
7. 아이의 생각과 감정을 인정해 줘라.
8. 아이와 함께 행복감을 누리고 즐겨라.
9. 아이가 성취경험을 하게 하라.
10. 아이가 자기조절, 자기관리를 하게 하라.
11. 부모의 손은 아이를 사랑하고 애정을 표현하는 데 사용하라.

출처 : 제임스 돕슨 저, 정동섭 · 안효선 공역(2000). 자신감 있는 자녀로 키우자. 에스라서원 재구성.

참고 8-6 화내지 않는 엄마가 되는 10계명

1. 화를 일으키는 원인에서 심리적인 거리를 갖고 객관성을 유지한다.
2. 자신의 현재 감정상태를 살펴본다. 어떤 생각이 자신을 화나게 하는지 파악한다.
3. 감정적으로 받아들이지 않으려고 애쓴다.
4. 관점을 바꿔 다른 방향에서 생각해 본다.
5. 자기 자신과 긍정적인 대화를 나눈다.
6. 문제상황에 대해 정확한 판단을 하고 있는지 체크한다.
7. 자신의 추측이 생산적인지를 생각하고, 추측을 정당화하는 합리적인 이유를 붙여본다.
8. 아이의 행동에 깃든 아이의 의사를 파악한다.
9. 아이로 인해 화가 나는 순간에 부모로서 배울 점이 있음을 기억한다.
10. 육아에 대한 나의 원칙과 신념을 생각하고, 현실적이고 실현가능한 원칙과 신념으로 수정한다.

출처 : 여성조선 2006년 10월호. http://danmee.chosun.com/wdata/html/news/200611/20061107000023.html.

2) 중년부모와 자녀의 관계

이 시기의 자녀들은 부모로부터 개별화하여 성인으로서 직업을 갖고 독립할 준비를 하거나 결혼하고 성인으로서 생활을 시작하는 과정에 있다. 중년부모는 2중, 3중의 역할을 해야 하는 책임이 무거운 시기이다. 즉, 이 시기에 부모는 아동기 자녀에게 하던 방식과는 다르게 자녀에게 부모역할을 하여야 하고, 동시에 의존성이 높아진 노부모를 부양하는 역할을 수행해야 한다. 또한 자신의 신체적 · 심리적 · 사회적인 노화과정에 적응하고 은퇴와 노후생활을 준비해야 하는 시기이다. 그러므로 이와 같이 샌드위치 세대인 부모들은 여러 역할을 담당하는 데 따른 역할부담과 긴장을 경험할 수 있고, 어떤 역할에 더 비중을 둘 것인가를 결정하고 선택하는 데 어려움을 겪을 수 있다.

이 시기에 부모가 수행하여야 할 과제는 자녀와 노부모, 그리고 자신에 대해 심리적 · 경제적 자원을 균형있게 배분하는 것이 필요하며, 노부모와의 관계를 통하여 자신의 노화에 대한 예비 사회화노력이 필요하다. 또 중년부모는 젊은 자녀와의 관계에서, 그리고 노부모와의 관계에서 갈등을 겪기 쉬우므로 대화를 통한 효율적인 갈등해결노력이 필요하다. 중년부모와 청년기 자녀, 성인자녀 각각의 관계를 살펴보자.

(1) 중년부모와 청년기 자녀의 관계

청년기 자녀는 신체적·심리적·사회적으로 건강한 어른으로 되어가는 과정에서 정체감 확립, 진로와 직업준비, 이성교제와 결혼, 취업 등의 중요한 변화를 겪는 시기이다. 이 시기에 부모의 과제는 자녀를 독립된 인격체로 인정하고 이해하는 노력이 필요하다. 그리고 자녀와의 관계를 '어른들 간의 관계'로 변화시켜야 한다. 또한 자녀의 진로선택과 독립을 돕기 위해서는 부모의 욕심에서 벗어나서 자녀의 개성과 능력에 부합되는 자율적인 선택을 하도록 돕고 자녀의 의사를 최대한 존중해 주는 것이 필요하다. 그리고 부모도 자신의 실수를 인정하고 자녀와 친밀한 관계를 유지하여야 한다.

이때 부모와 자녀 간에 세대차이와 발달적 특성 차이로 인한 갈등이 발생할 수 있다.

첫째, 부모와 자녀 간의 세대차이로 인한 부모-자녀 간의 갈등이 발생한다. 오늘날 급변하는 사회환경 속에서 부모와 자녀 간의 세대차이는 자연스러운 일이다. 부모와 자녀는 성장배경과 생활환경이 상이하고 다른 경험을 하였기 때문에 가치관과 사고방식, 생활스타일과 취향이 차이가 나는 것이다. 즉, 부모는 권위주의적인 사회배경 속에서 정형화된 행동을 요구받고 규칙과 규범 준수, 절약과 의무감, 책임감이 강조되던 사회를 살아왔었고 글자에 익숙한 아날로그 시대 생활스타일을 갖는다. 반면 청소년 자녀는 부모로부터 독립과 의존의 양가감정을 경험하며 정체감을 형성하고 독자적인 가치관과 이념체계를 형성하며 자기세계를 만들어간다. 그리고 급격한 기술발달과 물질적 풍요, 정보화, 세계화, 막강한 매스컴의 영향, 탈권위주의의 사회배경 속에서 편의성과 인스턴트 문화, 감각적인 취향, 인터넷 문화에 익숙한 디지털 시대 생활스타일을 갖는다. 이와 같은 차이로 부모와 자녀의 마찰은 불가피하며, 이를 대화로 좁히고 상호 간에 이해하려는 노력이 필요하다.

둘째, 발달적 특성상 욕구의 차이로 인한 부모-자녀 간의 갈등이 발생한다. 부모는 생활경험이 많고 풍부한 연륜에서 우러난 지혜를 가졌다고 인식하여 자녀에게 바람직한 방향을 제시하고 지도해 주어야 한다는 욕구를 가지게 된다. 그래서 사회현상에 대해 현실적이고 보수적이며 실용적인 태도를 가지며 자녀를 통제하고 지도하려고 한다. 반면 자녀는 사회현상에 대해 이상주의적이고 개방적이고 자유로운 태도를 갖고 독자성과 독립성을 추구하며, 자기또래에게 인정받고자 하는 욕구가 강하고 유행에 민감하여 친구와 매스컴의 영향을 많이 받는다. 그에 따라 부모는 가족중심의 결속을 중시하는 데 비해 청소년 자녀는 친구와 바깥세상에 관심을 갖게 되고, 또 부모는 권위를 갖고 자녀를 지도하고 안내하고자 하는 데 비해 자녀는 자유롭게 자신이 원하는 새롭고 흥미있는 방식을 추구하고자 하므로 갈등이 발생하는 것이다. 그 결과 부모는 자녀가 부모의 권위를 무시한다고 생각하고, 자녀는 부모가 간섭하고 구속한다고 하여 갈등이 발생하는 것이다.

실제 연구에서 청소년 자녀가 부모와 갈등을 겪는 경우에 음주나 흡연, 외박, 가출, 무단결석 등의 행동문제를 경험하기 쉽고, 특히 아버지와 갈등관계인 경우 자녀의 행동문제에 더 영향을 미치는 것으로 보고된다(김준호 · 김은경, 1995; 최지은 · 신용주, 2003).

셋째, 부모의 행동문제나 부부관계 문제가 청년기 자녀의 자존감 저하, 문제행동과 정서장애 등과 맞물려서 부모 - 자녀 간의 갈등이 유발된다. 많은 연구에서 부모의 결혼생활이 원만하지 않아 부부싸움과 불화가 있는 경우, 부모의 가정소홀과 무책임, 경제적 책임소홀, 가사소홀, 혼외관계 등의 문제, 언어적 폭력이나 물리적 폭력, 알코올 문제 등이 있는 경우에 자녀는 자존감이 낮아지고 부모와의 긴장 · 갈등 및 학교부적응, 불성실과 게으름, 학업태만, 가출, 비행문제, 우울 등이 발생하는 것으로 나타났다(류경희, 2003; 배숙진, 1998; 유희정, 2001; 윤지은 · 최미경, 2004; 이영미 · 민하영 · 이윤주, 2005; 이진숙 · 정혜정, 2004; 정유진, 2000; 최규련, 1998).

이와 같이 여러 이유로 중년부모와 청년기 자녀 사이에 갈등이 있을 수 있고 이는 자녀의 부적응 문제를 초래하며, 이는 다시 부모 - 자녀관계를 악화시키는 악순환이 나타날 수 있다. 그러므로 부모 - 자녀 간의 관계를 원만하게 유지하고 자녀의 건강한 발달과 적응을 촉진하기 위해서는 무엇보다 부모 - 자녀 간의 효과적인 대화가 필수적이다. 그리고 부모가 원만한 부부관계를 유지하고 부모로서 긍정적 양육행동을 수행하여야 한다. 긍정적 양육행동에는 청년기 자녀를 애정과 수용적 태도를 갖고 대하고, 그들의 발달적 특성과 고충을 이해하며 합리적 설명과 지도 · 감독을 하는 일들이 포함된다.

부모와 청년기 자녀 간의 개방적 의사소통은 부모 - 자녀 간의 갈등을 해결하거나 예방하고 관계를 향상시키는 데 중요할 뿐만 아니라 동시에 자녀의 심리 · 사회적 적응을 촉진시키고 문제를 예방하는 데 매우 중요한 것으로 보고된다(민하영 · 이윤주 · 이영미, 2004; 변영인, 2005; 이영미 · 민하영 · 이윤주, 2005; 이영숙 · 김정옥, 2002; 최나야 · 한유진, 2006). 이는 자녀가 부모와의 의사소통을 통해 상호 간의 가치를 전달하고 의사를 교환하는 가운데 내적 긴장이 완화되고, 서로의 마음을 이해하고 확인하게 되어 자신감과 안정감을 경험하기 때문이다. 또한 부모가 자녀를 인정해 주고 칭찬과 격려를 해주고 애정을 표시하는 등 온정적 태도를 갖고, 자녀와 개방적 의사소통을 할 때 청소년은 자아존중감이 높아지고 성취동기가 높아진다. 반면 부모가 자녀에게 거부/ 제재적 태도를 지니고 역기능적 의사소통을 할 때 청소년은 반항심과 열등감을 경험하고 자아존중감이 낮아지는 결과, 성취동기가 낮아진다(홍성훈 · 도현심, 2002).

그러므로 부모가 청소년 자녀에게 온정적 태도를 취하면서 자녀와의 대화와 갈등해결에 효과적인 기술을 활용하여야 한다. 이렇게 노력할 때 자녀의 자존감과 자신감이 증진되고 성취욕구가 발달하여 자기발전을 위한 자발적인 노력을 하게 되고, 사회적응력을 키우게 되는 결과 부모 - 자녀 모두 만족스러운 관계를 즐길 수 있다.

일반적으로 부모와 청년기 자녀와의 대화에 여러 장애요인이 작용하여 원만하지 못한 경우가 많다. 대화를 잘 하기 위해서는 다음의 장애요인들을 없애는 것이 먼저 필요하다.

첫째, 부모와 자녀가 서로를 존중하지 않고 이해하려고 하지 않는 것이다. 부모 - 자녀 간에 세대차이가 자연스러운데도 이를 인정하지 않고 서로가 잘못되었다고 비난하는 태도를 가지는 것이다. 이때 부모와 자녀 상호 간에 비판과 일방적 말하기를 하고, 상대방의 말을 경청하지 않는 행동을 함으로써 대화가 중단되게 된다.

둘째, 부모 - 자녀 간에 대화시간이 부족하고 공감대가 형성되지 않는 것이다. 현대인들은 경쟁사회 속에서 바쁘게 생활하기 때문에 일부러 대화시간을 만들지 않으면 대화하기 어렵다. 특히 이 시기에는 청년기 자녀가 학교공부와 입시준비에 매달려 부모, 자녀가 함께 하는 활동이나 가족 공동의 활동에 참여하기가 쉽지 않고 또 중년부모도 여러 역할로 가장 분주한 가운데 부모와 자녀가 대면할 시간이 부족하기 쉽다. 또한 대화를 한다고 해도 부모와 자녀 사이에 함께 나눌 공통의 주제가 부족한 것도 장애요인이 된다.

특히 아버지와 청소년 자녀의 대화가 아주 부족하다. 청소년(15~24세) 가운데 아버지와의 대화부족을 35.4%가 응답한 반면, 어머니와의 대화부족은 11.9%로 나타났다. 아버지들도 자녀와의 대화부족을 34.4%가 응답하여 아버지와 자녀 간에 동일하게 인식하였다. 부모 - 자녀관계 만족에 대한 부모와 자녀의 응답을 비교해 보면, 어머니는 71%, 자녀는 65% 만족하는 반면, 아버지는 57%로 낮았다(여성가족부, 2010).

셋째, 부모의 부정적인 감정조절문제와 자녀의 낮은 자존감이다. 부모가 분노와 초조감, 실망감, 불안감 등을 조절하여 적절히 표현하지 못할 때 대화가 화풀이나 책망, 넋두리, 혼잣말로 되기 쉽다. 또 자녀가 자신감이 부족하고 자존감이 낮게 되면, 부모와의 대화를 회피하고 대화를 하더라도 자유롭고 솔직하게 의사를 표현하기 어렵고 모호한 말을 하거나 말을 하지 않게 된다.

넷째, 부모나 자녀의 대화기술이 부족하고 갈등해결기술이 부족한 것이다. 부모와 자녀가 대화기술을 습득하지 못하여 삼가야 할 말을 자주 하고, 부정적인 언어를 사용하거나 경청하지 않고 상대방이 말하는 데 끼어들거나 중단시키는 것들이 그 예이다. 또한 협동적인 갈등해결기술이 부족한 것도 장애요인으로 작용한다.

그러므로 부모와 청년기 자녀가 대화를 잘 하고 원만한 관계를 유지하려면 부모가 먼저 수용적이고 존중하는 태도로 자녀에게 다가가서 대화기술을 활용하여야 한다. 그리고 특히 어머니가 자녀와 친밀한 관계를 맺으나 자녀에 대한 간섭, 다툼, 화내는 것 등 부정적인 측면을 함께 갖고 있는 반면, 아버지의 가족 내 역할은 제한적이어서 아버지와 어머니 역할의 균형이 필요하며, 아버지 - 자녀관계의 친밀도를 강화시키는 방안이 마련될 필요가 있다.

참고 8-7 밥상머리 가족대화가 필요한 이유

밥상머리에서 가족의 대화가 특별한 이유는 한두 가지가 아니다.

식사는 육체를 건사하기 위한 것뿐이 아니다. 우리 뇌에는 식사를 하고 나면 스트레스를 줄여주고 마음의 평안을 찾아주는 '옥시토신'이라는 호르몬이 분비된다.

특히 좋아하는 사람과 같이 밥을 먹거나 밥을 먹는 모습을 볼 때 영양소 섭취와 함께 그 양이 증가하면서 만족감과 행복감까지 느낄 수 있게 된다.

80년대부터 하버드 대학 연구진은 보스턴의 저소득층 83가구를 대상으로 아이들의 언어습득에 대한 연구를 하였다. 결과는 아주 놀라웠다. 다른 어떤 조건보다 가족식사를 많이 하는 아이들의 어휘 습득력이 월등하게 나타났다. 아이가 습득하는 2,000개의 단어 중 독서로 얻는 단어는 140여 개인 반면, 가족식사로 얻는 단어는 무려 1,000여 개에 달했다.

또 밥상머리는 초단기, 고효율, 평생 지속효과의 학습장이다. 가족식사에서는 모든 종류의 언어적 대화가 이루어진다. 이는 설명을 포함한 대화로, 아이들은 새로운 단어학습과 이야기하는 방법을 배워 풍부한 어휘력을 갖게 된다. 콜롬비아 대학 카사(CASA) 연구진이 청소년 1,200명을 조사한 결과 가족식사를 하는 아이들은 가족식사를 하지 않는 아이들보다 A학점을 받은 비율이 약 두 배 정도 높았다.

또한 가족식사를 하는 아이들은 천식이 완화되고 정서적으로 안정되며, 폭식증과 거식증, 비만문제를 겪지 않는 것으로 보고된다. 미국 여성부의 식사와 아이의 우울에 관한 통계 결과, 부무와 함께 하루 한 끼 식사하는 아이들은 가족 간에 자연스럽게 대화를 하게 되고, 가족 간의 유대감과 행복감을 경험하기 때문에 정서불안이나 우울증을 겪지 않는다고 한다.

출처 : SBS인터넷뉴스(2009. 7. 27) 재구성.

참고 8-8 청소년 자녀에게 삼가야 할 말과 해야 할 말

• 삼가야 할 말

1. 긴 잔소리나 훈계 : "옛날에 아빠는 …", "모름지기 학생은 …."
2. 비교하는 말 : "다른 애들은 너보다 …", "네 형은 너만할 때 …."
3. 인격모독 : "네가 잘하는 게 뭐 있니?", "하나라도 제대로 하는 것이 있어야지."
4. 화풀이식 말 : "너 때문에 지겨워 못 살겠다", "썩 나가버려."
5. 성적이나 외모와 연결하는 말 : "공부도 못하는 것이 …", "키는 작아가지고."
6. 평가절하 : "그게 뭐가 대단한 일이니?", "그걸 생각이라고 하는거야?"
7. 빈정대는 말 : "놀고 있네", "잘 한다", "어련하시겠어."
8. 성차별 : "여자란 …", "남자가 돼가지고."
9. 위협, 의심 : "계속하면 가만두지 않을 거야", "또 거짓말하네."
10. 극단적인 말 : "항상", "맨날", "절대로", "한 번도", "하늘이 두 쪽 나도"

• 많이 해야 할 말

1. 이 세상에서 네가 가장 소중하단다. 사랑해.
2. 너에게 고마움을 느낀단다.
3. 난 너를 믿는다. 난 항상 네 편이야.
4. 대단하다, 네가 자랑스러워.
5. 너는 잘 해낼 거야.
6. 네 마음을 알 것 같다. 너를 이해한다.
7. 요즘 힘들지?
8. 내가 도와줄 것 없니? 어떤 방법이 좋을까?
9. 그렇구나. 그런 기분이었구나.
10. 늘 네가 행복하길 기도한단다.

출처 : 최규련(2001). 행복한 결혼생활을 위한 부부대화법. 신정, pp.198-200 재구성.

(2) 중년부모와 성인자녀의 관계

자녀가 직업을 갖거나 결혼하여 사회적으로 성인으로 독립하게 되면 부모들은 역할을 재조정할 필요가 있다. 이 시기에는 대부분의 자녀가 부모집을 떠나서 생활하지만 어떤 경우에는 부모와 동거하기도 한다. 어떤 경우에도 부모들은 성인자녀의 사생활을 존중해 주고 적절한 경계를 유지하여야 한다. 즉, 자녀와의 유대감과 결속을 유지하는 일과 자녀들의 자율적이고 독자적인 생활과 권리를 인정하는 일을 잘 하여야 한다. 만일 부모가 자녀를 계속 통제하고 의무를 강요하는 경우, 자녀들이 계속 부모에게 의존하고 부모에게 과다한 요구를 하는 경우, 부모가 자녀와 지나치게 정서적으로 밀착된 관계를 유지하는 경우 모두 자녀들에게 부정적 영향을 미친다. 그 결과 자녀의 배우자 선택이나 결혼과정, 직장생활, 결혼적응에 문제가 발생하고 부모-자녀관계가 악화될 수 있다.

그러므로 이 시기의 부모의 과제는 성인자녀와의 관계에서 분명한 경계를 유지하여 자녀의 독립성과 사생활을 존중하고, 성숙한 성인으로 책임을 다하도록 격려하고 지지하며 지켜보는 것이다. 그리고 부모가 각자 자기계발과 부부간의 친밀감 증진을 위해 노력하며 노후생활을 준비하는 것이 필요하다.

참고 8-9 베이비부머, '노후에 자녀와 함께 살지 않겠다'

'부부끼리 혹은 혼자 살겠다' 93.2%, 배우자 중요시

베이비부머의 상당수가 노후를 함께 지내고 싶은 상대로 배우자를 꼽았으나, 노후수발은 요양시설 등 공적 서비스를 이용하길 원하는 것으로 나타났다. 11일 한국보건사회연구원은 '베이비부머의 가족생활과 노후생활 전망' 보고서를 통해 이 같은 결과를 발표했다.

보고서에 따르면, 베이비부머의 93.2%는 노후를 '부부끼리, 혹은 혼자 살고 싶다'로 대답했으며, 노후에 가장 중요하게 될 관계로 78.4%가 '배우자'를 선택했다. 아들・딸과 함께 살고 싶다는 응답은 각각 2.9%, 0.7%에 그쳤고, 형편되는 자녀와 살고 싶다는 응답도 2.5%에 불과했다. 이처럼 자녀와 함께 살기를 원하는 경우는 6.1%에 머물러, 자녀가 부모의 노후를 부양하는 전통적 의식은 사실상 사라지고 있는 것으로 풀이된다.

베이비부머는 노후수발로 요양시설(36.1%)을 가장 선호했고, 다음이 배우자(28.9%), 요양병원(21.1%), 재가서비스(10%) 등의 순이었다. 아들・며느리(2.7%), 딸・사위(1.1%)를 희망한 응답자는 거의 없었다.

노후에 가장 어려움이 있을 것으로 생각하는 것에 대해선 '건강 및 기능악화'가 54.7%로 가장 많았고, '경제적 어려움'이 31.8%로 그 뒤를 이었다. 성공적인 노후를 위해서는 건강(45.1%)과 경제적 안정・여유(40.6%)가 관건인 것으로 나타났다.

보고서는 "베이비부머는 현세대 노인에 비해 공적 서비스에 많은 기대를 걸고 있다"며 "공적 서비스와 배우자의 적절한 역할 분담체계를 염두에 둔 서비스 연계정책이 필요하다"고 지적했다.
한편 1955년부터 1963년 사이에 태어난 베이비부머는 약 712만 명으로 총 인구의 14.6%를 차지하고 있다.

출처 : 중앙일보(2012. 6. 11).

참고 8-10 부모의존 캥거루족

부모의존 캥거루족

직장인 김모 씨(31, 인천 계양구)는 1년 전 취업에 성공했지만, 부모와 함께 살며 생활비 한푼 내고 있지 않다. 자영업을 하는 아버지(55)와 부천의 한 중소기업에서 일하는 어머니(51), 회사원인 여동생(27) 모두 돈을 벌고 있지만, 식비 등 전반적인 생활비는 부모소득으로만 해결한다. 김씨는 "한 달 월급이 150만 원이 채 안 되는 상황이라 교통비와 밥값, 품위 유지비 등으로 쓰고 나면 남는 게 없다"며 "생활비를 드려야 한다는 부담은 있지만 현재는 적금도 들지 못하고 있는 상황이라 당분간은 집에 금전적인 도움을 줄 수 없을 것 같다"고 말했다. 김씨는 개인적으로 쓰는 돈이 많아 집에 돈을 줄 수 없다고 말한다. 출퇴근 기름값과 점심에 식사하고 커피까지 마시면 하루 3만 원은 금방이라는 게 김씨의 항변이다. 저녁에 친구나 애인과 술 한잔 기울이면 하루 많게는 10만 원 이상 쓸 때도 있다고 한다.

여동생 사정도 비슷하다. 직장 2년차인 김씨 동생은 오빠보단 사정이 나아 한 달에 70만 원씩 적금을 넣고 있지만, 부모에게 다달이 보태는 돈은 없다. 이직을 위한 학원비와 결혼자금을 마련한다는 게 이유다. 반면 부모들에겐 식솔을 이끄느라 허리가 휜다. 아이들 대학까지 마치면 노후준비를 하려던 계획도 틀어진다. 김씨 어머니 권모 씨(54)는 "아이들 보험료나 통신비 등 세금은 남편수입에서 해결하고 식비나 부가적인 지출은 내 수입에서 해결한다"며 "아이들이 돈을 벌고 있지만, 자식들 사정도 모르는게 아니라서 생활비를 내라고 하지는 않는다"고 말했다. 그는 "지금 다니고 있는 직장의 내 또래는 대개 사정이 비슷하다"며 "예전부터 자신에게 쓰는 돈보다는 가족을 위해 쓰는 돈이 훨씬 많다"고 했다.

취업대란에 '취업준비생' 신분에 놓인 20대들의 사정은 더 딱하다. 기본적인 생활비야 아르바이트로 충당한다고 하지만, 학원비나 교재비 등은 집에 손을 벌려야 하는 처지다. 대학졸업 후 2년째 대기업 입사를 준비하고 있는 정모 씨(29, 인천서구)는 "일주일에 두 번씩 근처 술집에서 아르바이트를 하며 한 달 40만 원 정도를 버는데, 교통비나 밥값을 하고 나면 남는 게 없다"며 "대기업 입사를 위해 두 곳의 학원을 다니고 있는데, 학원비와 교재비용은 부모님이 지원하고 있어 조금 있으면 서른 살인 입장에서 면목이 없다"고 했다. 부모그늘에서 벗어나려 하지 않는 20·30대가 늘고 있다.

적은 월급 때문에, 혹은 취업이 되지 않아 어쩔 수 없다는 이유지만, 일각에서는 고생을 하지 않으려는 젊은이들의 나태함이 문제라고 꼬집는다. 50·60대가 노후준비에 흔들리는 것도 이들의 영향이 크다. 최근 온라인상에선 성인임에도 어미의 배주머니에서 자라는 캥거루처럼 독립적으로 생활하지 못하고 경제적·정신적으로 부모에 의존하는 젊은 세대를 '캥거루족'이라고 부르고 있다. 지난해 통계청이 발표한 '경제활동 인구조사 마이크로 데이터'에 따르면, 비경제활동인구와 실업자, 주 36시간 미만 단기 근로자 등 우리나라 캥거루족은 모두 48만 6000여 명에 달하는 것으로 나타났다. 이 통계대로라면 20·30대는 물론, 30·40대 캥거루족도 수두룩할 것으로 추정된다. 이 같은 현상에는 자식을 고생시키지 않으려는 50·60대가 많기 때문이기도 하다. 내년 2월 졸업을 앞둔 대학생 이현수 씨(27, 계양구)는 "부모님이 앞으로 내 인생에 걸림돌이 될까봐 학자금 대출을 받기 원하지 않으셨다"며 "집안사정상 그렇게 큰 돈을 구하기 어려웠을 텐데, 어떻게 돈을 융통했는지는 모른다"고 말했다.

출처 : 인천일보(2013. 11. 26). 김원진 기자(kwj7991@itimes.co.kr).

3) 노인부모와 성인자녀의 관계

최근 의학기술의 발달로 평균수명이 연장되면서 자녀를 독립시키고 은퇴한 부모가 노년기를 보내는 기간이 급격히 증가하였고, 그 결과 노인부모와 자녀가 관계를 맺는 기간이 상당히 늘어나게 되었다. 노부모와 성인자녀 간의 관계는 정서적 유대감과 사회적으로 기대되는 상호 간의 부양의무에 기초하며 그동안 지속된 관계와 연관된다. 부모는 미성년 자녀를 부양할 의무가 있고, 성인자녀는 부모의 은혜에 빚지고 있어 부모를 돌보아야 할 책임과 의무가 있는 것이다.

이 시기의 노부모는 여러 변화에 따라 건강상실과 경제력 상실, 역할상실을 겪고 사회적 지위 하락을 경험하면서 자녀에 대한 의존성이 증가하게 된다. 한편 성인자녀는 성숙과 독립성의 증가로 사회적으로 책임있는 성인으로서 직업활동과 경제활동에 활발히 참여하며, 자녀를 양육하고 동시에 부모를 부양해야 하는 세대이다. 이에 따라 생애발달과정에서 부모세대와 성인자녀세대는 오랜 세월 부모-자녀 간에 이루어진 상호작용패턴이 바뀌는 시기에 해당한다.

부모와 자녀의 관계는 전 생애 동안 서로 간의 의존성과 독립성을 조정하고 조화를 이루는 가운데, 양편 모두에게 실질적인 도움을 주고받는 지원관계가 되면서 어떤 사회관계에서 찾기 힘든 심리적 유대감을 제공한다. 특히 노부모와 성인자녀 간의 관계가 원만하기 위해서는 상호 간에 자발적이고 실질적인 지원이 교환되고 정서적 교류가 되어야 한다.

(1) 노인부모와 성인자녀의 교류 및 지원관계

과거 전통사회에서는 자녀들에 의한 노부모 봉양은 당연한 것이었으며 이런 규범은 오늘날에도 상당부분 존속되고 있다. 그러나 사회변화에 따라 동거부양하는 전통적 형태의 부양은 약화되고 있지만 노인부모와 성인자녀의 양적 상호작용과 접촉은 빈번하게 이뤄지고 있다. 2011년 노인실태조사에 의하면, 우리나라 노인가구 중 노인부부가구가 48.5%로 가장 많았고, 자녀동거 노인가구 27.3%, 노인독거가구 19.6%, 기타 노인가구가 4.6%이다. 1994년, 2004년과 비교할 때 자녀동거 노인가구가 54.7%, 38.6%에서 더 줄어든 반면, 노인부부가구는 26.8%, 34.4%에서 더 많이 증가하였고, 노인독거가구는 13.6%에서 20.6%로 증가하여 머무르고 있는 것으로 나타났다.

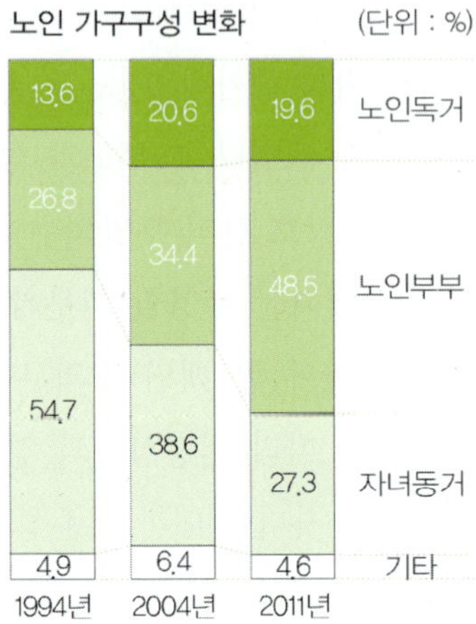

| 그림 8-1 | 노인 가구구성 변화

출처 : 서울신문(2012. 6. 22).

노인들의 따로 사는 성인자녀와의 접촉빈도를 보면 최소 일주일에 한 번 정도가 가장 많고, 그 다음은 한 달에 한두 번 정도였다. 연령이 젊은 부모, 건강상태가 양호한 부모, 교육수준이 높은 부모, 은퇴대비 경제적 준비가 충분하다고 응답한 부모들의 경우 성인자녀와의 접촉빈도에 있어 다른 경우보다 높게 나타났다. 성인자녀가 응답한 따로 사는 노부모와의 접촉빈도를 보면, 한 달에 한두 번이 가장 많고, 그 다음으로 일주일에 한 번 정도가 많으며, 성별로는 여성의 경우 본인 부모와 배우자 부모를 포함하여 부모와의 접촉이 남성보다 더 많았다(여성가족부, 2010).

1980년대부터 인간의 상호작용의 호혜성 정도에 따른 대가와 보상에 초점을 두는 사회교환이론이 노부모와 성인자녀 관계에 적용되기 시작하였다. 이에 따르면, 부모 - 자녀관계는 자녀들이 어린 시절 그 부모로부터 받은 은혜를 어른이 되어 노부모에게 보답하는 관계인 장기적인 교환으로 볼 수 있다. 그러므로 자녀들이 부모를 정성껏 보살피고 부양의무를 수행하는 것으로, 노부모가 지각하면 그들은 형평성과 분배의 공정성을 경험하고 생활만족도가 증가한다.

그러나 서구식 가치관과 개인주의의 영향을 받는 자녀들은 그들 부모의 기대에 부응하지 못한 보답을 하기 쉽다. 특히 오늘날 우리나라 노인들은 젊은 시절에 노인을 공경하고 부양의무를 다하며 자녀에게 헌신적으로 부모책임을 수행하여왔기 때문에 여전히 가족주의적이고 자녀의존적인 태도가 강하여 자녀에 대한 기대가 높을 수밖에 없다. 이런 경향이 강한 노부모일수록 자녀와의 관계에서 분배의 공정성이 결여되어 있다고 생각하여 자녀에 대한 서운함과 실망감, 불행감을 경험하게 된다.

사회교환이론에 의하면, 자녀입장에서도 노부모 부양에 따른 부담감과 보상감을 경험하게 된다. 부담감은 자녀가 노부모를 부양하는 과정에서 사생활 부족, 육체적 부담, 긴장감, 경제적 · 심리적 부담을 경험하는 것이다. 보상감은 자녀가 노부모를 부양하는 과정에서 자식으로서 도리를 다한다는 떳떳함, 노부모로부터 육아와 가사를 지원받거나 삶의 지혜를 공급받고, 경제적 혜택과 사회적 인정을 받는 것 등이 포함된다. 그러므로 노부모 부양이 자녀에게 주는 부담감보다 보상감이 더 큰 경우 자녀는 효의식이 높게 나타나고 노부모와의 관계도 원만해지는 반면, 노부모 부양에서 부담감을 보상감보다 더 크게 느끼는 자녀는 갈등과 스트레스를 겪는다(서소영 · 김명자, 1998; 정혜정 · 서병숙, 1998; 조병은 · 신화용, 1992).

이와 같이 자녀가 겪는 노부모 부양에 대한 부담과 긴장감은 노부모에 대한 부양소홀과 갈등표출로 나타날 수 있다. 또한 자녀에게 문제가 있거나 자녀가 직업이나 결혼생활이 안정되지 못한 경우, 경제문제가 심각해져서 부모에게 의지할 수밖에 없는 경우 역시 노부모와 자녀의 관계는 불편해질 수 있다.

노부모와 성인자녀의 관계는 경제적 교류, 정서적 교류, 도구적 교류를 포함한다. 경제적 교류는 생활비, 용돈, 선물교환 등 재정적 지원이고, 정서적 교류는 전화접촉, 대면적 접촉, 애정, 친밀감, 유대감, 존경심, 감사 등이 포함된다. 도구적 교류는 식사준비, 설거지, 세탁, 청소, 집보기 등의 가사지원과 통원치료 지원, 간병지원, 손자녀 돌봄 등을 포함한다. 노부모와 성인자녀는 여러 측면의 교류를 통하여 일상생활의 여러 가지 지원을 주고받으며, 이러한 지원의 교환 정도가 부모와 자녀 모두의 심리적 복지에 중요한 영향을 미치는 것으로 보고된다(한경혜 · 홍진국, 2000).

여러 연구에 의하면, 노부모와 성인자녀 간 교환 정도에서 정서적 교류가 가장 큰 비중을 차지하고 호혜적인 것으로 나타났다(여성가족부, 2010; 한경혜 · 한민아, 2004). 세대 간 지원 정도에 영향을 미치는 변인으로 성별, 연령, 교육수준, 경제상태, 배우자 유무, 건강상태 등이 있다.

부모관점에서 성인자녀에게 주는 경제적 지원이나 도구적 지원은 정서적 지원보다 상대적으로 적지만 부모가 젊을수록, 건강상태가 좋을수록, 고소득일수록 자녀에게 더 많은 경제적 지원과 도구적 지원을 하였다. 성인자녀로부터 받는 각종 지원을 살펴보면 정서적 지원비중이 가장 많았고, 경제적 지원의 경우 자녀에게 주는 비율보다 자녀로부터 받는 비율이 높았다. 부모의 연령이 높을수록, 중졸 이하인 경우, 부보다는 모의 경우, 건강하지 못한 경우, 경제상황이 좋지 않은 경우, 배우자가 없는 경우, 자녀로부터 도구적 지원과 경제적 지원을 더 많이 받았다(강유진 · 한경혜, 1997; 김명자 · 손서희, 2005; 여성가족부, 2010).

정서적 지원의 경우, 어머니가 아버지보다 자녀에게 더 많은 지원을 받는데, 이것은 자녀에게 주는 경우도 마찬가지여서 어머니의 경우 아버지에 비해 성인자녀와의 정서적 교류가 더 활발하고, 홀로 사는 남자노인이 노부부가 생존하는 경우보다 자녀로부터의 정서적 지원이 적었다(여성가족부, 2010; 송기춘 · 정혜정, 2010).

자녀관점에서 부모에게 드리는 지원을 보면 정서적 지원과 경제적 지원이 많은 비중을 차지한다. 자녀의 경제적 상황이 좋을수록 부모님에게 경제적 지원을 더 많이 하고, 딸의 경우 아들에 비해 도구적 지원과 정서적 지원을 더 많이 하였다(김명자 · 손서희, 2005; 박경숙, 2003; 여성가족부, 2010; 한경혜 · 한민아, 2004). 부모로부터 받은 지원에서는 부모의 응답과 동일하게 정서적 지원을 가장 많이 받고 도구적 지원이나 경제적 지원은 적게 받았다. 자녀의 연령이 젊을수록 부모로부터 경제적 지원과 도구적 지원을 많이 받고, 자녀의 경제상황이 나쁠수록 경제적 지원을 많이 받으나 자녀의 혼인상태가 별거/ 이혼 또는 사별인 경우 부모로부터의 정서적 지원이 상대적으로 적게 나타났다. 그리고 성인자녀들은 부모님께 드리는 도움이 자신들이 부모님으로부터 받는 도움보다 더 많은 것으로 인식하였다(여성가족부, 2010).

(2) 노인부모와 성인자녀의 관계유형

교류와 지원교환을 중심으로 노부모와 성인자녀 관계를 유형화하면 다음과 같다. 경제적 교류, 정서적 교류, 도구적 교류영역에 따라 각각 부모, 자녀 모두 지원이 많은 쌍방형, 자녀가 지원을 받기만 하는 자녀수혜형, 부모가 지원을 받기만 하는 자녀지원형, 부모 - 자녀 상호 간에 교류가 없는 무교환형의 네 가지로 구분된다(한경혜 · 한민아, 2004).

영역별 유형분포를 보면, 경제적 교류에서는 노부모에게 지원을 제공하기만 하는 자녀지원형이 가장 많아 노부모의 경제생활에 성인자녀의 지원비중이 큰 것으로 나타났다(김정석 · 김익기, 2000; 한경혜 · 한민아, 2004). 이는 우리나라 현 노인층이 자신을 위한 노후준비가 미흡하여 자녀에게 의존하는 경향이 높음을 시사하는 것으로 노부모가 경제적 부양대상이 될 수밖에 없음을 보여준다. 우리나라 65세 이상 노인의 44.6%가 '경제적 어려움'을 가장 힘든 문제로 인식하는 것(통계청, 2006)도 이를 반영하는 것이다. 이 외에 무교환형, 쌍방형, 자녀수혜형의 순으로 나타났다.

정서적 교류에서는 쌍방형이 가장 많았는데 이는 정서적 교류가 상호적인 성격을 가지기 때문이다(김정석 · 김익기, 2000; 이형실, 2003; 한경혜 · 한민아, 2004). 일반적으로 노부모가 자녀들에게 가장 원하는 것이 정서적 교류로 나타나 쌍방형일수록 노부모와 자녀의 관계만족도는 높은 것으로 나타났다(김명자 · 손서희, 2005). 이 밖에 무교환형, 자녀지원형, 자녀수혜형의 순으로 나타났다.

도구적 교류에서는 무교환형이 지배적으로 높은데, 이는 부모와 자녀의 동거비율이 낮고 가까이 살지 않는 데 기인하는 것으로 도구적 · 서비스 지원에서 자녀의 역할이 축소되는 경향을 반영하는 것이다(한경혜 · 한민아, 2004). 다음으로 쌍방형, 자녀지원형, 자녀수혜형의 순으로 나타났다.

그리고 경제적 교류에서 쌍방형, 자녀수혜형, 자녀지원형 모두 무교환형에 비하여 자녀의 교육수준이 높은 것으로 나타났다. 정서적 교류에서는 교육수준이 높을수록, 노부모의 건강상태가 좋을수록, 부모와 가깝게 살수록 쌍방형이 많았다. 도구적 교류에서는 부모와 가깝게 사는 것이 쌍방형, 자녀수혜형, 자녀지원형 모두에서 중요하게 작용하였다.

이 외에 호간 등(Hogan et al., 1993)은 노부모와 성인자녀 간에 현금지원, 충고와 조언, 손자녀 돌봄, 노부모 간호, 가사일 도움영역에서 교환유형을 파악하고 약한 교환관계, 주로 도움을 주는 관계, 강한 교환관계, 주로 도움을 받는 관계의 네 가지 유형으로 구분하였다.

노부모 부양동기를 중심으로 노부모와 자녀관계를 연구한 여러 연구(김윤정 · 최유호, 2007; 민무숙, 1995; 송현애, 1993; 옥경희, 1996; 전길양 · 김태현, 1993; Walker et al.,

1990)에서 부양의무감과 부모와의 친밀감 모두 부양동기로 중요한 역할을 하나 성인자녀나 노부모 모두 의무감보다는 친밀감이 부양동기로 인지될 때 관계가 더 긍정적이라고 보고하였다. 반면 의무감 때문에 부모를 부양하는 자녀들은 죄의식과 부양스트레스를 겪고, 심한 경우에는 적대감까지 느낀다고 한다. 즉, 노부모-성인자녀 관계가 친밀할 때 자녀는 부양스트레스를 덜 받고, 부모 역시 의무감에 의한 부양보다는 친밀감에 의한 부양을 선호하는 것으로 나타났다.

또한 한 연구(김윤정 · 최유호, 2007)에서 자신의 친부모를 부양하는 경우에 친밀감이 동기로 작용하나 배우자의 부모를 부양할 때는 의무감이 동기가 되는 것으로 밝혀져 한국적 상황을 보여주었다. 그리고 이 경향에서 성차가 나타나 친부모에 대한 친밀감이 여성보다 남성에게서 높은 반면, 배우자부모에 대한 친밀감은 여성이 남성에 비해 높게 나타났다. 이는 전통적인 시가중심의 결혼생활의 영향으로 보여지며, 양성평등을 지향하는 현대사회에서 부부간의 갈등소지가 될 수도 있다.

이와 관련하여 노부모와 성인자녀 관계를 대별하면 친밀형, 의무형, 갈등형의 세 가지 유형(Anderson & Sabatelli, 1999; 정현숙 · 유계숙, 2001 : 432-435)에 필자의 임상경험을 기초한 단절형을 추가하여 네 가지 유형으로 구분할 수 있다.

첫째, 친밀형은 부모-자녀 간에 애정과 존중, 신뢰가 있고 활발한 의사소통과 정서적 교류가 되는 만족스러운 관계이다. 부모에 대한 애정 때문에 부모를 부양하기 때문에 부양스트레스를 적게 경험하고 노부모도 만족하게 되는 바람직한 관계이다. 흔히 효행자녀와 부모의 관계가 이에 속한다.

둘째, 의무형은 부모에 대한 의무감에 기초하여 노부모와의 관계가 유지되는 유형이다. 친밀형에 비해 정서적 교류와 의사소통이 적고 도구적 부양에 치중하기 쉽다. 노부모가 권위를 갖고 있거나 노부모로부터 받을 수 있는 재산이나 사회적 지위 등의 보상이 많은 경우, 또 사회적 체면의식이 강한 경우에 이런 유형이 될 수 있다.

셋째, 갈등형은 부모가 자녀에게 권위를 인정받고자 하고 여러 요구를 하는 데 비해 자녀는 부담과 갈등을 겪고 이를 반항으로 표현하는 관계이다. 이 유형의 부모들은 부모의 권위가 약화된 것을 받아들이지 못하고 자녀를 지배하려고 하는 결과, 불만과 원망, 실망감을 경험하게 되고, 자녀도 역시 동일한 감정을 부모에게 표출하여 충돌이 발생하게 된다. 그 영향으로 부모부양을 둘러싸고 형제자매 간에, 부부간에 갈등이 발생하고 전체 가정불화로 이어지기도 한다.

넷째, 단절형은 노부모와 성인자녀 사이에 갈등이 심화되어 의사소통과 정서적 관계가 깨어진 관계이다. 이 관계에서는 상호 간에 적대감과 분노가 증가하여 노부모에 대한 폭력과 방치가 발생할 수 있다.

(3) 노부모와 성인자녀의 적응과제

대개 노부모와 성인자녀의 관계는 젊은 부모일 때부터의 부모역할 수행의 질과 자녀의 부모에 대한 태도 및 인격적 성숙수준, 그리고 상황적 요인 등이 영향을 준다.

노인부모와 자녀의 관계는 양자 모두에게 중요한 영향을 미친다. 특히 어느 시기보다 의존성이 높은 노부모에게 있어 자녀와의 관계는 생활만족도와 삶의 질에서 큰 비중을 차지한다. 노부모의 성인자녀와의 관계만족도를 보면, 부모들은 중간 정도로 보고하였고 부모성별에서 어머니의 경우 아버지보다 만족도가 높으며, 부모의 연령이 젊을수록, 교육수준이 높을수록, 건강상태가 좋을수록, 은퇴 대비 경제적 준비가 충분할수록, 자녀와의 교류가 호혜적일수록 만족도가 높았다(여성가족부, 2010; 한경혜 · 한민아, 2004).

그러므로 자녀의 과제는 부모의 의존성의 증가를 받아들이고, 부모의 건강상태와 특성에 따라 자발적으로 도구적 · 경제적 · 정서적인 측면의 지원을 제공하며, 단순한 의무감에서가 아니라 애정적인 유대감에 기초한 정서적 교류를 많이 갖는 것이 중요하다. 동시에 자녀 자신이 건강하고 성숙한 사람이 되도록 노력하여 노부모와 상호 호혜적이고 애정적인 교류를 충분히 유지함으로써 부모에게 최선을 다하여 보람과 기쁨을 안겨드리는 것이 필요하다. 또한 자원이 부족할 경우에는 형제간에 분담하는 방법과 사회적 지원을 받는 방법을 모색하는 것이 바람직하다.

노부모의 과제는 노화를 수용하고 가능한 한 건강상태와 자립적인 경제능력을 갖춤으로써 자녀에게 지나친 의존을 하거나 효도에 대한 지나친 기대를 갖지 않는 것이 바람직하고, 자녀와의 호혜적 관계를 유지하여야 한다. 그리고 성인자녀의 사생활에 간섭하거나 과도하게 개입하는 일, 지도하고 훈계하려고 고집하는 일 등을 삼가고 자녀를 이해하고 자녀에게 도움이 되는 존재가 되며, 자녀와 심리적 결속과 정서적 유대감을 지속하는 일이 필요하다. 또한 건강하고 품위있게 노후생활을 하면서 가정화목을 위하고, 자녀나 손자녀에게 본보기가 되는 삶을 살면서 개인적 통합감을 갖도록 노력해야 한다.

현대사회는 부모의 권위를 위협하는 가치관과 사회적 환경이 증가하고 부모-자녀 간의 개방적 대화를 막는 여러 요인들이 많아지고 있다. 그러므로 부모는 초기부터 부모역할을 잘 수행하고 자녀와의 원만한 관계를 유지하는 데 최선을 다해야 한다. 이를 위해 부모가 수용적·민주적인 양육태도를 가지고 자녀의 전인적 발달을 도우며, 초기부터 자녀의 인성교육과 가치관 교육에 최선을 다해야 한다. 그리고 자녀의 발달단계에 맞게 자녀를 지원하고 자녀와의 개방적인 대화와 정서적 교류를 지속하여야 하며, 전반적인 삶에서 모범을 보여서 존경받는 부모가 되는 노력을 해야 한다. 동시에 자녀는 건강하고 협동적인 사회인으로 성장하고 부모의 변화하는 욕구를 이해하여 부모와의 관계에서 자녀로서 자발적으로 역할을 다함으로써 성숙한 인격을 배양하며 삶의 의미를 발견하고, 자신의 자녀에게도 부모공경의 본을 보이도록 노력하여야 할 것이다.

최근 아버지학교나 어머니학교 같은 부모역할을 배우고 훈련하는 프로그램이 많아지고 있는데, 이는 좋은 부모가 되는 것이 자연히 되는 것이 아니라 많은 노력이 필요하다는 것을 반영하는 바람직한 현상으로 보인다. 다만, 이 같은 프로그램에 젊은 부모들이 많이 참여하고 있는데 앞으로 대상연령층을 부모가 되기 전이나 중년부모, 노부모 등으로 확대하는 것이 바람직하다. 그리고 프로그램 내용에 여러 기법과 방법들 외에 부모로서 철학과 신념, 가치관 교육과 인성교육 방향 등이 포함될 필요가 있다. 또한 프로그램에 자녀와 함께 참여하는 시간을 갖거나 매스컴에서 성숙한 부모-자녀관계를 만들어가는 방법에 대해 홍보하는 것들이 부모, 자녀 모두의 변화를 가져오는 데 효과적일 것이다. 그리고 부모-자녀 간의 갈등해결을 지원하는 상담이 활성화될 때 전반적인 부모-자녀관계는 더욱 개선될 수 있을 것이다.

참고 8-11 노부모와 노년을 행복하게 살아가려면?

90세의 노부모님을 모시고 살고 있는 상계동의 60대 후반 A씨의 경우

항상 당신을 돌보아 주시던 부모님이 이제는 당신의 돌봄을 필요로 하는 때가 왔다. 누가 '부모'인지 혼란스러운 이 시기에 부모님을 바꿀 수도 없고 부모님의 나이를 거꾸로 돌릴 수도 없다.

하지만 부모님에 대한 당신의 반응을 변화시킴으로써 일상의 많은 갈등을 완화할 수 있다.

첫째, 당신의 새로운 역할에 적응하라. 부모님이 당신의 도움을 필요로 하는 순간에 당신은 새로운 역할에 당황스러울 수 있다. 그러나 옛날 당신이 의지했던 부모님의 모습을 기억하면 지금 당신이 노부모님께 하는 일들이 당연하다고 느껴질 것이다. 당신에게 의존하고 있는 부모님은 예전에도 그리고 지금도 당신을 사랑하고 걱정하는 부모님이시다.

둘째, 옛날의 갈등을 풀어버려라. 무슨 문제였던 간에 오래된 감정의 앙금이 남아있다면 차분하게 그 문제를 밝히고 대화로 해결하도록 하라. 단, 예전과 동일한 방식의 논쟁은 피하고 부모님을 비난하지 말아야 한다. 때로 부모님과 대화를 시작한 것이 문제를 해결하는 데 전혀 도움이 되지 않을 수도 있다. 그러나 적어도 당신 마음에 쌓인 갈등은 감소할 것이다.

셋째, 매일 일상생활 스트레스를 조절하라. 때로 부모님이 당신을 화나게 할 만한 말이나 행동을 하실 수도 있지만, 갈등의 낚싯바늘을 덥석 물기보다는 반응하기 전에 한 번 심호흡을 하고 그 낚싯바늘을 그냥 지나칠 필요가 있다. 이러한 인내는 정말 힘든 일이므로 당신이 참아내는 순간마다 당신 스스로에게 작은 보상을 해주라. 그리고 과거에 그리고 지금의 일상에서 부모님과 행복하고 아름다운 순간들을 달력에 간단하게라도 기록하라. 당신이 부모님으로 인해 힘들어지는 때에 그 작은 순간들이 당신의 인내심을 그리고 당신의 부모님에 대한 사랑을 다시 일깨울 것이다.

출처 : http://blog.naver.com/candlep64?Redirect=Log&logNo=600135538172005/5/26

CHAPTER 09

형제자매 관계

최근 핵가족화와 저출산 경향으로 인해 가족구성원 수가 줄어들고 있지만 여전히 많은 가정에서 아이들은 형제자매와 함께 성장하고 있다. 형제자매는 부모와는 또 다른 영향을 미치는 중요한 존재이다. 이들은 같은 부모로부터 유전인자를 물려받아 가까운 혈연관계를 맺으며 매우 유사한 환경에서 성장기를 보내고 많은 시간을 함께 보내고 밀접한 경험을 나누므로 상호 간에 유사한 점이 많지만, 각자의 위치가 상이하고 영향을 받는 점도 다르기 때문에 차이점도 존재한다. 형제자매 관계는 가족관계의 일부로서 전체 가족관계의 영향을 받기도 하지만 동시에 가족관계에 영향을 미치기도 한다. 그리고 형제자매 관계에 따라 성장기의 인성형성과 대인관계기술이 영향을 받으며 성인기의 심리적 복지에도 영향을 미치게 된다.

이 장에서는 형제자매 관계의 특성과 역할 및 기능, 성장기 형제자매 관계, 성인기 이후의 형제자매 관계에 관하여 살펴보기로 한다.

1. 형제자매 관계의 특성

형제자매 관계는 동일한 부모 밑에서 태어난 자녀들 간의 관계를 의미하며, 성인이 되어 독립할 때까지 한 공간에서 생활하고 성장기를 보낸다. 그러므로 형제자매 관계는 부모 - 자녀관계와 같이 친밀한 관계를 형성하고 오래 지속되는 관계이나 부모 - 자녀관계와는 질적으로 다른 특성을 가지고 있다.

형제자매 관계의 특성은 다음과 같이 요약된다.

첫째, 형제자매는 같은 세대에 속한 횡적 관계를 이룬다. 부모 - 자녀관계는 보호하고 보호받고, 양육하고 양육받는 종적인 관계로 맺어져 있는 데 반해 형제자매는 자녀라는 동일세대에 포함되는 수평적인 관계인 것이다.

둘째, 형제자매 간의 상호작용은 또래집단과 유사하나 더 깊은 유대관계를 맺는다. 형제자매 관계는 또래집단처럼 대면적 접촉이 빈번하고 솔직한 상호작용과 감정표현, 상호 간의 관심과 애착을 나타내지만 유사한 환경에서 일상생활을 함께 하고 성장기만이 아니라 성인기와 노년기에도 교류하므로 또래집단보다 더 장기간 더 깊이 유대관계를 지속한다.

셋째, 형제자매 간에 서로를 모방하는 경향이 강하며 손위형제는 동생에게 지적·사회적으로 자극을 주는 존재이다. 그리고 상호 간에 동일시와 비교의 준거가 되고 개인의 사고와 행동의 관찰자와 비판자가 되어 인성발달과 사회적 행동 등에 영향을 미친다.

넷째, 형제자매 간에 애정과 사랑, 관심 등의 긍정적 감정과 동시에 경쟁, 질투, 미움 등의 부정적 감정을 복합적으로 경험하게 된다.

다섯째, 형제자매는 가족의 상호작용 과정과 영역을 확대시키고 개방함으로써 가족 각자의 사회화와 역할수행에 영향을 준다.

여섯째, 형제자매 간의 관계는 부모-자녀관계보다 훨씬 더 장기간 지속되고 일생동안 끊임없이 계속되는 발달과정이다. 노년기에도 형제자매는 과거와 현재를 이어주는 고리가 되며 심리적·물질적 지지를 교환하는 중요한 사람이 된다. 이 관계를 통해 인생 전반의 상호작용 속에서 서로에게 중요한 영향을 미치게 된다.

일곱째, 형제자매 관계는 가족의 하위체계로서 고유한 기능과 역할을 수행하며, 동시에 부모의 부부관계, 부모-자녀관계와 상호 영향을 주고받으며, 전체 가족체계를 구성한다.

여덟째, 형제자매 관계는 사회적 이동과 지리적 이동이 잦은 현대사회 속에서 유동적이고 피상적인 다른 인간관계와 달리 비교적 고정적이고 영구적이며 어린 시절 가족생활의 경험을 공유하는 관계이다.

형제자매 관계가 현대사회에서 중요하게 되고 개인의 삶에 미치는 영향이 증가하는 것에 대해 뱅크와 칸(Bank & Kahn)은 다음의 요인이 작용한 결과라고 하였다.

첫째, 현대사회에서는 대부분의 부모들이 적은 수의 자녀를 잦은 터울로 낳고 있다. 그 결과 형제자매 수가 많을 때보다 개인에 대한 관심의 강도가 크고 서로의 성장과정에서 유일한 준거대상이 된다. 또한 나이차가 적기 때문에 서로 의존성과 경쟁심이 커지게 되어 형제자매 관계의 개개인에 대한 영향력이 증가하였다.

둘째, 맞벌이부부가 증가하고 한부모가족이 증가하면서 놀이방이나 어린이집 같은 보육시설이 증가하였지만 전업주부가정이나 양친가정과 달리 부모의 보호와 감독 없이 자녀들끼리 같이 지내는 시간이 늘어나고, 서로를 돌보거나 손위형제가 동생을 돌보는 일이 많아졌다.

셋째, 부모들이 이혼하고 재혼하는 비율이 증가하면서 이 과정에서 부모와의 이별을 경험하지만 형제자매는 혈연을 매개로 삶의 연속성을 느끼게 해주는 유일한 관계로서 의미를 갖는다.

넷째, 경쟁사회 속에서 사회적 성취압력이 가중됨으로써 형제자매 간의 비교의식과 경쟁이 강화되었고 그 결과 부모 - 자녀관계와 맞물려 형제자매 관계에서 긴장이 발생할 가능성이 많아졌다.

2. 형제자매 관계의 역할

1) 친구역할

형제자매가 함께 지내고 함께 놀고 같이 할 수 있는 일이 있다는 것은 외둥이가 경험하지 못하는 가장 큰 이점이다. 혼자 노는 것보다 여럿이 노는 것이 재미있고 많은 시간을 함께 함으로써 친밀감과 우애관계를 형성하게 된다. 그리고 형제자매 간에 감정적 지지를 주고받음으로써 친밀감과 애착을 느끼게 되고 전 생애 동안 외롭지 않게 생활하게 된다. 또한 살아가면서 부모에게 말씀드리기 어려운 문제에 부딪힐 때 형제자매는 이들이 속마음을 털어놓고 의논을 하고 조언을 듣는 좋은 상대가 되기도 한다. 이런 일들로 인해서 형제자매 사이는 강력한 유대가 형성되고 어려움을 극복하고 기쁨과 슬픔을 함께 나누는 좋은 친구로 살아갈 수 있는 것이다.

2) 교육자 - 학습자 역할

손위형제는 동생과 놀이상대로서 같이 놀면서 재미있는 놀이를 가르치는 역할을 하기도 한다. 또 형은 동생보다 나이가 더 많아 경험이 있고 발달수준이 앞서기 때문에 직간접적으로 시범행동을 보이거나 직접 가르치는 일을 통해서 전 생애에 걸쳐 전반적으로 동생의 발달을 촉진시키는 역할을 하게 된다. 즉, 형은 성장기 동생에게 운동기술과 학업, 학교생활, 친구관계, 진로에서, 성인기에는 이성교제, 직업선택, 결혼과정, 자녀양육, 결혼생활, 가족생활, 직장생활 등에서, 그리고 노년기에는 노화과정, 가족생활, 여가생활, 죽음준비 등에서 동생에게 인생선배로서 직접 시범을 보이고 모델이 되며 발달과제 수행을 촉진시키는 역할을 한다.

그리고 형제자매 간의 상호작용을 통하여 각자는 성역할을 학습하게 되고 동년배 이성에 대한 지식을 갖게 되며 사람에 대해 이해하고 협력하는 방법을 배우게 된다. 또한 손위형제는 어린 동생의 수준에 맞게 의사소통하는 능력을 키우고 약자를 배려하고 양보하는 경험을 함으로써 사회적 능력을 키우게 된다. 이런 과정을 통하여 형제자매는 상호적으로 발달을 돕는 것이다.

3) 보호자 - 의존자 역할

과거부터 우리나라에서는 장녀는 살림밑천이라고 한다. 장녀는 어머니를 대신하거나 보조해서 동생을 돌봐주고 가사를 담당하는 것으로 기대되었다. 또 장남의 경우도 부모를 대신해서 동생들을 돌보고 보호자로서 역할을 하도록 기대되었다. 대체로 부모역할이 제대로 수행되지 못하는 경우에 나이 많은 자녀가 동생에게 부모역할을 대신하게 된다. 특히 한부모가족, 저소득층 맞벌이가족, 부모가 질환을 앓거나 연로한 경우에 손위형제가 동생들을 양육하고 보살피며 보호·감독하는 일을 하게 된다. 그에 따라 동생은 형에게 의존하게 되고 부모처럼 애착을 형성하게 된다. 이때 부모역할을 하는 형제가 역할과중이나 역할갈등을 경험하는 경우, 동생들에게 과도한 통제를 하려는 경우에, 그리고 동생이 성인기에도 과도하게 형에게 의존하는 경우에는 형제자매 간에 갈등이 생길 수 있다.

4) 중재자 역할

형제자매는 부모세대와 자녀세대 간에, 또는 부모와 또래 간에 중재하는 역할을 한다. 형제자매 중의 한 사람이 부모와 의견충돌이 발생하면 그 사이에 끼어들어 중재를 하기도 하고, 서로 힘을 합쳐서 부모와 협상을 하기도 한다. 이렇게 부모를 대상으로 형제자매 간에 연합하는 일은 부모에게 형이나 동생의 입장을 중간에 이해시키거나 설득시키는 일과, 형이나 동생에게 부모의 입장을 이해시키고 대처하는 방법을 의논하는 일들을 포함한다.

5) 경쟁자 역할

형제자매 간의 경쟁의식과 질투, 시기심은 자연스러운 것이다. 동생이 없는 아이는 부모의 사랑과 관심을 독점적으로 받지만, 동생이 태어나면 기존의 가족관계가 변하고 가족원의 상호작용이 이전보다 복잡해진다. 대개 큰아이는 자신에게 집중되던 가족의 관심과 사랑이 줄어들게 됨을 느끼고, 동생을 방해자로 여기며 심리적 동요를 경험한다. 이때 어머니의 큰아이에 대한 돌봄과 상호작용 시간은 급격히 줄어들게 되고, 통제와 제한, 꾸중이 늘어나게 되면 큰아이는 동생에게 애정을 빼앗기는 것 같아 질투심을 느끼게 된다. 그 결과 애정을 되찾기 위하여 동생과 경쟁을 하고 동생을 공격하거나 통제하려는 행동을 하며 퇴행현상을 보이기도 한다. 동생은 형이 자기보다 힘이 세고 능력이 있는 것에 대해 부러움과 열등감을 느끼게 되고, 형과의 관계에서 우위를 차지하고 자신의 입지를 확보하고자 경쟁적으로 시도하게 된다.

대체로 형은 명령하고 꾸짖고 벌을 주며, 동생의 권리를 박탈하기도 하고, 또는 지배하고 공격하거나 상을 주기도 한다. 동생은 토라지거나 울고 성가시게 굴거나 괴롭히고 당황하게 만들며, 또는 도움이나 동정을 구하고 화를 내기도 하고 고집을 부리기도 한다.

경쟁자 역할은 이와 같이 출생순위에 따른 자연스러운 현상 이외에도 다음과 같은 원인들이 작용하기도 한다. 그 원인 중의 하나는 어른들이 형제자매를 비교하거나 특정한 사람을 편애하고 차별하는 것이다. 두 번째 원인은 형제자매가 서로의 행동을 통제하고 권력을 행사하려는 다툼이 발생하기 때문이다. 세 번째 원인은 형제자매가 서로의 능력과 성취를 인정해 주지 않고 열등감이 시기심으로 나타나기 때문이다.

3. 형제자매 관계의 기능

1) 자아정체감 형성

아동은 형제자매와 상호작용을 하고 다양한 경험을 하는 가운데 자신에 대해 알아가게 된다. 즉, 형제자매는 개인의 모방이나 동일시 및 비교의 준거가 되고 개인의 사고와 행동에 대하여 관찰하고 비판하는 역할을 함으로써 개인의 자아인식에 중요한 영향을 주게 된다. 그리고 개인은 형제자매 관계를 통하여 애착을 느끼는 사람을 닮아가는 점도 있지만 서로가 거울이 되어 한 부모에게서 태어났지만 개개인의 장단점과 능력, 위치와 역할, 취향, 개성이 다름을 인식하게 되는 차별화를 경험한다. 그 결과 형제자매 관계는 아동의 자아정체감 형성에 중요한 영향을 주게 된다. 그러므로 형제자매 관계에서 인격적으로 존중받고 고유의 개성과 능력을 인정받은 경험이 많은 아이는 건강한 자아정체감이 확립된다. 반면 무시와 비난, 차별을 경험하고 비교당하거나 실패를 지속적으로 겪은 아이는 건강하지 못한 자아정체감이 형성될 수 있다.

2) 성역할 발달

형제자매는 서로의 성역할 발달에 영향을 미친다. 이는 형제자매의 성별구성과 상호작용의 지속 정도와 강도에 따라서 영향이 달라진다. 대체로 이성의 형제자매가 있는 경우에는 이성의 형제자매가 없는 경우보다 이성에 대한 현실적 인식을 하게 되고 이성에 대한 자연스러운 태도와 기술이 길러진다. 특히 이성의 형제자매가 위형제인 경우 더 영향을 받고 양성적인 경향이 강하게 나타난다. 즉, 누나가 있는 남아들이 형이 있는 남아보다 더 여성에 대한 이해가 가능하고 양성적인 면을 보이고, 오빠가 있는 여아가 언니가 있는 여아보다 남성에 대한 이해를 잘하고 양성적인 면을 보인다. 또한 형제자매 관계의 경험은 배우자상과 결혼생활에 대한 기대에도 영향을 주게 된다.

3) 사회성 발달

형제자매 간에도 지켜야 할 규율과 규준이 있어서 생활하는 가운데 상호작용에서 공정성과 평등성, 책임감이 기대된다. 그리고 다툼이 있을 때 자기주장을 하며 싸우기도 하고 협상과 양보와 화해하는 일들을 경험하면서 부모와의 관계에서 경험하지 못하는 동년배 집단에서 지켜야 할 의사소통기술과 협동성, 대인기술을 배우고 적용하여 사회성을 발달시키게 된다.

4) 친밀감과 지지

개인은 형제자매 간의 지속적인 상호작용을 통하여 편안함과 우애, 정서적 지지를 경험하게 된다. 특히 많은 시간을 함께 지내고 공동의 경험이 많은 어린 시절의 형제자매들은 상호 간에 친밀감이 형성되고, 많은 양의 의사소통을 함에 따라 서로에 대한 이해 정도가 깊어지며 이해받고 지지받음을 느끼게 된다. 그 결과 외둥이에 비해 외로움이나 고독감, 정서적 단절감을 덜 경험하고 안정된 정서를 유지하게 된다. 이는 형제자매 간의 관계의 밀접도와 부모의 자녀에 대한 공정성에 따라 차이를 보일 수 있다. 즉, 형제자매 간에 밀접한 관계일수록, 부모가 자녀에게 일관성 있게 공정하게 대할 때 형제자매들은 친밀감을 더 많이 경험하게 되나 형제자매 간에 소원하거나 갈등관계일 때, 또는 부모의 편애나 차별이 있을 때는 친밀감과 지지기능이 약화된다.

5) 돌봄과 보살핌

일반적으로 형제자매 중의 위형제가 동생을 보살피고 돌보는 일을 하게 된다. 즉, 언니나 형, 누나가 일상생활에서 동생에게 여러모로 도움이나 기술을 제공하거나 물질적인 도움과 정보를 제공하는 것이다. 또 건강한 형제나 능력있는 형제가 의존성이 높아진 동생이나 도움을 요구하는 형제에게 일상적인 도움의 손길을 주는 일이 반복됨으로써 형제자매 간의 유대감과 단합이 증가된다. 이는 성장기에 부모 한쪽이나 양쪽의 기능이 불충분하게 수행할 때 보완하고 대체하는 작용을 한다. 그리고 성인기와 노년기의 형제자매 사이에도 여러 가지 지원과 보살피는 행동이 교환되며 우애관계를 유지하기도 한다.

6) 가족 내 역할분담

자녀들이 집안일을 도울 일이 있을 때 형제자매 간에 집안일 분배가 이루어지는데, 특히 어머니가 직업을 가졌거나 사정상 집안일을 하지 못하게 될 때 형제자매들이 집안일을 분담하게 된다. 대개 여아가 남아보다 집안일을 잘 돕고, 외부활동을 좋아하는 아이보다는 집 안에 있기 좋아하는 아이가 집안일을 돕는다. 그리고 맏자녀가 집안일과 동생 보살피는 일에서 더 많은 책임을 지는 데 비해 막내는 소극적인 역할을 담당하는 경우가 많다. 성장기의 형제자매 관계에서 동생들이 많을수록 위형제가 해야 할 집안일은 늘어나게 된다.

성인기의 형제자매는 집안행사와 의례, 노부모 부양과 간병, 가족 전체의 일을 분담하는데, 이때도 출생순위, 성별, 성격 특성과 직업, 경제수준, 형제자매 간의 관계 등에 따라 역할분담 형태가 달라진다.

7) 제휴관계

형제자매는 같은 세대로서 유사한 관심과 흥미를 갖고 있고 비슷한 경험을 통하여 고유한 의사소통과 제휴관계가 존재한다. 이들은 부모세대와 교류를 하면서 겪는 세대차이와 갈등을 부모와의 직접적 대화를 통하여 설득하고 갈등을 해소하려고 하지만 형제자매 간의 제휴를 통하여 부모와 협상하기도 한다. 또한 형제자매 사이에 갈등이 발생할 때 친밀하거나 영향력이 있는 형제와 제휴하여 문제를 해결하고 갈등을 해소하기도 한다. 이러한 과정을 통하여 형제자매는 밀접한 유대관계를 형성하고 문제해결과 적응방법에 대한 역동적인 사회화가 이루어지게 된다.

8) 권력관계 형성

형제자매는 상호작용을 계속하면서 권력관계를 형성하게 되며, 이는 성별이나 출생순위, 연령, 특성에 따라 상이한 형태를 나타낸다. 권력에 가장 큰 영향을 주는 것은 부모가 부여하는 합법성이고 이를 토대로 합법적 권력, 즉 권위가 형성된다. 권위는 흔히 장남이나 장녀에게 주어지며 이들은 동생들을 지도하고 감독하며 돌보는 책임을 갖게 되고, 동생은 순종할 것이 기대된다. 이 외에도 지식, 기술, 외모와 매력적 특성, 신체적 · 물리적 힘, 경제능력 등의 자원에 따라 권력이 형성된다. 권력에는 지식이나 기술이 바탕이 된 숙련적 권력, 외모와 매력적 특성이 바탕이 된 준거적 권력, 신체적 · 물리적 힘이 바탕이 된 강제적 권력, 경제적 능력이 바탕이 되는 보상적 권력 등이 있다.

4. 성장기 형제자매의 상호작용

아들러(Adler)는 "형제자매 간의 위치에 따라 가족 안에서 경험하는 것들이 상이하고 그것이 인성발달에 미치는 영향이 크다"고 말하고 출생순위의 중요성을 강조하였다. 같은 부모라도 첫째 아이와 둘째 아이에 대한 양육방식이 다를 수 있는데, 이것은 부모의 양육경험과 자녀의 연령에서 차이가 있고 또 부모의 자녀에 대한 기대가 다르기 때문이다.

자녀가 여러 명 출생하는 경우에 형제자매의 위치가 변하게 된다. 첫째 아이는 동생이 태어나기 전까지는 외동아이로 성장하고 동생이 태어나면 그 위치가 장자녀로 변한다. 둘째 아이도 동생이 없을 때는 막내자녀의 위치이나 동생이 태어나면 중간자녀로 옮겨진다. 그에 따라 첫째, 둘째, 막내 아이 각자는 상이한 경험을 하게 되고, 자신의 위치에 기대되는 역할과 그들 간의 역동성이 달라지고 부모의 태도의 영향도 작용하여 인성발달에 영향을 미친다.

대체로 첫째 아이는 동생이 태어나기 전까지 오직 어른에게 의지하고 어른에게 적응하고 동화하는 것을 배우게 되고, 경쟁상대가 없이 외동으로서 특권을 누리며 부모의 사랑과 관심을 독차지할 수 있다. 그리고 부모는 첫아이를 통해 최초의 부모경험을 하는 것이므로 육아불안이나 긴장감을 겪기 쉽고, 기대감도 크며 비현실적인 기대를 하게 되고 일종의 시행착오를 겪을 수 있다. 둘째 이이가 태어나면 첫째 아이는 외동의 위치에서 손위 형제역할을 하도록 기대되고, 동생에게 모범을 보이고 지도자로서 행동하도록 요구받는다. 이때 동생과의 터울이 적고 준비가 되지 않은 첫째 아이는 부모의 사랑을 얻기 위하여 퇴행행동을 하거나 관심을 집중시키려는 행동기술을 개발시키는 문제가 발생하기도 한다. 그러나 동생과의 터울이 어느 정도 있어서 이에 대한 준비가 된 경우에는 문제가 발생하지 않을 수 있다. 또한 첫째 아이는 동생에게 권력과 권위를 지키려는 노력을 하게 된다. 이 같은 형제간의 위치변화에 적응하는 정도는 터울과 연령, 부모의 노력에 달려 있다.

둘째 아이는 처음부터 손위형제가 있는 환경에서 태어나 자기보다 능력있는 상대자와 경쟁하면서 살아가다가 동생이 태어나면 중간아이로 위치변화가 되어 경쟁상대가 늘어나는 경험을 하게 된다. 그에 따라 첫째 아이와 막내 사이에 끼여서 관심과 보호가 줄어듦을 경험하고 손위형제와 동생 사이에서 살아남는 방법을 터득하고 적응력을 키우며, 여러 형제 중에서 자신의 존재가치를 찾고 알리려는 행동을 하게 된다. 그리고 둘째 아이에 대하여 부모는 첫아이에 대한 양육경험을 활용하려고 시도하고 기대수준을 조정하며 양육긴장감을 덜 갖기 쉽다.

한편 막내 자녀는 태어나면서부터 자기보다 힘이 세고 능력있는 손위형제들과 경쟁하면서 자신의 존재를 인식하고 어린 사람으로서 손위 형제자매에 적응하여야 할 환경조건에 있다. 그리고 막내자녀에 대한 부모의 태도는 그동안의 양육경험을 통하여 더 현실적인 기대를 갖게 되고 관대해지며, 마지막 자녀로서 애착을 갖기 쉽다.

이와 같이 형제자매는 성장과정에서 각자 상이한 경험을 함으로써 출생순위와 성격이 어느 정도 관련성이 있다고 알려져 있다. 형제자매의 존재가 아동의 성격 발달에 어떤 영향을 미치는가에 대해서는 간단히 말하기 어렵다. 그것은 출생순위 외에도 형제의 성별구성, 연령, 형제 수, 터울, 출생 시의 부모의 나이, 다른 가족원의 부재나 건강, 성격, 가족관계 특성 등이 복합적으로 작용하여 형제자매 간의 상호작용이나 부모의 양육태도가 달라지기 때문이다.

지금까지의 여러 연구결과에서 형제자매 간의 상호작용 특성과 출생순위별 인성발달 특성에 대해 다음과 같은 점들이 보고되었다.

① 대개 동성 형제자매가 이성 형제자매보다 더 온정/ 친밀감을 지각하고 더 밀접한 관계를 유지하였다. 즉, 남동생을 둔 남아가 여동생을 둔 남아보다 형제자매에 대한 온정/ 친밀감을 높게 지각하였다. 그리고 언니가 있는 여아가 오빠가 있는 여아보다 형제자매에 대한 온정/ 친밀감을 더 높게 지각하였다(이재연, 2004). 또한 형제자매 간에 나이차가 많을수록 보살핌관계를 제외한 다른 관계는 약화되는 경향을 보이고, 형제자매 수가 많은 것이 부모관계가 불화한 경우에 형제자매 관계에 긍정적으로 작용하였다. 그리고 맏이가 형제자매에 대한 온정/ 친밀감과 상대적 지위/ 권력을 높게 지각하는 반면 막내는 경쟁의식/ 편애를 높게 지각하였다(민경희, 1990).

② 대개 첫째 아이는 동생에게 자리를 빼앗긴 경험과 부모로부터의 맏이에 대한 기대에 따라 권위와 영향력을 행사하고 주위사람에게 지도력을 발휘하려 하고 지배적 · 독단적이 되기 쉽다. 그리고 성인의 기대에 부응하며 사회규칙을 준수하는 보수주의가 되기 쉽고, 동생의 출생으로 인한 위치변화로 인해 성취지향적인 경향을 가지며 활동적이고 성공추구경향을 보인다. 또한 다른 형제보다도 첫째 아이가 무슨 일을 하든 먼저 하게 되고 부모의 적극적인 후원을 받아 성취욕구가 강해지며, 부모의 기대를 따라야 한다는 생각을 함으로써 맏이로서의 우월감, 책임감, 개척자로서 사려깊음, 신중함, 내적 집중력을 가지게 되는 한편 염려와 불안이 많을 수 있다. 대부분 첫째 아이는 부모에 대한 동일시를 많이 하므로 가정 내에서 도구적 역할을 많이 수행하

고 의젓한 모습을 보인다.

③ 둘째 아이는 첫째 아이처럼 지도력이나 권위가 인정되지 않으며 막내처럼 보호받지도 못하므로 자신의 위치를 확보하기 위하여 주위사람에게 사교적이 되는 한편 형제에 대해 경쟁의식과 비판의식을 가진다. 그에 따라 형에게는 도전을 시도하고 동생에게는 지시하려 하며 주위사람에게 관심과 애정을 받고자 하여 자기중심적인 경향을 보인다. 그 결과 중간 아이는 질투와 욕심, 개인주의가 강한 경향을 보이므로 집안에서 다툼을 벌이기 쉽다. 반면 애정을 충분히 받은 경우에는 협동심과 적응력을 가지기도 한다.

④ 막내 아이는 부모와 형제로부터 계속적으로 각별한 보호와 관심을 받기 때문에 주위사람으로부터 보호와 인정과 관심을 받고자 하는 욕구가 커서 의존성이 크고 남의 의견에 동조를 잘한다. 한편 형제들 속에서 구속과 간섭을 받게 되고 그 구속에서 벗어나고 기존 질서에 대항하여 반항적인 기질을 갖기 쉽다. 그러나 주위사람에게 어린 사람으로만 대접받고 생활해왔기 때문에 책임감과 독립성이 낮은 경향을 보일 수도 있다. 그리고 부모보다 형제나 또래집단과 동일시를 많이 하면서 성장하고 동생의 출생으로 인한 경쟁의식도 없으므로 낙천적이고, 자기가 하고 싶은 것은 대부분 하고 사회적 관계에서 외향성과 표현성이 잘 발달하여 예술적인 성향과 친화력이 큰 것으로 알려져 있다.

⑤ 부모의 양육방식과 아동의 성격에 따라 형제자매 관계는 경쟁적이 되기도 하고 서로 돕는 우애적 관계가 되기도 한다. 부모가 형제 중에 한 자녀를 편애하거나 아동의 성격이 자기중심적이라면 훨씬 더 경쟁적인 형제자매 관계를 보인다. 형제자매 간의 경쟁관계는 부정적인 영향을 미칠 수 있다. 형제자매 간의 관계에서 문제는 주로 부모의 편애로 인한 형제 간의 갈등과 열등감, 잦은 싸움, 무관심으로 나타났다(장재홍 외, 2000).

그러므로 형제자매 관계가 긍정적이 되기 위해서는 부모가 다음과 같은 노력을 하여야 한다.

① 첫아이가 동생을 맞이할 수 있도록 미리 준비시키는 것이 필요하다. 예로 동

생이 태어난 다음에 일어날 수 있는 일에 대해 자녀와 함께 이야기하고 규칙을 정하여 불안을 감소시킨다. 동생이 태어난 후에도 일정한 시간을 정해놓고 첫아이와 함께 둘만의 시간을 가지는 것이 필요하다. 첫아이가 동생에 대한 요구나 감정을 솔직하게 이야기하게 하고 경청한다.

② 자녀 개인의 개성을 존중하고 공평하게 대하며 비교하지 않아야 한다. 자녀들을 비교하고 차별하는 것은 자녀에게 상처를 줄 뿐만 아니라 형제간의 갈등과 경쟁을 조장하게 된다. 그러므로 부모는 모든 자녀를 합리적인 원칙을 정하여 일관성 있게 지도하여야 하고, 자녀들의 개성과 장점을 인정하고 강점과 잠재력을 존중하며 이를 개발시키도록 도와야 한다. 공부 잘하는 기준만으로 자녀들을 비교하지 않는 것이 중요하다. 어떤 자녀는 운동을 잘하고, 어떤 자녀는 친구관계나 예술적 재능이 탁월하기도 하다.

③ 형제자매 간에 싸움이 발생하는 경우 자기들끼리 해결하도록 기회를 준다. 일마다 고자질하게 되면 편 가르기가 되어 자녀들끼리 경쟁과 다툼을 촉발하게 된다. 또 형제싸움에 부모가 항상 개입하여 판단하고 해결하는 것은 형제자매 간의 양보와 협상능력을 키울 기회를 빼앗는 것이다.

④ 형제자매 간에도 서로의 사적인 공간과 물건들을 존중하고 인격체로 대하며 배려하는 것들을 지도한다. 형제자매는 같은 공간에서 같은 침구를 쓰거나 옷을 물려입거나 장난감을 공유하는 등 서로 구별 없이 친근하게 지내기 때문에 갈등과 싸움이 발생하기 쉽다. 그러므로 부모가 형제자매 간에 공유해야 하는 것과 그렇지 않은 것을 알려주고 서로를 존중하고 배려하는 행동을 하도록 규칙을 정하고 지도하여야 한다.

⑤ 자녀의 연령에 맞는 규칙을 설정하여 규칙을 준수하게 한다. 즉, 형이나 누나니까 무조건 양보해야 하거나 동생을 돌봐야 한다는 책임을 맡게 하는 것은 바람직하지 않다. 또 동생이니까 무조건 참아야 한다고 하는 것은 적절하지 않다. 어린 시절에 형성된 형제자매 관계가 우호적이고 협력적이면 성인기 이후의 사이좋은 형제자매 관계형성에 중요한 요인이 된다.

5. 성인기 이후의 형제자매 관계

학업, 직업, 결혼 등으로 가족에서 독립하여 각각 가정을 이루고 생활하는 형제자매들은 성인으로서의 여러 역할에 적응해야 하므로 성장기에서처럼 밀접한 관계를 유지하기 어렵다. 그러나 부모에 대한 의무와 가족화합을 위한 기회가 있게 되면, 형제자매의 접촉은 지속적으로 이루어지고 유대감과 친밀감을 유지한다. 이때 형제자매의 관계 특성은 어린 시절의 관계 특성에 의해 영향을 받고 이 외에 성별 구성, 출생시기에 따른 다른 경험이나 문화적 기대, 형제 개개인의 인생경험, 주거의 물리적 근접성, 공동관심사, 경제상태, 교류의 호혜성 등에 따라 영향을 받는다.

대부분 어릴 때 친밀한 관계였던 형제자매는 성인기에도 친밀하게 지낸다. 그리고 자매들이 형제들보다 더 밀접한 관계를 유지하며, 물리적 근접성이 클수록, 공동관심사가 많을수록, 경제상태가 비슷할수록, 호혜적인 교류가 이루어질 때 형제자매 간에 친밀한 관계를 유지한다고 한다.

노인들은 자신의 배우자, 자녀, 손자녀와의 관계를 우선으로 하지만 형제자매도 즐거운 교제대상이 된다. 노년기에는 직업에서 은퇴하고 자녀들이 떠나간 뒤이기 때문에 과거에 자주 접촉하지 못했던 형제자매가 다시 가까워질 수 있다. 흔히 노년기의 형제자매 간의 유대는 연령이 증가할수록 더 증가한다. 노인이 될수록 배우자가 사망하고 자녀들이 떠나가는 일이 많을 것이므로 가까이에서 자주 접촉할 수 있고 편안한 대상이 형제자매가 되는 것이다.

여러 연구를 통하여 노년기 형제자매 관계의 특성을 다음과 같이 정리할 수 있다(전귀연 · 임주영, 2006; 홍숙자, 1999).

노인기의 형제자매 관계는 노후의 소외감과 고독감 해소에 긍정적 역할을 담당하고, 오랜 기간 공유된 가족관계와 공통의 추억으로 인해 긴밀한 유대감과 상호의존이 증가된다. 형제자매 관계는 연령증가에 따라 경쟁심과 질투, 분노 등의 부정적 감정이 감소하고 친밀감과 일치감, 감정적 지지 등의 긍정적 감정이 증가한다. 또한 노인기 형제자매 관계는 성공적인 노화의 역할모델로서 유용한 사회화 도구가 되기도 한다. 그리고 노년기에 형제자매와 인생을 회고하는 과정에서 통합감, 안정감, 자긍심을 경험하고 노화에 적응을 잘하게 된다. 노인들은 이성형제보다는 동성형제와 자주 접촉하며 이혼이나 사별, 독신으로 지내는 경우나, 자녀가 없을 때 형제자매와 밀접한 유대관계를 맺는 것으로 알려져 있다. 우리나라 노인들의 형제자매 관계는 대면접촉보다는 전화접촉이 많고 상호 도움이 많지 않으며 상호 의존도도 낮은 것으로 나타났다.

노인기의 형제자매 관계는 친밀감, 시기심, 적개심, 도구적·감정적 지원, 접촉 빈도에 따라 몇 가지 유형으로 구분된다.

① **친밀형** : 특별하고 친밀한 감정, 감정적 지원과 빈번한 접촉, 시기심과 적개심이 적은 것이 특징이며, 주로 여자노인에게, 그리고 배우자가 없는 경우에 많다.
② **근접형** : 적당한 수준의 친밀감과, 도구적 지원 및 정서적 지원이 있고 시기심이나 적개심이 없다. 주로 이성의 형제자매 간에 많이 나타나며 모두가 기혼이고 학력이 높고 원가족이 적은 경우에 많다.
③ **경쟁형** : 적개심이나 시기심이 존재하고 약간의 도구적 지원과 낮은 정서적 지원이 있다. 본인은 기혼이고 상대방은 혼자된 경우에 많다.
④ **소원형** : 적개심과 시기심이 많고 접촉이 거의 없고 심리적 관여 정도가 낮다. 남자형제 간에 이 유형이 많다.

부모부양에 참여하는 형제자매 유형에는 다음 다섯 가지가 있다(Mattew & Rosner, 1988).

① **일상형** : 노부모에게 일상적 도움을 지속적으로 제공하고 광범위하게 주 부양자 역할을 수행한다.
② **후원형** : 주 부양자 역할을 하지 않지만 노부모나 주 부양자가 도움을 요청할 때 돕고 지원한다.
③ **제한적 지원형** : 자신이 경계와 범위를 정하여 도움을 제공하지만 다른 책임은 맡지 않으려고 한다.
④ **산발적 지원형** : 정해진 일정에 따르기보다 자기형편과 편의에 따라 노부모에게 도움을 제공한다.
⑤ **분리형** : 자녀로서 의무를 전혀 이행하지 않고 노부모 부양에 전혀 관심을 보이지 않는 유형으로, 주로 막내들이 보이는 형태이며 아들에게서 더 많이 나타난다.

참고 9-1 영원한 '삶의 동반자'인 형제자매

그동안 형제자매에 대한 연구는 태어난 순서에 따른 성향연구에 국한돼왔지만 최근 미국, 캐나다, 유럽 등을 중심으로 형제자매가 서로에게 미치는 영향에 대한 연구가 활발히 이뤄지고 있다. 시사주간지 타임은 최신호에서 형제자매에 대한 새로운 연구결과를 소개했다. 어린 시절 형제자매 간의 싸움은 부모의 속을 썩이지만 커서 사회생활을 하는 데 큰 도움이 된다. 형제자매들과 싸우면서 문제해결능력을 자연스럽게 익히게 되기 때문이다.

미국 어바나-샘페인 소재 일리노이 대학의 로리 크래머 가족심리학 교수의 연구결과에 따르면, 3살에서 7살 사이의 아이들은 평균 시간당 3.5차례 싸우는 것으로 나타났다. 2~4살 아이들은 10분마다 한 번꼴로 싸운다는 연구결과도 나와있다. 피츠버그대 심리학자 대니얼 쇼는 "형제자매는 서로 사회화에 영향을 준다"면서 "(싸우면서) 매일 협상하는 방법을 배우게 된다"고 말했다.

아이들이 많은 가정의 경우, 때로 부모의 편애가 있기 마련. 하지만 이런 편애는 부모의 잘못이 아니라 진화의 산물이다. 재원이 한정돼 있다 보니 부모는 자연스럽게 가장 두자할 만한 아이에게 관심을 쏟게 된다는 것이다. 아이들은 이러한 불평등에 적응하며 때로 적절히 이용하기도 하지만 부모의 지나친 편애는 아이들로 하여금 자신감을 잃게 만든다. 데이비스 캘리포니아 대학의 가족 심리학자 캐서린 콩거는 "둘째 아이는 자존심 문제에 대해 더 많이 의문을 갖는 경향이 있다"고 말했다.

또 형제자매는 가장 좋은 '역할모델'이 되며, 때로는 형제자매의 나쁜 행동을 따라하기도 한다. 샌디에이고 캘리포니아 대학의 발달심리학자 패트리샤 이스트에 따르면, 임신한 10대 언니를 둔 여자 아이가 10대에 엄마가 될 가능성이 4~6배 더 높은 것으로 나타났다.

출처 : 서울연합뉴스(2006. 7. 3). http://kin.naver.com/knowhow

참고 9-2 "말 없는 형, 웃기는 동생"

와이즈먼 교수, 유머감각 연구결과

"우리 아이는 장남이라 얼마나 입이 무거운지 몰라요."

"얘는 막내라 그런지 애교가 넘치고 재미있답니다."

부모님들이 흔히 하는 이 말이 연구결과로 입증됐다. 영국 하트퍼드셔 대학의 리처드 와이즈먼 교수가 1,000명을 상대로 유머감각 설문조사를 한 결과, 장남·장녀보다 동생이 사람을 즐겁게 하는 능력이 뛰어나다는 결과가 나온 것

영국 BBC뉴스 인터넷 판에 따르면, 위로 형제가 있는 사람의 절반 이상이 "나는 남을 웃기는 데 자신이 있다"고 한 반면, 맏이의 경우 3분의 1만이 유머감각을 가진 것으로 드러났다. 또 외동인 사람의 경우 11%만이 남을 웃기는 능력을 가지고 있었다.

왜 그런 결과가 나왔을까? 연구진에 따르면, 동생이 사람들을 더 즐겁게 만들 수 있는 것은 어릴 때부터 '훈련'이 된 덕분이라고 한다. 부모의 관심을 조금이라도 더 끌기 위해 더 재미있고 재치 있는 말을 해야 하는 것이 동생들의 운명이라는 것이다. 어린 시절 터득한 이런 유머의 기술은 어른이 되어서도 유지되게 된다. 동생들은 유머러스한 것 외에도, 관심을 끌기 위해 항상 경쟁해야 하고, 튀는 행동을 하며 위험을 감수하는 성격을 지녔다. 그에 비해 맏이는 심각하고 진지한 역할을 맡게 되고, 외동은 경쟁할 필요가 없어 유머감각이 잘 나타나지 않는다고 한다. 그래서일까. BBC에 따르면, '미스터 빈'으로 유명한 로완 앳킨슨과 돈 프렌치 등 여러 '웃기는' 코미디언들은 모두 '동생'이다. 지미 카터나 빌 클린턴 그리고 조지 W. 부시 등 '합법적' 정치지도자는 장남이며, 카를 마르크스나 피델 카스트로 같은 모험심이 엿보이는 '혁명가'들은 '비(非)장남' 출신이다.

출처 : 조선일보(2006. 9. 11).

CHAPTER 10

친족관계

친족관계는 핵가족에게 소속감과 유대감을 갖게 해주며 상호 협조를 통하여 개인의 소외와 고립을 해결하는 기능을 가진다. 현대사회가 복잡해지고 다원화되면서 개인의 권리와 의무, 행동을 규제하던 전통적인 친족관계는 약화되었고, 선택적이고 상호 교환적 관계로 변화하고 있다. 또한 친족관계 중 고부관계는 부계 직계가족이라는 우리나라 전통가족의 구조적 특성상 부정적인 면이 많이 지적되는 관계이다. 그리고 조부모-손자녀 관계도 조부모와 손자녀 양방의 발달에 여러 영향을 미치며, 증가하는 노인문제와 맞벌이가족의 자녀양육 부담을 해결하는 한 방법이 될 수 있다. 이 장에서는 친족관계의 범위와 변화를 고찰하고 고부관계·장모-사위관계의 특성과 갈등원인 및 해결방안, 조부모-손자녀 관계유형을 논의한다.

1. 친족의 변화

1) 친족의 범위

친족이란 혈연과 혼인으로 맺어진 일정범위의 인간관계로서 가족이 확대되고 누적되어 생기는 집단이다. 친족집단은 가족을 포함하며 가족원의 권리와 의무를 정하는 가족제도를 반영한다.

우리나라 민법에서는 친족의 종류로 혈족, 인척, 배우자를 규정하고 <표 10-1>에서 보는 대로 범위로는 8촌 이내의 부계·모계 혈족, 4촌 이내의 인척, 배우자를 포함한다. 인척관계는 혼인이 지속되는 한 유지된다. 그리고 법률상 인정하는 친족 간에는 부양과 상속 등의 권리와 의무를 가지게 된다.

〈표 10-1〉 친족의 범위

- 친족범위
  - 8촌 이내의 혈족 (부계 · 모계)
    - 자연혈족
      - 혼인 중의 출생 — 출생
      - 혼인 외 출생 (부의 경우는 인지) — 출생
    - 법정혈족 — 양친 그 혈족과 양자 — 입양
  - 4촌 이내의 인척
    - 혈족의 배우자 — 혼인
    - 배우자의 혈족 — 혼인
    - 배우자 혈족의 배우자 — 혼인
  - 배우자

친족관계는 시대와 사회에 따라 다르다. 즉, 전통사회의 친족관계와 현대사회의 친족관계가 다르고 농촌과 도시에 따라서도 다르다. 그리고 외국과 우리나라의 친족관계는 더욱 다르다. 그리고 접근방법도 법제를 중시하는가, 실제를 중시하는가에 따라 다르다. 기존 외국의 연구에서는 성인자녀와 부모관계, 성인형제와의 유대관계에 초점을 두었으나, 우리나라의 연구에서는 부계와 모계, 인척과 친가 등 양가와의 관계에 초점을 맞추고 있다. 이 장에서는 실제적 친족관계에 관심을 가지고 주로 부계와 모계, 인척과 친가 등의 양가관계를 파악하기로 한다.

우리나라 친족의 범위에 대한 규정과 친족관계는 조선시대 가족제도의 영향을 많이 받아서 공동의 성(姓)을 사용하는 남계자손만이 포함되는 부계중심체계였고, 1991년 가족법이 개정되기 전까지만 하여도 남성을 중심으로 8촌 이내의 부계혈족, 4촌 이내의 모계혈족, 배우자의 부모, 즉 장인과 장모, 그리고 배우자가 법적으로 인정되는 친족이었다. 그에 따라 모계보다 부계가 중시되고 처남과 처제 등은 친족범위에서 제외되었다.

친족관계는 친족 내에서 세대별, 연령별, 성별 기준에 의하여 위치가 배치되고, 특히 세대별 항렬(行列)은 상하관계를 분류하는 기준이 되었다. 그리고 촌수(寸數)는 친족관계의 가까움 정도를 나타내는 기준이 된다. <표 10 - 2>의 친족관계 도표를 보고 자신의 친족관계를 알아보자.

〈표 10-2〉 친족관계 도표

[친가]

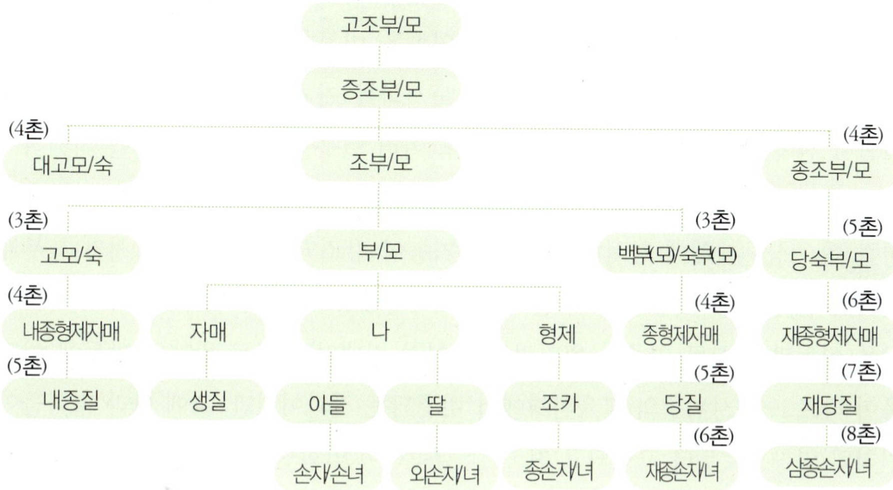

[외가]

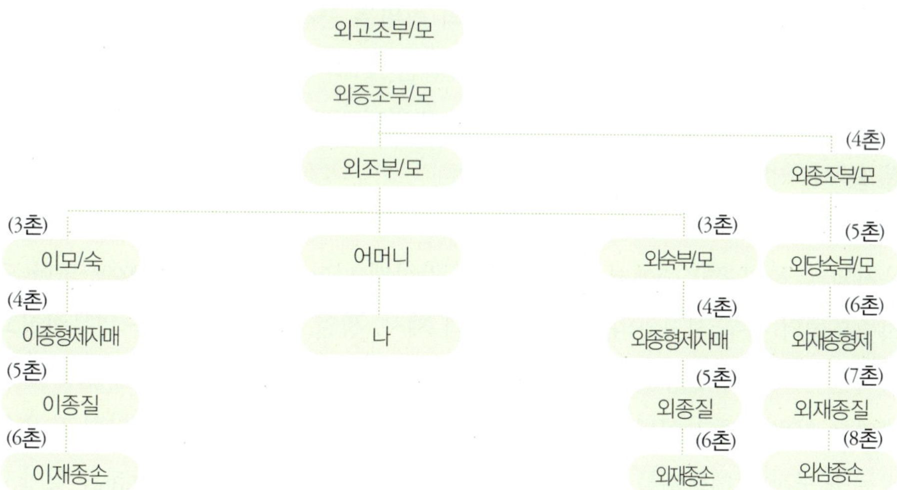

2) 친족관계의 변화

농업을 기반으로 부계중심적 가치관이 지배하던 우리나라 전통사회에서는 부계중심의 친족관계가 남성을 통한 가계계승과 조상 봉제사를 중심으로 한 의례적 관계로 결속하는 기능을 담당할 뿐만 아니라 정서적 유대기능과 상부상조의 도구적 지원기능을 하는 공동체 역할을 담당해왔다. 그에 따라 가족과 더불어 친족이 개인의 삶의 전반에 걸쳐 매우 중요한 영향을 미쳤다.

그러나 우리나라가 급속한 산업화와 도시화를 거쳐서 세계화, 정보화 사회가 되면서 친족관계도 많은 변화를 겪어왔다. 여러 연구들에서 친족관계를 의례적·사교적·도구적 기능으로 구분할 때 친족관계는 사교적 기능보다 어른 생신이나 명절, 혼·상·제례에 참석하는 의례적 기능이 강조되고 있고, 특히 시가나 부계친과의 관계에서 그 경향이 더 큰 것으로 나타났다. 이는 현대사회에서 주거지의 잦은 이동과 변화로 친족과 원거리로 떨어져 지내야 하므로 왕래와 방문에 어려움이 따르고 입시위주의 교육환경에서 비롯되는 결과이지만, 그에 따라 자녀들이 친척의 영향으로부터 고립되고 친족 간 결속력이 약화될 수 있다. 잦은 왕래와 빈번한 접촉 등 애정을 토대로 한 사교적 관계가 친족 간의 유대관계를 강화하고 개인의 정서적 안정을 가져올 수 있다.

그리고 사회적 유대관계를 맺는 친족의 범위는 근친으로 축소되어 양가부모와 형제자매, 그 배우자로 한정되었고, 친족과는 주로 전화를 이용하여 사회관계를 유지하며 촌수가 가까울수록 전화접촉이 많았다(안혜숙, 2005; 옥선화 외, 2002; 전미경, 1992).

농촌에 비해 도시인들은 여성을 중심으로, 그리고 모계를 중심으로 친족관계가 유지되고, 특히 젊은층에서 그 경향이 더 강하게 나타났다(옥선화 외, 2000). 또한 도시주부들의 경우 시가와의 관계는 명절과 제사, 생일, 경조사 참석 등 의무적이고 형식적인 의례적 활동이 활발하고 도구적으로 제공하는 기능을 담당하였으나, 친가와는 자발적이고 친밀한 사교적 활동이 활발하고 일상생활에서 다양한 도움을 받는 도구적 수혜관계를 유지하였다. 따라서 여성의 친정식구와의 왕래가 잦아지고 남자들도 처가친족과의 관계가 긴밀해졌다(김경원·옥선화, 1989; 안혜숙, 2005; 전미경, 1992).

그러므로 우리 사회는 부계적 연속성이 존속하고 있으나 사회환경과 가치관의 변화에 따른 적응전략으로 문중 위주의 집안이라는 친족개념이 근친 위주로 축소되는 방향으로 재구성되고 있다. 미래사회에서는 더욱 부계중심의 친족관계에서 탈피하여 양계중심적 경향이 가속화되리라 예측된다. 현대사회에서 핵가족의 고립과 개인의 소외를 방지하기 위해서는 친족관계를 가능한 한 활용하는 것이 효과적이다. 친족과 유대관계를 유지함으로써 집안의 전통과 문화를 계승하며, 소속감과 풍부한 정서적 유대를 경험하고 도구적 유용성이 커지게 된다.

참고 10-1 끈적한 '친척'관계 세상살이의 축소판이에요

명절이면 이것저것 복잡하고 신경 쓸 것 많아 차라리 해외여행을 떠난다는 집들이 점점 늘고 있다. 처갓집과는 가깝게 지내도, 특히 시댁쪽과는 발을 끊고 사는 집이 요즘은 대부분인 것 같다. 사실 며느리들에 대한 부당한 대우에 젊은 여성들이 반기를 들 만도 했다. 모든 한국인은 평등하다는 헌법이 뻔히 있는데도, 며느리는 아들의 종이자 로봇이 되어야 한다는 시대착오적 풍속만 고집하다가는 홀로 남겨진 독거노인이 되기 십상인 시대다. 시댁 하는 걸 봐서는 그쪽으로는 고개도 돌리고 싶지 않은 게 며느리 입장이지만, 아이들 교육을 생각하면 조금 넓게 볼 필요도 있다. 조부모와 완전히 끊고 사는 것만 보며 자란 아이들은, 어른이 되면 예전에 부모가 했듯, 자신들의 부모를 모른 체 할 수 있다. 육아법이나 부모공경법, 가족과의 관계를 맺는 방식 등은 거의 부모 하는 대로 따라 하기 때문이다. 자식 덕 보려고 아이들 키우는 것도 아니고 노후보장도 확실히 되어 있어, 늙고 병들었을 때 자녀나 친지들이 나를 찾지 않아도 좋다 생각한다면, 젊고 힘 있을 때부터 고립되어 편히 사는 것도 한 방법이다.

다만, 여러 친척들이 모일 때 아이들이 배울 수 있는 사회적 경험의 축적이 박탈되는 것은 매우 아쉽다. 교사와 학생, 부모와 자녀라는 단순한 양극구조와는 달리, 친지들이 모이면 상당히 복잡한 인간군상의 여러 측면을 아이들은 관찰하고 터득할 수 있기 때문이다. 나이 많은 어른들에게는 어떻게 대해야 할지, 비슷한 연배의 사촌과는 어떤 사회적 관계를 유지해야 하는지, 손아래 조카에게는 무엇을 베풀어야 할지 등 칼 같이 만나고 헤어지는 다른 이익집단과는 달리 수십 년 이상 주접스레 유지되는 끈적한 친척 간의 관계는 세상살이의 한 축소판으로 경험해 볼 가치가 있다.

특히 명절이나 제사 때면 모여 유쾌하고 좋은 모습만 보이는 것이 아니라 해묵은 갈등이 불거져 서로 고성이 오갈 수 있어 아이들 교육에 해롭다고 생각하는 경우도 많다. 물론 개중에는 아이들이 보지 말아야 할 상스럽고 폭력적인 언행을 하는 극단적인 이들도 있지만, 역설적으로 아이들은 다르게 말하고 다르게 사는 것을 보면서 세상사는 비결들을 빨리 체득할 수 있다. 부모들이 아이들에게 폭력적일 때 아이들은 심각한 정신적 외상을 입지만, 하나 건너 조부모나 친척들만 되어도 부모라는 든든한 뒷심만 있으면 아이들은 그닥 큰 상처를 받지 않고 지나간다. 오히려 자녀들은 친척들의 부당한 대우나 언사도 잘 참고 견디면서 갈등을 지혜롭게 헤쳐나가는 부모들의 모습을 통해 간접적으로 사회적 기술을 빨리 익힐 수도 있다. 세상에는 합리적인 말이 통하지 않는 사람들도 있다는 것, 갈등을 논리적으로 따져서 풀지 못하는 어려운 상황도 있다는 것, 엄청난 불의도 때론 참고 담아내야 하는 순간들도 있다는 것을 보고 배우는 것이다. 이를 비겁한 순응주의적인 태도라 공격하면 할 말이 없다. 그러나 경우에 따라, 자신이 옳다고 믿는 것이 타인에게는 그렇지 않을 수도 있다는 인생의 엄연한 진실을 친지들의 시끄러운 싸움에서 미리 배워둔다면, 아이들이 자라 보다 큰 소직의 구성원이 되었을 때 좋은 정신적 자양분으로 풀어쓸 수도 있을 것이다.

추석연휴가 끝났다. 아마 많은 이들이 명절증후군을 앓고, 후유증에 시달릴 것이다. 꽉 막힌 도로와 사람과 일에게 시달리는 성가심과 불쾌함들이 그러나 아이들이 컸을 때 여러 고통을 참고 견디게 만드는 일종의 예방주사일 수 있다는 사실은 인생의 아이러니다. 명절이라지만 예전처럼 음식이나 새 옷에 가슴설레는 아이들은 점점 줄어가는 추세고, 모여봐야 컴퓨터도 마음대로 쓰지 못하니 재미없고 귀찮기만 하다는 아이들도 많다. 그러나 사람과의 난리법석과 부대낌을 겪은 아이들이 어른이 되면 따뜻한 마음으로 남을 배려해 줄 줄 아는 큰 동냥이 된다는 사실. 명절 때문에 지친 부모들에게 조금은 위로가 되지 않을까도 싶다.

출처 : 한겨레신문(2006. 10. 9).

참고 10-2 [인류학자가 보는 세상](11) 한국가족은 모계화되고 있는가

추석을 앞두고 벌초를 하고 있는 한 가정. 여성들도 함께 벌초에 참여하고 있다. 요즈음 주변에 외손주를 돌보는 할머니들이 늘어나고 있다. 직장생활을 하는 딸을 돕기 위해 친정어머니가 사회복지사로서 두 팔을 걷고 나선 것이다. 외할머니 손에 양육된 아이들이 성장한 뒤에 친할머니보다 외할머니와 더 강한 정서적 관계를 형성하리라는 것은 예측가능한 일이다.

필자가 초등학생을 대상으로 친족관계를 조사하기 위해 어떤 친척과 자주 만나는지를 물었을 때 많은 아이들이 이모, 외할머니 등 어머니쪽 친족들을 얘기했고, 외가쪽 사람들과 훨씬 친하다고 했다. 이러한 경향은 대학생의 조사에서도 비슷하게 나왔다.

모든 사회는 태어난 아이를 어느 집단에 소속시킬 것인지에 대한 규칙을 가지고 있으며, 이러한 출계의 규칙에 따라 아이는 부계집단의 아이 또는 모계집단의 아이로 인식되었다. 출계의 규칙과 함께 각 사회는 새로이 결혼하는 부부가 어디에 그들의 거처를 정할 것인가에 대한 거주규칙을 가지고 있으며, 이러한 규칙은 가족성원의 범주화와 일상적 상호작용의 범위를 결정하는 데 중요한 영향을 미친다. 출계와 거주의 문화적 규칙에 따라 지구상에 흩어져 있는 많은 부계사회에서 태어난 아이는 아버지집단의 성원이 되고, 신혼부부는 남자쪽에 가서 거주한다. 이에 비해 아프리카나 뉴기니 등에 흩어져 있는 모계사회에서는 태어난 아이는 어머니집단의 성원이 되고, 신혼부부는 신부의 집에서 거주한다.

조선 중기 이후 한국사회는 결혼한 부부가 남자의 아버지 집에서 신혼살림을 시작했고, 그들 사이에 태어난 아이들은 남자집단의 아이로 간주되는 부계사회였다. 장남을 제외한 나머지 아들들은 일정 기간 부모와 동거한 뒤 분가를 했지만, 이들이 분가한 지역은 부모의 집에서 멀리 떨어져 있지 않은 곳이었다. 즉, 큰아들은 결혼 후에도 부모의 집에서 동거하며 부모가 사망할 때까지 부모를 돌보며 지냈고, 차남 이하의 아들들 역시 신혼 초에는 부모와 동거하다 가까운 지역으로 분가를 했다. 이러한 가족유형하에서 아들들은 결혼 후에도 부모의 생활권에서 벗어나지 못한 상태로 생활해야 했으며, 같은 공간에서 생활하는 조부모와 손자녀는 자연히 친밀한 관계를 형성할 수 있었다.

이에 비해 딸들은 출가외인으로 간주되어 결혼과 함께 친정을 떠나 시집에서만 생활해야 했다. 딸이 낳은 자식들은 사위의 집단성원으로 간주되었으며, 서로 분리된 공간에서 생활하는 외조모와 외손자녀는 소원한 관계를 형성할 수밖에 없었다. 손자녀를 나의 집단성원과 남의 집단성원으로 구분하는 이러한 문화는 할머니들 스스로 "친손자는 업고 가고 외손자는 걸려서 간다"는 식으로 친손자와 외손자를 차별하게 만들었다.

그러나 최근의 가족유형은 결혼과 함께 분가하는 핵가족의 형태로 바뀌고 있으며, 대부분의 결혼한 부부는 독립된 공간에서 그들의 신혼생활을 시작한다. 이와 같은 거주에서의 독립은 성인자녀와 노부모관계뿐만 아니라 조부모와 손자녀의 관계를 변화시키고 있다.

직업을 갖는 젊은 기혼여성이 많아지면서 태어날 아이를 누가 키울 것인가 하는 것은 현실적인 문제로 대두된다. 선거철이 될 때마다 대통령후보를 비롯한 정치지망생들은 앞다투어 육아를 책임지겠다는 공약을 내건다. 그러나 이들의 약속이 피부로 와닿을 만큼 실행되었다는 느낌은 없다. 여전히 육아는 한 개인의 집안문제로 남아있으며 육아의 상당부분은 직장생활로 어머니 역할을 충분히 할 수 없는 딸을 대신한 외할머니의 몫이 되고 있다.

이처럼 손자녀 키우기에서 외할머니의 역할이 커지면서 외가와의 관계가 점차 밀접해지고 있으며, 전통적으로 내려오는 고부관계의 불편함이 외가와의 친밀감을 부추기고 있다. 손자가 보고 싶어도 시어머니는 며느리 눈치가 보여 불쑥 아들집을 방문할 수 없는 것이 오늘날의 실정이다. 이러한 상호작용에서의 변화로 인해 부계중심의 일상생활이 그 무게중심을 모계로 옮겨가고 있다.

역사는 돌고 돈다고 하지 않는가. 지금까지 우리가 강조해왔던 부계혈연의 개념은 사실 조선시대 후기에 이르러 정착된 문화이다. 그 이전에는 부계의 혈통을 따랐지만 실제 생활에서 부계, 모계의 구분이 없이 부계, 모계의 조상 모두 똑같이 중요하게 생각했었다. 이것은 조선시대 전기의 가계기록인 팔고조도(八高祖圖)에 고조부대까지의 부계와 모계의 부모 모두가 기록되어 있는 것으로도 명확히 알 수 있다.

몇 년 전에 이율곡의 생가인 강릉 오죽헌을 방문한 적이 있었다. 안내문을 열심히 읽던 관람객이 자신의 동행자에게 "아니, 신사임당이 그렇게 현모양처라더니 시집에도 안 가고 친정에서 애낳고 살았네"라는 말을 하면서 의아한 표정을 지었다. 신사임당이 이율곡을 낳아 기르던 16세기 초에는 결혼한 부부가 처가에서 생활하며 아이를 낳고 키우는 경우가 많았으며, 집안의 재산도 아들, 딸 모두에게 상속되었었다. 어린 시절 외삼촌과 정서적 유대관계를 맺고 성장한 사람이 벼슬에 올랐을 경우, 정치적 권력을 잡은 사람을 중심으로 그의 외척들이 세력을 형성하게 된 것도 이러한 가족문화에서 비롯된 것으로 볼 수도 있다.

앞서 얘기한 핵가족화로 인한 조부모와의 분리거주, 집안개념의 약화, 외손 돌보기의 일반화뿐만 아니라 성적 자유주의 역시 모계를 강화하는 요소로 작용한다. 여성에 대한 성적 억압이 부계혈통의 순수성을 유지하기 위한 남성중심사회의 고육지책이었다면, 성적 자유주의는 출산을 중심으로 명확히 알 수 있는 모자녀 관계를 가족관계의 중심축으로 받아들이는 모계가족의 강화로 발전될 수밖에 없을 것이다. 우리들의 가치와 우리들의 일상이 변화하듯이 가족의 형태 역시 물이 흘러가듯 변화한다. 이러한 변화의 흐름을 거스르기는 쉬운 일이 아니다. 우리가 할 일은 그 변화를 어떻게 수용하고 적응할 것인가이다.

출처 : 경향신문(2006. 9. 30).

2. 고부관계 · 장모 – 사위관계

1) 전통가족에서 고부관계의 특성

우리나라 전통사회에서 가족은 부계 직계가족 형태를 갖는다. 부계가족에서는 가부장의 권위와 통제에 의해 운영되고, 아버지에서 아들로 계승되는 지속성과 세대별, 연령별, 출생순위별, 성별에 따라 엄격한 서열이 있는 수직구조를 가진다. 그에 따라 아버지와 아들이 핵심적인 중요한 사람이고 부자관계는 강력한 관계이었으나 여성은 낮은 지위에 있었다. 특히 혼입해서 새로운 가족구성원이 된 며느리는 최저지위에 있게 되어 시부모는 물론 동일세대인 시동생이나 시누이까지 연령의 고하를 막론하며 받들어야 하고, 가족 안에서 권리보다는 의무가 더 많았다.

전통가족에서 결혼이란 부모를 섬기고 조상제례를 모시고 가계계승자를 얻기 위한 수단으로써 가장의 엄격한 통제하에 이루어졌기 때문에 며느리는 남편의 배우자 이전에 시부모의 충실한 며느리가 되어야 한다. 며느리는 순종과 헌신적 가사노동을 제공하고 가계계승할 아들의 출산 여부에 따라 성취지위가 주어진다. 남아를 출산하는 일은 며느리의 최대과제이어서 다른 의무사항을 잘 이행한다 해도 아들을 출산하지 못하면 가족구성원으로서 인정받지 못하고 며느리로서 의무를 이행하지 않은 것이 되어 이혼을 당하거나 첩을 들인다 해도 할 말이 없었다. 따라서 사회적으로 여성의 자기실현이 불가능한 전통사회에서 아들은 어머니의 가족 내 지위를 확고하게 해주고 삶의 위안을 주며 자기실현욕구를 충족시켜 주는 존재였다. 그러므로 부계가족에서 구조적으로 존재하는 강력한 득남요구에서 비롯된 어머니와 아들의 모자관계는 특별할 수밖에 없었다.

전통사회의 철저한 위계질서와 상하관계 속에서 자녀세대의 자율성과 독립성이 인정되지 않았기 때문에 며느리의 일방적인 시집에 대한 적응과 순종이 요구되었고, 며느리는 시집살이의 고충을 인내하고 살아야 하였다. 그러나 아들을 출산하게 되면, 이 시집살이가 조금 완화되었기 때문에 더욱 어머니의 아들에 대한 애착과 기대는 강할 수밖에 없었고, 그에 따른 아들의 효도가 요구되는 밀착된 모자관계를 형성하였다. 이러한 특수한 애정관계에 아들이 성년이 되어 결혼하게 되면 새로 들어온 며느리가 끼어듦으로써 원천적으로 고부간에 애정적인 갈등구조가 형성되는 것이다.

시어머니와 며느리는 다른 가정에서 혼입해온 여성이라는 공통점과 시집에서 최저지위로 출발한다는 유사점이 있음에도 불구하고 두 사람의 지위는 현격한 차이를 나타내고 있다. 시어머니는 오랜 가사경험과 아들을 출산하고 성장시킨 윗사람으로 가문의 전통을 전수해 주는 입장이므로 며느리에게 권위를 갖고 여러 모양의 권력을 행사하였다. 반면 며느리는 아랫사람으로 부덕을 강조하는 가족제도 아래에서는 시어머니에게 절대적인 복종과 인내, 순응으로 적응하여야 하고 가르침을 전수받고 어른을 효도하고 공경하여야 하는 의무를 지녔다.

며느리가 시집살이의 괴로움을 토로하고 의존할 수 있는 사람은 남편이지만 모자관계 우선의 가치관 때문에 남편은 어머니편을 따르거나 회피적 태도를 보이는 경우가 대부분이었다. 친정에서는 출가외인(出嫁外人)이라고 하여 딸을 받아들이지 못하게 되었다. 그러므로 전통사회에서의 고부관계는 지배와 복종의 수직적 구조로서 구조적으로 갈등을 내포한 가장 취약한 관계였다. 물론 고부관계도 인간관계인 만큼 개인의 성격과 환경에 따라서 협력적이고 모녀관계같이 친밀한 경우도 있었다. 그러나 대체적으로 우리나라의 전통적 고부관계는 시어머니, 남편, 며느리가 이루는 삼각관계에서 비롯된 갈등이 원천적으로 존재하여서 시어머니가 며느리에게 시집살이를 시키고 며느리는 인내와 복종으로 일방적으로 참는 형태로 유지되었다.

2) 현대가족에서 고부관계의 특성

현대사회의 여러 변화에 따라 고부관계는 변화하고 있다.

첫째, 자녀세대가 부모세대로부터 독립성이 증가하면서 며느리의 권한은 증가하는 반면 시어머니의 권한은 축소되는 변화를 나타낸다. 전통가족은 농경사회 속에서 상속된 토지를 중심으로 자녀세대와 부모세대가 동거하거나 가까이 거주하면서 경제활동을 하였기 때문에 시어머니가 가사관리권을 가졌고 경험과 전통적 규범에 기초한 권한이 컸었다. 그러나 현대사회는 산업화, 도시화의 영향으로 자녀세대가 가정 외부에서 수입을 가져옴에 따라 주거와 경제적인 면에서 부모세대와 독립이 용이해졌다. 그리고 도시에 사는 며느리는 가사관리권을 갖게 되었다. 부모세대에 경제적 의존을 하는 경우는 제외하고 대부분의 자녀세대가 결혼 초기부터 며느리가 가사관리권을 갖는 경향이 있다.

둘째, 가치관의 변화와 교육수준의 향상, 기술혁신의 영향으로 시어머니의 권위가 약화되고 있다. 현대사회에서 양성평등사상과 개인주의 가치관이 확대되고 부부중심의 핵가족 질서가 보편화되면서 어른공경, 부자중심, 남성중심의 가족질서를 강조하던 유교적 가족규범이 힘을 잃게 되고, 그에 따라 시어머니들의 절대적 권위가 약화되었다. 반면에 며느리의 교육수준이 향상되고 사회활동과 경제활동이 증가하면서 무조건 순종하던 며느리들의 의식이 변하여 수직적 고부관계를 용납하지 못함에 따라 불만을 공공연히 표현하고 권리를 주장하게 되었다. 또 급격한 사회변화와 기술혁신, 정보의 범람으로 노인의 경험과 지식이 유용성을 잃게 됨에 따라 시어머니의 권위는 더욱 저하되는 경향을 보이고 있다.

셋째, 애정과 정서적 관계 면에서 고부갈등을 초래하던 전통가족의 밀착된 모자관계가 현대가족에서도 그대로 갈등요인으로 작용한다. 시어머니의 아들에 대한 집착과 기대가 크면 클수록, 아들을 중간에 둔 고부간의 갈등은 불가피하다. 이에 아들이자 남편의 어머니에 대한 의존이 클수록 고부간의 갈등은 더 심화된다.

이 외에 가족 내에 시아버지, 시누이 등을 둘러싼 가족체계의 정서적 관계 특성이 고부관계에 영향을 미치는 측면이 있으나 이에 대한 체계적인 연구결과가 없어 더 연구가 필요하다(김밀양, 2004).

오늘날 대부분의 경우 시어머니의 권력자원은 감소하고 젊은이의 교환적 사고방식이 증가하여 며느리들은 시어머니와의 관계에서 실질적 이득을 고려하게 되었다. 이제 더 이상 전통적인 가족윤리를 통하여 고부관계가 유지되거나 고부갈등이 해결되는 일이 어려워지게 되었다. 즉, 시어머니가 경제적 능력이 있거나 며느리에게 도움을 줄 수 있는 경우에는 대우를 받지만 그렇지 못한 시어머니는 기본적인 부양마저 걱정하여야 한다. 그러므로 전통적인 시어머니 우세형에서 며느리 우세형으로 고부관계가 변하고 있고 시어머니의 소외와 고부갈등의 표출문제가 가족문제로 확대되는 경우가 많아졌다.

고부간의 갈등문제는 당사자들의 삶의 질을 저하시킬 뿐 아니라 부부관계에 악영향을 미치며, 모자관계나 조부모-손자녀 관계의 단절과 며느리의 우울증과 시어머니의 가출이나 방황, 형제자매 간의 갈등 등 가족 전체적인 부정적 결과를 초래할 수 있다. 이때 시어머니나 며느리는 아들이자 남편에게 해결책을 요구하거나 문제를 호소하게 되고 중간에서 중재역할을 잘 하지 못하는 남편은 무기력과 좌절감으로 괴로워하는 경우가 많다.

그러므로 고부관계의 갈등문제는 단순히 시어머니와 며느리 관계를 넘어서 노부모를 비롯한 시가식구와 아들・며느리 간의 관계문제로 확장되고 세대 간의 갈등문제가 되었다. 고부간의 갈등은 방치되어서도 안 되고 어느 한쪽을 편들어 줄 수도 없으며, 중재를 시도하는 과정에서 오히려 역효과가 발생할 수 있는 매우 어려운 문제라 할 수 있다. 어느 인간관계나 갈등은 있을 수 있기 때문에 고부문제도 갈등의 양상과 원인을 파악한 후에 타협과 조정의 기술을 배우고 공존의 노력을 하는 가운데 해결해나가야 한다.

3) 고부갈등의 원인

고부갈등은 가족 내 권력구조, 역할구조, 애정구조, 세대차이 등의 원인에서 비롯된다.

(1) 권력구조

고부간에는 가사운영과 경제권, 자녀양육권 등의 살림살이 주도권을 둘러싸고 갈등을 경험한다. 전통사회에서는 모든 살림살이 주도권이 시어머니에게 있었고 며느리는 그 지배를 받고 사는 것이 규범으로 정해졌기 때문에 갈등이 없었다. 그러나 현대사회에서는 며느리가 자신의 가정에서 남편이 버는 돈을 아내가 주도해야 하는 것으로 생각하고 가계운영을 주도하려 하는 데 비해 시어머니는 기존의 권위와 살림살이 주도권을 빼기지 않고 계속 행사하려고 하므로 갈등이 발생한다. 이때 시어머니가 주도권을 포기하고 며느리와 협력적 관계로 바뀌면 갈등은 완화될 수 있다. 대개 농촌에서 시어머니가 여전히 가사주도권을 행사하는 경우가 있으나 도시에서는 며느리가 가사주도권을 가지는 경우가 많아졌다.

또한 보상과 비용의 교환 측면에서 고부간에 이해관계도 갈등의 원인으로 작용한다. 개인의 행복과 편의를 추구하는 며느리 측에서는, 시어머니에게서 오는 보상과 대가를 기대할 때 시어머니와 좋은 관계를 유지하지만, 시어머니로부터 받는 보상이 적고 자신의 비용이 많이 제공된다고 생각하면 갈등을 겪는다. 예를 들어, 시어머니에게 경제적으로 도움을 제공하는데 시어머니에게서 받는 보상이 적다고 인식하는 며느리는 갈등을 더 많이 경험하는 반면, 시어머니가 경제적 도움을 주거나 가사일이나 자녀양육에 도움을 주는 경우에 며느리는 갈등을 적게 경험한다. 또한 아들·며느리에게 해준 것이 많다고 생각하고 대접받기를 기대하는 시어머니는 갈등을 겪기 쉬우나 아들·며느리에게서 보상을 많이 받는다고 생각하는 시어머니는 갈등을 겪지 않게 된다.

(2) 역할구조

기혼여성의 역할로 가정 내 아내역할, 어머니 역할, 며느리 역할이 있고 이 외에 딸 역할, 직업적 역할 등이 있다. 이 중 전통가족에서는 아들 출산과 며느리 역할이 여성의 역할로 가장 우선시되었으나, 현대가족에서는 아내역할, 자녀에 대한 어머니 역할의 비중이 커졌다. 그러므로 시어머니가 며느리에게 아들출산과 며느리로서 시부모 봉양과 시가화목 역할을 기대하는 것과 상치되게, 며느리는 부부중심적이고 자녀위주의 가치관을 갖고 역할을 수행함으로써 갈등이 발생하는 것이다. 또한 가사에서도 시어머니는 전통적인 방식을 고수하려는 데 비해 며느리는 합리성과 편의성을 중시하기 때문에 상호 간의 역할기대에 실제 역할수행이 부응하지 못하는 측면이 작용하여 갈등이 생기는 것이다.

(3) 애정구조

전통적인 부계 직계가족에서 구조적으로 고부간의 갈등을 유발시켜온 전통적인 밀착된 모자관계는 현대사회에서도 고부갈등의 원인으로 작용한다. 전통가족에서 가계계승과 존재가치를 확고하게 해준 아들에 대한 어머니의 애착은 특별하였다. 그에 따라 모자관계는 밀착되고 모자 간의 상호 의존성과 애착에 기초하여 아들을 위해 희생한 어머니에게 아들이 정성을 다해 효도하는 것은 자연스럽고 당연한 것으로 기대되었다.

그러나 아들이 결혼하여 며느리를 맞게 되면, 어머니는 그동안 의존적이던 아들의 애정과 관심이 줄어들게 되고 어머니와 분리하려는 것이 서운해지게 된다. 그리고 아들의 변화원인을 며느리 때문이라고 생각하게 되어 며느리를 모자 사이를 갈라놓는 침입자, 경쟁자로 인식하고 애정을 며느리에게 빼앗겼다고 생각하여 질투를 느끼게 된다.

특히 시어머니가 젊은 시절에 심한 시집살이를 겪었거나 남편의 애정을 충분히 받지 못한 경우, 경제력이 많아서 아들을 지원하는 경우, 또한 외동이나 특별한 아들이어서 아들에 대한 집착이 클 수밖에 없는 경우에 모자관계가 더욱 강한 유대감을 갖게 되고 애정을 둘러싼 고부간의 갈등은 더 커지게 된다.

한편 현대교육을 받은 며느리는 부부중심의 동반적 결혼생활을 기대하므로 시어머니의 아들에 대한 집착과 독점욕은 남편과의 애정관계에 장애물로 여기게 되어 부부관계를 갈라놓는 침입자로 시어머니를 인식하게 된다.

이때 아들은 자신이 어머니의 유일한 삶의 보람임을 알기 때문에 어머니의 기대와 영향력에서 벗어나지 못하고 말려들어 계속적으로 어머니의 권위에 복종하게 됨으로써 며느리는 남편과의 관계보다는 자신의 아들과의 모자관계에 더욱 집착하게 되는 악순환이 세대로 전수되어 반복되는 것이다.

(4) 세대차이

시어머니와 며느리는 부모세대와 자녀세대로서 세대 간에 생활경험과 가치관의 차이가 있다는 점이 작용하여 고부간의 갈등이 발생하기도 한다. 즉, 시어머니와 며느리는 세대차이에서 오는 가치관과 사고방식의 차이를 이해하지 못함으로써 갈등을 겪게 된다. 대체로 시어머니는 친족중심의 가족주의, 시댁우선, 남성우위의 사고방식, 어른공경과 효를 강조하는 가치관을 지니는 반면, 며느리는 개인주의, 부부중심, 양성평등적 사고방식을 지니므로 가정생활 전반에 걸쳐서 양자 간에 사사건건 의견충돌과 오해가 나타난다.

물론 어머니와 딸의 관계에서도 세대차이가 작용하기도 하지만 고부관계만큼 갈등으로 비화되지 않는다. 이는 모녀관계가 더욱 공통의 경험과 추억이 많고 친밀감과 유대감이 강하여 공감대 형성이 잘 되므로 이해의 폭이 넓지만 고부관계는 의무적인 관계로 상호 간에 공통경험이 부족하고, 이해를 위한 공감대 구축이 미흡하며 상호 간에 피해의식도 작용하기 때문이다.

또한 며느리를 맞이하는 시어머니는 중년기에 접어들어 신체적 · 심리적인 노화과정을 경험하는 사추기(思秋期) 시기를 겪고 있어서 발달적으로 많은 애정과 이해를 받기를 원하는 때이나 아들의 결혼으로 역할상실감과 애정감소를 경험하여 더욱 불안정하고 불만스러운 감정을 가지게 된다. 이런 요인들이 고부관계에 부정적으로 작용하여 고부갈등이 발생하는 것이다.

4) 고부갈등 양상

우리나라 고부갈등 양상으로 시어머니와 며느리의 경우 다음과 같이 지적된다. 시어머니는 며느리가 자신의 의견을 무시하는 것, 자기중심적 가치관과 이기적 태도로 인한 며느리의 시가족에 대한 소홀, 가정관리 미숙, 자신에 대한 불손한 태도 등으로 인한 갈등을 경험하였다(송경아, 1987; 이기숙, 1985).

한편 며느리는 시어머니가 다른 사람과 비교하고 며느리를 이해하지 않으며, 자기중심적 가치관을 고집하고 관습과 자녀양육관의 차이로 인한 가치관의 대립, 심한 간섭, 시누이 편애와 며느리 차별, 이기적 태도, 며느리의 친정나들이와 친정식구 출입을 싫어하는 것 등으로 인한 갈등이 많았다(고정자 · 김갑숙, 1993; 이정연 외, 1996).

며느리들이 겪는 시부모 관련 스트레스 요인으로 며느리의 개인적 특성, 며느리와 시부모 간의 관계 특성, 가족과 사회의 지원 등이 있다. 여러 연구결과에 의하면, 며느리가 나이가 많을수록, 전업주부이면서 시부모와 동거하는 외며느리나 큰며느리일 경우 시부모 관련 스트레스를 많이 경험하였다. 한편 며느리의 개인통제력이 높고 시부모에 대하여 긍정적인 태도와 애정 및 친밀감을 가질수록, 시부모와 호혜적 원조와 교류가 되거나 시부모로부터 더 많은 원조를 받는 경우, 남편이나 시형제자매의 도구적 지원과 친구나 이웃 등 주변사람의 정서적 지원이 많을수록 스트레스를 덜 경험하였다(서병숙 · 정혜정, 1993; 송현애 · 이정덕, 1995). 또 며느리의 자아분화 수준이 낮은 경우 시어머니와의 갈등을 더 심하게 겪고 관계만족도가 낮은 반면, 며느리의 자아분화 수준이 높은 경우 시어머니와의 갈등을 적게 겪으며 높은 관계만족도를 보였다(최경선, 2004).

고부갈등의 표출은 고부 모두 혼자서 참는 경우가 가장 많고 갈등을 호소하는 대상도 시어머니와 며느리 모두 아들이자 남편을 지적하고 있어 그의 역할이 중요함을 알 수 있다. 이와 같이 중요한 역할을 해야 할 남편의 경우 중간에 중립적 태도를 지키고 조정하는 일을 하지 못하고 대부분 회피하는 경우가 많아 고부갈등은 부부문제와 가족문제로 비화되게 된다. 이 외에도 시어머니는 시누이에게, 며느리는 친정의 언니나 어머니에게 불만을 토로하는 방법, 고부간에 접촉을 회피하기, 상호 간에 은밀한 언어적 공격, 언쟁의 순으로 갈등을 표출하는 경향을 보였다. 반면 갈등대처방법 중 며느리가 시어머니와 효율적 의사소통을 하는 경우 문제해결을 촉진시키고 고부간의 갈등을 감소시키는 것으로 나타났다(김숙이, 2000; 이정연 외, 1996; 홍숙자, 1995; 홍숙자 · 유은희 · 전길량, 1996).

5) 고부갈등의 해결방안

고부간의 갈등을 해결하고 관계를 증진시키기 위해서는 개인적 · 가족적 · 사회적 측면에서 다각도의 노력을 해야 한다.

(1) 개인적 측면의 노력방안

가부장제 속에서 전통적인 시어머니와 며느리를 연상하거나 선입견을 갖지 않고 결혼으로 맺어진 인척관계로 생각하여 어느 인간관계가 그러하듯이 남남끼리 친해지고 적응하는 과정이 필요하다는 인식을 우선적으로 할 필요가 있다. 그리고 공통적으로 한 남성을 아들로 또는 남편으로 공유하는 같은 여성으로서 친밀해지고 상대방을 이해하는 시간이 필요함을 자연스럽게 받아들여야 한다.

그리고 고부 모두 자기통제력을 기르며 상호 간에 서로를 존중하고 이해하려는 태도를 갖고 상시적인 대화채널을 유지하여야 하며, 문제나 갈등이 발생하면 직접적인 대화채널을 가동시키는 적극적인 노력을 기울여야 한다.

이 외에 시어머니 측에서 다음과 같은 구체적인 노력방안이 필요하다.

첫째, 과거에 순종적이었던 며느리상을 갖고 기대하거나 며느리를 통제하려는 생각을 하기보다는 요즈음 며느리 세대의 입장을 이해하고 존중하는 노력을 해야 한다. 이를 위하여 평생교육기관을 이용하거나 노인학교 등의 유익한 강좌에 참여하여 사회변화 경향과 젊은 세대의 가치관과 생활패턴을 알고 자신을 맞춰가는 노력을 하여야 한다.

둘째, 시어머니는 아들이나 며느리의 생활과 부부관계에 지나친 간섭이나 참견을 하지 않아야 한다. 그리고 권위행사를 하려고 하거나 권위를 인정받기 바라기보다는 편의에 따라 가사를 분담하고 집안의 크고 작은 일을 며느리와 상의하며 며느리의 의견을 존중한다. 그리고 아들과 며느리에게 지나친 기대를 하지 않고 그들의 독립적인 영역을 인정해 주어야 한다. 그리고 살림주도권을 며느리에게 이양하고 호혜적 관계를 유지한다.

셋째, 며느리에게서 긍정적인 면을 찾고 칭찬과 감사를 표현하여야 한다. 혹시 며느리에게 서운한 점이나 불만이 있는 경우에는 며느리의 인격을 존중하면서 직접 며느리와 대화를 시도하는 것이 필요하다. 절대로 제3자에게 험담을 하거나 비교하는 것은 좋지 않다. 가능한 한 딸처럼 애정과 믿음으로 대하고 고마운 점을 생각하고 표현하여야 한다.

넷째, 자신의 인격적 성숙과 자기개발에 힘쓰고 새로운 역할과 외부활동을 가지며, 독립된 생활과 공간을 갖는다. 그리고 가정과 이웃에서 존경받으며 삶의 지혜와 행복을 나눠주는 사람(peace maker)이 된다.

며느리 측에서 노력할 방안은 다음과 같다.

첫째, 시어머니에 대한 부정적 선입견을 버리고 또 고부간에 모녀처럼 지내기를 바라는 환상도 버리고 사랑하는 남편을 낳고 길러주신 고마운 분으로 인식하여야 한다. 그리고 시어머니의 긍정적인 면, 배울 점을 찾아 배우려는 자세를 가진다.

둘째, 자신의 가치관이나 생활스타일을 고집하여 시어머니를 조정하거나 시어머니가 일방적으로 이해해 주기를 기대하기보다는 시어머니의 오래된 사고방식과 가치관의 배경을 이해하고 굳어진 성격 특성과 발달적 특성과 요구를 수용하면서 장기간 동안 고부가 편안하게 공존할 수 있도록 타협과 설득하는 노력이 필요하다.

셋째, 시어머니의 연륜과 경험을 존중하고 권위를 인정하며 중요한 일을 의논하고 조언을 구한다.

넷째, 은혜에 보답하는 고마운 마음으로 시어머니를 기쁘게 하고 행복하게 하는 일들을 구체적으로 행동화한다. 동거하는 경우에는 시어머니의 생활습관을 존중하고 적절한 역할에 참여할 기회를 마련해 드리며, 따로 사는 경우에는 방문이나 전화 등의 문안인사를 자주 하며 생활에 불편함이 없도록 자발적인 관심과 배려하는 마음을 갖는다.

(2) 가족적 측면의 노력방안

원만한 고부관계를 위해서는 남편의 중간역할이 매우 중요하다. 아들이자 남편은 다음과 같은 노력을 하여야 한다.

첫째, 아내와 어머니의 서로 다른 입장을 각각 충분히 이해하고 인정해 주어야 한다. 그리고 그들의 과거배경과 특성을 잘 이해시켜서 서로에 대한 불필요한 오해를 없애도록 중립적 입장을 고수하면서 중간역할을 수행한다.

둘째, 아내를 배려하고 이해하고 지지해 주며 인격을 존중하여야 하며, 아내의 행동을 변화시키려고 하거나 아내에게 효도를 강요하기보다는 아내가 본가식구들에게 잘 하는 점을 칭찬하고, 좋은 의도를 믿어주며, 힘든 점을 경청하고 인정하며 필요한 도움을 주어야 한다. 그리고 되도록 장인, 장모에게 사위노릇을 잘하여야 하고, 본가식구들에게 지혜롭게 아내의 방패막이와 울타리가 되어주어야 한다.

셋째, 어머니를 존경하고 요구를 인정하며 배려하면서 어머니가 아들과 며느리의 생활영역을 인정하고 자율성을 존중하도록 어머니와 경제적·심리적으로 독립된 생활을 영위하여야 한다. 그리고 어머니가 독립된 생활영역과 생활공간을 가지도록 도와주고 어머니의 관심사를 외부 봉사활동이나 자기개발, 친구관계로 전환하도록 돕는다.

이 외에 가족 전체가 노력해야 할 해결방안은 다음과 같다.

첫째, 거주형태를 반드시 동거로 제한하면 고부간의 갈등이 더 악화될 수 있으므로 각자가 자유로운 생활을 하면서 유대관계를 유지하는 대안적 거주형태를 고려하는 방안이 있다.

그 한 가지는 부모와 자녀세대가 서로 가까운 곳에 떨어져 살면서 빈번한 접촉과 교류를 유지하는 수정확대가족 형태를 취하거나, 또는 한 집안에 살지만 부모와 자녀세대가 사생활을 유지할 정도로 공간을 위·아래층으로 분리하든지 생활공간을 구분하는 수정핵가족 형태를 취하는 방안이 있다.

또 하나는 딸과 동거하는 방안이 있다. 이는 많은 연구에서 며느리와 동거하는 경우보다 딸과 동거하는 경우 노모의 만족도가 높게 나타나고 실제 딸과의 동거가 많아지고 있기 때문이다.

다른 하나의 방안은 자녀세대의 부양 스트레스와 노부모의 심리적 불편함을 줄이고 고부갈등을 예방하기 위해 경제적 여유와 건강조건에 따라 쾌적한 시설을 갖춘 유료노인주거시설이나 유료요양시설에 노부모가 입소하는 것이다. 이 방안은 부모세대와 자녀세대의 교류가 계속되면서 노부모가 안전하고 편안한 노후생활을 즐길 수 있는 장점이 있고, 동시에 고부간의 갈등을 예방할 뿐만 아니라 형제간의 노부모 부양을 둘러싼 갈등을 예방하고, 자녀들의 부양스트레스를 완화시키는 효과도 있다. 그러나 부모를 시설에 모신다는 것에 모든 자녀들이 동의하기가 쉽지 않고, 또 노부모 자신도 소극적 자세를 가질 수 있으며 경제적 부담이 크다는 문제가 있다.

둘째, 시아버지와 시가 여자형제, 남자형제들을 비롯한 시가식구들이 며느리의 시집식구에의 적응을 도와주고 며느리의 특성을 이해하며 존중해 주는 노력이 필요하다. 또한 며느리도 시가식구들의 특성을 수용하고 유연하게 적응하며 협조적 자세로 대처하는 노력이 필요하다. 그리고 양자 간에 상대방을 바꾸려고 하기보다는 자신의 사고방식과 대처방법을 바꾸는 노력을 하며 기본적으로 상호 간에 이해와 배려, 대화하는 노력이 중요하다.

셋째, 동거하는 경우에 고부간에, 며느리와 시누이 간에 명확한 역할분담이 이루어지고 서로 독자적인 책임과 권한을 가지며 상대방을 간섭하지 않아야 갈등의 소지를 줄일 수 있다.

(3) 사회적 측면의 노력방안

고부간의 갈등을 줄이고 관계를 증진시키기 위해서는 개인과 가족의 노력만으로는 한계가 있고 사회적인 지원대책이 필요하다.

첫째, 시어머니들의 여가생활과 평생교육을 위한 시설이 이용하기 좋도록 설치되고 유용한 프로그램이 활성화되어야 한다.

둘째, 고부간에 서로를 이해하는 데 도움이 되는 정보를 접할 수 있는 교육 프로그램과 갈등해소와 관계증진에 도움이 되는 상담 프로그램, 그리고 갈등해결 기술과 대화법 교육 프로그램, 고부가 같이 공유하는 문화 프로그램 등이 많이 보급되어야 한다.

셋째, 노인의 경제적 독립을 지원하는 제도적 지원책이 필요하고 시부모를 부양하는 며느리와 가족에 대한 사회적 지원과 혜택이 확대되어야 한다. 즉, 노인의 일자리를 확대하고 연금제도를 확충하고, 재가노인서비스 사업을 확대하며 노부모를 부양하는 자녀세대에 대해서 주거와 경제, 교육적인 면의 혜택이 확대될 때 노부모 부양부담이 완화되고 고부관계가 개선될 수 있다.

6) 장모 - 사위관계

(1) 장모 - 사위관계의 특성

장모 - 사위관계는 고부관계와 더불어 결혼을 통해 형성되는 인척관계에 해당한다. 전통사회에서는 여성이 혼인함으로써 시가와의 관계에 적응하여야 하는 반면, 남성은 처가와 소원한 관계를 유지하고 '백년손님'으로서 장인·장모의 대접을 받는 존재로 여겨졌다. 또한 결혼한 딸은 출가외인으로 여겨져 친정식구와 접촉이 빈번하지 않았고 장인·장모는 딸과 사위의 결혼생활과 일상에 관여할 일이 적었다. 그에 따라 사위의 처가식구들과의 교류가 적어서 고부관계처럼 갈등이 발생할 소지가 거의 없었다.

그러나 여성의 지위가 상승하고 사회참여 증가로 가정 내 발언권이 커지면서 처가의 영향이 상대적으로 증가함에 따라 장모 - 사위관계가 변하게 되었다. 또한 맞벌이부부가 늘어나면서 친정살이를 하거나 동거하지는 않더라도 처가와 근거리에 살면서 일상생활에서 다양한 도움을 주고받는 경우가 많아짐에 따라 처가와 더 친밀한 관계를 갖고 교류가 증가하게 되었다. 그에 따라 고부관계와 마찬가지로 세대차이, 문화적 차이, 가치관의 차이로 인해 장모 - 사위관계에 어려움이 발생하고, 특히 자녀양육과 가사를 지원하기 위해 장모와 동거하거나 매일 접촉하는 경우 장모 - 사위 사이에 갈등이 더욱 유발될 수 있다. 이는 장인보다는 장모가 자녀와 정서적 유대가 강하고 가사와 손자녀 양육에 도움을 주는 주체이며, 동시에 발달 특성상 처가에서 장모의 영향력이 크기 때문에 처가와의 관계에서 장인보다는 장모와의 관계가 더 부각되는 것이다.

(2) 장모 - 사위관계 개선방안

장모 - 사위관계의 긍정적인 면과 부정적인 면을 연구한 결과(김혜리 외, 2012; 박정윤, 1993; 오혜정, 2011; 우미향, 2004; 전세송 외, 2011)를 토대로 장모 - 사위관계를 만족스럽게 영위하기 위한 방안을 제시하면 다음과 같다.

첫째, 장모는 사위에게 정서적 지지와 경제, 육아, 가사 등의 도구적 지지를 적절히 주는 것이 필요하다. 즉, 사위를 인정하고 존중하고 사랑하고 신뢰하는 것, 실수와 잘못을 용납하며 사위의 고민을 경청하고 이해하며 해결에 도움을 주려고 하는 태도를 가지는 것이다. 그리고 사위의 생일을 챙겨주고 행사나 여행비용, 물품구입비용을 도와주며, 손자녀 양육과 교육, 집안일, 밑반찬 등의 경제적 · 서비스적 도움을 주는 것이다. 한편 사위의 생활습관, 성격, 실수, 잘못 등을 지적하거나 딸편이 되어 사위의 의견을 무시하고 일방적으로 강요하거나 다른 사람과 비교하고, 사위의 경제력과 역할에 불만을 가지며 필요 이상의 간섭을 하고, 자기중심적으로 어른대접만 받으려고 하는 것 등을 삼가는 것이 필요하다.

둘째, 사위는 장모의 말상대와 의논상대가 되어 경청하고 감사하며, 사랑과 존중의 마음을 표현하는 등 정서적 도움을 제공하는 것이 필요하다. 또한 장모에게 용돈을 드리거나 장모의 여행비용, 행사비용, 물품구입비용을 드리고 장모가 편찮으실 때 병원에 모시고 가거나 함께 쇼핑을 하고 집안일을 도와드리는 등의 경제적 · 도구적 도움을 제공하는 것이 필요하다.

셋째, 딸은 친정어머니와 남편 사이에 서로 다른 입장을 각각 이해하고 인정해주며, 서로 오해가 없도록 중간역할을 잘 수행하여야 한다. 남편에게는 효도를 일방적으로 강요하기보다 사위역할을 잘 하는 점을 칭찬하고 남편의 존재를 인정해주며 애로사항을 경청하고 해결을 도와야 하며, 시부모를 비롯한 시가식구들에게 며느리 노릇을 정성껏 해야 한다. 또한 친정어머니와 친정가족에게 남편의 입장을 세워주며, 친정가족으로부터 정서적으로 독립되어 자율적인 결혼생활이 되도록 해야 한다.

참고 10-3 며느리가 시어머니에게 가장 서운할 때는?

여전히 시댁의 '시'자만 들어가도 싫다는 기혼여성들이 많은 편이지만, 전통적인 고부관계에 조금씩 변화의 바람이 일고 있는 것으로 나타났다.

현대백화점은 우리 사회 고부관계의 가치와 의미를 되짚어 보기 위해 마련한 '시어머니 - 며느리 동안 · 동심(同顔 · 同心) 콘테스트'에 맞춰 자사카드 고객 중 30~50대 기혼여성 1,042명을 대상으로 고부관계에 대한 이메일 설문조사를 실시했다.

설문결과 가장 눈길을 끄는 것은 며느리가 보는 자기 시어머니 스타일. 예상과 달리 권위주의형(32%)보다 '민주주의형'(40%)이라는 응답이 가장 많았다. 그 다음은 자유방임형(28%)이었다. 응답자 자신도 '민주주의형 시어머니가 되고 싶다'(73%)는 응답이 가장 많았다.

자유롭게 '시어머니'의 정의를 내려달라는 질문에 '엄마', '바다', '기둥' 등 긍정적 답변과, '몰래카메라', '필요악' 등 다소 부정적 답변이 고루 나왔다. 처음에는 차갑지만 나중에는 따뜻하고 포근해진다는 의미의 '가죽소파', 자녀들이 뭘 해도 예쁘게 본다는 의미의 '고슴도치' 등 재치있는 답변도 많았다.

현재 시어머니가 자신을 부르는 호칭은 '○○엄마'(45%)가 가장 많았지만, 며느리들이 듣고픈 호칭은 '이름'(52%), '○○엄마'(34%), 기타(14%) 순이었다.

며느리들이 시어머니에게 가장 고마울 때는 '친딸처럼 대해줄 때'(25%), '따뜻한 말을 건넬 때'(18%) 순이었다. 가장 서운할 때는 남편편애(54%), 딸과 며느리 차별(18%), 동서 간 차별(16%) 순이었다.

고부간 갈등 시 요구되는 남편의 역할은 '적당히 내 편을 들어야 한다'(43%), '합리적인 중재'(33%), '엄정중립'(14%) 순이었다. 시어머니와 동거하는 경우 가장 큰 이유는 불가피한 선택(57%), 육아 및 자녀교육 도움(18%), 경제적 이유(14%) 등이었다.

출처 : 머니투데이(2006. 10. 25).

참고 10-4 [다시 보는 가족]〈상〉 "新고부갈등"

<가족 내 인간관계가 급속히 변하고 있다. 특히 결혼으로 만들어지는 새 가족관계의 변화가 크다. '며느리 사랑은 시아버지, 사위사랑은 장모'라는 공식은 깨지고 있다. 며느리를 구박하는 시아버지, 시아버지에게 당당한 며느리, 사위를 꾸짖는 장모가 늘어나고 있다. 또 아들 같은 사위, 자매 같은 시누이와 올케 등 새로운 연대가 등장했다. 부모 - 자식 간에 적당한 거리를 두려는 시도도 이뤄지고 있다. 한가위 명절을 앞두고 신(新) 가족관계를 상, 중, 하로 짚어본다>

주부 김모 씨(43 · 서울 강북구 미아동)는 시아버지(70)의 지나친 살림간섭에 머리카락이 빠질 정도다. 시아버지가 주말에 불쑥 찾아와 가스레인지를 청소한다며 뜯어놓는가 하면 특수코팅 프라이팬을 수세미로 박박 닦아 망쳐놓기도 한다.

김씨는 "잔소리를 하고 반찬투정이 심한 시아버지가 나타나면 초긴장"이라며 "전직 공무원이었던 시아버지는 혈기왕성하고 대범하셨지만 퇴직하신 뒤 너무 변했다"고 말했다. 주부 윤모 씨(40 · 서울 강남구 개포동)는 명절, 제사 때만 되면 골치가 아파온다. 시어머니는 "대충대충 하라"고 말하지만 시아버지는 어림도 없다. 너무 엄해서 명절날 친정집 가는 것은 엄두도 못 내고 명절 전날 꼭두새벽부터 시댁에 가서 고생하는데 따뜻한 말 한마디 없는 시아버지가 서운할 때가 많다.

'며느리 사랑은 시아버지'라고 했건만 시아버지와의 갈등으로 속앓이 하는 며느리가 늘고 있다. 특히 퇴직 이후 사회와 담을 쌓다시피 한 시아버지가 과거의 관념에 사로잡혀 있어 가족관계에만 신경을 쓰다보면 이런 현상이 벌어지기 쉽다. 종교활동이나 동창회 등을 하며 시대정보에 빠른 시어머니들과는 대조적이다.

좋은 가정 만들기 연구소 문은주 소장은 "예전엔 시어머니와 며느리의 갈등인 고부갈등이 많았는데 요즘엔 10건의 상담 가운데 4~5건이 시아버지와 며느리, 장모와 사위의 갈등"이라고 말했다.

이혼 후 재혼한 시아버지의 등장도 며느리에겐 새로운 변화다. 시아버지가 새 부인과 사랑에 빠져 며느리에게 '희생'을 요구하기도 한다. 이모 씨(37 · 서울 서초구 반포동)는 "시아버지가 재혼하면서 손자명의로 만들어 준 저축통장을 달라고 했을 때는 많이 서운했다"고 말했다.

시아버지 - 며느리의 갈등이 늘어난 것은 며느리들이 과거보다 당당해졌기 때문이다. 한국가정경영연구소 강학중 소장은 "고학력에 경제력을 갖춘 며느리들은 옛날처럼 죽어지내지 않는다"며 "며느리는 변했는데 시아버지는 그대로이니 갈등이 일어날 수밖에 없다"고 말했다.

시아버지들의 마음고생도 이만저만 아니다. 3년 전 상처한 김모 씨(70 · 서울 영등포구 신길동)는 "며느리가 너무 이기적"이라며 "안부전화도 하지 않다가 일 있을 때 애를 맡기면 얄밉다는 생각이 든다"고 말했다.

장모와 사위의 갈등도 새로운 양상으로 자리잡고 있다. '세진' 장모들의 사위대접은 예전 같지 않다. 자녀양육 등으로 인한 처가살이도 갈등의 소지다. 회사원 송모 씨(35 · 경기 고양시 일산동구 백석동)는 "아내의 연봉이 많아 장모가 결혼을 반대했다"면서 "사위에게 대놓고 잔소리를 하거나 불만을 드러내는 장모를 보면 아무리 이해하려고 해도 서운한 게 사실"이라고 말했다.

맞벌이하면서 2년째 처가살이하는 금모 씨(36 · 회사원)는 "아이들이 외가식구만 따르고 친가식구를 낯설어 한다"면서 "친가보다 처가의 경조사를 먼저 챙기는 자신을 발견하거나 처가살이한다고 무능하게 보는 주변의 시선이 따가울 때 서럽다"고 말했다.

맏딸을 시집 보낸 이모 씨(58)는 "내 딸도 가르칠 만큼 가르쳤고 결혼시킬 때도 해줄 만큼 해줬다"면서 "나도 사위에게 할 말은 하고 살고 딸에게도 '무조건 참아라'라고 얘기하지 않는다"고 말한다.

한국 노인의 전화 강병만 사무국장은 "참고 지내느라 드러나지 않았던 일들이 자기주장이 강한 시대이다 보니 드러나는 것일 뿐 시댁이나 처가 관계에서 예전에는 볼 수 없었던 친밀한 관계를 유지하는 가족도 많다"며 "다만, 시아버지에게는 변한 시대를 받아들이라고 충고해 주고 장모에게는 사위에 대한 기대치를 낮추고 기(氣)를 살려주는 게 딸을 행복하게 해주는 일이라고 말씀 드린다"고 말했다.

출처 : 동아일보(2006. 9. 20).

3. 조부모 – 손자녀 관계

자녀출산율이 감소하고 평균 기대수명이 길어지는 인구추세로 가족 중 나이가 가장 많은 세대가 아닌 중간세대가 조부모가 되는 경우가 많아지고 있다. 대부분의 여성이 조부모가 되는 50대는 아직 활동이 왕성한 중년기이고 부양할 노부모가 생존해 계시며 평균수명이 늘어남에 따라 조부모 역할 수행기간도 연장되고 있어서 조부모와 손자녀 관계는 조부모와 손자녀 모두에게 더욱 영향력 있는 중요한 관계가 되고 있다.

손자녀가 출생하면서 조부모가 되는 경험은 조부모들의 만족감에 긍정적 영향을 준다. 뉴가튼과 와인스타인(Neugarten & Weinstein, 1964)은 조부모됨이 다음과 같은 긍정적 영향력을 지닌다고 하였다.

첫째, 손자녀와의 접촉을 통해 젊음과 활력을 다시 느끼게 되는 생물학적 갱신감을 경험한다.

둘째, 조부모로서 성취감과 보람을 가지며 과거와 현재, 미래의 연결감을 경험한다.

셋째, 손자녀에게 지혜와 지식을 전수하거나 인격성장에 도움을 주는 역할을 한다.

넷째, 손자녀를 통해 자신이나 자녀들이 이루지 못한 성취감을 기대할 수 있다.

문화인류학자 미드(Mead)는 전통사회의 노인세대는 경험과 연륜이 많은 세대로서 자녀와 손자녀 세대에게 문화를 전수하는 역할을 해왔으나 현대사회에서 핵가족화가 진행됨에 따라 물리적으로나 심리적으로 노인과 떨어져 성장한 아이들은 그만큼 문화적 손실을 본다고 지적하였다.

손자녀들에게 조부모와의 친밀한 관계는 자신의 과거의 뿌리를 발견하고 가족역사와 문화의 계승을 통해 지혜를 전수받음으로써 인격성장과 정체감의 근원으로 작용하게 되며, 가족원으로서의 소속감과 가족결속감을 경험하며 심리적 안정을 유지할 수 있게 된다. 그리고 인간의 전 생애적 발달과정을 알게 되고 자신의 미래를 예견하는 기회를 제공한다. 따라서 친밀한 조부모 - 손자녀 관계는 조부모와 손자녀 모두에게 유익하며 상징적 · 구체적인 측면에서 중요한 의미를 갖는다.

우리나라는 외형상 핵가족화가 심화되고 있으나 서구사회와 달리 여전히 관계에서 가족의 응집력이 강하고 노부모와 성인자녀, 손자녀가 같이 하는 시간이 많기 때문에 조부모와 손자녀의 관계도 밀접한 경우가 많다.

한편 조부모와 손자녀 관계에서 부정적인 면도 지적된다. 즉, 손자녀의 성별선호나 양육방법에 대한 조부모와 자녀의 가치관이 다를 때 갈등과 긴장이 발생하게 된다. 예로 조부모가 손자를 선호하고 편애하며 손녀를 차별하는 경우에, 또는 조부모가 자녀부부에게 아들을 낳을 것을 강요할 때, 또한 아이를 키우는 방식에서 의견이 상치될 때에 조부모와 성인자녀는 갈등을 겪게 되고 손자녀는 부정적 영향을 받게 된다.

조부모의 경우에 처음 할머니, 할아버지로 불려지게 될 때 한편으로 손자녀를 본 기쁨과 즐거움을 느끼면서 동시에 자신의 노인됨을 인정하고 싶지 않은 감정을 경험한다. 또한 손자녀 양육에서 어느 부분까지 담당할 것인지를 수위조절하고 자유롭게 즐기고 싶은 마음과 손자녀를 돌봐주어야 하는 마음 사이에서 갈등을 겪기도 한다.

손자녀가 출생하여 성장하면서 조부모와 손자녀 관계가 변화한다. 손자녀가 태어나서 학동기까지는 조부모는 아기를 돌보고 아기와 놀고 아기와 재미있는 시간을 보내며 손자녀에게 심리적 · 물질적 지원을 제공한다. 손자녀가 청소년기에서 성인이 되기 전까지에는 손자녀들이 가족 밖의 활동에 참여하고 공부와 동료관계 등에 바쁘면서 조부모들은 손자녀와 친밀한 관계를 갖지 못하게 되며, 손자녀들이 조부모에게 심부름을 하는 등의 도움을 드리게 된다. 손자들이 성인기에 도달하여 자신의 가정을 이루게 되면, 조부모와 손자녀의 직접적 관계는 줄어들고 의례적 관계를 유지하거나 조부모의 의존성 증가로 손자녀의 지원이 커질 수 있다.

조부모 역할내용과 조부모 - 손자녀 관계는 손자녀의 연령, 부모의 상황, 조부모의 건강상태와 특성, 역할의 관점 등에 따라 달라질 수 있다. 일반적으로 조부모됨의 유형은 소원한 유형, 적극참여형, 동료적 유형, 조언자 유형, 대리부모 유형의 다섯 가지로 구분된다(Benokraitis, 1999). 뉴가튼과 와인스타인(Neugarten & Weinstein, 1964)은 이와 유사하게 원거리 유형, 지혜원천형, 재미추구형, 대리부모형으로 구분하였다.

첫째, 소원한 유형(Remote)은 조부모와 손자녀가 멀리 떨어져 살고 서로를 자주 볼 수 없으며 가끔씩 만난다. 세대 간에 친밀한 관계가 이루어지지 못하고 단지 의례적이고 공식적인 모임이나 행사에서 만나는 관계를 유지한다.

둘째, 적극참여형(Involved)은 조부모가 손자녀를 키우고 지도하는 데 열심이고 적극적으로 참여하는 유형이다. 조부모는 손자녀의 일상에 자발적으로 활발하게 개입하고 실질적인 권위를 행사한다. 대부분 같이 살거나 가까이에 거주하며 거의 매일 손자녀들을 본다.

셋째, 동료적 유형(Companionate)은 손자녀와 따로 살면서 독립성과 자율성을 유지하는 유형이다. 손자녀와 함께 여가와 활동을 즐기고 노는 재미를 추구한다. 이들은 손자녀의 훈육과 교육 책임을 부모에게 맡기고 단지 같이 놀고 손자녀로부터 즐거움을 얻는 데 치중한다.

넷째, 조언자 유형(Advisory)은 가정 안에서 권위를 유지하고 자녀나 손자녀에게 다양한 조언을 해주고 훈계하여 바르게 지도하거나 지식을 가르치는 지혜의 원천으로 작용한다. 조부모의 경험과 연륜을 통해 손자녀들에게 특별한 기술을 가르치는 선생님 역할을 하는 것으로 재정적 원조를 제공하기도 한다.

다섯째, 대리부모형(Surrogate)은 부모를 대신하여 손자녀를 대리양육하는 유형이다. 딸이나 며느리가 취업하거나 질병이나 이혼, 경제문제, 무능력문제 등으로 자녀를 돌보지 못하는 상황에서 손자녀를 돌보고 보호해야 할 필요성 때문에 일어난다. 이로 인해 연로한 조모들은 피로와 부담을 경험할 수 있고 건강을 해칠 수 있으며, 조부모의 부부관계에 부정적인 영향을 미치기도 한다.

이 외에 콘하버와 우드워드(Kornhaber & Woodward, 1981)는 가족역사를 알려주는 역사가 역할, 생활의 지혜를 전수하고 성역할 정체감을 형성하게 하는 훈육자 역할, 노화과정과 미래의 가족관계와 조부모 역할을 보이는 역할모델 역할, 재미있는 이야기를 제공하고 상상력을 제공하는 마술사 역할 등이 조부모 역할내용으로 나타난다고 하였다.

이와 같은 여러 조부모 유형과 조부모 역할들은 시대와 개인에 따라 다양하게 나타날 수 있고 조부모와 손자녀 중 누구를 대상으로 조사하는가에 따라서도 차이를 보일 것이다. 아직 이에 관한 포괄적 연구는 미흡한 상태이나 우리나라 노인들은 조부모 역할을 노인이 수행할 중요한 과제로 인식하고 있다(조석미, 1980). 그리고 부모를 대상으로 한 연구(서동인, 1996)에서 우리나라 조모의 역할로 훈계자, 물질제공자, 대리모, 가계역사 전수자, 손자녀 지지자, 생활간섭자 등이 있었고, 훈계자 역할을 수행하는 정도가 가장 높았다. 그리고 조모역할 유형에서 친조모·외조모에 따라 차이를 보여서 친조모에게는 훈계자 역할이, 외조모에게는 대리모 역할이 기대되는 것으로 나타났다.

또한 조부모 역할의 상징적 의미로서 외부세계로부터 가족을 보호하고 위기에서 충격흡수의 기능을 하며, 역할전이의 어려움을 완화시켜 주는 지지체계로서 기능도 수행한다. 현대사회에서 조부모 역할은 여전히 손자녀를 비롯한 가족구성원과 친족 간의 친밀성과 유대감을 유지시키는 핵심축으로 기능하여 가족의 가치와 의례가 지속되고 유지되게 하는 기능을 한다. 즉, 조부모들이 가정평화와 결속을 증진시키는 기능을 하는 피스메이커(peace maker)가 되는 것이다.

그러므로 이 같은 조부모 역할이 순기능으로 작용하기 위해서는 조부모를 비롯한 부모, 손자녀 모두의 노력이 필요하다. 즉, 조부모는 인격적 성숙과 심신의 건강, 젊은 세대에 대한 이해와 배려, 대인기술이 필요하고, 중간세대인 부모는 조부모에 대한 부양의무 이행과 공경하는 태도와 효 실천, 원활한 가족의사소통 노력이 필요하며, 손자녀 세대는 조부모의 소중함에 대한 인식과 공경하는 태도, 정기적인 조부모와의 접촉유지가 필요하다. 그 결과 가족관계는 증진되고 세대통합과 가정화목, 개개인의 건강한 생활이 이루어지며 자기발전이 가능해진다.

참고 10-5 황혼 육아시대… '할머니 맞춤형' 유아용품 쏟아진다

온도센서 젖병 · 목욕용품 등 '할머니 육아' 강좌도 열려

유아용품 업체들이 할머니와 할아버지를 대상으로 한 마케팅 경쟁을 벌이고 있다. 맞벌이부부를 대신해 조부모들이 손주를 키우는 경우가 늘어나면서 마케팅 대상이 바뀌고 있는 것. '황혼육아' 시대의 새로운 풍속도다.

9일 통계청에 따르면, 지난해 기준으로 조부모가 손주육아를 맡고 있는 경우는 250만 가구에 이른다. 510만 가구가 맞벌이를 하고 있으며, 이 중 50%가 조부모에게 육아를 맡기고 있는 것이다.

유아용품 업체들은 이런 추세에 맞춰 조부모가 사용하기 편한 유아용품을 잇따라 내놓고 있다. 유아용품 업체인 요미아시아는 최근 버튼만 누르면 60초 안에 우유가 모유온도인 32~34도로 데워지는 젖병 '요미'를 내놨다. 회사 관계자는 "직감에 의존해 젖병을 데우던 할머니들이 좀 더 정확하고 편리하게 온도를 조절할 수 있도록 했다"고 말했다.

토미티피도 최근 스마트 온도 센서를 내장한 '안티콜릭 플러스 젖병'을 출시했다. 분유가 아이에게 위험한 고온이면 핑크, 적정 수유온도는 파란색으로 보여준다. 토미티피 측은 "색깔만으로도 분유 온도를 알 수 있어 나이 드신 분들이 사용하기에 편리하다"고 설명했다.

아이를 안거나 목욕시킬 때 힘이 덜 들게 하는 제품들도 나와 있다. 맨듀카는 아이를 안을 때 허리에 가해지는 무게를 분산시킬 수 있도록 아이띠에 허리패드를 적용했다. 옥소토트는 아이를 목욕시키기 위해 쭈그려 앉았을 때 무릎통증이 생기는 것을 방지해 주는 무릎 보호매트를 내놨다.

다양한 강좌를 마련해 육아정보를 제공하는 경우도 있다. 산양분유를 만드는 일동후디스는 예비 할머니들을 위해 '후디스맘 아카데미 마담 클럽'을 운영하고 있다. 2010년 이후 매년 2~3회 진행되는 이 행사에선 '현시대에 맞는 할머니식 양육법', '할머니가 들려주는 동화구연' 강좌 등이 열린다.

업계 관계자는 "조부모가 유아용품 구매자로 급부상하고 있다"며 "이들을 사로잡기 위한 경쟁은 더욱 치열해질 것"이라고 내다봤다.

출처 : 한국경제신문(2013. 8. 10). 김희경 기자(hkkim@hankyung.com).

PART

04 가족의 변화와 적응

POINT

이 단원에서는 사회변화에 따른 가족의 변화와 가족관계 변화 그리고 적응을 조망한다. 현대사회에서 직업과 가족관계를 고찰하고 다양한 가족의 가족관계와 가족의 스트레스와 위기, 가족의 건강성 증진에 대하여 고찰함으로써 현대가족의 변화경향과 가족문제들을 잘 이해하고 가족의 건강성 증진을 위한 과제들을 실천하는데 도움이 되고자 한다.

CONTENTS

CHAPTER 11

직업과 가족관계

가족은 애정과 정서적 유대감을 갖는 집단인 동시에 생산과 소비를 하는 경제적 집단이다. 농업사회에서 산업화에 따른 가정과 직장이 분리되는 변화를 겪으면서 남성은 임금을 받는 직업에 종사하고 여성은 가사노동을 담당해왔다. 그러나 최근 여성들의 경제활동이 증가하고 직업에 종사하는 기혼여성이 많아지면서 맞벌이가정이라는 새로운 형태의 가정이 증가하고 있다. 그에 따라 부부역할과 부부관계는 물론 부모 - 자녀관계가 변화하고 가족원의 적응노력이 필요하게 되었다.

이 장에서는 직업이 가족에 미치는 영향과 여성취업의 증가요인, 맞벌이가족의 가족관계와 적응, 맞벌이가족의 문제와 대책 등에 관하여 살펴보기로 한다.

1. 직업이 가족에 미치는 영향

1) 일과 직업의 의미

직업을 갖고 일을 한다는 것은 개인과 가족에게 영향을 미치는 중요한 요인 중의 하나다. 개인에게 있어 일은 경제적인 자원을 획득하고 축적하는 수입원이 되고, 개인의 능력을 발휘하고 표현하는 수단으로써 자존감의 원천이 된다. 또한 일을 통해 직업인으로서의 사회적 지위와 정체감을 갖게 되고 직업을 통한 사회적 교류망과 소속감을 갖게 되며, 일의 보람과 자신의 유용성을 경험하는 원천이 된다.

산업화 이전사회에서 전 가족원이 공유하던 노동의 장소는 분리되어 남성은 직장으로, 여성은 가정으로, 아동은 학교로 흩어지게 되었고, 시장중심의 생산방식은 가족의 의생활, 식생활, 주생활과 자녀양육까지 지배하게 되어 일은 가족과 점점 더 분리되게 되었다. 일이라는 공적 영역과 가족이라는 사적 영역의 분리는 남성의 영역과 여성의 영역으로 성별차이를 나타내게 되었다. 즉, 가족의 생산기능이 사회로 이전되면서 일과 가족의 경계가 굳혀졌다. 따라서 직업을 갖는 것은 남성의 전유물이 되었고 높은 소득과 직업적 성취와 사회적 지위는 남성의 유능성과 남성다움의 상징이었다. 수입이 많고 사회적 지위가 높은 남성은 경쟁사회 속에서 성공한 남성으로 존경의 대상이었다.

반면 가족은 여성의 영역으로 여겨져서 가사노동과 자녀양육은 가치를 산출하기 어려운 무급의 성격을 갖는 여성성과 모성의 상징으로 간주되었다. 실제로 가사나 육아는 많은 시간과 에너지, 정신적 노력이 요구되고 가족 모두의 생활에 필수적인 요소이다. 그럼에도 불구하고 임금노동이 아니라는 이유로 임금노동인 가정 밖의 직업보다 낮게 평가되었고, 여성의 가사와 육아전담은 여성의 사회적 참여와 경제활동 기회를 제약하는 결과를 초래하게 되었다. 이와 같은 일의 성별분리는 남성에게도 역효과를 미쳐서 성공추구와 경쟁력이 요구되고, 그에 따르는 남성의 스트레스 증가와 일중독 현상, 건강악화와 가족관계 소홀, 가족에서 남성의 소외현상과 돈버는 기계로 전락하는 결과를 초래하였다.

2) 직업이 가족에게 미치는 영향

가족에게 있어 일은 가족의 생존에 필요한 자원을 획득하는 수단이 되고, 어떤 직업이냐에 따라 가족의 생활양식과 역할분담에 영향을 미친다. 그리고 부부 중 한 사람이 일을 하는가 또는 두 사람이 일하는가에 따라 부부의 권력관계와 전체 가족관계에 중요한 차이를 가져온다. 또한 취업과 이직, 전직, 승진, 퇴직의 시기가 적절하냐에 따라 개인의 자존감과 스트레스에 영향을 미치고 결혼시기, 자녀출산, 자녀독립시기에 영향을 미치며 개인과 가족생활 전반에 걸쳐 영향을 미치는 것이다.

직업으로서의 일은 가사노동에 비해 근무시간과 일정 등에서 융통성이 적어서 개인과 가족의 생활에 많은 영향을 미친다. 즉, 직업에서 출퇴근 시간, 근무시간,

통근거리, 출장횟수 등에 따라 가정 안에서의 시간배분과 일정, 역할배분, 대화와 여가생활, 개인의 정체감 등에 영향을 미친다. 그리고 이는 부부관계와 부모 - 자녀관계는 물론 개인의 신체건강과 심리적 복지감에도 영향을 미친다. 직업이 가족생활에 주는 영향은 가족원이 실직하고 실업상태에 있을 때 현저하게 나타난다.

실업이 가족에 주는 영향은 다음과 같다.

첫째, 실업은 생활비를 줄이고 긴요하지 않은 지출을 생략해야 하는 불편함을 주고, 삶의 질을 저하시키며 장기간 지속될 때 생계유지 문제를 초래한다.

둘째, 실직자는 자존감과 정체감이 저하되며, 소외감과 외로움, 무기력감과 자신이 쓸모없는 존재가 되었다는 자괴감을 경험한다.

셋째, 온 가족에게 불안감과 심리적 디스트레스를 가중시키고 부부간이나 부모 - 자녀 간의 갈등과 긴장, 폭력이 늘어나기 쉽고 부부간의 별거, 이혼의 가능성이 증가할 수 있다.

넷째, 가족원의 역할분담에 변화가 나타난다. 즉, 실업상태에 있는 가족원의 가사분담이 증가하고 배우자와 자녀들의 경제활동이 증가하는 경향이 있다.

다섯째, 실업의 부정적 영향은 실업 이전의 부부간의 결속도와 대화 정도, 유대감이 높을 때, 가족의 친밀성이 많을 때, 그리고 축적된 자산이나 자원이 많을 때, 가족의 적응력이 높을 때 최소화된다고 한다.

2. 여성취업의 증가요인과 취업형태

여성의 경제활동 참가율과 기혼여성의 취업률이 1980년 이래 지속적으로 증가하여 1980년 42.8%, 1990년 47.0%, 2000년 48.6%, 2005년 50.1%, 2010년 49.4%, 2012년 49.9%로 여성의 경제활동 참가율이 과반수에 이르고, 기혼여성의 경제활동 참가율도 현재 과반수에 육박하였다. 2011년 맞벌이가구 비율은 배우자가 있는 가구 중 43.6%를 차지하고, 홑벌이가구는 42.3%, 부부 모두 경제활동을 하지 않는 가구는 14.1%를 차지하여 맞벌이가구가 홑벌이가구보다 더 많으며, 2007년 40.1%에 비해 더 증가하여, 맞벌이가족이 우리 사회에서 보편화되고 있다(통계청, 2012).

취업주부가 증가하는 것은 다음의 요인이 작용한 결과이다.

첫째, 경제적 이득에 대한 필요 때문이다. 과거에 비해 생활수준이 향상되면서 소비규모가 커지고 주택구입과 자녀교육, 노후생활 준비, 여유있는 생활 등을 위한 추가적인 소득이 필요하게 되었다. 또한 1997년 이후 경제위기를 맞아 남성의 고용불안이 증가함에 따라 남편의 조기퇴직과 실직에 대비하고 남편의 부양부담을 덜어주는 경제적 안정대책이 필요함에 따라 여성의 취업이 증가하게 되었다. 이러한 현상은 여성만이 아닌 남성의 경우에도 나타나서 맞벌이가 가능한 신붓감을 선호하는 미혼남성이 늘어나고 있다.

둘째, 여성의 교육기회가 많아지고 전반적인 교육수준이 향상됨에 따라 사회참여 욕구와 자아성취와 자아실현 욕구들이 많아졌고, 그에 따라 직업에 삶의 가치를 두는 여성이 늘어나게 되었다.

셋째, 여성이 취업할 수 있는 직업의 종류가 많아지고 파트타임 일자리가 늘어났다. 특히 서비스산업의 증가로 여성인력에 대한 수요가 많아진 것이 여성취업률의 증가를 가져왔으며, 이는 앞으로 경제가 점차 정보화, 소프트화되고 직업에서의 성별차이와 성차별이 줄어듦에 따라 더 촉진될 것으로 예측된다.

넷째, 출산율의 감소와 가사노동의 기계화 및 간소화로 가정 내 여성의 일이 줄어들었고 노동시장의 참여가 자유로워졌다. 현재 출산율의 감소가 미래 노동력 부족으로 인한 여성의 취업률 증가를 촉진시킬 것으로 전망된다.

우리나라 맞벌이가족의 특성으로 40대, 50대, 30대, 20대의 순으로 맞벌이 비율이 높고 부부가 소규모 자영업이나 농사를 짓는 형태의 맞벌이가 많으며, 자녀를 돌봐줄 노부모를 모시고 사는 가구가 많은 것으로 나타났다. 그러나 우리나라 여성의 취업률은 결혼, 임신, 육아가 이루어지는 25~34세까지의 나이에 현저하게 저하하여 연령별 경제활동 참가비율에서 M자형을 나타낸다. 선진국에서는 종형이나 수평적 일자형을 보이고 여성이 직장생활을 하면 정년퇴직할 때까지 일하는 것이 보통인 현상과 대조를 이룬다.

이와 같은 노동시장 참여의 불연속성은 취업여성의 지위를 하향이동시키는 결과를 초래하여 결혼 전 직장보다 노동조건이 나쁘거나 지위가 낮은 직무에 종사하고 대기업에서 영세업체로, 정규직에서 비정규직이나 파트타임직으로의 이동이 발생한다. 즉, 맞벌이의 증가에도 불구하고 여성의 직업과 직장일은 가정 내에서나 사회적으로 부차적인 것으로 여겨져서 전문직을 제외하고 결혼 전 직종으로 복귀하는 것이 어려운 실정이어서 경력단절현상이 지배적이고 임금수준이나 승진기회 등에서 불리한 대우를 받는다.

2011년 우리나라 기혼여성 중 결혼, 임신, 출산, 자녀교육 등의 이유로 직장을 그만둔 여성이 19.3%이며, 이 중 30대가 57.1%를 차지하였고 대부분 재직 후 5년 이내에 직장을 그만두었다. 한편 최근 구직활동을 했거나 직장을 원하는 여성은 5.5%에 불과했다.

더욱이 우리나라 여성의 취업구조는 전문기술직, 관리직 같은 고소득직업보다는 전문적 훈련을 요하지 않는 근로직, 서비스직, 판매직, 농림어업직 등의 직업에 치중하는 결과 남성보다 평균임금이 낮은 것이 특징이다. 또한 취업여성들 상당수가 생계유지나 가계보탬 등 경제적 필요와 자아실현 욕구의 사유로 취업하고 있다. 취업여성의 유형은 대부분 다음 세 가지 가운데 하나에 속한다.

첫째, 결혼 전 몇 년간 취업한 후 결혼이나 자녀출산과 동시에 나머지 생애를 전업주부로 생활한다. 과거의 여성취업은 대부분 이런 형태였으나 오늘날 많이 줄어들었다.

둘째, 자녀출산 전까지 일하고 가정으로 돌아가 아이를 키운 후에 다시 경제활동을 하는 경우이다. 이 경우 직업기술이 낙후되기도 하고, 조건이 나쁘고 지위나 수입이 낮은 일을 하는 경우가 많다. 이는 모성을 중요시하는 가치관이 작용하거나 자녀양육을 도와주는 사회의 보육인프라가 충분히 구축되지 않은 데 기인하는 것이다.

셋째, 출산 후 단기간의 휴가나 휴직을 제외하고는 취업상태를 유지한다. 이 경우 가정과 사회에서의 지원이 있어야 가능하다.

현대사회에서 한 사람의 수입만으로 가족의 생계유지와 자녀교육, 문화생활, 노후준비가 어려운 현실과, 여성들의 자아실현욕구 증가는 기혼여성들에게 아내, 어머니 역할 외에 직업인이라는 또 하나의 역할을 요구하고 있다. 그에 따라 기혼여성의 경제활동 참가율이 증가하고 경력단절여성의 경제활동 재진입과 맞벌이가구의 증가가 예측된다. 맞벌이가족은 이제 일·가정양립을 위한 다양한 역할에 부부

공동으로 대처해가는 노력과 양성평등적인 새로운 역할구조로 변환해가야 하는 중요한 과제를 안고 있다. 그리고 맞벌이가족의 가족돌봄의 부담과 역할갈등을 감소시키고 일·가정양립을 지원하는 가족친화정책의 시행이 요청되고 있다.

3. 맞벌이가족의 가족관계와 적응

기혼여성의 취업이 자녀와 결혼생활에 어떤 영향을 미치는가에 대해서는 단순하지 않고 복합적인 요인이 작용하는 것으로 보고된다.

1) 모의 취업이 자녀에게 미치는 영향

어머니의 취업이 자녀에게 미치는 영향은 긍정적인 면과 부정적인 면이 있다. 긍정적인 면은 어머니의 경제활동으로 자녀를 위한 경제적 지원을 더 많이 할 수 있고, 어머니의 빈 자리를 자녀 스스로 해결해나가야 하고, 어머니의 과잉간섭과 보호를 받지 않기 때문에 자녀의 독립성과 자율성이 배양된다. 또한 어머니를 대신하여 아버지가 자녀를 돌보거나 지도하게 되면서 부와 자녀의 친밀한 관계가 형성될 수 있다. 그리고 딸에게는 일하는 여성으로 성역할 모델이 되고 아들에게는 양성평등한 태도형성에 영향을 주며, 일하는 어머니에 대한 자녀들의 존경심이 증가하게 되고 다양한 대리모를 경험하면서 사회성이 길러질 수 있다.

한편 어머니의 취업이 자녀에게 미치는 부정적 영향은 자녀를 돌볼 시간의 절대적 부족과 감독·지도시간의 부족으로 영유아 자녀의 전반적 발달과 학습준비, 안전의 저해 가능성이 있고 사춘기 자녀에 대한 생활지도에 문제가 발생할 수 있다. 또한 어머니의 직장일 스트레스와 피로가 자녀양육 스트레스를 높이고 자녀와의 상호작용을 거부하거나 자녀에 대한 정서적 관여와 훈육을 소홀히 하도록 만들 수 있어 자녀와의 관계와 자녀양육 효율성이 나빠질 수 있다. 그러나 이 같은 부정적인 영향은 어머니의 취업 자체보다는 어머니의 취업동기와 직업만족도, 역할갈등, 대처능력, 자녀돌봄유형, 월수입, 부모역할 효율성 등이 작용한 결과이다. 즉, 취업 여부에 관계없이 역할갈등 정도가 높고 자신의 역할에 불만족하는 어머니가 자녀에게 더 거부적이고 무관심하며 애정표현과 정서적 교감이 적어 자녀와 많은 갈등을 겪고 자녀문제를 발생시킨다. 반면 취업동기가 자아실현과 사회적 성취에 있고 자발적으로 취업하고 직장이 가족친화적일수록, 업무스트레스가 적을수록, 직업만족도가 높은 경우, 월수입이 높은 경우, 자녀를 육아도우미나 시부모·친정부모가 돌보는 경우, 갈등에 소극적·감정적 대처가 아닌 적극적·이성적 대처를 하는 경우에는 자녀양육의 효율성이 증가하여 자녀와 원만한 관계를 유지하고 적절한 지도·조언을 하는 결과 자녀성장에 긍정적인 영향을 미친다 (김지현, 2011; 박주희, 2012; 최규련, 1995; 황우성 외, 2012).

2) 맞벌이가족의 결혼생활과 부부관계

여성의 취업이 결혼생활에 미치는 영향으로는 먼저 긍정적인 것은 가정경제에 보탬이 되고, 생활수준이 향상되며, 남편의 부양부담을 완화시키며, 경제압박을 줄일 수 있다. 즉, 내집마련이나 자녀교육, 휴가 등에 여유가 생긴다. 또한 여성 스스로 배우자와 동등하게 사회활동을 하고, 경제적인 분담을 하는 데서 의미감과 자긍심, 자존감이 증대되며, 직업생활에서 많은 사람과 접촉하면서 자극과 성취감을 맛보고 사회적 인정을 받으며 활기가 증가되어 대화의 소재가 풍부해지며, 남편과 평등한 권력관계와 동반적 관계를 유지할 수 있다.

한편 부정적인 것은 가사와 육아, 직업 등의 일인다역을 수행하기 때문에 역할과중문제와 피로, 슈퍼우먼 증후군이 발생할 수 있고, 가사와 육아의 대체 고용비용과 높은 생활비에 비해 보수가 만족스럽지 못할 경우 경제문제가 발생할 수 있다. 이때 남편의 지지와 가사참여가 적을 때 역할갈등이 초래될 수 있다. 남편의 경우 아내의 가정소홀문제, 가사와 육아에 대한 불만으로 갈등이 발생할 수 있고, 아내에 대한 경제적 의존으로 낭비적 태도를 가지기 쉽고 가정에 불충실할 수 있다. 또한 아내와의 관계에서 권력지위가 낮아지는 데 따른 불만과 아내의 남편에 대한 내조소홀에 대한 불만이 발생할 수도 있다.

아내의 취업이 부부관계에 미치는 영향은 긍정적으로는 동반자 관계와 평등성이 증진되고 경제적 여유가 생기는 것이고, 남편의 적극적인 이해와 지지, 가사협조로 결혼만족이 증진되는 것이다. 부정적인 영향으로는 동반활동시간의 부족과 가사와 육아부담에 따른 저출산이나 무자녀 선호성향이 나타나고, 아내의 수입이 남편의 수입을 훨씬 초과하는 경우 부부간의 갈등과 불만이 발생할 수 있다. 그리고 슈퍼우먼 가치관을 가진 여성의 경우 가정생활에 헌신하지 못하는 데서 오는 긴장과 압박감, 죄책감이 늘어날 수 있고, 부부간의 친밀감 감소와 대화시간의 감소에 따른 갈등누적과 관계악화로 결혼만족이 저하될 수도 있다.

그러므로 아내의 취업이 결혼만족에 미치는 영향은 취업유무가 작용하기보다는 취업관련 변인들이 복합적으로 작용한다. 즉, 취업동기가 경제적 필요나 비자발적인 경우보다 자발적이고 자아실현동기에 의해 취업한 경우, 월소득이 높은 경우, 남편이 아내의 취업을 지지하고 가사에 참여하는 경우, 남편과 아내가 역할갈등을 적게 경험하는 경우, 아내가 직장생활에 만족하며 직장생활이 가정에 보탬이 된다고 인지하는 경우, 아내의 근무시간이 융통적일 때, 남편과의 관계에서 동료애와 존중, 정서적·도구적 지원을 많이 경험하는 경우, 그리고 역할긴장에 효과적으로 대처하는 경우에 결혼만족도가 높고 죄책감·우울이 적은 것으로 나타났다(박주희, 2012; 손영빈·최은영, 2009; 이수미·이숙현, 2010; 최규련, 1995).

3) 맞벌이가족의 역할구조

맞벌이가족의 가족구조는 시댁이나 친정과 가까운데 거주하고 가사와 자녀양육에서 도움을 받는 수정확대가족 형태를 취하거나 확대가족 형태를 취하기도 한다(김인지·이세인·이숙현, 2010). 또한 맞벌이가족은 소비형태에서 외벌이가족과 차이를 보여서 맞벌이가족은 교육비, 외식비, 숙박비 지출비중이 높은 반면, 외벌이가족은 식료품비 비중이 높았다(통계청, 2012).

그러나 맞벌이부부의 역할분담이 평등하고 남편의 가사참여가 많아지는 것은 아니다. 즉, 맞벌이가족의 아내는 평일 2시간 23분, 토요일 3시간 3분, 일요일 3시간 29분 가사노동을 하는 반면, 남편은 평일 17분, 토요일은 32분, 일요일은 49분 정도만 가사노동을 한다. 더욱이 외벌이 남편의 가사노동시간인 평일 11분, 토요일 33

분, 일요일 44분과 비교해도 차이가 거의 없는 것으로 나타났다. 외벌이아내와 맞벌이아내의 가사주도율을 비교하면 각각 89.9%, 86.5%로 3.4% 포인트 차이밖에 나지 않았다. 대부분의 맞벌이가족에서 남편은 가사보조자 역할을 담당하고 주로 주말에 청소, 쓰레기분리배출, 빨래, 아이와 놀기 등에 한정해 수행하는데, 이도 20~30대 남편들에게서 많이 볼 수 있는 모습인 것이다(통계청, 2012). 또한 취업주부들은 배우자와 공평하게 가사·육아를 분담해야 한다고 인식하는 비율이 36.4%이지만, 실제로 공평하게 분담한다는 비율은 11.3%에 그쳤다. 그 결과 경제, 직업, 건강, 가정 등을 고려한 주관적 만족감에서 취업주부는 만족(24.1%)보다 불만족(30.6%) 비율이 높고 배우자에 대한 만족비율이 55%인데 반해, 전업주부는 만족(27.9%)이 불만족(25.4%)보다 높고 배우자에 대한 만족비율이 61.2%로 높게 나타났다.

그러므로 우리나라에서 취업주부 역할은 확대되어 직장과 가정에서 각각의 역할을 다 잘 해야 하는 슈퍼우먼으로 기대되는 반면, 아직도 남편의 역할확대는 미미한 상태라고 할 수 있다. 맞벌이가족의 역할구조와 남성의 성별분업에 대한 태도가 변하지 않는 이유는 가사노동이 전통적으로 여성의 역할로 규범화되어서 남편의 가사역할은 아내가 해야 할 일을 도와주는 것으로 간주하는 성별분업체계에 대한 고정관념과 가사와 돌봄노동의 가치를 낮게 평가하는 사회적 인식이 작용하기 때문이다.

그러므로 맞벌이가족에서 자녀양육과 돌봄, 가사노동에 남성의 적극적인 참여가 이루어질 때 이들의 결혼생활과 가족관계의 질은 향상될 것이다. 이를 위해서 맞벌이가족의 일·가정양립을 지원하는 사회적 여건 조성과 정책적 지원이 필요하고, 또한 부부가 집안일과 자녀양육을 함께하며 정서를 공유하는 것의 가치를 재평가할 필요가 있다.

일과 가족의 관계는 경쟁적이고 가족 내 역할갈등을 발생시키는 등 부정적인 면만 있는 것이 아니고 가족원의 직업에 대한 이해와 지지, 협조가 일에 중요한 자원이 되고 직업만족과 직장에서의 경험이 가족 내 여러 문제해결에 도움을 주기도 한다. 일과 가족의 상호작용에 관한 연구결과(손영빈·최은영, 2009)에 의하면, 남성들의 직업은 가족으로부터 긍정적 영향을 받는 데 비해 여성의 직업은 가족으로부터 부정적 영향을 받는 것으로 나타나 일과 가족의 양립이 여성에게 더 힘든 과제가 됨을 보여주었다. 일과 가족의 양립과 조화를 위해서는 성별분업에서 벗어나 융통성 있는 역할수행과 역할공유가 바람직하다.

한편 맞벌이가족의 경우 정서적·도구적 지원을 제공하는 친족과의 교류가 증가하고 친밀해지는 반면, 다른 친족과는 교류시간의 감소로 소원해지고 형식적 관계가 되기 쉬우므로 시가·처가와 원만하게 지내기 위한 부부 공동의 노력이 필요하다. 이 외에 여성은 직업과 사회활동으로부터 많은 동료와 친구들을 만나고 관계를 형성하게 되는데 원만한 가정생활을 위해서는 부부간에 규범과 원칙을 준수하는 노력과 더불어 개방적인 대화를 통해 남편과 협력체제를 구축할 필요가 있다.

4. 맞벌이가족의 문제와 대책

맞벌이가족의 가장 큰 문제는 자녀양육 및 교육문제이고, 그 다음 취업주부의 역할과중과 역할긴장, 피로문제이다. 자녀양육과 교육문제는 취업을 고려하는 여성들이 가장 선결되어야 할 문제라고 지적하는 것으로, 특히 0~2세를 안심하고 맡길 보육시설을 확충하고 유연근무제와 육아휴직제의 확대가 필요한 상황이다.

우리나라 취업모들의 자녀양육 해결방법은 시부모나 친정부모에게 맡기거나 육아도우미를 고용하거나 어린이집에 맡기는 경우가 있고, 초등학생 자녀들은 방과 후 프로그램을 이용하거나 어머니가 귀가할 때까지 사설학원을 순례하거나 어린 자녀들끼리만 집에 남겨지는 경우도 있다. 취업부모의 자녀양육을 지원하기 위해 최근 많은 어린이집이 설치되고 있으나, 아직도 모의 근무조건을 배려하여 늦은 시간까지 아이를 맡아주거나 영아기 자녀를 보육하는 믿을 만한 어린이집이 부족한 상태이고, 보육의 질이 낮은 기관들이 많아 제도적 개선이 필요하다.

취업여성의 역할과중문제는 개인과 가족, 사회에서의 모성 이데올로기의 영향과 그로 인한 죄책감, 슈퍼우먼 증후군, 그리고 남편의 비협조와 지원체계의 미비 등이 원인으로 작용한다. 취업주부는 직장일과 가족의 전통적 역할을 모두 수행해야 한다는 부담을 갖고 있다. 특히 자녀양육과 성장의 1차적 책임을 어머니에게 부과하는 모성 이데올로기는 아직도 지배적이므로 일하는 어머니들은 죄책감과 불안감을 가지며, 특히 신경증, 성실성 성향이 높은 취업모의 경우 양육 스트레스가 높게 나타났다(박정윤 · 장영은, 2013). 맞벌이부부에 대한 연구(최규련, 1993; 최정혜, 2005)에서 아내는 문제점으로 육아와 가사문제, 남편의 반대 등을 들었으나, 남편은 아내의 가사소홀, 육아, 아내의 늦은 귀가와 내조부족을 들었다. 그리고 같이 직업을 갖고 있어도 여전히 여성은 남성보다 부모역할 스트레스와 가사 스트레스를 더 많이 경험하고 이러한 경험들이 직업 스트레스와 심리적 복지에 영향을 미치는 반면, 남성은 여성에 비해 부부역할 스트레스를 더 많이 경험하고 이 경험들이 직업 스트레스와 심리적 복지에 영향을 미치는 것으로 나타났다(이형실, 2001; 최정혜, 2005). 그러므로 맞벌이부부의 경우 여성만이 아니고 남성도 가족역할 스트레스가 직업 스트레스에 영향을 미치고, 여성은 부모역할과 가사 스트레스 비중이 크며, 남성은 부부역할 스트레스 비중이 크다는 것을 알 수 있다.

그러므로 맞벌이부부는 다음과 같은 노력을 해야 한다.

첫째, 여성의 의식전환이 필요하다. 일하는 여성은 자신의 경제활동이 남편의 가계부양자 역할의 보조자가 아니라 공동의 부양자가 된다는 의미로 이해하여야 한다. 현 가족법에도 부양의 의무는 남성만이 아닌 부부 공동의 책임으로 규정되어 있다. 여성은 직업을 통하여 자신의 능력을 개발하고 프로정신으로 적극적으로 일하여 자신의 직업에서 보람을 느끼며 자신의 몫을 찾는 노력을 하여야 한다. 그리고 슈퍼우먼 증후군이나 모성 이데올로기에서 탈피하여 자녀양육과 가사일은 여성과 남성이 함께 공동책임을 지는 영역이라는 인식을 하고, 역할의 협조와 분담방법을 남성과 대화하는 것이 필요하다. 그리고 나아가 자녀양육과 관련된 사회와 국가에 대한 정책제안도 하여야 한다.

둘째, 남성은 성별분업체계에 대한 고정관념에서 벗어나 가정 내 역할에 적극 참여해야 한다. 즉, 남성은 단순히 가사와 육아를 돕는다는 의미가 아니라 함께 일하고 함께 쉰다는 의미로 가사와 육아를 공동으로 하며, 성별차이가 아닌 상황에 따라 융통성 있게 역할을 분담하고 그 과정에서 가정 내 자리매김과 소소한 행복을 공유할 필요가 있다.

셋째, 맞벌이부부는 가족과 직업의 주기를 적절히 조절하여 역할긴장을 예방하고 직업만족도를 높이는 노력을 한다. 즉, 자녀출산시기와 격무시기 및 보수훈련시기, 자녀교육 및 독립시기와 직장에서 이직 및 은퇴시기 등을 조절하여 가족역할과 직업역할이 상충되거나 과다하여 스트레스가 발생하지 않도록 해야 한다.

넷째, 맞벌이가족은 합리적인 가사관리를 하여야 한다. 즉, 시간과 노력을 절약할 수 있는 가정기기를 이용하고 식생활의 간소화, 주거의 편의성, 가사표준의 완화, 우선순위 정하기를 통한 합리적 가사노동이 되어야 한다. 그리고 필요시 가사노동의 사회화나 개방적 대화를 통한 가족원 분담체계를 만들어가야 한다.

다섯째, 맞벌이부부는 맞벌이에 따른 좋은 점을 인식하고 부부간의 대화와 결속에 힘쓰며, 자녀와 함께 있는 동안 효과적으로 상호작용하고, 자녀의 연령에 따른 적절한 지도를 함으로써 행복한 가정을 만들어가야 한다.

여섯째, 국가와 사회에서 맞벌이가족을 위한 지원체계가 강화되어야 한다. 즉, 자녀양육문제의 해결은 여성의 취업률 제고에 가장 중요하므로 보육시설을 양적·질적으로 확충하고 서비스 질을 개선하며, 아이돌보미 사업과 방과 후 프로그램을 확충하여야 한다. 그리고 직장에서 육아휴직제와 복직보장제도, 남성의 육아휴직제 등이 실행되고, 다양한 고용형태, 예로 탄력적 출퇴근제, 재택근무제, 시간선택제 일자리, 선택적 전일근무제 등 가족생활과 직장생활의 조화를 돕는 근로형태 및 제도가 확산되어야 한다. 또한 노동시장과 직장에서의 성차별적인 관행이 시정되어 유연하고 양성평등한 가족친화적인 직장문화가 조성되어야 한다. 특히 저소득층 맞벌이가족의 자녀와 노인돌봄을 사회에서 제도적으로 지원해 주어야 한다.

참고 11-1 "아이 봐줄 사람 곁으로" … 가족들, 한동네 뭉친다

맞벌이 300만 쌍 시대 新씨족사회 …
육아만 가능하면 친정·형제따라 '이삿짐', "손주 함께 돌보자" 이웃사촌된 사돈도

경기도 분당 야탑동 A아파트엔 '홍(洪)씨네'가 씨족(氏族)을 이루고 산다. 홍일현 씨(64·퇴직 세무사)의 1남 3녀 중 세 딸이 친정 옆으로 이사온 것이다. 세 딸 부부는 모두 맞벌이라 친정 어머니가 손주만 네 명을 돌보고 있다. 사위들에게 받는 용돈(아이 1인당 50만 원씩 월 200만 원)이 두둑하다. 서울 용산에 살다가 올해 초 처가 곁으로 이사온 막내사위 김모 씨(33·인사컨설턴트)는 "처형들과 한동네에 사니까 좋은 점이 많다"고 말했다.

• 뭉치는 가족들

맞벌이부부 300만 쌍 시대의 가장 큰 고민은 육아문제. 맞벌이들이 아이를 맡기려 친정·시댁 곁으로 가는 추세는 어제오늘 일이 아니지만, 요즘은 형제자매, 사촌이며 사돈들까지 옹기종기 모여 사는 새로운 형태의 '씨족사회'가 출현하고 있다. 용인 수지에 사는 박재희 씨(34·교수)와 박씨 언니는 지난 5년간 두 번 이삿짐을 쌌다. 친정이 이사갈 때마다 졸졸 뒤를 따라간 것이다.

본지와 리서치전문업체 '엠브레인'이 지난 7~9일 실시한 설문조사에서도 맞벌이 부부 308명 중 126명(45.9%)이 육아 때문에 친정이나 시댁 옆에서 살고 있다고 답했다. 가족의 대이동은 아이를 봐줄 사람을 중심으로 순식간에 이뤄진다. 부산에 사는 신은혜 씨(37)는 4년 전 출산 후 직장을 그만두고 육아에 전념했다. 그러자 맞벌이인 남동생 부부가 "이왕 애 보는 김에 조카 한 명 더 봐달라"며 신씨 집 근처로 이사를 왔고, 지난해엔 시누이 부부까지 같은 아파트 단지로 이사왔다. 올해 결혼한 신씨의 막내 여동생도 신씨 집 인근에 신혼집을 마련했다. 이제 모든 가족모임과 일정은 신씨를 중심으로 돌아가고, 의사결정의 주도권까지 신씨가 쥐고 있다. 신씨는 "결혼해서 아이를 키우면서 서로의 필요에 의해 형제 간의 정이 더욱 돈독해졌다"고 말했다.

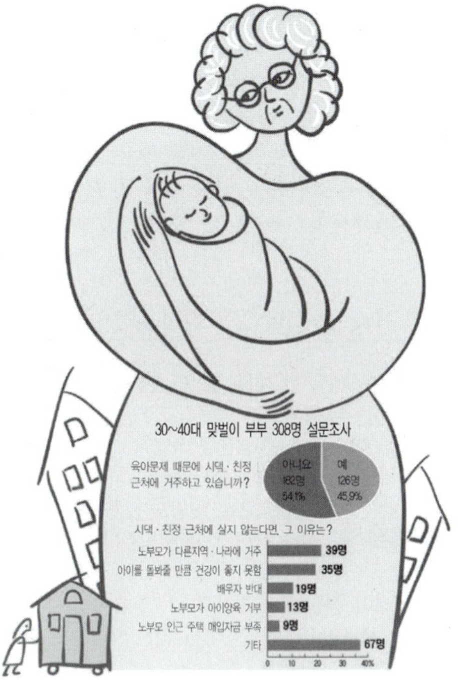

출처 : 엠브레인. 조사기간(11월 7~9일).

'사돈집은 멀어야 한다'는 옛말과 달리, 손주 때문에 '한동네 사돈'으로 뭉쳐 살기도 한다. 올봄 서초구에 사는 친정부모 곁으로 이사간 이재은 씨(34·회사원)는 "친정엄마에게만 아이를 맡기기가 미안해 남편을 설득했는데, 시부모님도 우리집 인근으로 이사와서 아이들을 돌봐주시겠다고 약속했다"고 말했다. 두 아이를 키우는 장모 씨(37·의사)는 서울 서초동의 40평대 아파트 두 채를 개조(改造)해서 시부모와 '한 지붕 두 가족'으로 살고 있다. 반년 전 아파트를 나란히 두 채 얻어 양쪽 집 사이의 발코니 벽을 허물어 터버렸다. '신(新)씨족'은 아파트 평면도도 바꿔놓는다. 내년 입주예정인 동탄의 두산위브(51평형)는 1층과 2층을 복층구조로 통합해서 3세대가 같이 살 수 있도록 설계됐다. 두산산업개발 관계자는 "분양가는 다른 층보다 높았지만 맞벌이부부에게 호응이 높아 13가구가 모두 분양완료됐다"고 말했다.

• 새로운 갈등도

그러나 함께 살다보니 새로운 갈등도 싹튼다. 예컨대 '사위사랑은 장모'라던 속설을 깨고 장모와 사위가 갈등을 겪는 경우도 종종 있다. 2년 전부터 처갓집 인근에 사는 노모 씨(35)는 "웬만하면 장모한테 아이를 맡기지 마라"고 광고하고 다닌다. 노씨는 "저녁마다 딸(3)을 데리러 처가에 들르면 '능력 없는 자네 때문에 내 딸이 밖에 나가 돈 버느라 생고생하지 않느냐'고 눈을 흘기니 도저히 참을 수가 없다"고 말했다.

지난 8월 대한가정법률복지상담원이 부부상담 519건을 분석한 결과에 따르면, '배우자나 처가의 부당한 대우'로 인한 남성들의 상담건수가 89건 중 10.1%로, 전년에 비해 2.2배나 증가했다. 전문가들은 이 같은 느슨한 형태의 씨족사회가 더욱 전파될 것이라고 전망한다. 유럽 등지에서도 부양・양육을 목적으로 가족들이 한 지역에 모여 사는 '소형 커뮤니티(minimal community)'가 등장하고 있다.

이화여자대학교 함인희 교수(사회학)는 "가족 중 특정인의 희생을 강요하지 않는다면, 소규모 커뮤니티는 맞벌이부부들의 육아문제를 해결할 수 있는 훌륭한 대안"이라고 말했다.

출처 : 조선일보(2006. 11. 14).

참고 11-2 손 까딱 않는 남편 길들이려면

집안일에 손 하나 까딱하지 않는 남편 때문에 속앓이 하는 주부가 적지 않다. 육아와 가사를 아내에게만 맡겨놓는 남편을 보면 '억울하고 서운하다'는 감정에 사로잡히게 마련이다. 최근 출간된 『게으른 남편』(21세기북스)은 이런 남편을 어떻게 개조할 수 있는지 남편의 입장에서 들려주는 책이다. 미국의 정신과 의사인 저자 조슈아 콜맨은 "우리 사회체제는 아직 남자들에게 매우 유리하게 돌아가고 있으므로 남편들은 절대 자발적으로 바뀌지 않을 것"이라며 "남편이 집안에서 자기 몫을 다하게 하려면 아내가 주도권을 쥐어야 한다"고 주장한다.

• 페어플레이 정신에 호소하라

많은 남성이 가사분담이 불공평하다는 사실을 알고 있다. 하지만 자신의 죄책감을 아내가 역이용하는 것을 원치 않기 때문에 당연하다는 듯이 행동하는 것이다. 그래서 남편의 페어플레이 정신에 호소하는 것만으로 남편의 마음을 움직일 수 있다. 남편에게 말할 때는 '감사→공감→이해→요청'의 순서로 끌어간다. 갓난아이를 키우는 전업주부라면 이렇게 말해본다.

"당신이 가족을 부양하는 점을 고맙게 생각해요. 덕분에 나도 아기와 종일 집에서 지낼 수 있어 정말 좋아요(감사). 그렇지만 집안일을 좀 더 도와줄 순 없을까요? 당신도 직장일로 피곤할 테고(공감), 나도 당신이 긴장을 풀기 위해 컴퓨터 앞에서 시간을 좀 보내는 걸 반대하는 건 아니지만(이해), 아기에게 하루종일 시달리고 밤잠을 설치는 나로서는 당신이 집안일을 좀 더 도와주면 좋을 것 같아요(요청)."

• 남편이 못 견딜 일을 찾아라

대화를 통해 남편의 협조를 이끌어내지 못했다면 남편이 급하게 여기는 일에 늑장을 부리는 방법이 효과적이다. 예를 들어, 남편이 공과금 납부를 미루는 것을 아주 싫어하는 사람이라면 그 일을 남편에게 미룰 수 있다.

남편이 "당신이 나보다 자유시간이 훨씬 많으면서 그래. 나도 시간 없어"라며 거부할 때는 '망가진 음반테크닉'을 구사한다. 남편의 반응과 상관없이 "당신을 전적으로 이해하지만 나도 너무 많은 일들을 하고 있기 때문에 더 이상은 할 수 없다"고 되풀이하는 것이다. 이 전략은 아내가 하지 않으면 남편이라도 할 것이 확실한 일에만 써먹어야 한다. 부엌정리나 화장실 청소같이 대부분의 남편이 상관하지 않는 문제에는 효과가 없다.

• 집안일의 기준을 낮춰라

육아와 살림에 대한 아내의 기준이 너무 높아 남편이 집안일 돕는 데 엄두가 안 날 수도 있다. 이럴 땐 아내가 살림에 대한 기준을 남편수준으로 낮추는 것이 결혼생활을 순탄하게 하는 방법이다. ▸ 식사준비를 간단하게 한다 ▸ 청소나 빨래 횟수를 줄인다 ▸ 아이를 매일 목욕시키지 않는다 ▸ 아이들에게 집안일을 많이 시킨다 등 집안일을 줄일 방법을 찾아본다.

• 협상입지를 강화하라

남편에게 아내가 바라는 것을 무시했을 때 따라올 수 있는 위험을 인식시킬 필요도 있다. 쌍둥이 딸을 키우는 한 여성이 전혀 육아협조를 하지 않는 남편에게 너무나 실망해 이혼까지 생각한 경우가 있었다. 그런데 그녀가 공부를 시작해 학위를 받고 살을 9kg이나 빼자 남편이 집안일을 하기 시작했다. 아내가 경제적 자립을 준비하고 더 매력적인 외모를 갖추자 남편은 아내가 떠난 뒤의 자기 삶에 대해 좀 더 곰곰이 생각해 볼 수밖에 없었던 것이다.

출처 : 중앙일보(2007. 1. 15).

CHAPTER 12

다양한 가족의 가족관계

현대사회에서 가족을 둘러싼 사회경제적 상황이 급속하게 변화하고 생활양식이 변화하면서 가족생활과 가족관계는 전통사회에서보다 복잡하고 다양한 형태로 바뀌고 있고 이러한 추세는 계속될 것으로 전망된다. 그에 따라 전형적인 가족유형에서 벗어난 다양한 가족이 출현하게 되었다. 이 장에서는 한부모가족, 재혼가족, 분거가족, 자발적 무자녀가족, 다문화가족을 중심으로 현황과 특징, 문제와 대책에 관하여 살펴보기로 한다.

1. 한부모가족

1) 개념과 현황

한부모가족이란 사망, 이혼, 별거 등의 사유로 부모 중 한 사람과 그 자녀로 구성된 가족을 말한다. 한부모가족과 유사한 용어로 모·부자가정, 편부모가족, 여성가구주 가정 등이 있다. 통계청에서는 편부모가구로 사용되나, 이 용어가 결손의 의미를 갖고 있기 때문에 최근 부모가 하나이며 하나로도 충분하다는 의미를 갖는 한부모가족으로 통용되고 있다. 그리고 자녀의 보호를 모가 맡으면 여성 한부모가족으로, 부가 양육자이면 남성 한부모가족으로 불린다.

통계청(2013)에 따르면, 전체 가구 수 대비 한부모가족 비율은 1990년 7.8%에서 2005년 8.6%였다가 2010년 9.2%로 증가하였다. 이 중 사별로 인한 한부모가족 비율은 1990년 75.2%, 2005년 48.1%, 2010년 42.5%로 감소하고 있고, 미혼 및 이혼으로 인한 한부모가족 비율은 1990년 24.8%, 2005년 51.9%, 2010년 57.5%로 증가하였다. 그리고 20%에 이르는 남성 한부모가족에 비해 여성 한부모가족은 80% 정도로 다수를 차지한다. 여성 한부모가 된 원인은 과거에는 배우자 사망에 의한 것이 많았으나, 최근에 이혼율의 증가로 이혼으로 인한 비율이 증가하였고 배우자 가출 및 유기, 미혼의 순으로 나타났다. 또한 다문화가족과 재혼가족의 이혼건수가 점차 증가하고 있어 한부모가족의 특성이 더욱 다양해질 전망이다. 한부모가족이 잘 기능하려면 한부모의 심리 · 정서 · 사회적 · 경제적 안정이 중요하며, 한부모가족의 다양한 특성에 적합한 사회적 지원이 필요하다. 그리고 한부모가족의 긍정적인 면과 강점을 강화시키고 사회적 편견을 해소하는 방안이 마련될 필요가 있다.

2) 한부모가족의 특징 및 문제

(1) 사회적 편견문제

전통적으로 한부모가족에 대해 아버지나 어머니가 안 계신 가족을 뜻하는 편모가족, 편부가족이라고 통칭되어 결손가족, 불완전한 가족, 비정상가족이라는 부정적 시각으로 보는 경향이 많았다. 이는 한번 결혼하면 죽을 때까지 함께 살아야 한다는 유교적 전통에 의한 사회통념의 결과이고, 또한 남성은 가계부양자, 여성은 가사와 자녀양육담당자라는 역할분리 이데올로기의 영향으로 남편의 부재는 경제적 부양자 상실을, 아내의 부재는 가정살림과 자녀양육자 상실을 의미하는 기능의 결손과 비정상으로 보기 때문이다. 그에 따라 한부모가족의 자녀들은 문제가 많다는 편견이 여전히 남아있다.

그 결과 한부모가족은 사별이나 이혼으로 인한 아픔에 더하여 사회의 부정적 시각에 의한 고통을 겪고 있고(고성혜 · 한유진, 1995; 박경희, 1987; 변화순 · 송다영 · 김영란, 2000), 그리고 아버지 부재나 한부모가족이라는 사실을 주위에 이야기하지 않는 경우가 많은데 그 이유는 자녀에게 부정적 영향이 갈까봐, 문제있는 여자로 보일까봐, 쓸데없는 동정심이 싫어서, 무시당할까봐 등이었다. 실제로 모자가족의 자녀이기 때문에 학교에서 불이익을 받거나 상처를 받은 경험이 32.8%나 되었고, 모자보호시설에 입주한 자녀들은 사회의 부정적인 인식과 사회의 낙인 때문에 힘들어하는 것으로 보고되었다(박영란, 1998).

그러나 최근에는 이제 더 이상 사별과 이혼, 한부모가족을 병리적 현상이나 기능결손으로 보지 않고 특수한 요구를 지닌 다양한 가족유형의 하나로 간주한다. 그리고 가족 안에 있는 강점과 자원을 발견하고 활용하여 문제해결을 하고 새로운 삶으로 성장할 수 있는 기회가 될 수 있다는 관점을 가지는 추세이다. 그러므로 현재 한부모가족에 대한 관점은 기존의 병리적 관점에서 벗어나 다양성과 독특성을 인정하고 강점과 자원을 활용하며 역량을 개발하도록 지원하는 것이다.

(2) 경제문제

모자가족의 가장 큰 어려움은 경제적 문제이다. 아버지의 부재에 따른 소득감소뿐만 아니라 주택문제, 모의 재취업 기회의 제한 등으로 경제문제는 심각하다. 여성 한부모가족의 경제활동 참가율은 80%에 달하나 대부분 단순노무직이나 일용직, 서비스직 등의 저임금 직종이나 계약직의 불안정한 직종에 종사하였다(김미숙 외, 2000). 여성 한부모의 경우 경제적 스트레스가 적응에 가장 큰 요인으로 작용한다. 소득감소로 인한 경제적 문제는 단순히 경제적 어려움으로 그치는 것이 아니라 가족원의 정신적 · 사회적 불안정과 관계불안정에까지 영향을 미치게 된다. 여성 한부모가족 소득이 양부모가족 소득의 절반에 그치고, 이혼 전 대비 가구소득이 18.3% 감소한 것은 여성 한부모의 빈곤문제를 반영하는 것이다(송다영 · 김유나, 2008; 김순옥 외, 2011; 한국가족문화원, 2009).

그리고 여성 한부모가족의 월평균소득은 일반가구의 49.1%에 불과하고, 이 중 자녀양육 및 교육비 지출은 생계비 지출의 세 배에 이르는 것으로 나타났다(변화순 외, 2000). 즉, 여성 한부모가 느끼는 스트레스 중 가장 심각한 것은 자녀교육비 증가로 인한 경제적 스트레스이고 교육비 부족과 학습지도의 어려움이 있었다(김영희, 1996; 옥선화 외, 2002; 장혜경 외, 2001). 이들은 생활비 보충을 위하여 친지들에게 도움을 요청하고 지역사회 가용자원을 활용하기도 하였다. 또한 이혼한 여성 한부모의 경우 양육권을 갖게 되지만 전 남편이 양육비 지급을 해주지 않는 경우가 78%로 지원이 불충분한 것이 경제문제 악화를 촉진한다(장혜경 외, 2001; 장혜경 · 민가영, 2002).

남성 한부모가족 대부분도 부의 저학력과 저소득, 직업의 불안정으로 인해 경제문제를 갖고 있다. 이러한 경제적 빈곤은 부가 자녀양육과 가사일을 수행하는 일로 인해 직업선택의 기회가 줄어들고 직장이동의 가능성도 높아져서 더 악화되기도 한다.

(3) 정서적 문제

한부모가족은 부나 모의 부재로 인한 가족생활의 변화로 인해 정서적·심리적 어려움을 호소한다. 한부모가족의 모나 부는 생계부양자와 보호자 및 아버지와 어머니 역할까지 수행하여야 하므로 역할과중과 역할긴장을 경험한다. 또한 같이 의논하고 협조해야 할 배우자가 없음으로 인해 상실감과 심리적 공허감, 실패감, 자존심의 저하, 외로움과 불안감, 사회적 위축감, 주변의 냉대와 배척, 고립, 우울, 원망감, 낮은 생활만족도를 경험한다(김미숙 외, 2000; 옥선화 외, 2002; 조병은 외, 1998; 조성연, 2004).

이 같은 부정적인 정서반응과 심리적 어려움은 사별보다는 이혼한 경우에 더 많이 겪는 것으로 나타났다(김오남, 2005). 그리고 한부모의 우울수준은 이혼 전 생활사건 정도, 가족의 경제적 자원, 개인의 인지적 평가, 사회적 관계망, 사회적 지지체계, 자녀 스트레스와 자녀와의 갈등 정도 등에 따라 개인차가 있는 것으로 나타났다.

한편 한부모와 관련하여 긍정적인 점으로 사별한 한부모의 경우 시댁으로부터의 자유를, 이혼한 한부모여성의 경우 폭력과 갈등으로부터 자유로움을 경험하고 일의 몰두, 자기계발, 이혼 전보다 성숙해진 자기모습을 인식하였다(최명선 외, 2007).

(4) 부모-자녀관계문제

한부모가족에서 부모 중 한 명의 부재를 인정하고 적응하는 데는 모든 가족원의 노력과 어느 정도의 기간이 필요하다. 한부모는 생계를 책임지면서 자녀를 양육하여야 하므로, 피곤과 스트레스, 시간부족으로 자녀를 방치하거나 거부적 태도와 통제적 관리를 하며, 양육 스트레스가 높고 자녀 긴장과 갈등을 유발하기 쉽다.

비양육부모와 자녀와의 관계 또한 매우 빈약하였고, 전 배우자와의 관계가 나쁠 때 더 그러하였다(유희정, 2005). 또한 한부모가족의 부모와 자녀 모두 역할혼란을 경험하고 자녀는 성장과정에서 한쪽 부모의 부재로 동일시대상이 없어짐으로써 발달장애나 역할모델 결핍문제를 겪을 수 있다(김미숙 외, 2000; 박정옥, 2007; 조성연, 2004).

이혼해서 한부모가족이 된 경우 만성적인 부부갈등, 정서적 지지의 상실, 경제적 어려움과 생활환경의 변화(이사) 외에 자녀에 대한 부모의 감독이 소홀해지고 관심이 적어짐으로써 자녀들은 가출이나 비행, 일탈적 행동, 공격성이 증가하고 학교생활 부적응을 보이기 쉽다. 여성 한부모가족에서 부의 부재는 부의 자녀에 대한 통제력과 감독권이 갑자기 사라지므로 자녀는 자기통제력을 상실할 수 있다(조성연, 2004). 남성 한부모가족의 자녀는 모의 부재로 인해 감정이나 애정을 표현하는 등의 감정표현 경험을 가질 기회가 없어짐으로써 타인과의 친밀감 형성에 어려움을 겪고, 모성적 돌봄과 의식주 생활에 결핍감과 불편을 겪는다(송현애, 2007).

부를 사별한 경우에 여성 한부모는 부의 부재로 인한 경제적·심리적 어려움과 자녀가 받을 충격에 대한 걱정이 많은데 비해, 이혼한 경우에는 주변의 부정적인 시각과 경제문제, 자녀들에게 건강한 부모의 모습을 보여주지 못한 점에 대한 미안함과 자녀의 일탈행동 가능성에 대한 걱정과 죄책감을 느낀다(조성연, 2004). 자녀가 어린 경우에는 별다른 갈등이 없으나 자녀가 초등학교 고학년이나 중학생이 되어 청소년기에 접어들면 대화시간이 줄어들고 내적인 갈등이 생긴다. 그 결과 한부모가족 자녀들은 양부모가족의 자녀에 비해 우울 및 불안, 과잉행동이나 공격성 등의 문제행동을 더 많이 보이고 자존감과 학업성취도가 낮은 것으로 나타났다(김순옥 외, 2012).

이처럼 한부모가족의 자녀들이 겪게 되는 삶은 양부모가족의 자녀들에 비해 극복해야 할 과제가 많은 것이 사실이다. 그러나 한부모가 학력, 경제력이 높은 경우, 사회적 지지가 많은 경우, 전 배우자와의 관계가 원만한 경우, 자기효능감이 높은 경우, 자녀와의 의사소통이 잘 되는 경우, 회복탄력성이 높은 경우에는 한부모와 자녀의 적응수준이 높은 것으로 보고되었다(김순옥 외, 2011; 2012).

3) 요구도와 지원대책

여성 한부모들은 기본 경제생활 복지체제를 마련해 주길 기대하고, 양육권과 관련해서는 호주제의 폐지, 안정된 직장생활을 위한 무상기술교육과 자녀의 실질적 교육비 지원, 정서적 측면에서는 한부모와 자녀를 위한 상담전문기관과 사회적응 프로그램을 기대하였다(김경신, 2002; 김득성, 2002; 김미숙 외, 2000; 장혜경 외, 2001; 장혜경 · 민가영, 2002; 조성연, 2004). 또한 공동주거, 전용 심리상담기관 설립, 한부모가족 구성원 전용 인터넷사이트 개발 등의 도입, 온라인과 오프라인을 통한 통합적인 지원센터 설립 등을 요구하였다(조성연, 2004).

현재 한부모가족 지원정책으로 경제적 지원, 고용지원, 시설보호서비스, 상담서비스, 지역사회서비스 등이 있다.

첫째, 경제적 지원으로 국민기초생활보장에 의한 생계급여와 교육급여, 5세 미만 아동양육비와 중고교생 학비가 지원되고, 복지자금대여 및 영구임대주택 입주지원 등이 있다. 둘째, 고용지원으로 자활후견기관 자활, 저소득 창업지원, 자활공동체 창업자금 지원, 직업훈련 등이 있다. 셋째, 시설보호서비스로 모자보호시설, 모자자립시설, 모자일시보호시설, 미혼모시설, 양육그룹홈 시설서비스를 제공한다. 넷째, 상담서비스로 모 · 부자복지상담소와 유관상담기관 등에서 정보제공 수준 정도의 상담서비스를 제공한다. 다섯째, 지역사회서비스로 빈곤여성가장을 위한 여성가장희망센터의 사례관리사업, 종합사회복지관의 한부모가족을 위한 경제적 · 심리적 지원 프로그램, 건강가정지원센터의 한부모가족 교육 및 상담 프로그램 등이 실시되고 있다.

앞으로 정책과제는 다음과 같다.

첫째, 경제적 지원에서 생계비 지원이 미비하므로 실질적인 생계지원이 되어야 한다. 아동양육지원액과 자녀학비지원액도 적으므로 실질적인 지원이 되어야 한다. 저소득 한부모가족을 위한 영구임대주택 혜택을 받으려면 기간이 많이 걸리고 공간도 협소하므로 이에 대한 시정이 필요하고, 집단시설 이외에 실질적인 금융지원이 필요하다. 그리고 저소득 한부모가족 중 건강상태가 좋지 않은 경우 의료보호를 받는 기초생활보호수급자 대상에서 누락되는 경우가 많으므로 1종 의료

보호 대상에 포함시켜야 한다. 특히 남성 한부모가족에 대한 경제적 지원과 시설 서비스가 부족하므로 충분히 제공되어야 한다.

둘째, 이혼한 경우 자녀양육비를 법제화하고 여성 한부모를 위한 직업알선과 직업교육의 다양화가 필요하다.

셋째, 한부모가족의 정서적 적응을 돕는 지역사회와 친척들의 정서적 지원과 사회의 부정적 인식 해소가 필요하다.

넷째, 한부모가족을 위한 법적·심리적 상담기관을 설립하고, 적응 프로그램, 방과 후 프로그램, 부모교육 프로그램, 한부모가족 자녀의 학업지원을 위한 멘토링 프로그램 등을 제공하고, 지역아동센터의 학습 프로그램을 활성화시키고 자조모임을 통한 또래집단의 상호지지를 강화시킬 필요가 있다. 그리고 대중매체에서 한부모가족에 대한 긍정적 이해를 돕는 프로그램을 제공하여야 한다.

참고 12-1 여성가족부 한부모가족지원사업 개요

- 기본 방향 : 저소득 한부모가족, 미혼모·부자가족, 조손가족 등 취약가족이 가족기능을 유지하고 건강한 생활을 영위할 수 있도록 다양한 지원사업을 수행함으로써 한부모가족의 생활안정과 자립기반 조성 및 복지증진에 기여
- 추진배경 : 이혼율 증가, 가족가치관의 변화 등으로 저소득 한부모가족이 지속적으로 증가함에 따라, 자립기반 조성을 위한 지원 필요성 증대

단위 : 가구

구 분	2006년	2007년	2008년	2009년	2010년	2011년	2012년
전체가구	16,289,194	16,542,700	16,791,160	17,052,164	17,339,422	17,687,001	17,950,675
한부모가족	1,425,590	1,468,024	1,509,277	1,550,872	1,594,138	1,638,537	1,677,415
저소득 한부모가족 (한부모가족 지원법 대상)	66,163	73,488	81,792	94,487	107,775	115,382	130,509

출처 : • 전체가구 및 한부모가족 : 2005~2030년 장래가구추계(통계청), 2010년도 인구총조사(통계청)
• 저소득 한부모가족 : '12년 행복e음 복지정보통계시스템 저소득한부모 가족현황

- 주요 사업
  - 저소득 한부모가족 자녀양육비 등 복지급여 지원
  - 저소득 한부모가족 복지자금 대여
  - 권역별 미혼모·부자 지원기관 운영
  - 한부모가족 자녀양육비 이행확보 무료 법률구조 지원
  - 청소년 한부모가족 자립지원
  - 저소득 한부모가족 주거지원서비스
  - 가족역량강화 지원사업
  - 이혼위기가족 회복지원사업

출처 : 여성가족부 홈페이지. http://www.mogef.go.kr/korea/view/policyGuide/policyGuide06_05_01.jsp

2. 재혼가족

1) 개념과 현황

재혼가족은 배우자 한쪽이나 양쪽이 과거에 결혼한 경험이 있는 가족으로 자녀가 있거나 없으면서 하나의 가구를 구성하는 가족으로 정의된다. 그러므로 부부 중 한 사람이 결혼한 경력이 있고, 이혼이나 사별을 경험한 사람이 결혼을 통해 가족을 형성한 것을 의미한다. 계부모가족이란 최소한 한쪽의 배우자가 과거에 결혼한 경험이 있고 한 명 이상의 자녀를 가진 가족을 말하며, 흔히 재혼가족과 동일한 의미로 사용된다. 이 외에 복합가족 또는 혼합가족(blended family) 등의 용어도 혼용되고 있다.

재혼가족의 유형은 흔히 재혼남과 재혼녀, 재혼남과 초혼녀, 초혼남과 재혼녀의 세 가지로 분류된다. 전혼자녀 유무와 동거 여부를 기준으로 유형을 분류하기도 하며, 재혼부부의 연령과 자녀의 연령, 가족생활주기 등에 따라서도 재혼가족을 유형화할 수 있다.

〈표 12-1〉 혼인형태별 구성비 (단위 : %)

연 도	초혼(남) + 초혼(여)	재혼(남) + 초혼(여)	초혼(남) + 재혼(여)	재혼(남) + 재혼(여)
1995년	86.3	3.6	3.6	6.5
2000년	82.0	3.5	4.9	9.6
2005년	73.9	4.1	6.4	14.7
2010년	78.1	4.3	5.6	12.0

출처 : 통계청(2013). 혼인 이혼통계 재구성.

〈표 12-2〉 재혼 평균연령 (단위 : %)

연 도	남 성	여 성
1995년	40.4	35.6
2000년	42.1	37.5
2005년	44.1	39.6
2010년	46.1	41.6

출처 : 통계청(2013). 혼인 이혼통계 재구성.

우리나라의 재혼율은 이혼이 증가하면서 2005년까지 계속 증가추세에 있다가 최근 증가추세가 꺾였다. 즉, 1995년 재혼은 전체 결혼 중에 13.7%였으나, 2000년 18%, 2005년 26.1%로 급증하였다가 2010년 21.9%로 약간 감소하였다. <표 12 - 1>에서 재혼유형도 변화하여 남녀 모두 재혼인 경우가 가장 많고 다음 초혼남성 - 재혼여성, 재혼남성 - 초혼여성의 순서로 많은 경향이다.

평균 재혼연령은 <표 12 - 2>에서 2010년 남성 46.1세, 여성 41.6세로 10년 전인 2000년에 비해 남성은 4세, 여성은 4.1세 증가하여 자녀를 둔 중년기 재혼이 많아지고 있다. 평균 재혼연령이 높아지는 이유는 초혼연령 상승과 황혼재혼의 증가도 있지만 자녀가 있는 30대 중반에서 40대 중반 연령대의 이혼율이 높다는 점도 한몫을 한다. 그리고 재혼부부의 연령차도 근래 조금씩 좁아지고 있고, 사별 후 재혼보다 이혼 후 재혼이 많은 것이 특징으로 나타났다.

이와 같은 추세를 통해 사회변화로 인한 이혼의 증가는 '재혼가능한 층'으로 이어져 결국 재혼가족의 급증을 보이며 앞으로 재혼가족이 보편화되고 계부모와 사는 아이들이 많아질 가능성이 있다.

그러나 우리 사회에서 재혼한 당사자나 재혼가족을 보는 시각은 여전히 비규범적 · 비정상적으로 보는 경향이고 부정적인 고정관념과 편견이 많이 남아있다. 따라서 재혼가족은 문제가 많은 '비정상적인 가족', '불완전한 가족'으로 비쳐지는 것을 우려하며 재혼사실과 계부모나 의붓자식이라는 사실을 감추려 하는 경향도 있어 이들의 어려운 상황을 잘 반영한다.

이처럼 재혼가족에 대해 초혼가족을 기준으로 문제점과 갈등을 부각하는 부정적인 시각이 많았으나 최근 재혼가족의 강점과 적응요인에 대해 사회 전반적인 이해가 많아져서, 새로운 가족유형으로 인정하고 건강한 가족으로 정착하고 적응하도록 지원하고 어려움을 해소하는 사회적 노력이 시도되고 있다.

2) 재혼가족의 특징 및 문제

재혼가족의 특징은 다음 여섯 가지로 분류된다(김유정, 2012; 김효순, 2005; 이수정 · 전영주, 2009; 정현숙 · 유계숙, 2001; 한국가족학연구회, 2001; 현은민, 2003; Visher & Visher, 1997).

첫째, 재혼가족의 구조는 복잡하고 확대된 관계망으로 구성되었다. 즉, 재혼가족은 부부 - 전배우자, 자녀 - 계자녀, 친부(모) - 계부(모), 친조부모 - 계조부모, 친형제 - 이복형제 등이 포함되어 초혼가족보다 아주 많이 복잡하다. 그리고 이들의 역할과 책임, 규범 등이 분명하게 규정되지 않아서 더욱 관계정립에 어려운 측면이 있다.

둘째, 계부모의 자녀들은 두 가정의 구성원이고, 친부모가 자녀에게 강력한 영향을 주는 점이 더욱 복잡성을 증가시킨다. 한쪽 부모와 사별했거나 단절된 경우를 제외하고, 이혼 후 재혼한 가족의 계자녀들은 한쪽 부모와 살면서 비동거부모와 접촉하는 경우가 많고 그 결과 부모와 자녀 모두 감정적으로 혼란을 겪고 긴장과 갈등을 경험하기 쉽다. 부모와 사별했거나 단절된 경우에는 그 부모를 이상화하거나 집착하기 쉽고 계부모에 대한 고정관념이 작용하여 역시 적응에 어려움이 있다.

셋째, 재혼가족은 문화가 다른 가족원이 결합하였다는 특징이 있다. 그 결과 재혼 이전의 가족에서 가졌던 친부모와 자녀의 경험들을 재혼가족에서는 새로 갖기 어렵고 다른 가족규칙과 문화에서 비롯된 오해로 인해 가족정체감의 정립에 어려움이 발생할 수 있다.

넷째, 재혼가족은 친부모와 자녀 간의 유대가 부부간의 유대보다 더 먼저 형성되었고, 발달단계가 상이한 개인과 가족이 결합하였다는 특징이 있다. 그 결과 재혼가족의 부부는 초혼가족처럼 신혼기가 거의 없고 자녀연령에 따라 동시에 신혼기, 학동기, 10대 자녀기의 세 가지 발달단계에 진입하여 준비 없이 한꺼번에 여러 가지 발달과업을 수행해야 하는 어려움이 있다.

다섯째, 재혼가족은 초혼가족과 달리 이혼이나 사별이라는 인생의 큰 스트레스 사건과 큰 변화를 겪은 경험을 가졌다는 특징이 있다. 재혼가족 형성 이전에 겪은 개인적인 상실과 극심한 변화들로 인해 가족생활에 대한 비현실적 기대나 고정관념을 갖기 쉽고 새로운 거주지로 이전하여 환경적·경제적 문제에 직면하기도 한다.

여섯째, 계부모에 대한 사회적 지지가 부족하고 계자녀에 대한 고정관념이 작용하며 계부모와 계자녀 사이에 법적 관계가 모호하기 때문에 친밀한 관계형성과 가족정체감 확립에 많은 어려움이 있다.

이상의 특징들이 작용하는 결과 재혼가족은 가족관계와 기능, 구조 면에서 초혼가족보다 적응상의 어려움이 있고 다음과 같은 문제점을 극복하는 것이 필요하다.

(1) 충성심 갈등

충성심 갈등은 한 사람에 대한 애정을 가지면서 동시에 다른 사람에게도 애정을 가지면서 경험하는 갈등으로, 흔히 분노, 죄책감, 질투, 배반감 등의 정서를 수반한다. 재혼가족에서 자녀가 계부모를 인정하는 것이 같이 살지 않는 친부나 친모에게 충성하지 않는 것으로 보일 수 있어 갈등과 죄책감을 겪는다. 친부모와 많은 시간을 보내는 청소년들은 친부모를 만나지 않거나 적게 만나는 청소년들보다 계부모의 권위를 인정하지 않으려 하는 경향을 보인다. 이와 같이 충성심 갈등을 느끼는 자녀들은 계부모를 제외시키고 친부모와 동맹을 형성할 가능성이 많고, 이는 가족 내 위계질서를 깨고 재혼가족의 적응과 통합에 장애가 된다. 이런 경험들이 재혼가족의 관계에 긴장과 갈등을 증가시키고 친밀감 형성을 저해하는 작용을 한다.

(2) 경계모호와 역할혼란

재혼가족의 경우 과거의 가족원과 새로운 가족구성원 간에 위치와 역할을 명료화하는 것이 필요하다. 아동이 계부나 계모를 가족으로 인정하지 않거나 계부나 계모가 계자녀를 가족으로 인정하지 않는 경우, 부모가 동거하지 않는 친자녀를 가족으로 인정하는 경우에 가족 간의 경계가 모호해지고, 계부모와 자녀 간에 그리고 부부간에 유대를 방해한다. 그러므로 새로 형성된 재혼가족은 부부 하위체계과 계부모와 자녀 간의 관계체계, 자녀와 비양육 친부모와의 관계에서 경계설정이 필요하다.

한편 경계의 혼란은 가족원 역할의 모호성과 관련된다. 재혼가족의 아동은 의붓형제로 인하여 출생순위의 변화를 경험하고, 부모는 상대방의 전 배우자를 포함한 경계영역을 넓혀야 하며, 자녀들은 계부모와 계형제를 가족원으로 받아들여야 한다. 이에 따라 새로운 역할규범이 설정되어야 하나 불명확하고 모호한 상태여서 가족관계가 긍정적으로 발전하기가 어렵게 되는 것이다. 흔히 계모가 전통적으로 기대되는 어머니 역할을 계자녀에게 전면적으로 수행하려는 경우 계자녀의 반발과 적대감을 유발할 수 있고, 계부도 경험부족과 비현실적인 기대로 조급하게 아버지 역할을 수행하려고 하면 계자녀와의 관계를 저해할 수 있다(정현숙 외, 2000).

(3) 경제적 자원관리문제와 재혼가족에 대한 편견

재혼가족의 발달단계는 재혼 결심단계, 재혼 준비단계, 재혼 초기단계(5년), 재혼 중기단계(5년 이후)로 구분되는데, 각 단계마다 공통적인 가장 큰 어려움은 경제문제와 재혼가족에 대한 편견극복문제로 나타났다(장혜경 · 민가영, 2001). 따라서 경제문제와 재혼가족에 대한 편견극복문제는 재혼가족의 안정성을 저해할 수 있는 위험요인이고 이에 대한 대비가 필요하다. 이를 위해 재혼 전이나 재혼 초기에 적절한 행동규범과 호칭이 정해지고, 경제관리방법을 의논하고 공간과 시간, 에너지를 적절하게 배분하는 것이 필요하다. 그리고 재혼가족에 대한 사회의 고정관념과 편견에 대처하고 현명하게 극복하여 가족의 안정을 높이는 방안을 가족원들이 강구할 필요가 있다.

3) 재혼가족 적응에 영향을 미치는 요인

(1) 계자녀의 성별과 연령

재혼가족의 계부모와 계자녀의 적응에 있어 자녀의 연령과 성은 상당히 중요한 변인이어서, 특히 발달적 전환기에 있는 청소년기 계자녀들은 적응문제가 심각해지기 쉽다. 즉, 공격성과 청소년 범죄, 마약, 알코올 및 가출과 동거 등의 행동문제와 학업부진과 학교중퇴 등의 학교부적응 문제, 우울과 스트레스, 분노감정 같은 정서적 문제를 겪기 쉽다(Rodgers & Rose, 2002). 특히 사춘기 계자녀 딸의 경우 아들보다 여러 문제가 발생하고 계모와 친모, 계부와의 관계에서 어려움을 겪는다고 한다(Bray& Berger, 1993). 또한 계부가족에서 청소년 아들의 경우 행동문제와 학교부적응문제를 겪고, 그에 따라 계부와는 물론 친어머니와도 관계가 악화된다.

이와 같은 경향은 재혼가족에서 자녀가 청소년기가 되면 자신의 정체성 확립과 개별화에 대한 욕구, 신체발달과 성의 발달에 따른 긴장과 스트레스를 경험하는 것과 더불어 재혼가족의 복잡성과 역할혼돈이 가중됨으로써 계부모를 받아들이기 어렵게 되는 데 따른 결과이다.

(2) 재혼 시 계자녀의 연령

재혼 시 자녀의 연령이 어릴수록 가족유대 형성에 필요한 시간이 줄어들고 가족원의 적응이 용이해진다. 만약 자녀가 청소년기에 재혼하는 경우에 자녀는 이미 부모의 사별이나 이혼, 별거 등을 거치며 상실감과 가정불화, 갈등을 겪은 경험이 있다. 이에 새로운 가족 속에 편입되어 새로운 부모에 대한 거부감과 정체감 혼란과 역할혼돈, 교사와 사회의 편견의 영향 등에 의해 긴장과 불안, 분노를 경험하고 공격성과 행동문제로 표출될 가능성이 많다(Pasley et al., 1993; Visher & Visher, 1997).

그러므로 재혼하는 남편과 아내의 가족주기의 격차가 크고 청소년 자녀가 있을 경우는 적응에 어려움이 가중되기 쉽고 이에 대한 대비가 필요하다.

(3) 가족체계

① 가족경계

가족에 속한 사람을 분명하게 하고 가족 내 역할이 명료할 때 재혼가족의 적응이 용이해진다. 그러나 재혼가족 구성원 서로 간에 가족원으로 받아들이지 않거나 여전히 동거하지 않는 전 가족원에 집착하고 애매한 관계를 지속하는 경우에는 적응이 어려워진다. 예로 이혼과 재혼 사이 기간이 짧을 때, 전 배우자에 대한 해결되지 않은 감정이 남아있을 때, 계부모나 계자녀를 가족원으로 받아들이지 않는 경우, 친부모가 지나치게 개입하는 경우처럼 가족경계가 모호할 때 가족의 스트레스를 초래하고 가족원 간의 응집을 약화시키게 된다. 그러나 재혼가족의 응집성을 조급하게 기대하고 계자녀의 비동거부모나 조부모를 전면적으로 배제하려고 하거나 자녀의 정서적 반응을 이해하지 못할 때도 역시 가족의 적응에 문제가 초래된다(이수정 · 전영주, 2009; McGoldrick & Carter, 1989).

그러므로 친부모를 도와주는 계부모로서 역할이 정립되고, 친부모와 계부모, 전혼자녀 모두의 욕구를 파악하여 가족의 재구성과 조화를 위한 새로운 가족규칙과 전통을 설정하는 것이 재혼가족의 적응에 필요하다.

② 부부관계와 재혼유형, 자녀요인

부부가 정서적 동질감으로 강한 유대를 형성하고 결혼만족도가 높은 경우 긍정적인 계부모 - 계자녀 관계형성에 도움을 주고 가족 전체의 적응이 잘 되는 것으로 알려져왔다(Hofferth & Anderson, 2003). 즉, 재혼부부의 강력한 유대감과 견고한 부부체계가 성공적인 재혼생활과 가족적응에 가장 중요한 요인이다(유계숙 외, 1998; 정현숙 외, 2000). 만약 재혼부부가 안정된 유대관계를 형성하지 못하였을 때 부부간의 갈등은 자녀에게 부정적 영향을 미친다.

또한 재혼유형으로 부부 모두가 재혼인 복합 재혼가족과 부부 한쪽만 재혼인 단순 재혼가족을 비교할 때 복합 재혼가족이 더 적응을 잘한다는 결과(정현숙 외, 2000)와 더 문제가 많다는 결과(Coleman et al., 2000), 차이가 없다는 결과(Fine & Kurek, 1992)가 공존하여 일치된 경향을 발견하기 힘들다.

재혼가족에서 계자녀가 있는 경우와 없는 경우를 가족적응과 연관시켜 볼 때 없는 경우가 있는 경우에 비하여 결혼만족도가 높다고 보고되나 차이가 없다는 결과도 있다. 또한 재혼가족에서 출생한 공동자녀의 존재는 가족의 유대를 강화시키고 결혼안정성에 긍정적 영향을 미치는 면도 있지만 재혼가족관계를 악화시키고 갈등과 스트레스 원이 되기도 한다(정현숙 외, 2000; Ganong & Coleman, 1988; Ganong & Coleman, 1993).

그러므로 재혼부부관계에서 본질적으로 영향을 미치는 것은 구조적인 재혼가족의 유형도 아니고 계자녀의 동거 여부나 공동자녀의 존재 여부가 아닌 부부들의 상호작용방식이나 갈등해결방식이라는 연구결과들(Visher & Visher, 1988; Pasley et al., 1993)을 통해 재혼부부의 유대관계가 재혼가족의 적응에 중요한 요인이라고 할 수 있다. 따라서 재혼당사자들의 관계와 유대감을 강화하고 갈등해결능력을 습득하는 노력이 재혼가족 적응을 위해 중요하다.

또한 재혼가족의 적응을 촉진하는 요인으로 경제적 안정, 원만한 친족관계, 이전 배우자와의 관계명확성이 보고되고, 특히 노인재혼의 경우 경제력, 동일한 종교, 자녀와 주변사람의 지지, 건강, 짧은 독신기간, 전혼 만족도 등이 적응을 촉진하는 것으로 밝혀졌다(이수정 · 전영주, 2009).

그러나 초혼보다 재혼에서의 이혼율이 더 높게 나타나는데, 이는 재혼부부들이 이혼을 갈등해결방법으로 쉽게 생각하는 면이 있고, 또 이들이 갖고 있는 심리행동문제 때문일 수 있다(Brody et al., 1988). 그리고 이 외에 재혼가족에 대한 사회적 편견과 고정관념이 재혼가족의 응집과 문제해결능력을 약화시키는 작용을 하는 결과일 수 있다(김효순, 2005).

4) 재혼가족 적응을 위한 방안

첫째, 성공적인 재혼가족생활을 위한 개인적 방안으로는 전혼의 상실감을 수용하고 애도하는 기간을 가지며, 재혼으로 형성된 새로운 가족원에게 비현실적인 기대를 갖지 않아야 한다. 그리고 강하고 단합된 부부관계를 유지하고 계부모-계자녀의 관계나 계형제 간의 관계가 원만하고 전 배우자나 그 가족과 협조적이며, 가족원의 역할이 분명하고 건설적인 대화로 갈등해결을 하며, 가족의례와 규칙을 설정하는 것이 중요하다(김유정, 2012; 임춘희 · 정옥분, 1997; 한경혜, 1998; Visher & Visher, 1990).

둘째, 사회적인 방안으로 재혼가족을 다양한 가족생활의 하나로 수용하고 학교와 사회교육기관부터 재혼가족의 자녀들에게 편견을 갖지 않아야 하며, 부모의 이혼이나 재혼에 대해 아동과 청소년을 준비시키기 위한 교육내용과 교재개발이 필요하다. 그리고 대중매체와 민간단체에서 재혼가족의 건강한 모델을 발굴하고 재혼가족의 긍정적 이미지를 확산시킬 필요가 있다.

셋째, 재혼가족의 자조모임과 지지집단을 형성하는 일이 필요하다. 재혼한 부모는 자조모임을 통하여 서로의 감정을 나누고 지지해 주며, 문제해결을 위한 정보를 공유함으로써 상부상조하는 만남이 이어질 필요가 있다. 또한 지지집단을 통하여 재혼한 부모는 갈등과 스트레스에 대처하는 기술을 습득하고 부모역할과 가족기능 강화를 위한 교육 및 상담 프로그램에 참여할 수 있으며 재혼생활에서 발생하는 어려움을 해결하는 실마리를 제공받을 수 있다.

넷째, 재혼가족의 적응을 저해하는 법적 제도의 정비가 필요하다. 그동안 재혼가족에서 계부모는 동거인이 되고 부모로서 친권을 행사하지 못하며, 또한 계부와 계자녀의 성이 달라 자녀가 정체감 혼란과 심적인 상처를 겪어야 했었다. 다행히 2008년 1월 1일부터 호주제가 폐지되어 부모의 이혼이나 재혼은 비밀유지가 되며, 성은 어머니 성을 따라 붙일 수 있고, 재혼 때는 법원의 허가를 받아 새아버지의 성을 따를 수 있게 되었다. 그에 따라 재혼가족의 어려움이 조금이나마 완화될 것으로 기대한다.

참고 12-2 돌싱을 위한 재혼의 정석

재혼은 희망이 경험을 이긴 결과이다. 재혼희망자는 결혼에 대해 부정적인 사례나 통계는 물론 자신의 경험조차 무시한다. 무시하는 이유는 재혼해서 잘 사는 사람도 많기 때문이기도 하며, '나만은', '이번만은' 행복한 가정을 꾸려가겠다는 소망 때문이기도 하다. 초혼의 경우보다 재혼이 이혼으로 끝날 가능성이 훨씬 높다. 그러므로 재혼은 통계와 싸우며 소망을 현실로 구현하는 비법이 있어야 행복과 성공에 도달하게 된다. 이혼 후 재혼하려는 사람들이 알아야 할 핵심 노하우는 다음과 같다.

첫째, 재혼은 시간을 두고 신중하게 결정한다. 적어도 자녀들이 청소년기를 넘긴 다음이 좋다. 자녀와 충분한 대화를 나누면서 재혼에 따른 불안감, 혼란감, 문화적 충돌과 변화에 적응할 준비를 할 수 있도록 대비를 한 다음으로 재혼을 미루는 게 좋다.

둘째, 초혼실패의 원인을 철저히 분석하고 전 배우자와 완전히 정리된 다음 자신이 먼저 배우자에게 적응하기 위해 변할 각오를 가진다. 배우자들은 잘 변하지 않는다. 지금 그대로의 배우자를 사랑하려면 우선 자신의 변화를 꾀하는 것이 바람직하다. 변화를 위해 필요한 것은 초혼실패의 원인을 전 남편, 전 부인에게 돌리지 않고 자신을 객관적으로 돌아보고 반성하여 실수를 반복하지 않는 방법을 찾는 것이다. 그리고 재혼하는 남편과 결혼하는 여성들은 레베카 신드롬(Rebecca Syndrome) - 재혼남편 주위를 맴도는 첫째부인의 흔적과 싸워야 하는 심리적 갈등 - 에 시달릴 수 있다.

셋째, 부부가 서로에게 편안한 거리를 두어야 안정된 결혼생활이 유지된다. '여성은 로맨스를 위해 재혼하고 남성은 일상을 되찾기 위해 재혼한다'. 그러므로 시간이 갈수록 재혼부부의 로맨스 감정은 퇴색됨을 자연스럽게 받아들이고 애정표현과 신체접촉을 여러 단계로 일상화하여야 친밀감과 사랑을 지속하는 데 도움이 된다.

넷째, 계자, 계녀를 자기 자식처럼 사랑하는 것은 불가능하다고 인정하고 또한 계모, 계부를 괴물로 보는 편견에서 벗어난다. 각자가 새로운 가족원으로 계자녀, 계부모를 받아들이고 적응하는 기간을 가지면서 자연스럽게 서로 도움이 되고 정을 쌓아가는 관계로 만들어가는 노력이 있어야 한다. 재혼가족에서 새로운 인간관계 경험을 하면서 사고력과 갈등해결능력, 사회성, 적응력이 증진되는 등 얻는 것이 많음을 인식한다.

출처 : 중앙sunday(2011. 4. 11).

참고 12-3 재혼가정의 새로운 형제자매 만들기 10계명

1. 넓은 의미의 가족개념에 대해 의견을 나눈다. 혈연관계의 형제자매뿐 아니라 함께 생활하는 형제자매도 가족이라는 점을 분명히 한다.
2. 서로에 대해 알게 되는 기회를 자주 만든다. 가족회의나 가족노트 등을 통해 경험과 기억, 생각을 공유하면서 새로운 형제자매의 역사를 만들어간다. 단, 서두르지 않는다.
3. 제3의 집에서 시작한다. 이미 쓰고 있는 방에 들어가 살게 되면 형제자매 간의 갈등과 문화적 충돌이 더 커진다.
4. 부부가 서로 합의하고 자녀들을 일관성 있게 양육하는 것이 필요하다. 새로운 규칙은 형제자매 간의 갈등이나 충돌을 줄이고 빨리 적응할 수 있도록 돕는다.
5. 좋은 일이든, 싫은 일이든 표현하도록 한다. 형제자매 간의 갈등이나 문제에 대해 가족이 관심을 갖고 함께 얘기하는 시간을 가지면 어떤 갈등이든 해결방법이 보인다.
6. 자녀들 간의 비교는 금물! 다른 환경에서 자라온 자녀들을 성격이나 성적 등으로 비교하는 것은 상대적 열등감이나 불필요한 경쟁심만 자극한다.
7. 재혼가정의 긍정적인 면을 일깨워 준다. "언니가 있었으면 좋겠다고 했는데 언니가 생겼으니 얼마나 좋니", "가족이 더 많아져서 사랑을 더 많이 받을 수 있으니 얼마나 좋니" 등등
8. 친척모임에 적극적으로 데려가 소속감을 느끼게 한다. 친척을 알아가고 익히면서 새로운 가족의 관계망을 확장해나갈 수 있다.
9. 재혼 뒤 자녀를 출산하는 문제는 신중히 결정한다. 새 아이는 가족원들을 가깝게 하는 견인차가 될 수도 있고 또 스트레스의 원인이 될 수도 있다.
10. 성공적인 재혼생활은 모든 가족원들의 노력으로 이루어진다는 점을 명심한다.

출처 : http://zine.media.daum.net/mega/h21/200610/24/hani21/v14463923.html

3. 자발적 무자녀가족

1) 정 의

무자녀란 자녀가 없음을 의미하지만 무자녀가족에 대한 정의는 자발적으로 선택한 여부와 선택의 지속성 정도에 따라 구분된다. 즉, 자녀를 가질 의사가 있는데 낳지 못하는 경우와 자녀를 가질 의사가 없어서 낳지 않는 경우가 다르고, 또한 영구적으로 자녀를 갖지 않기로 결정하는 것과 일정 기간 동안 자녀를 갖지 않기로 결정하는 경우도 다르다.

무자녀가족(voluntary childless family)이란 생식능력을 갖고 있지만 영구적으로 자녀를 낳지 않겠다는 결정을 하는 경우를 말하며, 결정시기에 따라 결혼하기 전이나 결혼 초에 무자녀를 선택한 초기 결정자와 자녀를 가지는 것을 연기하다가 무자

녀가족으로 남는 후기 결정자로 구분된다(Houseknecht, 1987). 흔히 아이가 필요없는 상태를 즐기는 선택적 무자녀(child free)를 자발적 무자녀가족으로 규정하고, 아이를 원했으나 아이가 없는 처지로 살게 된 비자발적 무자녀가족은 제외된다.

2) 선택동기와 과정

과거에는 결혼을 하게 되면 누구나 자녀를 갖고, 또 갖고 싶어 하는 것이 일반적인 현상이었다. 그러나 오늘날 자녀출산은 반드시 수행해야 하는 의무가 아니라 선택의 문제로 변화되고 있다. 무자녀를 선택하는 동기는 다음과 같은 여러 가지가 있다.

첫째, 자녀양육 책임에서 자유롭고 개인적인 자아성취 기회를 가지기 위해서이다. 최근의 젊은 부부층에서는 자녀에게 드는 비용을 부부 자신들의 자아실현과 인생을 위해 투자한다. 그 결과로 자녀를 갖지 않고 맞벌이하는 DINK(Double Income No Kids)족이 생겨나게 되었다.

둘째, 부부 사이의 낭만적 요소를 유지하여 만족스러운 결혼생활을 하기 위해서이다. 일반적으로 자녀는 부부의 결속을 촉진시킨다는 통념도 있지만 자발적으로 무자녀를 선택하는 사람들은 자녀로 인해 부부의 친밀한 관계와 공동활동이 방해받는다는 생각을 하는 경향이 있다.

셋째, 자녀를 갖지 않음으로써 경제적 여유가 생기고 노후준비를 철저히 할 수 있다는 생각이 작용하여서이다. 최근 우리나라에서 자녀를 키우고 교육하고 독립시키는 데 소요되는 비용이 매우 막대한 반면, 자녀에게 노후를 의지하지 못하고 부부 스스로 독립적인 노후를 준비를 해야 하는 상황이기 때문이다.

넷째, 자신의 부모역할에 회의를 갖거나 양육환경과 미래상황이 불안한 경우에 무자녀를 선택하기 쉽다.

무자녀가 되는 과정은 첫째로 결혼 전부터 자녀를 출산하지 않겠다는 결정을 하는 경우가 있고, 둘째는 자녀를 낳는 것을 연기하다가 무자녀가 되는 경우가 있다. 후자의 무자녀가 되는 과정에는 4단계가 있다. 즉, 1단계는 결혼 초에 설정한 목표를 위해 일정한 기간 동안 아기 갖는 것을 피하기 위해 피임을 한다. 2단계는 그 기간이 연장되어 아기를 갖고 싶어할 때까지 무한정 연기된다. 3단계는 자녀가 없는 데 따르는 여러 이점들을 인식하고 자녀출산과 양육에 대한 부담이 작용하여 무자녀를 선호한다. 4단계는 무자녀를 확고하게 결심하는 단계이다. 이때 임신에 어려움을 겪거나 불임이 무자녀 결정을 촉진하기도 한다(Houseknecht, 1986, 한국가족학연구회 편, 2001 재인용).

3) 특징과 문제점

무자녀가족의 특징은 대부분 학력이 높고, 직업 성취욕구가 높으며, 평등적인 성역할태도를 지니고 있고, 종교를 갖지 않는 비율이 높다. 그리고 자녀가 있는 부부들과 결혼행복도에서 차이가 없고 자녀있는 부부보다 더 부부의 공동활동과 결속감이 높고 평등적인 부부관계를 유지하는 것으로 나타났다. 또한 초기 결정자들이 후기 결정자들에 비해 무자녀에 대한 확고한 신념을 가진다. 흔히 무자녀를 선택하는 것은 아내 쪽이 많다(Houseknecht, 1987).

반면 무자녀가족의 문제점은 첫째, 일반사람들의 무자녀가족에 대한 편견이 작용한다는 것이다. 즉, 일반인들은 무자녀가족을 비정상적이고 이기적인 성격이나 성인으로서 사회적 책임을 지지 않는 무책임한 사람으로 간주하고 그 책임을 여성에게 돌리는 경향이다. 즉, 무자녀여성은 이기적이고 개인주의적이며 경력만을 추구하는 미성숙하고 비여성적인 존재로 간주되고, 자발적 무자녀인 사람은 애정이 없고 비헌신적이며 정서적으로 미숙하고 배려와 융통성이 결여되었다는 평가를 받는다(권윤진, 2004; Kelly, 2009). 둘째, 자연스러운 부모됨을 포기하는 결과 노년기에 후회할 수 있고 부부관계가 깨지기 쉽다는 주장이 있다.

우리나라의 무자녀부부 연구(김정미 · 양성은, 2013; 이수연 · 공미혜, 2012)에서는 서로에게 가장 좋은 친구, 원활한 의사소통, 배우자에 대한 집중을 포함하는 우애적 관계를 경험하고, 배우자를 배려하고 지지하며 배우자로부터 인정과 지지를 받고 각자의 생활과 취향을 존중하는 결과 정서적 지지를 경험하며, 유사한 활동을 통한 가치관을 공유하는 것, 그리고 개인적 가치실현과 자신에게 투자, 삶의 새로운 기회탐색, 행동과 시간의 자유 등 자유로움과 여유를 많이 경험하는 것을 긍정적인 점으로 인식하였다. 한편 무자녀로 인한 부정적인 점으로 대인관계의 소외와 축소, 부모됨의 포기를 경험하였다. 여성은 무자녀로 인한 긍정적인 점을, 남성은 무자녀로 인한 부정적인 점을 더 많이 경험하는 것으로 나타났다. 우리나라에서 자발적 무자녀가족은 자녀양육 부담과 비용의 증가와 여성의 자녀출산 기피풍조, 여성의 경제활동 증가 등의 영향으로 늘어날 가능성이 있다. 그러므로 우리 사회에서 무자녀가족에 대한 편견을 버리고, 하나의 삶의 방식이자 다양한 가족형태 중의 한 가지로 받아들이는 것이 바람직할 것이다.

참고 12-4 "애들은 가라"…무자녀커플 늘어 문화현상화

출산을 가급적 미루거나 아예 아이를 낳지 않기로 결정한 '차일드리스(childless)'족이 늘어나면서 이들의 삶이 '차일드리스 문화(culture of childlessness)' 현상으로까지 이어지고 있다고 뉴스위크 최신호(9월 4일자)가 소개했다. 독일에서는 대학 이상 학력의 여성 중 30%가 평생 아이를 갖지 않고, 영국에서도 아이 없는 삶을 택하는 여성이 지난 20년간 두 배로 증가했다. 일본 역시 30세 이상 여성의 56%가 아직 출산경험이 없는 것으로 나타났다. 보수적인 '가족관'이 우세한 스페인, 그리스 등에서도 이 같은 현상이 심화되는 추세다. 이에 따라 영국에서는 '아이 없는 삶'과 관련한 서적들이 별도시장을 형성할 만큼 큰 호응을 얻고 있다. '차일드리스는 매우 정상적인 삶의 유형 중 하나일 뿐'이라는 메시지를 담은 여성 언론인 출신 니키 디파고 씨의 『무자녀 사랑하기(Child-Free and Loving It)』 같은 책이 대표적이다. '영국차일드프리재단(British Childfree Association)'처럼 아이 없는 삶을 택한 이들끼리의 유대와 사교 기회를 제공하는 단체도 속속 생겨나고 있다. 일본에서는 유아용품시장 대신 애완동물시장이 떠오르고 있다. 이에 맞춰 혼다는 아기용 시트 대신 애완견 침대를 장착할 수 있는 자동차를 내놨다.

부동산 및 레저 시장에 미치는 영향도 만만찮다. 영국에서는 10대 청소년이 있는 가족이 입주하면 그 동네의 부동산 가격이 5% 정도 하락한다는 조사결과도 나왔다. 반면 고소득에 소비성향이 비교적 강한 아이 없는 커플은 호주 부동산 시장의 최대고객으로 부상하고 있다. 이탈리아 일부 리조트나 식당은 '차일드리스' 커플을 위해 아예 어린이들의 출입을 제한하기도 한다. 이 같은 현상이 곧 출산율 저하와 연관돼 있으며, 그 책임을 당사자들에게 물어야 한다는 목소리도 높다. 슬로바키아에서는 최근 아이가 없는 25~50세 부부에게 '벌금형' 세금을 물려야 한다는 제안이 나오기도 했다.

출처 : 동아일보(2006. 8. 29). http://blog.daum.net/nanobio/8270477

4. 분거가족

1) 정 의

분거가족이란 급격한 사회변화에 따라 새롭게 나타나고 있는 가족형태로서 부부가 동거하지 않고 다른 지역에 거주하는 비동거생활을 6개월 이상 지속하는 가족을 의미한다(유영주 외, 2004). 이러한 비동거가족에는 주말가족, 기러기가족, 해외 취업자가족, 수형자가족 등이 포함된다. 1970년대부터 지리적으로 멀리 떨어져 사는 부부의 결혼생활 형태를 연구해온 미국 가족학자들은 이것을 '통근결혼(commuter marriage)'으로 정의하고 대안적 가족형태로 제시하고 있다. 이와 같은 형태의 가족에서 배우자는 취업이나 경력을 얻기 위해 별거를 한다. 전통적으로는 전쟁, 이민, 전근, 취업 등으로 떨어져 생활하였고, 결국은 부인이 남편과 합류하기 위해 자신의 직장을 포기하였다. 여기에서는 주말가족과 기러기가족을 중심으로 선택동기와 가족관계 특성 및 문제점 등을 살펴보기로 한다.

주말가족은 직업, 교육 등의 이유로 부부가 일주일에 3일 이상을 떨어져 지내고 주말이나 월말, 방학처럼 일정 기간 동안은 함께 사는 가족을 의미하며, 맞벌이 주말가족과 외벌이 주말가족으로 대별된다. 기러기가족은 부부 중 한 사람이 자녀와 함께 해외에 거주하고 배우자는 경제활동을 위해 국내에 남아 생활하는 가족을 의미한다.

이들 가족은 계속 동거하지 않고 장기간 별거하지만 가족으로서 일체감을 갖고 관계를 유지하며, 별거의 원인이 부부불화나 경제적 이유가 아니며, 일부계층에서 중산층으로 확산되고 있는 공통점을 지니므로 일시적 현상이나 가족해체가 아닌 새로운 가족형태의 출현으로 간주된다.

기러기가족은 1990년대부터 시작된 조기유학 열풍이 만들어낸 또 하나의 부산물이자 대안이다. 한국적 교육현실에 답답함을 느껴 처음에는 자녀들만 미국 · 캐나다 · 호주 · 뉴질랜드 등으로 유학 보냈던 부모들이 자녀의 삶이 더 나아질 수 있도록, 선진국의 더 나은 교육을 받을 수 있고 영어권 교육을 통해 글로벌 인재로 클 수 있도록 뒷바라지하기 위해 한쪽 부모가 자녀와 동거하고, 다른 한쪽 부모는 생활비와 학비조달을 위해 한국에 거주하는 형태로 가족형태를 선택하게 되었다. 즉, 자녀교육을 위해 부부가 장기적으로 분거하고 가족체계의 안정이 영향을 받는 점이 기러기가족의 특징이다. 기러기아빠는 초기에 주로 대기업 임원이나 의사, 변호사 등 고소득 전문직 종사자가 많았지만 최근에는 회사원 등 중산층까지 확산되고 있다.

2) 선택동기

주말가족은 경제적 · 직업적 이유가 가장 크게 작용하며, 이는 남편의 직장소재지 이동, 자녀교육, 여성취업 증가와도 관련된다. 주 주거지 결정은 자녀양육 여건과 자녀교육 환경이 좋은 지역을 위주로 선택하는 경향이다. 가장 많은 유형은 아내가 자녀와 함께 서울이나 수도권에 거주하고 남편이 지방에서 직장을 다니며 주말마다 가족에게로 이동하는 유형이고, 다음으로는 남편이 자녀와 함께 생활하고 아내가 주말마다 가족에게로 이동하는 유형이다(곽인숙, 2002).

기러기가족의 선택동기는 대부분 자녀교육을 위해서이고 자녀들이 경쟁이 극심한 교육제도에서 스트레스를 받기보다는 양질의 교육을 받으며 보다 나은 환경에서 행복하게 살아가기를 바라는 것이다. 그리고 그 바탕에는 자녀교육을 위해 부모가 어떤 대가라도 치를 수 있다는 도구적 가족주의와 부모 - 자녀 일체감, 대학입시와 학벌사회에서 생존의 두려움, 공교육에 대한 불신, 사교육비 과중, 학교에서의 부정적 경험, 외국체류 경험이나 아메리칸 드림, 내재된 부부갈등, 시가와의 갈등, 영어능력의 필요성 및 정보화 추세 등이 작용한다(김양희 · 장온정, 2004; 엄명용, 2002; 최양숙, 2005). 기러기가족이 되는 유형에는 첫째로 해외에서 유학을 했거나 상사원으로 근무하다 귀국하면서 아내와 자녀가 현지에 남는 경우, 둘째로 국내에서 가족과 생활하다 남편만 남고 아내와 자녀들을 해외에 보내는 경우, 셋째로 가족 전체가 이민을 갔다가 남편 혼자 한국에 돌아와 생활하면서 비자문제로 수시로 오가는 경우 등이 있다.

3) 특징과 문제점

주말부부는 일반부부에 비해 부부 모두 교육수준이 높고 소득수준도 높으며 근무시간의 융통성이 많고 가계경제적 측면에서 혜택이 있었으나, 건강과 삶의 만족도 측면에서 부정적인 영향이 존재하고 자녀양육 면에서 어려움이 많았다. 이들은 일반가족에 비해 자녀양육에 대해 시설보다는 친족의 도움을 더 많이 받고 있고(한유미, 2002), 자주 연락을 취하고 한 달에 두 번 이상 만날수록, 남편이 자녀양육에 협조적일수록, 가족중심적인 여가시간을 가질수록, 스트레스 대처를 잘 할수록 부부간의 응집성이 높고, 자녀양육에 대한 스트레스를 적게 경험하며 결혼만족도가 높은 것으로 나타났다(윤경자 · 임주영, 2011; 이기숙 · 손태홍, 2004; 최정혜, 2002; 한유미, 2002).

한편 맞벌이 주말가족은 일반 맞벌이가족에 비해 아내의 직업세계와 자아실현을 인정하는 경우가 많으며, 아내의 직업만족도가 높아서 주말부부가 되는 것이 무조건 부정적이지 않다는 보고도 있다(송혜림, 2002).

여러 연구에서 주말가족의 주요한 장점으로 직업에 충실할 수 있고, 부인의 가사역할이 적어지고 부부 각자의 자유시간이 있는 점, 부부간에 서로의 중요성을 깨달음, 권태기가 없음, 생활비 절약과 경제적 여유 등이 보고된다. 불편한 점으로는 자녀양육과 훈육에서 아버지 역할의 부재, 자녀의 정서불안과 사기저하, 집안의 중요한 일 결정 시 의논상대가 없는 문제, 부부 각자 생활에 익숙하여 부부간의 친밀감 형성이 어려움, 교통 · 통신비 지출 증가, 부부의 외로움과 성생활문제, 건강문제, 주위의 부정적 인식 등이 지적되었다.

그러므로 계속적으로 증가하고 있는 주말가족에 대해 편견을 버리고 갖고 있는 자원을 최대한 활용하여 가족복지를 유지하려는 하나의 가족형태로 인정해야 할 것이다. 그리고 이들이 갖고 있는 어려움을 완화시키고 삶의 질을 증진시키는 제도적 지원, 예를 들면, 반복적인 교통수단이용 혜택, 육아지원서비스, 상호 정서적 안정을 지원하는 동호회나 인터넷사이트 활성화 등을 고려해야 할 필요가 있다.

기러기가족의 특징과 문제점은 다음과 같다.

첫째 특징은 자녀의 교육문제 해결과 성취가 부부관계나 가족응집성보다 더 중요시된다는 점이다. 즉, 자녀의 어학숙달과 학업적 성취, 발전적 진로개척, 부모의 개인적 발전기회가 될 가능성이 있고 아이의 특출한 재주를 한국에서는 도저히 살려줄 수 없었다든지, 혹은 아이가 문제가 있는데 미국의 특수교육 프로그램이 아이에게 적합한 경우에 자녀의 조기유학은 긍정적인 효과가 있다. 그러나 대부분의 기러기아빠의 경우, 1년에 2~4차례 만날 수 있다지만, 많아야 1주일이 최대이고 평균 2~4일 머무르는 것이 고작이다.

둘째 특징은 여성주도적으로 가족이 유지되는 경향이 있다. 즉, 자녀의 조기유학 결정에 어머니의 영향력이 작지 않고, 또한 시가의 억압적 측면으로부터 자녀교육이라는 명분으로 탈출하는 방편이 되며, 가사노동이 경감되고 부부갈등의 불편함이 해소되는 점이 분거생활에서 오는 여성의 불편함을 상쇄한다고 볼 수 있다. 반면 남성은 분거생활에서 장점은 적고 단점이 훨씬 많다.

셋째 특징은 가족원 간에 의사소통이 불충분하며 정보화의 실상을 확인시킨다. 가족원 간이나 부부간에 대면적인 관계가 아닌 전화나 이메일 등의 정보화의 도구를 통한 소통과 정보공유가 이루어지고 대면적 관계보다 더 익숙해진다. 그 결과 친밀한 관계 유지가 어렵고 정서적 교감이 부족하며 갈등이 누적되기 쉽다.

넷째 특징은 동거부부보다 부부관계가 불안정해지고 부와 모 - 자녀로 분리됨으로써 일상생활을 나누는 친밀한 공동체이자 둥지로서의 가정의 기능과 가족관계가 약화되거나 해체되는 경향이 있다. 우선 자녀와 부모관계에서 발생하는 어려움이 크다. 성장기 자녀들은 장기간의 아버지의 공백으로 인해 공허함과 위축을 경험하고 가정에서의 남성모델을 보지 못하게 되며, 아버지와의 소원한 관계가 되기 쉬워 아버지를 돈 벌어 보내는 사람으로 여기기 쉽다.

어머니들도 한국에서 돈을 버는 아버지와 공부하는 아이들의 연결고리로서 막중한 책임감과 현실 사이에서 말 못할 고민을 하는 경우가 많다. 하루종일 아이들 뒷바라지를 하고 나면 '과연 내가 왜 이곳에 왔나' 하는 생각이 들게 된다. 또 남편의 부재로 인한 스트레스도 크다. 그리고 현실적으로 어머니 본인이 미국에서 교육받아본 경험이 없는 상태에서 자녀의 숙제지도가 어렵고 영어가 능숙하지 못하니 학교생활에 관여하기가 쉽지 않다. 결국 고학년이 되어갈수록 아이와 어머니의 관심영역이 달라지고 관계가 소원해짐으로써 자녀지도를 적극적으로 하지 못하게 될 수 있다. 기러기가족의 아버지들은 가족에 대한 그리움과 공허함을 공통적으로 경험하고 오래 따로 사는 생활에 익숙해지면, 자녀와의 유대감이 적어지며 '내가 돈버는 기계인가'라는 생각이 들게 된다. 이 외에도 돈을 많이 벌어야 한다는 스트레스와 부실한 식생활, 건강관리에 부주의한 것들이 건강의 악화를 초래하고 가족의 보살핌을 받지 못함으로써 사망에 이르기도 한다(조 은, 2004).

그리고 근본적으로 부부가 떨어져 살기 때문에 부부 사이에 발생하는 문제로 외로움과 고립감, 성적 문제, 느슨한 관계로 인한 외도와 불신, 이혼 등이 있다. 대부분의 기러기가족 남편들은 외로움과 고립감, 성적 문제를 경험하고 있고 성적 유혹을 받는 경우가 상당수 있다. 이는 외도행위와 부부간의 불신을 가져오고 가정불화와 이혼까지 이르기도 한다. 이와 같은 문제는 부부가 장기간 따로 살면서 부부간의 공통된 관심사와 공감대가 결여되고 부부로서 일체감을 경험하지 못하는 데 기인한다. 그러므로 자녀를 위해 결혼생활과 부부관계를 희생하는 것이 결국 부부관계를 깨고 가족이 해체되는 결과를 가져올 수 있는 것이다.

다섯째 특징으로 장기간의 별거와 서구문화의 영향으로 부부와 자녀가 각자 편의주의와 개인주의 가치관을 갖기 쉽다. 이는 도구적 가족주의와 부모 - 자녀 일체감에서 출발한 기러기가족에서 가족응집과 부모의 희생에 따른 보상과 노후대비가 어려워지고, 삶의 질과 정서적 건강에 어려움이 발생하는 결과를 초래할 수 있다(김양호 · 김태현, 2009; 김양희 · 장온정, 2004; 엄명용, 2002; 최양숙, 2005).

그러므로 자녀중심의 가족문화, 글로벌화되는 세계경제 환경과 교통통신의 발달로 자녀교육을 위한 자원과 기회를 극대화하고자 하는 유연한 가족형태인 기러기가족이 출현하였는데, 앞으로도 교육환경의 변화나 부모의 가치관이 바뀌지 않는 이상 기러기가족을 선택하는 가족이 증가할 것이다. 사회 전반에서 그에 따른 문제점과 대책들에 대해 이해할 필요가 있다. 즉, 가족 전체적으로 많은 노력을 기울이지 않으면, 자녀의 인성교육 문제와 부모 - 자녀의 소원한 관계문제, 부모의 결혼생활 희생과 정신적 · 신체적 건강문제, 이혼위기 문제, 노후대비 문제가 발생할 가능성이 높고 기러기가족으로서 '가족이 생이별해서 산다'는 한계가 상당히 존재한다. 한국에서는 극심한 입시경쟁으로 불안해하던 부모가 미국에 와서는 가족의 생이별로 고통받고 가족관계를 희생하며, 그 중심에 선 어머니와 아버지들은 말 못할 고민이 많고 재결합해도 여러 문제점이 발생한다.

그러나 기러기가족이 갖는 어려움을 분명히 알면서도, 대안부족으로 결국 기러기가족을 선택해야 할 경우에는 다음과 같은 점에 유의하는 것이 좋다.

첫째, 가족 공동목표와 가치관에 대한 합의가 필요하다. 최소한 유학을 떠나기 1년 전부터 외국의 교육제도에 대해 공부하고 자녀유학의 목적을 분명히 하며, 모든 것을 부모와 자녀가 같이 의논하고 합의하여 결정하고 준비한다. 그리고 부부갈등과 시가와의 갈등에서 벗어나기 위해 기러기가족을 선택하지 않도록 해야 한다.

둘째, 어머니 역할에 대해 미리 계획하여 아이들 뒷바라지를 위주로 하면서 개인적 발전기회로 삼을지, 뒷바라지만을 할지 미리 결정하고 부모역할을 효과적으로 수행할 준비를 해야 한다.

셋째, 자녀와 아버지 사이에 그리고 부부 사이에 대화가 효율적으로 지속되도록 각종 이벤트를 만들고 친밀한 관계와 정서적 교감과 유대감을 일상생활에서 유지시키는 노력을 기울인다. 예를 들어, 매일 1회 이상 전화나 인터넷채팅, 메신저 등을 이용한 소통에 힘쓰며, 정서적 교류관계와 가족 결속력, 신뢰감 유지 등을 노력해야 할 것이다. 따로 사는 아버지는 특히 절제된 생활과 건강유지, 스트레스 관리가 필요하고, 배우자와 자녀를 존중하고 거리감을 없애는 노력을 기울여야 한다.

5. 다문화가족

1) 정의 및 현황

다문화가족이란 국적이 다른 남녀가 결혼하여 형성된 가족을 의미하며, 흔히 한국인과 외국인이 결혼한 경우를 통칭한다. 다문화가족지원법에서는 결혼이민자가족, 합법체류 이주노동자가족, 탈북주민(새터민)가족까지 포함하고 있다. 국제결혼은 한국의 국제적 지위향상, 외국인에 대한 가치관 변화, 저개발국 이주노동자의 증가, 혼인수급의 불균형, 결혼알선기관의 활성화, 외국과의 빈번한 교류 등이 작용한 결과 발생하고 있다.

국제결혼비율은 총 결혼건수 중에 1990년 1.2%, 1995년 3.4%, 2000년 3.5%를 차지하였으나 2003년부터 8.2%, 2004년 11.2%, 2005년에는 13.5%까지 증가하였다가 그 후 감소추세를 보여 2010년에는 10.5%를 차지하였다. 이 중 한국인 남성이 외국인 여성과 결혼하는 경우가 2003년부터 계속적으로 국제결혼의 70~76%를 차지하며, 특히 읍・면지역에서 많다. 그리고 한국인 남성과 외국인 여성 부부의 연령차는 해마다 증가하여 2000년 6.9세, 2005년 9.1세, 2010년 12.1세로 한국인 부부의 평균 연령차가 2000년 2.7세, 2005년 2.5세, 2010년 2.2세로 감소하는 것과 반대현상을 보인다(통계청, 2013; www.kostat.go.kr). 한국인 남성과 결혼한 외국여성의 국적은 중국, 베트남, 필리핀, 캄보디아, 일본의 순서로 많다. 한편 한국인 여성과 결혼한 외국인 남성의 국적은 중국, 일본, 미국이 많다.

여기에서는 다수를 차지하는 한국인 남성과 외국인 여성과의 결혼이민자 가족을 중심으로 발생동기, 특징과 문제점 등을 살펴보기로 한다.

2) 발생동기

한국인 남편과 외국인 여성의 결혼으로 이루어지는 결혼이민자 가족은 심각한 농촌총각의 결혼문제를 해결하려는 방편으로 시작되었다. 이를 위해 1980년대 말 조선족 동포 여성과의 결혼이 추진되어 농촌청년과 연변처녀와의 결혼이 1990년부터 이루어졌고 1992년 중국과의 국교가 정상화된 이후에는 지방자치단체가 주선하는 조선족 동포와의 결혼이 추진되었다. 한편 특정 종교단체가 일본여성과 한국인 남성 간의 결혼을 필리핀으로 확대하면서 필리핀 여성들의 결혼이주가 증가하였다. 그리고 한국남성과 결혼한 조선족 여성들이 일자리를 찾아 가정을 떠나는 사례가 늘어나고 국제결혼중개업자가 등장하면서 국제결혼대상 여성의 국적은 베트남, 캄보디아, 몽골, 태국, 우즈베키스탄 등으로 확대되었다.

결혼이민자 여성의 한국행 동기는 부모와 가족에게 경제적 도움을 주기 위한 것과 소위 코리안 드림으로서 한국에서 새로운 삶의 기회를 찾고자 하는 것이다. 한편 외국인 여성과 결혼한 한국남성은 혼기를 놓치고 결혼이 어려워서가 대다수를 차지하였다(김경신, 2006; 설동훈 외, 2005; 이순형, 2006).

3) 특징과 문제점

결혼이민자 가족은 거의 대부분 결혼생활을 위한 언어적 소통과 상호 이해를 위한 준비가 갖추어지지 않은 상태에서 시작하기 때문에 당사자는 물론 자녀와 주위 가족원에게 큰 부담이 되는 것이 특징이다. 더욱이 부부간의 연령차이가 평균 7세 정도로 큰 편이고 남편이 10살 이상 연상인 경우도 전체의 34%를 차지하며, 특히 중개업체를 통해 베트남 여성과 결혼하는 경우에 연령차이가 많이 나서 결혼생활 적응에 어려움이 가중된다.

여러 연구에서 보고되는 결혼이민자 가족의 문제점은 다음과 같다.

첫째, 의사소통과 언어문제이다. 결혼이민자 가족의 대부분이 한국어를 사용하고 있기 때문에 외국인 여성의 언어장벽으로 인한 의사소통의 어려움은 일상생활에 불편함과 대인관계 곤란을 초래하고, 문화적 차이를 극복하는 데 장애가 된다. 또한 이는 부부갈등을 유발하고 각종 정보와 자원, 취업으로부터 소외되게 만든다.

둘째, 문화적 차이로 인한 부부갈등과 자녀양육문제이다. 문화가 다르고 생활방식과 가치관이 상이하기 때문에 부부간에 오해와 갈등을 경험하고 인척관계에서도 갈등이 발생하며, 자녀양육과 지도방법에서 가족원과 마찰을 일으키기 쉽다. 그 결과 결혼이민자 여성이 일반 기혼여성들보다 양육 스트레스와 부부갈등 정도가 더 높은 것으로 나타났고, 특히 경제문제와 성격차이, 생활방식의 차이문제, 자녀양육방식, 친인척관계, 여가문제 등에서 갈등이 더 많았다(김오남, 2006; 이은희 · 옥경희, 2012). 또한 자녀들도 언어발달문제, 학습부진과 심리 · 정서적 문제가 발생하고 학교에서도 문화적 이질감으로 고립되기 쉬운 것으로 보고된다(설동훈 외, 2005).

셋째, 사회의 편견과 차별이다. 결혼이 가진 거래적인 성격과 저개발국 출신여성에 대한 무시 등이 기본적으로 권위적인 가족관계와 상호 존중의 어려움을 초래한다. 즉, 한국인 남성들은 아내나라의 언어와 문화에 대한 지식이 없고 배우려고 하지 않으며 아내들에게만 한국말이나 문화를 배우도록 강요하고 있다. 또한 저개발국 어머니의 혼혈자녀에 대한 차별과 따돌림 분위기가 자녀들의 정체감 혼란과 심리 · 정서적 문제를 유발할 수 있다.

넷째, 결혼이민자 여성의 불평등한 권력관계와 폭력경험이다. 부부간의 문화적

이질감과 의사소통의 어려움, 높은 부부연령차, 남편의 가부장적 가치관, 경제적 스트레스, 남편의 폭음 등 여러 요인들이 남편의 아내에 대한 폭력으로 이어진다(설동훈 외, 2005). 언어적 폭력이 30~50%, 신체적 폭력이 14~18%로 도시와 농촌지역을 막론하고 발생하고 있고, 별거나 이혼을 한 사람들 중에서 폭력경험비율이 더 높게 나타났다. 그러나 체류자격유지 문제와 결혼생활유지, 신고에 대한 무지 때문에 외부에 폭력상황을 노출시키거나 도움을 요청하지 않아서 폭력에 제대로 대응하지 못하는 경우가 대부분이다. 전국 가정폭력실태조사(여성가족부, 2011)에 의하면, 지난 1년간 남편의 아내에 대한 폭력이 다문화가족에서 40.9% 발생하였고 농촌에 거주하는 경우, 남편의 음주의존도가 높은 경우, 남편이 성장기에 가정폭력을 경험한 경우, 부부간 의사소통이 적은 경우, 이주여성의 한국어 사용능력이 낮은 경우, 남편이 가부장적 가치관을 가진 경우에, 특히 가정폭력 경험이 높았고, 심리적·경제적 학대경험이 많은 것으로 나타났다.

다섯째, 부부간에 신뢰와 상호 존중에 어려움이 있고 갈등해결이 미흡하여 부부관계가 악화될 수 있다. 이는 거래적 성격의 결혼과 주위의 위장결혼 파탄사례, 외국인 여성에게 제공한 신랑에 대한 허위정보, 지지집단의 부재 등에서 비롯된다. 그 결과 남편들은 아내에게 경제권을 주지 않고 아내의 취업을 친정에 대한 경제적 원조로 해석하여 반대하는 반면, 아내는 경제적 기대에 대한 실망감과 자존감 저하 등이 작용하여 부부간 갈등이 심화되기 쉽다(김오남, 2006; 채옥희 외, 2006). 결혼이민자의 남편도 언어와 문화적 차이 등으로 의사소통이 원활하지 않아 결혼생활에서 고충을 안고 살아가며, 가부장적 사고와 무지로 폭력행위자가 되지만 정신적·경제적·사회적으로 열악한 환경의 피해자로 간주되고, 낮은 자존감과 주변인으로서 사회적 불평등을 재생산하고 있다고 한다(김민경, 2012; 채옥희·홍달아기, 2008). 그 결과 결혼이민여성의 남편들도 가족관계 스트레스를 가장 많이 경험하고, 경제적 스트레스, 건강 스트레스, 직업 스트레스의 순으로 경험하며 가족관계 스트레스를 많이 경험할수록 결혼만족과 사회적응이 낮았다(추현화 외, 2008). 이상의 여러 요인의 작용으로 다문화가족의 이혼비율이 2000년 1.3%에서 2005년 3.3%, 2010년 9.6%로 급증하고 있고, 이 중 결혼이민여성과의 이혼이 70%를 차지한다. 이혼하는 결혼이민여성의 국적은 중국, 베트남, 필리핀의 순이며 평균 동거기간은 2~3년으로 한국인 부부 12~14년에 비해 매우 짧고, 이들의 미성년 자녀 수는 지속적으로 증가추세에 있다(통계청, 2011).

참고 12-5 결혼이민자 현황과 국제결혼 추이

결혼이민자 현황(2013년 1월 현재) (단위 : 명)

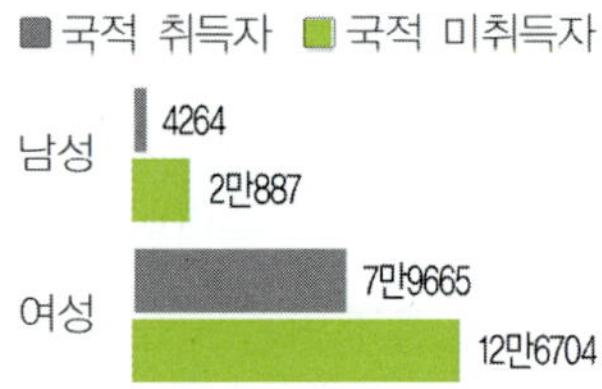

출처 : 안전행정부

국제결혼 추이 (단위 : 건)

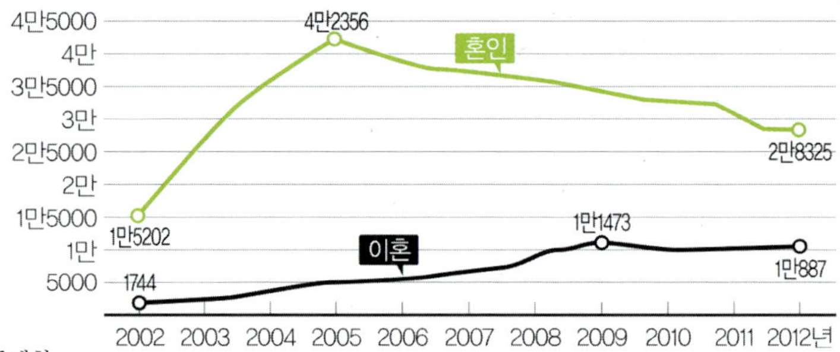

출처 : 통계청

출처 : 동아일보(2013. 10. 24).

4) 대 책

(1) 관련법 및 추진체계

이러한 여러 문제들을 해결하고 예방하기 위한 법령으로 「결혼중개업의 관리에 관한 법률」(여성가족부), 다문화가족지원법(여성가족부), 재한외국인 처우 기본법(법무부), 출입국관리법(법무부), 국적법(법무부) 등이 있다. 이 법들은 결혼이민여성과 다문화가족의 사회통합을 목적으로 하고 있다. 특히 다문화가족지원법은 2008년에 제정·시행된 것으로 이 법에 의해 다문화가족지원사업의 전달체계가 본격적으로 구축되었다. 다문화가족지원센터는 한국어교육, 다문화가족 통합교육, 다문화가족

취업연계 및 교육지원, 개인·가족 상담 등의 기본 사업과 언어발달지원, 통번역서비스, 다문화가족 자조모임, 다문화가족 나눔봉사단, 다문화 인식개선, 지역사회협력 네트워크 강화, 다문화가족 사례관리사 배치시범 등의 특성화 사업을 수행하여 결혼이민여성과 가족의 안정적인 가족생활과 사회통합을 지원한다. 다문화가족지원센터의 전달체계는 여성가족부, 한국건강가정진흥원(전국다문화가족지원단), 거점센터, 시·군·구 센터로 되어 있다(그림 12-1 참조).

이 외에 여성가족부는 결혼이민여성을 대상으로 결혼중개의 관리, 폭력피해예방, 여성일자리 기반 조성사업을 하고 있다.

(2) 다문화가족 지원방향과 과제

첫째로 결혼이민여성을 대상으로 안전증진과 생활지원을 하던 것에서 남편, 시가족, 자녀 등 가족단위로 확대하여 효율적으로 지원할 필요가 있다. 여러 연구에서 결혼이민여성의 결혼적응과 자녀양육에 긍정적 영향을 미치는 변인으로 경제적 안정, 남편의 지지, 가족의 지지, 이성적 갈등대처, 한국어 실력이 보고되었고, 남편의 결혼적응에는 높은 자존감, 경제적 안정, 가족탄력성, 이성적 갈등대처, 사회적 지지, 가족의 지지, 주관적 차별감을 적게 경험하는 것 등이 긍정적 영향을 미치는 것으로 나타났다(김민경, 2009; 나종석·박종민, 2009; 이은희·옥경희, 2012). 그러므로 부부 모두와 가족단위를 대상으로 다문화가족생활의 의미를 인식시키고 상호 이해와 적응을 지원하는 프로그램을 비롯한 부모교육, 가족상담을 지원하되 각 지역의 특성을 살려 다문화가족이 필요로 하는 서비스를 제공하며 효율적이고 체계적으로 프로그램을 운영하여야 한다.

둘째로 결혼이민 여성들의 지역사회 참여기회를 높이고, 사회의 구성원으로서 인적 자원을 개발하여 사회에 기여할 수 있도록 지원하는 시스템이 체계적이고 장기적으로 구축되어야 한다. 또한 친척과 이웃, 학교, 지역사회가 종전의 혈연중심 가치관과 다문화가족에 대한 편견과 차별의식에서 탈피하여 이들을 수용하고 결혼이민자의 문화를 존중함으로써 단순히 한국사회에의 적응과 동화를 강요하는 것이 아닌 다양한 문화가 공존하고 양립되는 것을 통해 사회통합과 발전의 시너지 효과가 실현되어야 할 것이다. 이를 위해 방송매체뿐만 아니라 각 지역의 담당부서에서 별도의 지역이벤트를 정기적으로 개최하여 더불어 살아가는 지역주민으로서의 인식전환이 자연스럽게 이루어지고 같이 어울릴 수 있도록 대안을 강구하여야 할 것이다.

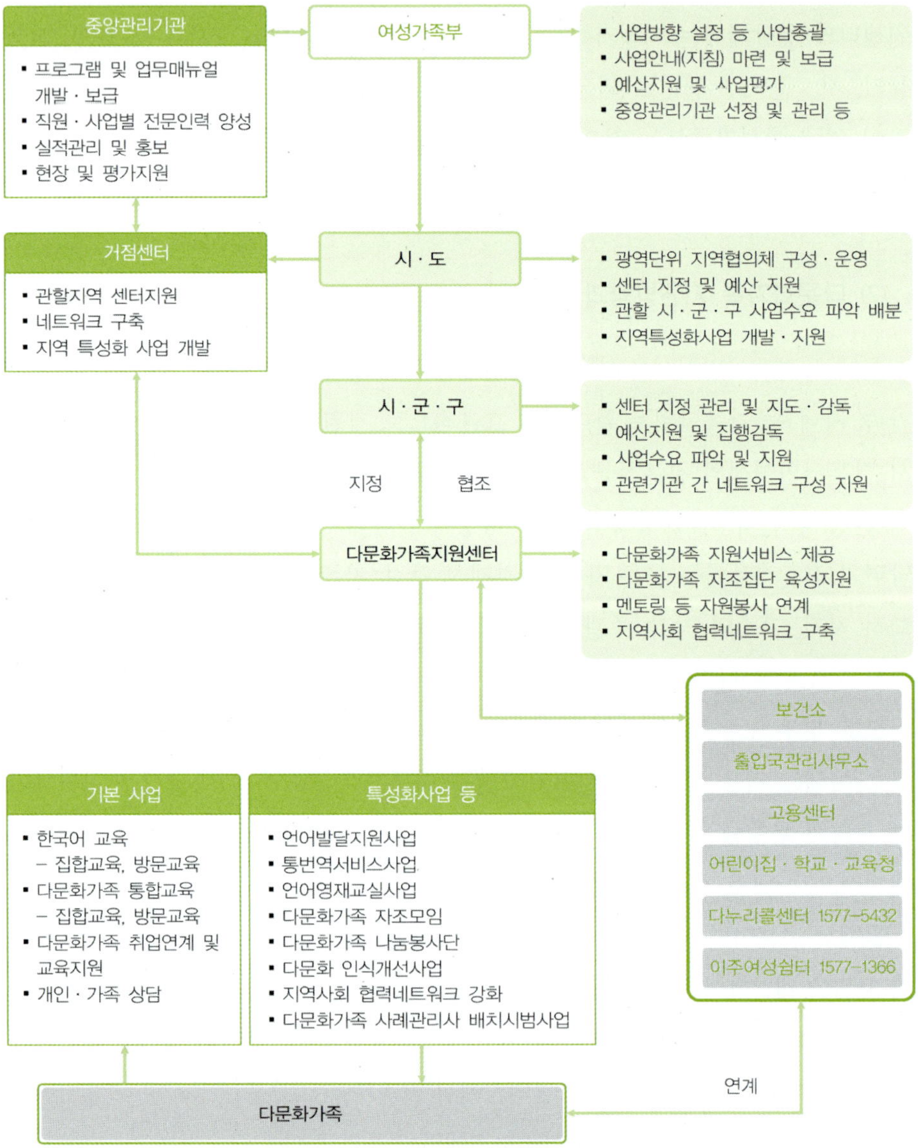

| 그림 12-1 | **다문화가족지원센터 전달체계도**

출처 : http://liveinkorea.kr/kr/contents

CHAPTER 13

가족의 스트레스와 위기

사회가 급변하고 복잡성과 경쟁성이 심화됨에 따라 가족은 내외적으로 스트레스와 갈등을 경험하고 위기를 겪는 일이 많아졌다. 그리고 이에 대처하는 과정에서 개인적으로 자존감의 저하, 분노와 불안 등의 부정적 감정을 경험하고, 관계적으로 긴장과 다툼과 폭력이 일어날 수 있으며, 극단적으로는 가족관계가 정서적·물리적으로 깨지는 일이 발생하기도 한다. 그 대표적인 사례가 최근 사회이슈가 되고 있는 가정폭력, 이혼이며, 이에 대한 개인과 가족, 사회적인 대책이 필요하게 되었다. 이 장에서는 가족원 개개인과 가족관계에 긴장과 불행을 유발하고 가족의 안정성을 위협하여 어떻게 대처하느냐에 따라 위기로 작용하거나 개인과 가족의 성장·발전으로 작용할 수 있는 가족 스트레스와 가정폭력, 그리고 이혼에 대해 살펴보기로 한다.

1. 가족 스트레스

현대사회에서 가족이 생활하면서 가족문제와 가족위기를 경험하지 않기란 거의 불가능하며, 여러 가지 생활사건과 가족의 변화를 겪기 마련이다. 한 가족원이 경험하는 생활사건이나 변화는 상호 의존적인 가족체계의 특성상 전체가족에게 변화를 가져오고 가족 스트레스로 작용하게 된다. 모든 인간생활에서 필연적으로 스트레스는 발생하며, 어느 정도의 스트레스는 인간으로서의 성장과 성숙에 필요하다.

가족 스트레스에 관하여 초기에는 위기 측면에 초점을 두어 대공황, 실직, 전쟁으로 인한 별거, 폭풍과 지진 같은 천재지변, 가족의 질환과 사망에 대한 가족의 적응과정을 다루었다. 그러나 최근에는 일련의 생활사건들에 대한 가족의 적응을 다루고 있다. 즉, 일상생활 그 자체가 스트레스의 근원이 되며 끊임없이 변화하는 외부환경과 가족은 스트레스를 주는 환경으로 본다.

1) 가족 스트레스 개념

(1) 가족 스트레스원

가족체계에 상당한 변화를 야기시키는 생활사건을 의미한다. 생활사건은 그 내용에 따라 여러 가지로 분류된다. 즉, 만성적인 병이나 가족원의 죽음, 가장의 실직, 사고 등 비의도적 생활사건과 경제적 지위의 급상승, 진급, 이사 같은 의도적 생활사건이 있고, 또 자녀출산, 첫아이의 학교입학, 군입대, 자녀의 결혼 등 예측되는 변화로서 규범적 생활사건과 불임, 별거, 상해, 실직, 사고 등 예측 불가능한 변화로서 비규범적 생활사건이 포함된다. 또한 발생원인 소재를 기준으로 자연재해로 인한 재산손실 등의 가족 외부적 생활사건과 가족원 간 갈등 등 가족 내부적 생활사건으로 구분되기도 한다. 이 중 가장 일반적인 분류기준은 통상적으로 경험하는 규범적 생활사건과 예측이 어려운 비규범적 생활사건으로 분류하는 것이다.

(2) 가족 스트레스

스트레스원으로 인한 적응요구가 가족체계에 크게 부담을 줄 때 일어나는 불균형과 긴장상태로서 스트레스원에 대처하는 과정에서 발생하는 신체의 부정적인 화학적 변화, 인지적·행동적 변화를 말한다. 내적 갈등이나 대인 간 갈등, 부정적 정서 등으로 표출되며, 신체적·정신적 건강문제까지도 유발할 수 있다.

2) 가족 스트레스 이론

힐(Hill)은 가족 스트레스나 위기를 설명하는 ABCX모델을 제안하였다. 이 이론에서 A는 스트레스원이다. B는 개인과 가족이 갖고 있는 자원이며, C는 가족의 스트레스원과 대처자원에 대한 인지나 평가이고, X는 위기를 의미한다. 즉, 스트레스원에 대해 대처자원(B요인)과, 스트레스원과 대처자원에 대한 인지나 평가(C요인)가 작용하여 대처행동을 하고 그 결과 X(위기)를 만든다는 것이다. 이 ABCX이론을 기초로 맥커빈 등(McCubbin et al.)은 Double ABCX이론을 개발하였다.

Double ABCX모델은 힐의 ABCX모델을 확대한 것으로서 가족은 하나의 스트레스원보다는 누적된 스트레스원을 가지고 있는 경우가 많을 것이라는 전제를 가진다. 이 모델에서 aA는 누적된 스트레스원이 된다. 가족의 역경은 스트레스원이 많거나 누적되고 포괄적일 때 특히 대처하기 힘들다. 대처자원은 어려움이 발생하기 전에 이미 있었던 자원(B)과 위기상황에 반응하면서 강화되거나 습득된 현재의 대처자원(bB)으로 구분된다. 스트레스원에 대한 인지나 대처자원에 대한 평가는 위기사건이 있기 전에 인지나 평가(C)와 위기 후의 스트레스원에 대한 인지와 대처자원에 대한 평가(cC)로 구별된다. 따라서 위기 전과 위기 후의 ABC요인들이 복합적으로 작용하여 가족의 위기(xX)가 발생하게 된다는 것이다. 즉, 가족이 기존에 갖고 있던 어려움이 있고 새로운 스트레스원에 대해 극복하기 어렵다고 인지하고, 대처에 활용할 자원이 부족할 때 스트레스는 증가하고 부적응 문제와 위기가 발생하는 것이다.

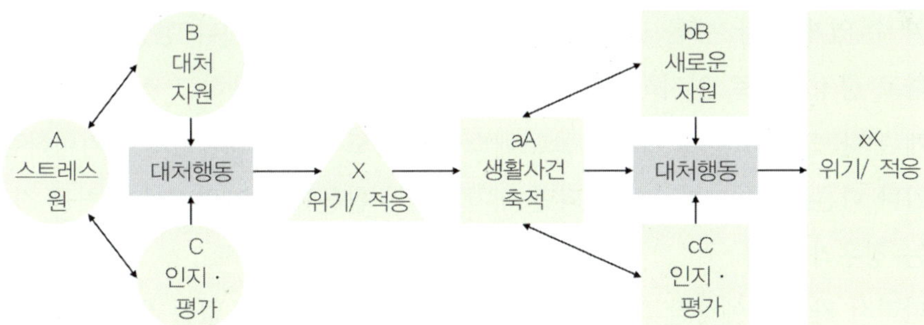

| 그림 13-1 | Double ABCX모델(McCubbin et al., 1980)

(1) 대처자원

가족이 스트레스원에 대처하는 자원(B)은 스트레스를 완화시켜 주는 데 중요하다. 대처자원에는 가족원의 개인적 자원, 가족체계 자원, 사회적 자원의 세 가지로 구분되며 자원이 많을수록 스트레스 대처와 극복은 용이해지는 반면, 자원이 부족할수록 위기가 발생하기 쉽다.

① **개인적 자원** : 지적 능력, 문제해결기술, 신체적 · 정신적 건강, 신뢰감, 감사하는 마음, 낙관적 사고, 의사소통능력, 자아존중감, 자아통제감 등이 있다.
② **가족체계 자원** : 가족의 화합과 응집도, 적응력, 융통성, 부부관계의 평등성, 신념, 가족 공통의 신앙심, 경제력, 가족 의사소통의 효율성, 가족원의 상호지지, 가족 공통의 여가생활, 가족에 대한 긍지와 생활만족 등이 있다.
③ **사회적 자원** : 확대가족이나 친척, 형제자매, 친구, 이웃, 사회단체, 자조집단 등의 사회적 관계망으로부터 정서적 · 경제적 · 도구적 지원을 받거나 지역사회자원을 활용하여 정보를 얻거나 도움을 얻는 것 등이 있다.

(2) 스트레스원과 대처자원에 대한 인지 및 평가

스트레스원에 대하여 개인과 가족이 부여하는 의미와 대처자원에 대한 평가(C)는 가족이 스트레스 상황에 부여하는 의미이자 위기상황에 대한 전반적인 지향점으로서 가족의 적응 정도를 예측하는 중요한 요인이 된다. 그러므로 스트레스원이나 상황에 새로운 의미를 부여하면 문제점을 명확하게 규정하여 정서적 부담을 줄일 수 있게 된다. 예를 들어, 어려움을 주는 사건을 도전이나 성장의 기회로 해석하고 긍정적으로 인지하게 되면 대처자원을 적절히 활용하고 적응을 잘할 수 있게 된다. 그러나 만일 가족이 스트레스원에 압도되어 절망감이나 자기비하감을 갖거나 다른 사람을 비난하게 되면 대처자원의 활용이 어려워져서 대처를 잘 못하는 경우가 많다.

따라서 가족이 예측할 수 있는 생활사건이든지 예측할 수 없는 생활사건이든지 간에 여러 스트레스를 유발하는 상황을 극복하여 성장하고 창조적으로 극복하는가 아니면 부적응과 위기상황을 초래하는가는 스트레스원과 가족의 대처자원에 대한 인지와 평가를 어떻게 하는가에 달려있다고 할 수 있다.

(3) 대처양식

대처행동은 개인이나 가족이 스트레스에 대해 반응하는 일련의 인지적이고 행동적인 노력을 의미하는 것으로, 스트레스 상황에 따른 정서적 · 신체적 불쾌감을 줄이는 기능을 한다. 대처행동은 스트레스원과 대처자원에 대한 인지 및 평가를 어떻게 하는가와 어떤 대처자원을 얼마나 어떻게 활용하는가에 따라 다르게 나타나게 된다. 대처행동이 반복적으로 나타나서 하나의 유형으로 구분될 때 이를 대처양식이라고 한다.

대처양식에는 스트레스를 유발하는 상황을 변화시키거나 환경을 개선시켜 스트레스의 근원을 해소·감소시킴으로써 적극적이고 직접적으로 해결하려는 문제중심적 대처양식과, 스트레스 원인을 제거하기보다 스트레스로 인한 부정적인 정서상태를 조절하려는 행동인 정서중심적 대처양식으로 대별된다(Folkman & Lazarus, 1980). 많은 연구에서 문제중심적 대처양식을 활용하는 것이 정서중심적 대처양식보다 스트레스 극복과 적응에 긍정적 영향을 미치는 것으로 나타났다(송말희, 1990; 정민자, 1992; 최규련, 1994, 1995; Straus, 1979).

2. 가정폭력

1) 가정폭력의 의미

가정폭력이란 가족구성원 사이의 신체적·정신적 또는 재산상의 피해를 수반하는 행위로 정의되며, 가족구성원은 배우자나 전 배우자, 자신이나 배우자의 직계존비속관계에 있거나 계부모와 자의 관계, 입양자나 동거하는 친족관계를 포함한다. 흔히 폭력은 피해자에게 학대를 가하는 결과를 초래하므로 학대라는 용어로 사용되기도 한다. 따라서 이러한 정의를 토대로 가정폭력은 부부폭력이나 배우자학대, 아내학대, 남편학대, 자녀학대, 부모학대, 노인학대 등을 총칭하는 것이며, 아내구타 용어는 아내학대 중에서 물리적·신체적인 폭력에 국한하는 것이다.

가정폭력 중 가장 빈번하게 발생하고 대표적인 것이 부부간 폭력의 하나인 아내학대 내지 아내구타 문제이므로 일반적으로 이를 가정폭력으로 부르기도 한다.

2) 가정폭력의 발생원인

가정폭력이 발생하는 원인으로 개인적 요인과 사회·심리적 요인, 사회·구조적 요인, 여권주의적 요인 및 체계적 요인 등이 복합적으로 작용하는 것으로 알려져 있다.

(1) 개인적 요인

개인의 열등감과 낮은 자존감, 분노조절능력의 부족, 호르몬 과다분비로 인한 공격성 증가, 충동조절장애, 반사회적 성격장애, 경계선 성격장애, 병적 의심과 질투, 알코올의존이나 약물의존 등의 정신건강문제가 원인으로 작용한다는 것이다.

(2) 사회·심리적 요인

좌절과 욕구불만, 스트레스를 경험할 때 그에 대한 반응으로 공격적 행위인 폭력을 가족에게 행사한다는 좌절 - 공격이론이 있고, 또 부부가 주도권 싸움을 벌이거나 부부간의 갈등의 산물로 폭력이 발생한다는 갈등이론이 있다. 그리고 성장과정에서 다른 사람의 폭력행위를 관찰하거나 직접 폭력을 당한 경험을 통해 폭력을 학습하게 되는 결과 폭력을 행사한다는 사회학습이론이 있으며, 폭력의 결과 보상이 크고 대가가 적을 때 폭력이 지속되는 반면, 폭력의 결과 보상이 적고 대가가 클 때 폭력은 없어진다는 교환이론 등이 이에 속한다.

(3) 사회·문화적 요인

가해자나 피해자의 개인적 상황보다 그들이 속한 사회구조나 문화가 폭력을 조장하고 용인하는 결과 폭력이 발생한다는 것이다. 즉, 정치나 경제, 학교, 군대, 대중매체 등 사회 전반에서 폭력이 관행적으로 발생함으로써 사회적으로 폭력에 대해 익숙하고 이를 수용하는 가치관이 확산되는 결과 가정폭력이 발생한다는 것이다. 그리고 가정폭력을 가정 내의 사생활이나 부부싸움으로 인식하는 문화적 요인도 작용한다.

또한 여성학이론에서는 사회·구조적으로 여성의 지위가 낮고 가부장적 사회구조의 영향으로 가정폭력이 유발된다고 한다. 즉, 여성이 남성의 권위에 종속되어야 하고 폭력적인 남성이 남성다운 것으로 인식되는 가부장적 가치관의 영향으로 남성이 여성을 통제하고 종속시키기 위한 수단으로 폭력을 사용하는 것이 정당화된다는 것이다.

(4) 생태체계적 요인

생태체계적 요인은 가족을 둘러싼 사회심리적 · 문화적 환경과 역동적 상호관계를 중시하여 개인과 가족체계 및 가족을 둘러싼 주변환경이 상호작용함으로써 가정폭력이 발생한다는 관점이다. 즉, 가정폭력은 개인의 성격 특성, 성장경험 등의 개인적 요소와, 가족 및 부부 체계요소, 그리고 친척과 이웃, 직장, 지역사회, 경제, 법 등의 사회제도나 사회구조, 그리고 가치관과 태도를 포함하는 사회문화적 요소들이 복합적으로 작용하여 발생한다는 것이다.

3) 가정폭력의 현황

가정폭력은 연령, 계층과 무관하게 발견되는 현상이다. 전국가정폭력 실태조사에 의하면, 조사시점 기준 1년간 가정폭력 발생률이 2004년 44.6%, 2007년 40.3%, 2010년 53.8%로 나타났다. 이 중 남편의 아내폭력이 가장 많고, 다음 아내의 남편폭력, 부부 상호 폭력의 순으로 발생하였다. 가정폭력의 내용으로 정서적 폭력비율이 가장 높으며, 다음은 신체적 폭력, 경제적 폭력, 성학대의 순이었다(여성가족부, 2005; 2011). 그러나 조사대상과 조사방법, 폭력내용 구분이 다양하여 연도별 추이를 파악하기 어려운 점이 있다. 가정폭력 행위자 상담위탁 프로그램에 참여한 사람들에 대한 조사에 의하면, 남편의 아내폭력이 82%로 가장 많았고(한국가정법률상담소, 2012), 폭력 정도에서는 언어적 폭력 100%, 밀치거나 물건을 던지거나 뺨을 때리는 등 경미한 폭력은 81.8%였고, 발이나 주먹으로 때리는 등 심한 폭력은 80%였다. 폭력행사 원인으로는 가부장적 사고 등 성격차이가 31%로 가장 높은 비율을 차지하였고, 다음으로 부부간 불신이 21.4%, 음주 21.4%, 경제갈등 17.9%의 순으로 나타났다. 이들 네 가지 원인은 연도별로 순위의 차이는 있어도 2000년도 이래 행위자 폭력의 주된 원인으로 작용하며, 이 밖에 자녀양육문제, 종교갈등, 시가 · 처가와의 갈등이 원인으로 나타났다. 특히 가부장적 사고에 편향된 남편과 충돌하는 아내가 겪는 성격차이문제가 폭력의 원인 중 차지하는 비율이 해마다 증가하였다.

국내외 연구에서도 일반부부들에서 부부갈등이 많은 경우, 남편이 가부장적 가치관을 지닐 때, 남편우위형 권력구조일 때, 원가족으로부터 폭력을 경험하거나 노출경험이 많은 경우, 음주문제가 있는 경우, 스트레스 상황에서 역기능적 의사소통을 많이 사용하는 경우에 남편의 아내폭력이 많이 발생하는 것으로 보고되었다(김경신 · 김정란, 2002; 김득성 외, 2000; 김재엽, 1998a, 1998b; 김재엽 외, 1999; 이종원 외, 2005; 한국형사정책연구원, 1992; Demo et al., 1994; Straus, 1979; Walker, 1979).

4) 가정폭력에 관한 통념과 성폭력에 관한 통념

많은 사람들이 다음과 같은 가정폭력에 관한 잘못된 믿음을 갖고 있어서 폭력에 적절하게 대처하는 데 어려움이 발생하는 경우가 많다(김광일, 1992 : 37-44).

첫째 통념은, 남편의 아내폭력은 부부싸움이라는 것이다. 이를 교정하면 부부싸움은 부부 상호 간에 배우자를 인정하고 동등한 위치에서 다투는 행위이나 남편의 아내폭력은 의도적 · 반복적 · 계획적으로 행해지는 남편의 일방적 폭력이고 아내의 치명적인 정신적 · 신체적 손상을 야기시키는 범죄행위이다.

둘째 통념은, 남편의 아내폭력은 낮은 사회계층에서 많이 발생한다는 것이다. 그러나 실제로는 사회계층에 관계없이 발생한다.

셋째 통념은, 남편의 아내폭력은 부부 사이에서 있을 수 있는 일이라는 것이다. 화가 나다 보면 때릴 수 있고, 아내가 맞을 짓을 했으니까 때려서라도 길들여야 한다고 생각한다. 그러나 이런 생각은 가부장적 의식과 여성 차별의식의 발로이며, 폭력을 정당화하고 합리화시키는 것이다.

넷째 통념은, 폭력행위자들이 알코올중독자나 의처증 환자라는 것이다. 그러나 모든 폭력행위자가 그런 것이 아니고 그중 과반수 정도가 음주상태에서 구타하며 일부의 경우 의처증 증세가 있을 뿐이다. 이런 이유는 하나의 수단일 뿐이다.

다섯째 통념은, 남편의 스트레스가 누적되어 남편의 아내폭력이 발생한다는 것이다. 그러나 이런 이유는 하나의 핑계일 뿐이고 스트레스가 폭력을 야기하는 것은 아니다.

여섯째 통념은, 아내가 잘 해주면 남편의 아내폭력은 없어진다는 것이다. 그러나 시간이 지나거나 아내가 노력한다 해도 남편의 폭력행위 근절은 어렵다.

일곱째 통념은, 자녀에게 아버지가 필요하기 때문에 자녀를 생각해서 구타당해도 참고 살 수밖에 없다는 것이다. 그러나 아이들에게 폭력환경은 매우 유해하며 구타하는 아버지보다는 아버지가 계시지 않는 평화로운 가정이 더 낫다. 그러므로 폭력에 대해 참고 살지 말고 단호하게 대처해야 한다.

여덟째 통념은, 가정폭력은 가족의 사생활에 속한다는 것이다. 그러나 가정폭력은 가정평화를 위협하는 범죄이므로 가해자는 처벌이나 교정대상이 되고 피해자는 보호대상이 된다.

아홉째 통념은, 구타당하는 아내는 문제가 있다는 것이다. 정확하게 표현하면 문제가 있어서 구타당하는 것이 아니라 반복적인 구타의 결과 무기력, 무력감, 우울감 등이 나타난다.

열째 통념은, 구타하는 남편은 사회생활에서도 난폭하다는 통념이다. 그러나 구타하는 남편이 집 밖에서나 직장에서 잘 적응하고 난폭하지 않은 경우가 많다.

가정폭력과 유사하게 일반인들의 성폭력에 대한 통념도 만연되어 있다. 성폭력이란 강간뿐만 아니라 성을 매개로 인간에게 가해지는 모든 신체적 · 언어적 · 정신적 폭력을 포괄하는 개념이다. 즉, 성에 관련하여 상대방의 의사를 무시한 일체의 성 관련행위로서 성의 문제와 폭력문제가 결합된 것이다. 성폭력 유형은 매우 다양하여 강도강간, 데이트 강간, 직장 내 강간, 근친 간의 강간, 교사나 성직자의 신분을 이용한 강간, 어린이 강간, 아내강간, 그리고 각 종류의 성추행 등이 포함된다.

성폭력에 대한 통념은 다음과 같다(Stout & McPhail, 1998 : 261-262).

- 성폭력은 젊은 여자에게만 일어난다.
- 성폭력은 폭력배들이 우발적으로 저지른다.
- 성폭력은 남성의 성충동 때문에 일어나는 우발적 범죄이다.

- 여성의 야한 옷차림이나 행동이 강간을 유발한다.
- 여성이 끝까지 저항하면 강간은 불가능하다.
- 성폭력은 일종의 사랑의 표현이다.
- 성폭력으로 피해자 여성은 순결을 잃은 것이다.

이상의 통념은 근거 없는 것으로 성폭력은 남성중심의 가부장적 사회구조, 남녀불평등 구소, 성교육의 부재, 향락과 폭력문화의 범람과 왜곡된 성문화 등이 원인이 되어 발생하는 것이다. 성폭력에 대한 통념을 버리기, 그릇된 순결관 극복, 성폭력의 피해인식과 신고, 구체적인 성교육, 유해환경 제거 등의 대책을 통해 성폭력을 근절시키는 것이 필요하다.

5) 가정폭력의 본질과 영향

가정폭력은 행위자의 권력과 통제, 그리고 피해자의 억압과 두려움이 수반되는 순환관계이다. 대부분의 남편의 아내폭력은 갈등과 긴장이 누적되는 긴장기와 어떤 사건을 계기로 폭력이 발생하는 폭발기, 그리고 행위자가 폭력을 사과하고 선물이나 애정공세를 하거나 재발하지 않겠다고 약속하는 화해기의 세 단계로 구성된 폭력주기를 갖는다. 대부분 초기 폭력 시에는 폭력주기가 장기적이고 화해기가 뚜렷하게 존재하지만 폭력이 만성화되면 주기가 단축되고 화해기가 생략되는 경우가 많다.

폭력이 발생하면 적절히 대응하여 재발을 막고 개인적 · 가족적 피해를 최소화는 것이 필요하다. 폭력에 대한 대응방안을 모색함에 있어 폭력의 심각도와 기간, 행위자의 특성 등을 기준으로 표현적 폭력과 병리적 폭력의 두 가지로 구분된다. 표현적 폭력이란 부부가 싸우다가 우발적으로 발생하고 보통 상대에게 물건을 던지거나 밀치고, 뺨을 때리는 등의 가벼운 것이 많다. 그리고 화해기가 존재하고 빈도도 많지 않다. 그러나 표현적 폭력이 반복되고 만성화되거나 심각해지면 병리적 폭력이 될 수 있다. 병리적 폭력이란 행위자가 고의적 의도로 상대에게 이유없이 폭력을 행사하는 것으로 가벼운 폭력만이 아닌 발이나 주먹으로 구타하거나 물건이나 흉기를 사용하여 위협하고 상해를 입히는 등 심한 폭력이 발생한다. 만성화된 심각한 폭력으로 빈도가 증가하고 화해기도 없어지는 특징이 있다.

결혼 전에 한 번이라도 폭력이 있었던 부부 중 절반 이상이 신혼 초에 폭력을 경험하고, 두 번 이상의 폭력이 음주와 관련되어 발생하는 경우 재발위험이 매우 높다. 그리고 초기에 표현적 폭력이 발생한 뒤에 대부분의 행위자는 자신을 형편없는 사람이라고 느끼고, 이를 만회하기 위해 내가 근본적으로 나쁜 사람은 아니며 순간 실수로 폭력을 행사하였다고 보이고 싶어서 사과하거나 선물, 각서 등을 수단으로 표현한다. 이때 피해자가 이를 흐지부지 넘기고 제대로 대처하지 않으면 폭력이 반복되고 만성화되기 쉽다. 행위자는 자신의 잘못을 사과하거나 화해를 하기보다는 상황이나 상대방 때문에 폭력이 발생하였다고 주장하고 상대방을 통제하는 수단으로 매사에 폭력을 사용하여 결국 만성적인 병리적 폭력이 되는 것이다.

만성적인 가정폭력의 결과 부부 사이의 인격적 관계는 깨지고, 때리고 맞는 병적인 관계가 반복되어 피해자는 수치심, 낮은 자존감, 무기력, 우울 등의 특징을 보인다. 특히 폭력빈도가 많고 폭력 정도가 심할수록, 폭력기간이 길수록 자아기능이 많은 손상을 입고 심신의 건강이 악화되어 자살하거나 사망하기도 하며, 간혹 배우자를 살해하거나 자녀에게 폭력을 행사하는 일도 있다. 이와 같은 폭력가정에서 성장한 자녀들은 역시 낮은 자존감을 갖게 되고 대인관계기술을 배우지 못하며 폭력을 대물림하는 경우가 적지 않다.

그러므로 가정폭력은 가족의 인격과 관계를 파괴시키는 도덕적 범죄행위이고 반복되고 만성화되기 쉬우며 여러 복합적 원인이 작용한다는 속성을 지닌다. 따라서 폭력이 처음 발생할 때부터 피해자는 재발방지를 위해 단호한 태도를 취하는 것이 필요하다.

6) 가정폭력에 대한 대책

가정폭력문제가 사회문제가 되면서 「가정폭력범죄의 처벌에 관한 특례법」과 「가정폭력 방지 및 피해자 보호에 관한 법률」이 제정되어 1998년부터 시행되고 있다. 「가정폭력범죄의 처벌에 관한 특례법」은 가정폭력범죄의 형사절차에 관한 특례를 정하고 가정폭력범죄를 범한 자에 대하여 환경의 조정과 성행의 교정을 위한 보호처분을 행함으로써 가정의 평화와 안정을 회복하고 건강한 가정을 육성함을 목적으로 한다. 신고의무, 경찰의 응급조치, 검사의 임시조치, 판사의 보호처분 등을 규정하였다. 「가정폭력방지 및 피해자보호 등에 관한 법률」은 가정폭력의 피해자를 돕는 한편 가정폭력범죄를 예방하도록 하는 데 그 의의가 있다. 가정폭력 예방과 방지를 위한 사업, 상담소의 설치 및 보호시설의 설치 및 운영 등을 규정하였다. 그러므로 이러한 법제도를 마련한 것은 국가가 개입하여 가정의 해체를 가져오지 않으면서 폭력을 제지하고 행위자의 폭력을 교정하며 피해자를 보호함으로써 건강하고 안정된 가정을 육성하는 데 목적이 있다.

가정폭력을 예방하고 가정폭력에 대처하기 위해 개인과 사회, 국가가 노력해야 할 일은 다음과 같다.

첫째, 가정폭력은 범죄라는 인식과 폭력대처방법이 알려져야 한다.

먼저 결혼 전에 욕설이나 협박 등이 발생하면 신체적 폭력의 조짐과 불행한 결혼생활을 예고하는 것이므로 결혼을 다시 생각해야 한다. 특히 음주폭력의 경우는 치료가 쉽지 않으므로 결혼 여부를 신중하게 생각해야 한다.

만일 결혼생활 중에 폭력이 발생하는 경우 피해자는 최대한 폭력상황을 피하고, 즉석에서 말대꾸나 욕설을 하는 등의 맞대응을 피하며, 아무리 수치스러워도 폭력상황을 가족이나 친지, 친구에게 알려서 공개적으로 재발방지를 다짐받는 것이 필요하다. 즉, 폭력을 절대로 용납 못하며 재발할 때는 행위자가 상담소에 가야 하며 별거도 불사하겠다는 의사를 전달하는 것이다. 이와 같이 폭력사실을 주변에 알려야 행위자가 잘못이 공개된다는 점을 인식하게 되고 재발방지를 위해 노력할 수 있다.

만약 재발방지 약속을 어기는 경우에는 이전 약속을 즉시 시행하여 행위자로 하여금 상담기관이나 전문가의 도움을 받아 폭력의 속성과 원인을 깨닫고 폭력이 근절되도록 해야 한다. 그리고 피해자도 상대방을 무시하거나 경멸하는 언행 등 감정적 대응을 피하고 이성적으로 대처해야 한다.

만약 만성적이고 병리적인 폭력이 발생하는 경우에는 가정폭력 상담기관의 도움을 받아 위급한 상황에서 안전을 도모하는 방법을 찾아야 한다. 또 주위사람이나 본인이 경찰에 신고하여 행위자가 법에 의해 폭력을 교정하도록 하여야 한다.

둘째, 사회에서는 가정폭력이 발생하지 않도록 사전 예방에 힘써야 한다.

먼저 가정, 학교, 사회기관과 대중매체를 통하여 남녀차별의식과 가부장적 의식 구조를 양성평등의식으로 개선시켜나가야 하고, 사회 전반적으로 양성평등문화가 정착되어야 한다. 또한 가정폭력 예방교육과 안전교육이 각급 학교, 공공기관에서 확대·실시되어야 한다. 그리고 가정폭력의 원인으로 작용하는 부부간의 성격차이문제, 불신문제, 부부간의 갈등문제, 음주문제를 해소하고 조정하는 상담기관을 활성화시키고, 분노조절·갈등관리·대화기술·관계기술 훈련 프로그램을 확대·보급함으로써 폭력을 예방하는 데 힘써야 할 것이다.

셋째, 가정폭력 행위자와 피해자에 대한 조기발견과 제도적 대응방안이 실효성 있게 활용되어야 한다. 가정폭력방지법은 가정폭력을 부부싸움이나 사생활문제가 아니라 국가가 개입해서 해결해야 할 범죄로 규정하고 가정폭력 범죄를 알게 됐을 때는 누구나 신고할 수 있도록 정하였다. 그러므로 피해자 본인은 물론 가족이나 이웃들이 폭력을 감추기보다는 조기에 발견하여 조기에 대책을 세우도록 하는 것이 필요하다. 그리고 경찰은 신고받은 즉시 출동해야 하며 진단서가 없어도 현장에서 행위자를 연행할 수 있도록 되어 있다. 폭력이 재발할 위험을 느끼면 피해자가 경찰에 행위자의 격리 및 접근금지를 요청할 수 있고 쉼터나 병원으로 인도를 부탁할 수도 있다. 폭력이 심할 경우에 재발방지를 위해서 행위자를 고소할 수 있고, 법원에서는 행위자에게 접근제한, 친권행사제한, 보호관찰법에 의한 사회봉사나 수강명령, 보호관찰, 보호시설의 감호위탁, 의료기관에의 치료, 상담소 등에 상담위탁 등의 보호처분을 내릴 수 있도록 규정하고 있다. 그리고 죄질이 나쁘거나 재범일 때는 형사처벌을 하게 되어 있다.

현재 여러 가정폭력상담소에서 수강명령에 의한 행위자 교정 프로그램이 실시되고 있으나 이들의 불성실한 태도와 만성적인 심각한 폭력수준으로 인해 가부장적 사고방식이나 폭력습관, 음주문제 등을 교정하는 것이 쉽지 않고, 피해자에 대한 실질적인 보호조치와 상담 프로그램이 법제화되지 않아서 피해자에 대한 적절한 보호지원이 불충분한 상태이므로 제도적 보완이 필요하다. 그리하여 최근 '가정폭력 방지대책'이 발표되어 가정폭력 재범률을 낮추는 제도적 장치가 마련된 바 있다.

참고 13-1 악순환 벗어날 수 있도록 '가정폭력 방지대책' 마련

정부는 가정폭력을 방지하기 위한 종합대책을 6월 28일 발표했다. 가정폭력 재범률이 꾸준히 증가하고 있어 국무조정실, 여성가족부, 기획재정부 등 8개 관련부처가 협력해 마련한 대책이다. 장기적 목표는 2017년까지 가정폭력 재범률을 20% 낮추는 것이다. 이를 위해 맞춤형 예방체계 내실화, 초기대응 및 처벌강화, 피해자 및 가족보호 확대 등 세 가지 계획을 세웠다.

가정폭력 대책 주요 내용

대 책	변화된 주요 내용
예방교육 강화	• 예방교육 의무기관 확대 - 학교 → 국가기관 · 지방자치단체 · 공공기관 추가 • 성인권(가정폭력, 성폭력 · 성매매로부터 보호받아야 하는 인권) 교육 확대 - 2012년 4개 시 · 도 → 2013년 5개 시 · 도
초기대응 강화	• 현장조사 및 임시조치 거부 시 500만 원 이하 과태료 부과 • 자녀면접교섭권 제한 신설 및 주거권 확보 검토 • 경찰관 출동 의무화 및 전문상담가 동행 신설 • 가정폭력 전담경찰관 도입 확대
가해자 엄정처벌	• 가정폭력 행사 시 현행범 체포 • 주취자 경찰관서 또는 응급의료센터 분리조치 검토
가해자 교정치료	• 감호위탁처분제도 개선 • 상담 중도 탈락자 재수사 도입
피해자 지원 내실화	• 가족보호시설, 주거지원시설 등 인프라 확대 • 통역지원 강화 등 이주여성 보호체계 강화
아동 및 노인학대 예방과 보호	• 아동학대 피해자 치료 프로그램 보급 • 학대노인에 대한 경찰의 현장동행

출처 : 여성가족부 가족정책안내(2013. 7).

3. 이 혼

1) 이혼에 대한 관점

이혼이란 법률상으로 유효하게 성립한 혼인을 결혼당사자들인 부부가 모두 생존하는 동안 결합관계를 소멸시키는 것이다. 이혼에 대한 관점은 크게 가족해체 관점과 가족재구성 관점으로 구분된다. 가족해체 관점은 부모의 혼인관계가 소멸되므로 양친으로 구성된 전통적 가족형태가 해체되는 것이고, 그 결과 자녀에게 여러 측면에서 부정적 영향을 미치고 사회문제를 유발하여 사회의 불안정을 초래한다고 생각한다. 그러므로 사회안정을 위해 이혼을 예방하는 데 관심을 보인다. 한편 가족재구성 관점은 이혼을 불행한 결혼에서 벗어나는 하나의 갈등해결방법으로 간주하고, 이혼을 통하여 가족구성원들이 성장할 수 있고 다른 형태의 가족으로 재구성한다고 생각하며 이혼 후의 적응과 복지에 사회적 지원이 필요하다고 주장한다.

현재 두 가지 관점을 통합하여 이혼을 누적된 생활사건의 결과로 나타날 수 있는 사건이면서 또한 각 가족구성원이 동시에 많은 생활사건과 스트레스를 경험하게 되는 전환점이 된다고 보는 관점이 우세하다. 즉, 이혼은 결혼생활에서 경험했던 생활사건의 누적결과로서 불행한 결혼에서 벗어나 새로운 가족형태와 생활방식을 구성하는 전환점이 되어 모든 가족원에게 적응을 요하는 사건이 된다는 것이다. 그러므로 이 관점에서는 이혼의 예방과 이혼 후의 적응에 대한 객관적 연구와 다각도의 지원이 모두 필요하다는 입장이다.

2) 이혼 증가의 원인

이혼이 증가하는 것은 세계적인 추세이다. 우리나라에서도 최근 이혼율이 급상승하였는데 그 사회적 배경은 다음과 같다(최규련, 2005).

첫째, 결혼의 의미와 가족가치가 변하였기 때문이다. 우리 사회에서 양성평등주의와 개인주의 가치가 확대되면서 결혼이 필수가 아닌 선택이 되었고, 결혼동기가 애정과 친밀감, 개인의 행복추구로 바뀌었다. 즉, 결혼의 의미로서 제도적 결혼보다는 본질적 결혼을 중시하여 행복추구와 관계의 질에 비중을 두는 것으로 바뀌면서 이혼에 대한 허용적인 가치관이 증가하게 된 것이다. 그리하여 더 이상 자녀나 주위의 체면 때문에 불행한 결혼을 참고 사는 것보다 자신의 삶이 더 중요하므로 이혼하여 새출발하겠다는 의식이 많아졌다.

둘째, 여성의 지위향상과 역할에 대한 젠더격차 때문이다. 사회 전반적으로 여성의 사회적 지위가 향상됨에 따라 여성들의 사회참여와 의식수준이 높아졌고, 불합리한 가족관계와 사회현실, 법, 제도, 관습에 이의를 제기하게 되었다. 그 결과 여성들은 가부장적 결혼제도에서 오는 성 불평등에 저항하고 결혼생활의 질적 변화를 요구하고 있지만(김혜련, 1995; 이재경, 2000), 이 제도의 역할에 익숙해있는 남성들의 전통적 역할기대는 많이 바뀌지 않아 더욱 역할에 대한 남녀 간의 젠더격차가 커지고 그로 인한 갈등이 발생하고 있는 것이다. 그 예로 이혼에 대한 견해, 맞벌이가정의 가사분담 태도와 실제 행동에서 남성은 보수적이고 여성은 진보적인 차이를 보였다(여성가족부, 2005; 통계청, 2005). 특히 결혼 20년 이상 된 부부의 이혼이 증가하는 것도 같은 맥락에서 설명할 수 있는데, 대부분 여성이 이혼을 청구하며 이들은 젊은 시절부터 가부장적인 남성의 무시, 억압, 학대 등으로 인한 갈등을 누적시켰다가 자녀를 키운 후에 새로운 자기를 찾고자 표출하는 것이다.

셋째, 사회경제적 상황의 변화 때문이다. 즉, 자녀교육, 직장 등의 이유로 주말부부, 기러기가족처럼 부부가 분리된 생활을 하는 경우, 부부간의 유대감과 친밀감이 약화되고 대면적인 접촉이 부족하여 갈등이 장기화, 만성화되는 결과 이혼에 이르는 것이다. 또한 이러한 외적 변화 외에도 혼외관계에 관한 허용적 가치관이 확산되고 이성과의 접촉기회가 많아짐으로써 남녀 모두의 외도 가능성이 높아지는 것도 이혼율 증가에 영향을 주었다. 또한 1997년 외환위기 이후 사회 각 부문의 구조조정 여파로 노동시장이 불안정해지고 경제침체현상이 계속되고 있는 점도 이혼 증가의 배경이 되고 있다.

넷째, 법제도의 변화영향 때문이다. 1991년도부터 시행되는 개정된 민법은 혼인 시 재산분할청구권으로 여성의 가사노동 가치를 인정하고, 자녀의 면접교섭권 신설, 자녀양육권의 선택 및 조정을 할 수 있는 등 이혼과 관련된 불평등 조항이 많이 개정되었다. 또한「가정폭력피해자 보호에 관한 법률」과 가해자 처벌법이 1997년 제정되면서 가정폭력을 참고 살던 여성들이 가정폭력을 이유로 이혼할 수 있는 법적 근거와 지원체제가 마련된 것이 역시 이혼 증가의 배경으로 작용하였다.

다섯째, 부부들의 갈등해결방법에 대한 지식부족과 상담시스템의 미비 때문이다. 다양한 가치관이 혼재하고 역할의 재조정이 필요한 현대가족에서 부부 사이에 갈등이 발생하는 것은 자연스러운 현상이고, 이때 상호 이해노력과 대화를 통한 의견조정이 필수적인데 일반사람들은 그 방법을 잘 모르는 결과 이혼이 발생하는 것이다. 가트만(Gottman, 1994)에 의하면, 부부의 이혼 여부는 얼마나 사랑하는 상대를 만났는가보다는 결혼의 갈등을 어떻게 해결하였고 신뢰관계를 지속할 수 있었는가에 달려있다. 또한 일반사람들이 문제가 발생할 때 상담이나 부부교육의 필요성에 대한 인식이 부족하고 갈등해결을 돕는 전문상담시스템이 미비된 것에도 원인이 있다. 즉, 갈등해결 교육기관과 가족상담기관의 부족, 인력부족 등이 이혼율 증가에 작용하는 것이다. 한 보고에 의하면(김소야자, 2005), 기혼남녀 중 45.8%가 이혼을 고려 중이고, 특히 별거 중이거나 30대, 대졸자의 경우에 더 이혼을 고려 중이며 이 중 92.8%가 상담의 필요성을 인식하는 것으로 나타났다. 그에 따라 경솔한 이혼을 방지하고, 협의이혼과정에서 자녀의 복리를 우선적으로 고려하도록 하는 '이혼안내 및 숙려기간제도'가 2008년부터 시행되고 있다.

3) 이혼실태

이혼실태를 보면, <표 13 - 1>과 같이 이혼건수가 해마다 증가하여 2003년도에는 이혼건수 166.6천 건, 조이혼율 3.4, 부부 천 쌍당 이혼부부가 14.4쌍으로 급증하였다가 2004년부터 감소하여 2010년에는 이혼건수가 116.9천 건으로 감소하고, 조이혼율이 2.3으로 감소하였으며, 부부 천 쌍당 9.5쌍이 이혼하는 것으로 나타났다.

국제결혼의 증가에 따라 외국인과의 이혼건수도 해마다 증가하여 2009년도에 12.4천 건까지 급증하였다가, 2010년도에는 2000년 이후 최초로 감소로 전환하여 11.7천 건이 되었다. 총 이혼 중 외국인과의 이혼비중도 증가하여 2000년 1.3%에서 2005년 3.3%, 2008년 9.7%로 급증하였고 2010년 9.6%로 약간 감소하였다.

〈표 13-1〉 이혼건수 및 조이혼율

	2000년	2001년	2002년	2003년	2004년	2005년	2006년	2007년	2008년	2009년	2010년
이혼건수/ 천 건	119.5	134.6	144.9	166.6	138.9	128.0	124.5	124.1	116.5	124.0	116.9
조이혼율/ 천 명당	2.5	2.8	3.0	3.4	2.9	2.6	2.5	2.5	2.4	2.5	2.3
유배우 이혼율/ 부부 천 쌍당	10.5	11.8	12.6	14.4	12.0	10.9	10.6	10.4	9.7	10.2	9.5

출처 : 통계청 인구동태 조사 : 혼인 - 이혼 편(각 연도) 재구성.

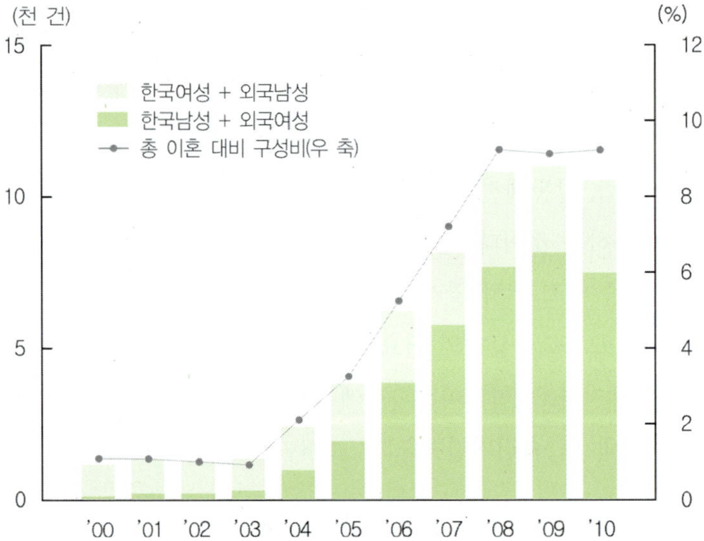

| 그림 13-2 | 외국인과의 이혼추이

출처 : 통계청(2012). 혼인이혼통계.

이혼종류별로 보면 | 그림 13 - 3 | 에서 보듯이 2007년까지 협의이혼이 85% 내외, 재판이혼이 15% 내외를 차지하였다. 2008년을 기점으로 협의이혼 비중이 감소하고 재판이혼이 증가하여 2010년 협의이혼 75.2%, 재판이혼 24.8%이다. 이는 협의이혼 숙려제도가 2008년부터 시행된 영향으로서 이혼이 불가피한 사람들이 숙려기간과 상담권고제도를 거치는 등 복잡한 협의이혼절차보다 재판이혼절차로 이혼하려는 경향이 늘어난다는 것을 의미한다. 그리고 협의이혼 숙려제도가 이혼신청을 철회시키는 효과가 있음을 의미하는 것이기도 하다.

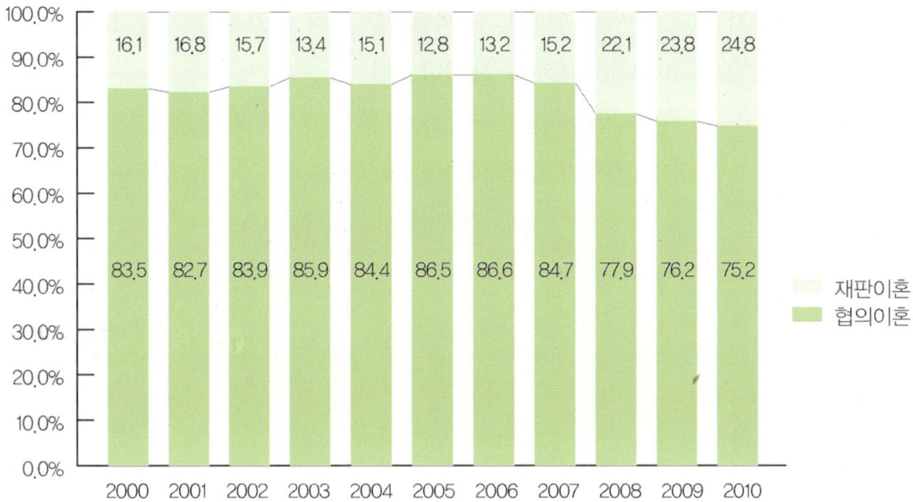

| 그림 13-3 | 이혼종류별 이혼구성비

출처 : 통계청(2012). 혼인이혼통계.

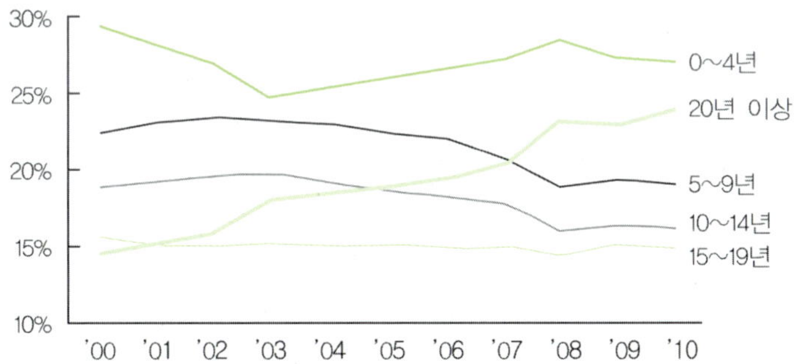

| 그림 13-4 | 동거기간별 이혼구성비

출처 : 통계청(2012). 혼인이혼통계.

이혼자의 동거기간별 비율은 | 그림 13-4 | 에서 보듯이 4년 이하 부부들의 이혼이 해마다 가장 높은 비율을 차지하여 2010년 27.0%를 차지하나 2009년부터 감소추세인 반면, 동거기간 20년 이상의 비중은 2008년부터 급증하여 2010년 23.8%를 차지하였다. 그에 따라 해마다 평균동거기간이 증가하여 2010년 13.0년이고 평균이혼연령도 상승하여 2010년 남성은 45.0세, 여성은 41.1세이며, 50대 이상의 이혼은 2006년 이후 계속 증가하고 있다. 반면 40대 이하 연령층에서의 이혼은 감소하고 있다.

미성년 자녀가 있는 부부의 이혼은 1998년 72%까지 높았으나 지속적으로 감소하여 2000년 70.6%, 2010년 53.8%를 차지하였다.

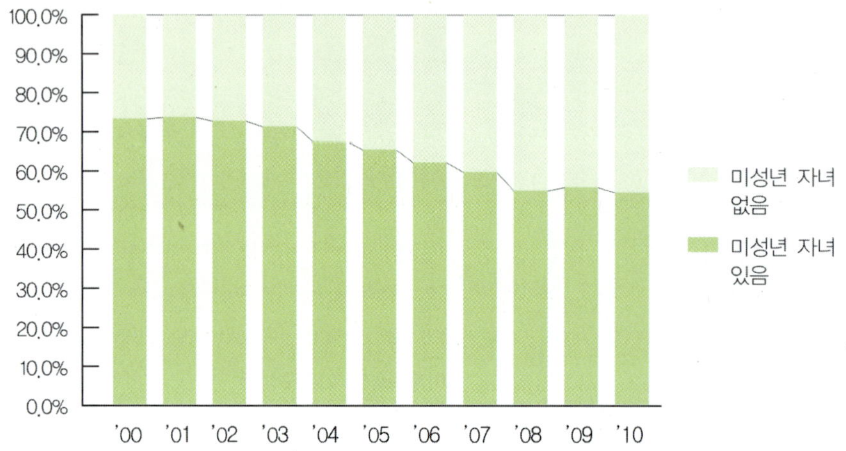

| 그림 13-5 | 미성년 자녀유무별 이혼구성비

출처 : 통계청(2012). 혼인이혼통계.

4) 이혼사유

이혼사유에 관하여 면접이나 통계자료를 이용한 여러 연구결과들이 있으나 구분이 동일하지 않고 구체적인 분석이 미흡하므로 폰제티(Ponzzetti et al., 1992)의 이혼이유의 소재(the locus of the reason)를 기준으로 살펴보기로 한다.

첫째, 개인적/ 개별적(individual/ personal) 소재로서 주로 신체폭력, 정서적 폭력, 폭언, 성격파탄, 주벽, 외도, 도박, 거짓말, 불성실, 불신, 의처증, 낭비, 경제적 무책임, 처가재산을 탐냄, 맞벌이 강요 등이 포함된다.

둘째, 부부 상호 간의 관계(dyadic / relational) 소재로서 주로 성격차이, 가치관 및 생활양식 차이, 애정상실, 성적 불만, 종교갈등, 역할 불충실 등이 포함된다.

셋째, 제3자와의 관계(social network) 소재로서 주로 혼수문제, 시가의 간섭 및 학대, 시부모 부양 거부, 고부갈등, 장모 - 사위갈등, 처가의 간섭 및 학대, 전혼자녀와의 갈등 등이 포함된다.

넷째, 환경적/ 상황적(circumstantial/ situational) 소재로서 경제파탄, 불임, 신체결함, 질병, 전과복역, 가출, 생사불명, 장기별거 등이 있다.

대개의 이혼사유가 복합적인 경우가 많지만 주된 이혼사유를 중심으로 순위와 성차 등을 보면 다음과 같다.

(1) 이혼사유 순위

<표 13 - 2>에 의하면, 연도별 전체 이혼자가 보고한 이혼사유 중 성격차이 비율이 해마다 가장 높아서 2006년에는 50%에 육박할 정도였다가 2010년에는 45.4%이다. 이처럼 계속 성격차이로 이혼하는 비율이 가장 높게 나타나는 것은 여러 가치관이 혼재하는 현대사회의 속성상 부부간의 가치관이 상충될 가능성이 더 많아지는데 이를 해결하고 조율할 방법을 찾지 못하기 때문일 수 있다. 또한 성격차이는 애정상실, 성적 불만과 연관되고 관계적 이혼사유에 해당되는 것으로 부부간 이해부족과 애정문제, 의사소통문제 같은 관계적 문제가 이혼 여부를 결정하는 중요한 요인임을 의미하는 것이다.

기타 사유는 2006년까지 세 번째로 높은 비율을 차지하다가 증가하여 2007년부터 두 번째로 높은 비율을 보이며, 2010년에는 21.3%를 차지하였다. 이는 단일하지 않은 여러 사유들이 복합적으로 작용하며 이혼하는 경우가 늘어나고 있음을 의미하는 것이다.

경제문제는 2003년부터 두 번째로 높은 비율을 보이다가 2007년부터 기타 사유에 이어 세 번째로 높은 비율을 보인다. 경제문제는 실직이나 수입원 중단, 경제파탄 같은 환경적/ 상황적 문제의 성격을 지니면서 동시에 경제적 무능, 낭비, 신용카드 남용, 도박 같은 개인적 문제의 성격을 지녀서 분명하게 구분하기 힘들다. 어떻든 경제문제가 이혼사유 중 세 번째로 높은 비율을 차지하는 것은 우리 사회에서 계속되는 고용불안정과 경제침체 상황과 그로 인한 개인의 경제적 압박과 재무문제가 동시에 영향을 준 것으로 보인다.

〈표 13-2〉 이혼사유별 이혼건수 구성비 (단위 : %)

	2000년	2001년	2002년	2003년	2004년	2005년	2006년	2007년	2008년	2009년	2010년
배우자 부정	8.1	8.7	8.7	7.4	7.0	7.6	7.6	7.8	8.1	8.3	8.6
정신적 · 육체적 학대	4.4	4.7	4.8	4.3	4.2	4.5	4.5	4.8	5.0	5.0	4.8
가족 간 불화	21.9	17.6	14.4	13.0	10.0	9.5	8.9	8.0	7.7	7.4	7.3
경제문제	10.7	11.6	13.6	16.4	14.7	14.9	14.7	13.7	14.2	14.4	12.0
성격차이	40.2	43.1	44.8	45.4	49.5	49.2	49.8	46.9	47.8	46.6	45.4
건강문제	0.9	0.7	0.6	0.6	0.6	0.6	0.8	0.7	0.6	0.6	0.7
기타 및 사유미상	13.7	13.5	13.2	12.9	13.9	13.7	13.8	18.0	16.5	17.6	21.3

출처 : 통계청(2012). 혼인이혼통계.

이혼사유 중 개인적 소재에 해당되는 배우자 부정, 정신적 · 육체적 학대, 건강문제의 비율이 <표 13 - 2>에서 해마다 각각 8%대, 4%대, 0.6%를 차지하여, 배우자 부정사유가 가장 많고 정신적 · 육체적 학대사유가 그 다음으로 많으며, 건강문제는 적은 비율임을 알 수 있다.

또한 이혼사유 중 시가 · 처가와의 갈등 등 제3자와의 관계소재에 속하는 가족 간 불화의 비율은 <표 13 - 2>에서와 같이 2002년까지 두 번째로 높은 비율이었으나 그 이후 비율이 감소하여 2008년 이후 7%대를 보였다.

(2) 이혼사유에서의 성차

이혼소송을 내는 경우에는 법률적 이혼사유로 1호 : 배우자의 부정행위, 2호 : 배우자의 악의의 유기, 3호 : 배우자 또는 그 직계존속에 의한 심히 부당한 대우, 4호 : 자기의 직계존속에 대한 배우자의 심히 부당한 대우, 5호 : 배우자의 3년 이상의 생사불명, 6호 : 기타 혼인을 계속하기 어려운 중대한 사유가 있다.

이혼상담에서 호소하는 이혼사유의 성차를 보면, 여성은 경제적 갈등과 생활무능력, 성격차이 등의 기타 사유가 40.3%로 가장 많고, 남편의 폭력 등 부당한 대우(3호), 남편의 외도(1호)의 순이었다. 남성은 성격차이, 배우자의 이혼 강요, 장기별거 등의 기타 사유가 54.6%로 가장 많고, 다음 아내의 외도(1호), 아내의 가출(2

호)의 순이었다. 여성의 경우 특히 60대 이상 여성의 이혼상담비율이 증가하고 호소하는 이혼사유가 기타 사유(경제적 갈등과 생활무능력, 주벽 등), 남편의 외도(1호), 남편의 부당한 대우 및 폭력(3호)의 순이며, 해마다 기타 사유와 3호 사유 비율이 증가하였다. 남성의 경우는 20대 남성의 이혼상담비율이 급증하고 있고, 호소하는 이혼사유는 아내의 부당한 대우(3호), 기타 사유(성격차이, 처가와의 갈등 등), 아내의 외도(1호)의 순이며, 해마다 아내의 부당한 대우(3호) 사유와 기타 사유가 증가하였다(한국가정법률상담소, 2009; 2011).

이 결과에서 여성과 남성의 입장차이를 볼 수 있는데, 먼저 여성들의 경우 경제불황과 고용불안정에 따른 어려움을 남편이 잘 대처하고 스트레스를 잘 관리하기를 기대하는 데 반해 경제적 무능과 불성실한 태도를 보여주고, 또한 주벽, 도박, 게임에 몰두하거나 아내에 대한 폭언, 폭력을 행사하며, 이에 아내의 외부활동을 간섭하고 의심하거나 남편의 외도가 있게 되면 이혼을 결심한다. 한편 남성들의 경우 경제적 불안정 상황에서 위축감과 스트레스를 경험하고 아내와 처가의 전폭적인 이해와 지원을 기대하는 데 비해 현실이 미흡하다고 인식할 때 성격차이로 간주하고, 가치관 차이를 대화로 원만하게 해결하기보다 음주, 게임에 몰두하거나 폭언, 폭력으로 갈등과 스트레스를 표출하면서 경제적 무능력과 불성실한 태도를 보여주고, 외도행동을 하는 결과 아내는 남편에 대한 불만을 외부활동에 몰입하거나 외도, 가출로 표현하게 되어 남성들이 이혼을 결심하는 것으로 보인다. 이혼이나 별거를 제안하는 쪽이 여성이 83%로 압도적으로 많고, 특히 50대 이상 연령층에서 여성이 이혼을 먼저 제안하는 경향이 높게 나타나는 것이 특징이다(한국보건사회연구원, 2012).

이혼상담에서 호소하는 이혼사유의 연령대별 차이로는 50~60대 이상의 경우 만성적인 갈등을 원만하게 해결하지 못해서 경제권 다툼과 남편의 음주, 폭언, 폭력, 양쪽의 불신으로 인해 정서적 이혼상태나 장기별거 상태로 지내고 자녀나 부모, 주위사람 때문에 결단을 내리지 못하다가 생활비나 재산 등 실질적 문제에 부딪히게 되면서 이혼을 결심하는 것으로 보인다. 한편 젊은층들은 경제활동, 가정 내 역할에 대한 가치관 차이를 원만하게 해소하지 못하고, 육아와 가사분담, 시가 · 처가와의 관계, 일과 가정의 양립, 경제적 문제나 가족부양에 대하여 합의하고 조율하는 노력을 기울이지 못함에 따라 갈등이 증폭·확대되고, 폭언·폭력·불성실·불신·외도행동이 발생하여 이혼을 결심하는 것으로 보인다.

5) 이혼과정과 이혼의 영향

(1) 이혼과정

이혼은 하나의 과정이다. 보하난(Bohannan, 1970)은 과정으로서 이혼은 적어도 정서적 측면, 법적인 측면, 경제적 측면, 공동부모 역할 측면, 사회적 측면, 정신적 측면의 6단계로 되어 있고, 이 단계는 순서적으로 일어나는 것이 아니고 동시에 일어날 수 있다고 하였다. 즉, 정서적 이혼은 결혼생활이 악화되는 것을 느끼고 이혼을 고려하는 초기단계이다. 법적인 이혼은 법적 절차와 타당성을 알아보는 단계이고, 경제적 이혼은 공동의 재산이라는 개념 대신에 각자의 돈과 재산을 분리하는 단계이다. 공동부모 역할 이혼은 자녀양육권에 관하여 결정하는 단계이고, 사회적 이혼은 주위에 이혼사실이 알려지거나 알림으로써 이웃, 친구나 직장으로부터 고립될 수 있는 시기이다. 정신적 이혼은 독립적 존재로서 긍정적인 자아감과 자립심을 가지는 단계이다. 따라서 이혼의 영향도 여러 측면에서 나타나고 이혼 후 2~5년이 소요되는 여러 측면의 적응과정이 필요하다.

(2) 이혼의 영향과 이혼적응

이혼 후 적응은 이혼과 관련된 상실에 대한 적응과 새로운 생활양식에 대한 적응의 두 가지로 구성된다. 이 중 후자의 적응이 더 중요하고 어려운 과정이다. 이혼 후 적응은 이혼한 상태를 수용하고 전 배우자에게 의존하지 않으며 자신의 독립적 정체감을 확립하고 일상생활의 기능과 역할을 원활하게 수행하는 것을 의미한다.

① 당사자에게 미치는 영향

이혼은 당사자뿐만 아니라 자녀의 삶과 환경에 변화를 가져오는 중대한 사건이고 고통스럽고 스트레스를 유발하는 위기로 간주된다. 이혼 후 남녀 대부분은 이혼사유가 어떠한 것이든지 상대방을 적대시하고 실패감으로 인한 자존감의 저하를 경험한다. 또한 이들은 불안감, 수치심, 상실감, 슬픔, 무력감, 정체성의 위기 등의 심리적 · 정서적 문제를 겪는다. 그리고 불면증, 음주, 흡연 등의 행동반응과 자살, 질병감염의 위험이 높고, 경제적 지위하락, 사회적 관계의 축소, 역할 재조정문제, 이혼자라는 사회적 오명, 친척 및 가족관계에서 소외 등을 겪기 쉽다(Hetherington, 1999).

우리나라의 이혼한 남녀가 경험하는 문제(김수정, 2003; 성정현, 2002; 손서희, 2013; 옥선화 · 성미애, 2004; 이재경, 2000; 한경혜, 1993, 2005)에서 공통적으로 가장 어려웠던 문제가 자녀의 앞날에 대한 걱정, 사회적 편견과 고립감이었고, 여자들이 남자들보다 외로움, 자녀를 돌볼 시간의 부족, 주위사람의 부정적 인식, 직장생활과 사회활동 참여와 경제적 어려움을 더 많이 경험하였다. 이혼한 남자가 자녀를 키우는 경우 혼자 자녀를 키우는 여성 못지않게 어려움을 겪는데 주위사람과 의논할 사회적 분위기가 미비하고 지원을 받을 기회가 적다는 문제점이 가중된다(한경혜, 2005).

자녀의 존재는 이혼한 부모에게 부정적인 영향을 미쳐서 경제상황과 직장생활에 어려움을 주고, 자녀로 인한 전 배우자와의 불가피한 접촉과 갈등이 발생할 수 있으며, 자녀를 혼자 양육하고 지도해야 하는 부담을 준다. 그러나 동시에 자녀의 존재는 이혼한 부모에게 삶의 만족감을 제공해 주고 현실적으로 살아갈 이유를 제시하고 힘을 내게 하는 원동력이 되기도 하는 긍정적 측면도 있다.

한편 이혼 후 긍정적인 변화에 대한 보고도 있는데, 이혼자들이 결혼을 유지하는 사람들보다 더 높은 수준의 자율성과 개인적인 성숙을 나타내고, 이혼한 여성의 경우 자신감이 증가하였으며, 이혼한 남성의 경우 대인관계기술이 늘고 자기노출을 잘할 수 있게 되었다(Marks, 1996; Riessmann, 1990).

이혼 후 적응에 관한 국내외 대부분의 연구에서 이혼을 제안한 사람이, 여성이 남성보다, 전 배우자와의 결혼기간이 짧을수록, 자녀가 적을수록, 다양한 대응전략을 활용할수록, 주변의 지지와 지원이 많을수록, 경제적 형편이 좋을수록, 전 배우자에 대한 애착이 적을수록 이혼 후 생활에 잘 적응하는 것으로 보고되었다. 서구에서는 1980년대부터 이혼 후 적응요인 중 개인적 조절이 불가능한 성별, 연령, 자녀, 이혼제안자, 결혼기간 같은 요인들보다는 경제형편, 전 배우자에 대한 애착, 사회적 지원망과 친밀하고 지지적인 관계, 이혼 후 대처전략 같은 개인적 조절이

가능한 요인에 의해 영향을 크게 받는다는 연구결과들이 보고되었다(김혜영 · 장혜경 · 김영란, 2006; Hetherington & Kelly, 2000; Kitson & Raschke, 1982).

그러므로 이혼의 부정적 영향을 감소시키고, 이혼으로 인한 어려움과 현실을 인식하게 하며, 지지적인 친밀한 관계를 형성함으로써 자존감을 회복하고 사회적 지원망을 활용하며 이혼 후 생활에 적극적으로 대처할 수 있도록 돕는 이혼 후 교육 프로그램(Braver et al., 1996; Geasler & Blaisure, 1999)과 여러 지원대책이 필요하다 하겠다. 우리나라에서 이혼 후 적응 프로그램이 다수 개발되었으나 활성화가 미흡한 상태이다(문현숙 · 김득성, 2003; 성정현, 2002; 유희정, 2005; 전명희 · 양혜원 · 김희수, 2012; 정문자 · 김진이 · 이현주, 2005; 주소희, 2002).

② 자녀에게 미치는 영향

서구의 대부분 연구에서 부모의 이혼을 경험한 자녀들에게 즉각적인 그리고 장기간에 걸친 부정적 영향이 상당히 크게 나타나고 심각하다는 것을 보여주었다. 부모가 이혼한 직후에 자녀들은 한쪽 부모의 상실, 부모와의 불화, 가족체계의 혼란, 부모 - 자녀관계의 변화를 겪고, 분노, 유기불안, 슬픔, 무서움, 우울, 죄책감, 후회, 위축 등의 내현적 행동과 공격성, 과잉행동 등의 외현적 행동을 보이고, 낮은 자존감, 학업성적의 하락 등을 보이며, 경우에 따라서는 성인이 되어 우울증과 대인관계문제 등을 겪고 불행한 결혼생활과 이혼으로 이어진다고 한다(Amato & Keith, 1991; Rose & Mirowsky, 1999).

그리고 소수이지만 심각하게 양육권 다툼과 법적 소송을 하는 부모의 자녀들은 정서적 장애와 인격장애를 일으킨다. 장기간의 연구결과에서 부모의 이혼 자체가, 특히 유아기, 청소년기의 자녀에게 충격적인 사건으로 평생 동안 상처로 남으며, 경제적 형편이 나빠진 환경에서 한쪽 부모의 영향력이 제한되어 자녀의 성격발달과 사회성 발달에 부정적 영향을 미치고, 자녀의 비행문제와 결혼생활문제를 유발하는 것으로 보고되었다(유희정, 2005; Johnston & Roseby, 1997; Kelly, 2000).

그러나 이혼 후 아동의 심리상태나 적응은 이혼 그 자체보다는 이혼 후 환경과 상황에 따라 더 많은 영향을 받는다는 보고들이 있다. 이혼기간이 경과될수록, 스스로 다양한 문제해결방식을 사용할수록, 양육부모와 개방적 대화와 긍정적 상호작용을 많이 할수록, 비친권부모와의 접촉이 많을수록, 친구와 교사의 지지를 많이 받을수록, 스트레스에 대해 긍정적 대처전략을 사용할수록, 양육부모의 양육 스트레스가 적을수록 자녀들은 이혼 후의 생활에 잘 적응하였다(김승경, 2004; 정현숙, 1993; 한준아 · 박경자, 2008). 그리고 이혼적응에 관한 종단적 연구에서 이혼가정의 자녀들이 비이혼가정 자녀들에 비해 비록 적응이나 성취 정도가 낮지만 유의한 차이가 없으며 사회경제적 요인을 통제할 때 그 차이는 줄어들었다(Amato & Keith, 1991; McLanahan & Sandefur, 1994). 이혼의 장기적 영향에 대한 한 연구(Hetherington & Kelly, 2000)는 이혼한 부모, 특히 어머니가 아동의 정상적인 발달을 위해 지지와 민감성을 갖고 개입하는 정도와 이혼을 긍정적 변화의 기회로 삼고 새로운 경험과 관계를 형성하는 정도에 의해 자녀의 정상적 발달과 적응이 좌우된다고 하였다.

그러므로 이혼가정 자녀에게 부정적이고 위험적인 요인을 감소시키고 스트레스 대처능력과 삶의 질을 향상시키는 보호요인들을 증진시키는 교육 프로그램과 여러 지원대책이 필요하다고 하겠다.

6) 이혼에 대한 대책

이혼사유를 통해 이혼을 예방하는 대책을 살펴보면 다음과 같다.

첫째, 개인의 신중한 배우자 선택과 혼전 결혼생활교육이 필요하다. 배우자 선택 시 서로에 대한 신뢰나 사랑, 이해보다는 외적인 조건을 지나치게 중시하고, 심리적 준비보다 물질적 준비에 치우친 결혼과정에서 이혼이 야기된다. 그러므로 미혼남녀나 교제 중인 남녀를 대상으로 건강한 결혼관을 갖게 하고 결혼생활을 원만하게 하는 방법을 교육하여야 한다.

둘째, 결혼생활문제를 겪는 사람들이 쉽게 전문가의 도움을 받아 조기에 갈등을 해결하도록 해야 한다. 신혼부부부터 중년 · 노인부부에 이르는 발달단계별 부부교육 프로그램을 활성화시켜 갈등해결방법과 스트레스 관리, 의사소통방법, 친밀감 증진, 효율적 역할수행방법을 배우고, 필요시 관계회복을 위해 상담을 받을 수 있는 시스템을 구축할 필요가 있다.

셋째, 일 · 가정양립을 지원하고 양성평등적인 가족친화정책이 확대 · 실시되어야 한다. 법령정비와 정책실행을 통해 가정폭력을 예방하고 성별분업구조와 가부장적 가치관에서 탈피하여 부부가 평등한 동반자로서 상호 존중과 협동으로 직업과 가정을 양립하며 성숙한 관계를 지속할 수 있도록 양성평등적·가족친화적인 사회구조로 만들어나가야 할 것이다.

이혼이 발생하지 않도록 예방하는 것이 바람직하나 이미 이혼을 한 이상은 이혼이란 사건으로 인한 스트레스를 완화시키고 적응하여 새로운 삶을 시작해야 할 것이다. 이혼에 대한 개인과 사회의 대책을 살펴보면 다음과 같다.

첫째, 이혼하는 부모는 자녀의 피해를 최소화하는 방법을 모색해야 한다.

요즈음 부모들은 이혼하면서 자신의 문제해결에 급급한 나머지 자녀의 복리를 우선으로 하지 않거나 책임을 회피하는 경향도 있다. 그러나 부모의 이혼으로 받는 피해는 자녀가 가장 크기 때문에 자녀가 겪게 되는 갈등과 상처가 무엇인지 이해하고 이를 최소화하고 해소시키는 방법을 찾아야 한다. 부모는 먼저 자녀에게 이혼해야 하는 상황을 이해시키고, 자녀가 죄책감과 상실감, 분노감, 절망감 등에 빠지지 않도록 해야 하며, 양육을 맡은 부모는 자녀의 정상적 발달을 위해 최선을 다해 정서적 지원과 배려를 해주고 많은 대화를 나누어야 한다. 따로 사는 부모는 지속적으로 면접이나 전화연락을 통해서 자녀와의 관계를 유지시켜야 한다.

둘째, 이혼 후 경제적 대책과 가정생활의 재정비 대책을 찾아야 한다.

이혼여성의 경우는 경제적 자립능력을 갖춘 생활인이 되어야 하고 자녀양육을 맡게 된 경우에는 자녀양육과 직장을 양립할 방법을 찾아야 한다. 이혼한 남성과 여성 모두 한쪽 부모역할이 결핍된 상태이므로 일상생활 정비와 경제적 대책을 구체적으로 해결해야 하고 한부모가족을 위한 대책을 필요로 한다.

셋째, 정서적·사회적인 홀로서기와 역할의 재정립 노력이 필요하다.

가능한 빠른 시일 내에 전 배우자와의 갈등과 미련을 정리하여 홀로서기를 하는 것이 바람직하다. 이혼을 선택한 이상 이성적으로 문제를 해결하고 감정적 대응이 되지 않도록 유의하여야 한다. 이혼충격은 세월이 지나면 약화될 수 있다. 이때 자조집단에 참여하거나 친구나 친척과의 관계를 유지하며 도움을 받는 것이 이혼 후의 적응에 바람직하다. 결혼생활을 오래 지속한 부부일수록 이혼의 적응이 어렵다. 그동안 습관화된 역할을 다시 돌아보고 이혼자로서 살아가는 현실을 사실로서 받아들이고 역할을 재정립해야 한다.

넷째, 이혼상담과 이혼 후 적응교육 프로그램이 법제화되어야 한다.

서구사회에서처럼 위기상태인 부부를 대상으로 한 이혼상담과 이혼자와 그 자녀를 위한 이혼 후 적응교육 프로그램을 법원이나 공공기관에서 실시하도록 제도적 장치가 마련되어야 한다. 그럼으로써 이혼으로 이어지는 갈등을 조기에 해결하도록 도와서 이혼을 예방할 수 있고, 이혼과정에서 평화로운 이혼방법과 자녀의 피해를 최소화하는 방법을 찾게 되며, 모든 가족이 이혼 후의 전환점을 성장과 발전기회로 삼게 되어 잘 적응할 수 있는 것이다. 2008년부터 '이혼숙려제도'를 도입하여 협의이혼 시 미성년자녀가 있는 경우는 3개월, 미성년자녀가 없는 경우는 1개월의 숙려기간을 갖도록 되어 있고, 긴급한 예외사항(가정폭력, 외국출국 등)이 있는 경우는 기간을 단축할 수 있게 되었다. 2012년 11월부터는 '자녀양육 안내제도'를 도입하여 숙려기간 동안 미성년자녀가 있는 경우 교육에 참가하게 되었고 참가하지 않으면 숙려기간이 진행되지 않게 되었다. 이는 협의이혼 의사확인절차뿐 아니라 재판이혼에서도 실시되고 있다. 그리고 협의이혼 전 의무상담제도가 2012년 12월부터 부산가정법원에서 시범적으로 실시되어 미성년자녀를 둔 부부가 협의이혼을 하는 경우 전문가 상담, 부부캠프 · 가족캠프 프로그램에 참여하는 것을 의무화하고 있다. 또 재판이혼 시 법원가사상담을 받고 가족캠프에 참여하도록 하는 프로그램이 몇몇 법원에서 시범실시되고 있다.

다섯째, 이혼자와 자녀들에 대한 법적 · 사회적 지원이 보완되어야 한다.

법무부는 최근 민법 및 가사소송법 개정안을 마련, 이혼에 앞서 성년 때까지 자녀양육비 부담주체와 조달방법 등을 명확히 하도록 했다. 이전에는 자녀양육에 관한 대책이 없어도 이혼이 가능했다. 또 법정 부부재산제인 별산제를 합리적으로 개선하고 재산분할청구권제도의 실효성을 보완, 명의가 없는 배우자의 재산권이 보호되도록 했다. 이뿐 아니라 자녀양육비를 현실화하고 자녀양육비 부담약속을 이행하지 않는 경우에 자녀복리를 위해 강제하는 조치를 보완해야 한다. 그리고 이혼자와 자녀들의 자조모임이 활성화되도록 지원하고, 이들에 대한 일반인의 편견이 없어지도록 대중매체를 비롯한 사회 전반적인 노력이 필요하다.

참고 13-2 협의이혼 숙려제도

□협의이혼에 관한 안내제도

협의이혼을 하려는 사람은 가정법원(가정법원이 설치되지 아니한 지역은 관할 지방법원 또는 지원)이 제공하는 이혼에 관한 안내를 받아야 한다. 협의이혼의사의 확인을 신청한 부부는 위 이혼에 관한 안내를 받을 의무가 있고, 안내를 받은 날부터 숙려기간이 진행된다.

□숙려기간제도

- 원칙적 기준 : 3개월 또는 1개월
- 이혼의사의 확인을 신청한 당사자는 위 '안내'를 받은 날부터 다음 기간이 지난 후에 이혼의사의 확인을 받을 수 있다.
  - 양육하여야 할 자(포태 중인 자를 포함함)가 있는 경우는 3개월
  - 양육하여야 할 자가 없는 경우는 1개월

□단축 또는 면제

가정법원은 폭력으로 인하여 당사자 일방에게 참을 수 없는 고통이 예상되는 등 이혼을 하여야 할 급박한 사정이 있는 경우에는 숙려기간을 단축 또는 면제할 수 있다.

□상담권고제도

가정법원은 필요한 경우 당사자에게 상담에 관하여 전문적인 지식과 경험을 갖춘 전문상담인의 상담을 받을 것을 권고할 수 있다. 이러한 상담을 통해 가정의 문제를 치유하거나, 바람직한 자녀양육방안에 대하여 깊이 생각하는 기회를 제공하자는 취지이며, 각 법원은 전문상담인을 상담위원으로 위촉하여 상담을 담당하게 할 수 있다.

□자의 양육과 친권자 결정에 관한 협의서 또는 심판정본 제출 의무화

- 양육하여야 할 자가 있는 경우 당사자는 자의 양육과 친권자 결정에 관한 협의서를 제출하거나 협의서를 대신할 수 있는 가정법원의 심판정본을 제출하여야 한다.
- 양육에 관한 사항에는 양육자의 결정, 양육비용의 부담, 면접교섭권의 행사 여부 및 방법이 포함되어야 한다.

□협의이혼 흐름도

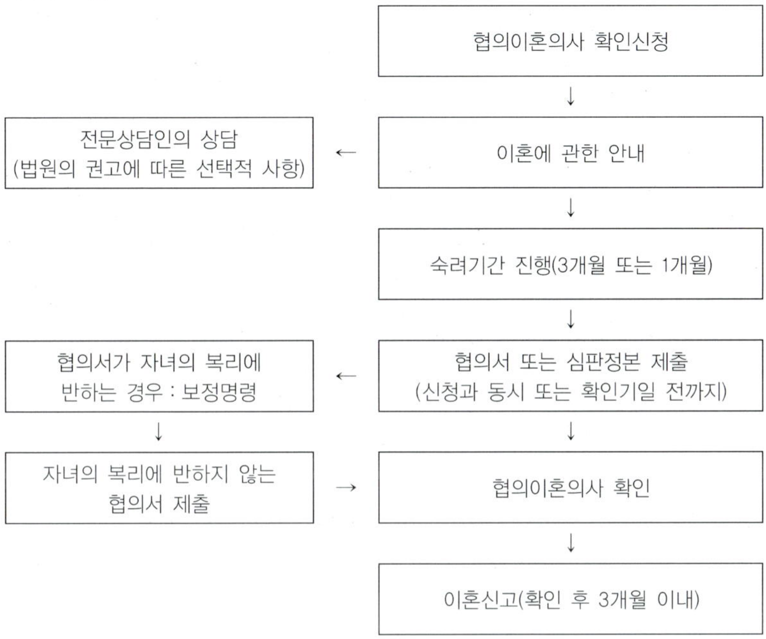

출처 : 대법원 뉴스레터. http://scourt.go.kr/letter/Letter.work?seqnum=141&searchOption.

참고 13-3 이혼위기의 40~50대 부부들을 위한 '7계명'

① 식사할 때 대화하라 = 모든 문제의 해법은 대화에 있다. 따로 시간 내기가 어렵다면 식사시간을 이용하라.
② 가사를 분담하라 = 가사와 육아는 모두 아내 몫이라는 '옛 생각'에서 벗어나라.
③ 자주 칭찬하고 아플 땐 위로하라 = '고맙다', '미안하다'는 말을 입에 달고 살아라.
④ 단둘이 데이트하라 = 일 · 돈 · 친구 중심인 남편의 삶과 자녀중심인 아내의 삶을 부부중심으로 바꿔나가라.
⑤ 공통된 취미생활을 개발하라 = 각자의 취미와 운동을 즐기되, 함께 즐길 만한 것을 따로 하나 만들어라.
⑥ 전문가의 도움을 받아라 = 친구나 가족 등 주위사람은 객관적 판단이 어렵기 때문에 오히려 일을 그르칠 수 있다.
⑦ 끝까지 포기하지 마라 = '이혼만은 안 하겠다'는 생각을 일단 출발점으로 삼고, 신중하게 생각하라.

(도움말 : 강학중 한국가정경영연구 소장, 김승권 한국보건사회연구원 사회정책연구 본부장, 김준기 정신과 의사, 김홍미리 한국여성의전화연합 이혼담당)

출처 : 조선일보(2007. 10. 25).

참고 13-4 '법보다 대화' 이혼가정 자녀문제 결자해지 유도

서울가정법원 '자녀솔루션' 13건 중 3건 조정성립

이혼가정의 자녀문제를 강제력이 아닌 당사자들의 합의로 해결하도록 유도하는 법원의 프로그램이 효력을 발휘하고 있어 주목된다. 21일 서울가정법원에 따르면, A군의 부모는 이혼 후 자녀의 양육문제를 두고 갈등을 빚어왔다. 애초 아버지가 A군을 보살피고 있었는데 재혼한 어머니가 친권자 및 양육자를 자신으로 바꿔달라는 변경청구를 한 것이다.

법원은 지난 4월 이 문제를 상담 프로그램에 회부해 이혼가정 스스로 해결하는 길을 함께 모색하기로 했다. 부모는 물론 자녀에 대해서도 정기적인 상담이 진행됐고, A군은 초반 눈치를 보고 경직된 모습을 보이면서도 어머니와 함께 살고 싶다는 의사를 표시했다. 마지막까지 고민하던 아버지는 법원의 사전처분(재판결과가 있기 전 자녀의 복리를 위해 임시로 행하는 조치)에 따라 A군이 엄마와 계부와 함께 일주일간 생활하는 모습 등을 보고 친권자 및 양육자를 A군의 어머니로 지정하는 것에 동의했고, 이에 조정이 성립했다. A군은 양육자가 변경되는 과정에서 상처받지 않았을 뿐 아니라 자신이 원하는 양육환경을 상담과정을 통해 스스로 결정할 수 있었다.

이처럼 서울가정법원의 판사, 조사관, 상담위원이 모여 이혼과정 중 자녀를 둘러싼 법률적 분쟁에 휩싸인 가정에 적절한 상담과 치료를 제공하는 '자녀솔루션 프로그램'이 성과를 보고 있다. 프로그램이 시작된 올해 1월부터 현재까지 자녀솔루션에 부쳐진 건수는 총 20건이며 이 중 13건이 종결됐다. 종결된 사건 중 3건에서는 A군의 사례처럼 조정이 성립됐는데, 다른 사건들에 비해 분쟁의 정도가 심각한 사건이 솔루션 프로그램에 회부된다는 것을 감안할 때 조정을 통해 분쟁을 해결한 비율은 사실상 매우 높은 것으로 평가된다.

서울가정법원 김윤정 공보판사는 "솔루션 프로그램은 법원의 강제력을 동원하지 않고도 자녀문제를 이혼가정 스스로 해결할 수 있도록 돕는 데 의의가 있다"고 말했다.

출처 : 연합뉴스(2012. 5. 31). 임수정 기자(sj9974@yna.co.kr).

CHAPTER 14

가족의 건강성 증진

전통적으로 가족은 인간을 인간답게 살게 하는 삶의 토대를 제공하고, 가치관과 문화, 규범을 전달하며 개인의 자율과 공동체에 대한 책임을 조화시켜 성숙한 인간이 되게 하는 등 인간의 발달과 복리에 매우 중요한 영향을 미치는 1차적 환경이다. 그러므로 인간에게 있어 가족은 기초적인 생활공동체로서 개인의 신체적 건강과 성장은 물론 정체성 확립과 소속감 욕구충족, 정서적 안녕과 행복을 좌우하기 때문에 가족의 순기능을 극대화시키는 것이 필요하다.

현대사회에서 가족과 사회환경의 변화로 인해 많은 가족문제가 발생하고 가족의 부정적 영향이 커짐에 따라 건강가족과 역기능가족에 관한 연구와 가족의 건강성을 증진시키고 기능을 강화시키기 위한 대책이 요구되고 있다. 이 장에서는 건강가족과 역기능가족의 개념을 알아보고 역기능가족의 발생배경과 가족의 건강성 증진과 기능강화를 위한 대책들을 살펴보기로 한다.

1. 건강가족과 역기능가족

1) 건강가족과 역기능가족의 개념과 관점

건강가족이란 가족원 개개인의 성장·발달을 도모하고 가족원 간의 의사소통, 의사결정과정, 스트레스 대처방안 등의 상호작용이 효율적으로 이루어져서 집단으로서의 가치체계를 공유하고 있고, 친족 및 사회체계와도 원활한 관계를 이루는 생활공동체라고 정의된다(서병숙, 1994; 유영주 외, 2004; 정현숙·유계숙, 2001).

한편 역기능가족이란 가족원의 의식, 태도, 가치관, 이해관계가 대립되어 상호작용이 결여되고 갈등과 불화가 발생하며, 가족기능상의 장애가 있는 가족으로 정의된다. 흔히 문제가족, 병리가족, 이상가족, 부적응가족이라고도 한다. 즉, 가족이 심리기능 면에서 손상되어 가족원의 정서안정과 성장·발달 및 복리가 저해되고 있는 상태를 의미하며, 이를 방치할 경우 가족갈등이 심화되어 가족이 붕괴되거나 해체될 가능성이 높다. 그 예로는 경제적 낭비와 무능, 외도, 성격차이 및 가치관의 차이, 부부갈등과 불화, 폭력, 이혼위기 등을 포함하는 부부문제, 자녀의 비행과 부적응 문제, 부모-자녀 간의 갈등, 고부갈등, 자녀학대, 형제자매 간 갈등 등이 있는 가족이라 하겠다.

역기능가족을 보는 시각에 따라 다음 몇 가지 관점이 있다.

첫째, 가족의 기능수행문제와 통합문제에 초점을 두는 기능론적 관점이 있고, 둘째, 권력배분의 불균형과 사회구조문제로 인하여 보상과 만족을 느끼지 못할 때 문제가 발생한다는 갈등론적 관점이 있으며, 셋째, 여성의 인권과 성차별문제로 보는 여권론적 관점이 있다. 이 외에 가치관의 변화 및 가족과 사회의 변화의 지체현상에서 비롯되어 부적응 문제가 발생한다는 변화지체 관점이 있다. 여기에서는 네 가지 관점을 포괄하면서 역기능가족을 접근하기로 하겠다.

2) 건강가족의 특성

일찍 가족문제를 겪었던 서구에서는 역기능가족과 대비시킨 바람직한 모습으로서의 건강가족을 연구하여 관계회복과 기능강화를 위한 방향설정을 하고 있다. 1960년대부터 미국에서는 높은 이혼율, 청소년 범죄, 가정폭력, 미혼모, 알코올·마약중독 등의 문제를 해결하는 방법으로 건강가족, 가족기능 강화에 대한 연구가 국가적 과제가 되어 다수의 연구가 실시되었다. 우리나라에서는 1990년대부터 건강가족에 관한 연구가 시작되었다.

여기에서 건강가족은 완전한 가족을 의미하는 것은 아니다. 완전한 가족이란 인간 자체가 불완전하기 때문에 존재하지 않는다. 가족관련 학자들과 임상가들이 보고하는 건강가족(healthy family, strong family)의 특성은 주로 사회·심리적 측면인 관계 특성에 초점을 두었다(Beavers & Hampson, 1990; Curran, 1983; Stinnett et al., 1979; Stinnett & DeFrain, 1985; Walsh, 1998).

이를 종합·요약하면 다음과 같다.

첫째, 가족과 가족원을 소중하게 여기며 헌신하기
둘째, 가족과 함께 시간을 보내고 같이 즐기기, 유대감 갖기
셋째, 분노조절능력, 문제대처와 갈등해결능력 활용
넷째, 사랑과 배려하는 행동
다섯째, 개방적이고 효율적인 대화(자기표현, 경청하기, 유머사용, 감정의 공유)
여섯째, 융통성 있는 가족규칙, 서로에게 관용하고 개성을 존중하기
일곱째, 공통의 종교와 가치관, 신념 공유
여덟째, 평등한 동반자로서 화목한 부부관계
아홉째, 부모로서 권위가 있으며 일관성 있는 자녀지도
열째, 긍정적·협조적 태도와 책임감, 인내심
열한째, 원만한 친인척 관계와 사회관계망의 지원

조희금 등(2010)은 건강가정의 특성을 다음과 같이 도표로 제시한 바 있다.

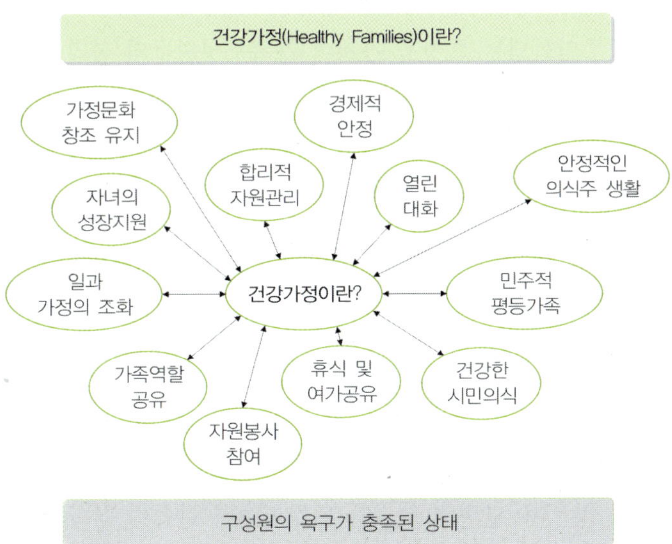

| 그림 14-1 | 건강가정의 특성

가족의 건강성을 측정하는 척도로는 가족관계지표(소통과 친밀감), 자원관리지표(가치와 가족자원 관리), 외부관계지표(일 - 가정 균형과 지역사회관계), 총 30문항으로 구성된 '가정건강성' 척도(한국건강가정진흥원, 2010)와 가족탄력성, 상호 존중과 수용, 질적 유대감, 경제적 안정과 협력, 가족문화와 사회참여의 5개 하위영역 총 22문항으로 구성된 한국형 가족건강성 척도Ⅱ(유영주 외, 2013)가 대표적으로 사용되고 있다.

2. 역기능가족의 발생배경

우리나라 역기능가족의 발생배경을 다음 네 가지로 요약할 수 있다.

1) 가족과 사회의 가부장적 이데올로기 잔재

전통적으로 우리나라 가족은 집단적 가족주의 규범과 가부장적 이데올로기에 의해 통제됨으로써 갈등이 표면화되지 않았고, 가족의 안정성은 가족 자체보다는 가족을 둘러싼 친족제도와 경제·사회적 공동체생활에 의해 유지되었다. 그러나 현대가족은 개인주의화되는 특성을 가지며 가족구성원들의 심리·정서적 욕구를 충족시켜 주는 사적인 장소로의 기능이 강조된다. 즉, 혈연중심의 가족일체성과 연대감, 가부장권이 약화되는 반면, 부부간의 애정과 행복, 평등이 강조되고 개개인이 인격체로서 존중받고자 하는 욕구가 증가하였다.

그러므로 오늘날 가족가치관의 흐름은 가부장적 가치관에서 벗어나 양성평등적 가치관을 지향하며 동반자적 부부관계와 민주적인 부모 - 자녀관계를 지향하는 것이다. 그러나 많은 연구에서 남성이 여성보다, 연령이 많은 사람이 젊은 사람보다 더 전통적 가치관을 갖고 가부장적 사고방식에서 벗어나지 못한 것으로 보고된다. 그에 따라 아내가 평등적인 가치관인 데 비해 남편이 가부장적 가치관을 고수하는 경우 부부갈등이 많으며, 남편의 태도가 완강할수록 갈등이 심화되어 가정폭력이 발생하고 별거나 이혼에 이르는 경우도 발생한다. 이때 부모 - 자녀 간의 관계도 왜

곡되기 쉬워서 어머니가 자녀들과 연합하거나 한 자녀에게 집착하게 되고, 자녀는 아버지에게 적대적이거나 거부하여 결국 자녀의 정서적・성격 발달과 성역할 발달에 부정적 영향을 미치고 자녀의 결혼생활에도 문제를 야기시키게 된다.

2) 결혼생활과 부모역할에 대한 준비 부족

우리 사회는 객관적으로 현명하게 배우자 선택을 할 수 있도록 도움을 주는 기관이나 프로그램이 부재한 상태여서 보통 젊은이들은 낭만적 사랑의 감정 아니면 조건에 치우친 배우자 선택을 할 수밖에 없는 것이 현실이고, 그 결과 결혼생활 준비가 부족한 채 결혼하게 된다.

크고 작은 부부갈등의 근저에는 결혼생활에 대한 지식과 책임감이 부족하고 준비되지 않은 문제가 있다. 사랑하면 자동으로 결혼하는 것이고 사랑의 감정으로 행복한 생활이 보장된다는 환상을 갖거나, 결혼생활과 배우자에 대해 충분한 지식이 없는 채 고정관념을 갖고 자신의 틀을 상대방에게 강요하며 서로 상대방을 이기려고 하기 때문에 갈등이 증폭되는 것이다.

이러한 문제는 개개인의 성장기에 자기중심적 성향이 배양된 것과도 연관된다. 즉, 부모들이 자녀가 유아기부터 성인이 될 때까지 대인관계에 관한 사회적 기술(social skill)을 습득시키기보다는 성적과 대입시험 준비, 취업을 위한 경쟁력만 강조하다 보니 성인자녀들의 자기중심적인 성향이 많아지게 된 것이다.

사실 결혼생활에 대한 심리적 준비를 하는 것은 직업을 준비하거나 운전면허증 취득을 준비하는 것 이상 중요한데도 사회적 분위기가 그렇지 못하여 결혼식과 혼수준비에 더 많은 시간을 할애하고 있다. 그 결과 너무 쉽게 결혼생활로 돌입하며 갈등이 발생할 때는 문제를 극복하려고 노력하기보다 폭력을 사용하거나 이혼을 쉽게 생각하고 감행한다.

자녀문제와 부모와 자녀 간의 갈등문제의 기저에도 역시 부모가 부모됨을 준비하지 않은 문제가 있다. 부모역할을 준비한다는 것은 부모가 자녀의 발달과 특성에 대하여 이해하고 책임감 있게 부모역할을 잘 수행할 수 있도록 철학과 태도, 기술을 갖는 것을 의미하는데 그럴 준비를 할 겨를도 없이 부모가 되는 경우가 많다.

3) 대화방법과 갈등해결방법의 미숙

가족 간의 갈등으로 불화를 겪는 가족의 특징은 부부간에 또는 부모로서 자녀와 효과적으로 대화하는 방법에 미숙하고 대화를 통하여 가치관 차이나 성격차이를 조율하고 문제를 해결하는 방법을 습득하지 못한 경우가 많다.

대표적인 예가 양방적인 대화가 아닌 일방적 말하기와 대응적 듣기이다. 대개 역기능가족에서 대화는 비난과 자기주장, 설득을 하는 경우가 많고, 경청보다는 자기주장하기에 바쁘며, 상대방의 말을 인정하지 않아서 대화가 단절되거나 싸움이 되는 경우가 많다. 또한 자기표현을 정확하게 하지 않으면서 상대방에게 이해받기를 원하는 경우가 많다.

그리고 합리적인 갈등해결방법을 사용하기보다는 지난 일을 들추어내거나, 상대방에게 책임을 전가시키고 문제를 확대시키며, 싸움을 종결하거나 중단할 줄 모르는 경우도 많다. 특히 갈등이 발생할 때 음주와 언어적·물리적 폭력행사는 가족관계를 파괴시키는 최악의 갈등해결방법인데도 이를 사용하여 문제를 악화시키는 경우가 종종 있다.

4) 가족지원 전달체계의 미비

현대사회에서는 가족의 고립성이 증가하고 외부의 지원체계를 활용하는 접근성도 높지 않음에 따라 가족의 갈등이나 문제가 조기에 해결되지 못하여 긴장과 불행감을 주는 사건이 발생하고 있다. 즉, 여러 어려움 때문에 가족원의 정신적·신체적 건강이 악화되거나 부적응 행동이 나타나기도 하고 가족을 파괴시키는 범죄가 발생하기도 한다. 예를 들어, 부부불화와 고부갈등으로 방화나 가출하는 일, 가정폭력, 자녀유기, 자녀학대, 폭력남편이 가족원에 의해 살해되는 일, 우울증과 자살, 가족동반자살 등이 발생한다. 이런 문제는 가족의 대처자원이 부족한 상황에 기인하지만 또한 우리 사회에서 가족의 힘을 키워주는 제도적인 지원대책이 미흡한데도 원인이 있다 하겠다.

종래의 우리나라 가족정책은 가족전체보다는 아동, 청소년, 여성, 한부모, 노인

등의 개체를 대상으로 한 사후복지를 지원하는 방향으로 시행되어왔다. 또한 상담활동도 요보호 대상자에게 사후 서비스를 제공하는 성격이 강하여 가족 전체에 개입하지 못하는 한계를 가지며, 유관상담소 사이에 연계체제가 구축되지 않아서 필요한 도움을 받지 못하는 경우가 많다. 또한 가족의 건강성 증진과 문제예방을 위해서는 다양한 교육 프로그램이 가족에게 활발하게 보급되어야 하는데, 이를 위한 제도적 장치가 없어서 필요한 가족에게 도움이 되지 못하였다.

최근 가족문제가 사회문제로 부각되면서 가족문제의 예방과 치료, 그리고 가족의 건강성 증진을 위해 국가가 개입할 필요성을 인식하게 되어서 2005년부터 여성가족부가 주무부처로서 지방자치단체마다 건강가정지원센터를 설치하고 건강가정사업을 실시하고 있으나 실효성을 높이기 위한 여러 보완대책이 필요하다.

3. 가족의 건강성 증진과 기능강화

가족의 건강성 증진과 기능강화를 위해 먼저 부부관계의 회복과 부부체계의 강화가 필요하고, 동시에 건강한 부모역할에 대한 의식전환이 필요하며, 이를 돕는 가족친화정책 및 가족지원 전달체계가 효율적으로 구축되어야 한다.

1) 부부체계 강화

첫째, 부부상담 프로그램의 활성화가 필요하다.

성격차이를 비롯한 부부간의 갈등문제, 불평등문제, 가정폭력문제, 이혼위기문제 등에 관하여 면접상담을 이용하여 돕는 방법이다. 현재 가족학, 정신과, 사회복지학, 심리학, 교육학, 종교 분야 등에서 학제적으로 접근하고 있고, 문제에 따라 여러 가지 치료모델이 적용된다. 부부상담 내용으로 특히 가부장적 이데올로기에서 탈피하여 민주적이고 평등한 부부관계가 되도록 지원하고, 갈등을 대화로 해결하는 방법을 습득시키며, 부부간에 긍정적인 상호작용을 증가시키고, 부정적인 상호작용을 줄임으로써 애정과 신뢰관계를 회복시키는 일이 포함된다.

둘째, 부부교육 프로그램의 보급이 필요하다.

현행 부부교육은 건강가족 관점과 가족향상의 관점에서 개발되어 부부의 문제 해결보다는 부부의 장점과 강점을 지지하고 잠재력 개발과 성장을 촉진시킴으로써 부부체계를 강화하는 데 초점을 두고 있다. 부부교육 프로그램에서는 성공적인 부부관계지침으로서 결혼생활 전반(예로 평등적인 역할, 애정표현과 성, 의사소통, 갈등해결과 의사결정, 일과 결혼생활의 균형, 경제관리, 건강 및 여가, 부모역할, 친척관계 유지)에 대한 올바른 지식과 태도, 기술을 습득하도록 하는 내용으로 구성된다. 프로그램은 결혼생활 단계에 따라 결혼준비 교육, 신혼기 부부교육, 중년기 부부교육, 노년기 부부교육으로 구분되고, 주제에 따라 관계향상 교육, 대화법 및 갈등해결 교육, 부부평등 교육, 재혼 준비교육 등이 있다.

2) 부모역할 준비와 부모역량 강화

첫째, 부모역할을 분담하고 민주적인 부모가 되도록 돕는 정책적 지원이 필요하다.

부모와 자녀가 같이 보내는 시간을 늘리고 부모역할을 분담하며, 민주적인 부모역할을 수행하는 것이 자녀의 인성교육에 매우 중요하다. 이를 위해 부모가 평등하게 부모역할을 공유하는 사회분위기를 조성해야 하며, 아버지들의 자녀양육 참여가 가능해야 한다. 오늘날 남성들은 구태의연한 성별분리의식에서 벗어나서 타인과의 깊은 공감능력과 대등하고 풍부한 대화능력을 갖출 것을 요구받고 있다.

그러므로 남성들이 이러한 노력을 할 수 있도록 가족친화적 직장문화를 형성하여 일과 가정생활, 육아에 시간과 에너지를 잘 배분할 수 있도록 하는 가족정책이 필요하다. 아울러 맞벌이가정이나 저소득층 가정 같은 다양한 상황에 있는 부모가 일과 양립하여 자녀를 양육하고 지도하는 데 필요한 제도적 지원이 제공되어야 할 것이다.

둘째, 부모교육이 활성화되어야 한다.

부모의 가치관이 바뀌어서 자녀를 하나의 독립된 인격체로 대하고 인성교육과 진로지도를 효율적으로 하기 위해서는 부모교육이 활성화되어야 한다. 그 내용으로 건전한 자녀관과 자녀에 대한 바른 이해, 자녀에 맞는 효과적인 부모역할 수행 방법 등이 포함되어야 한다. 그리고 부모교육이 다양한 형태로 실시되는 것이 바람직하다. 예를 들어, 자녀의 발달단계별로, 자녀문제의 유형별로, 그리고 부모의 결혼상태와 가족상황에 따라 각각의 특성에 맞게 부모교육 프로그램을 실시하는 것이 필요하다.

셋째, 세대통합을 위한 가족상담 프로그램이 필요하다.

역기능가족의 공통적 특성인 세대차이로 인한 부모와 자녀 간, 시부모와 며느리 간의 대화단절을 해소하기 위해서 부모세대와 자녀세대를 통합하는 가족상담 프로그램이 활성화되어야 한다. 이를 통해 부모-자녀 간, 시부모와 며느리 간에 부정적이고 악순환적인 연결고리를 깨고 긍정적인 상호작용을 하게 되며, 협동적으로 갈등문제를 해결하여 건강한 가족을 만들어가게 된다.

3) 가족의 기능강화를 위한 사회적 지원

첫째, 정부에서는 건강한 가정, 양성평등한 가정, 공동체로서 가정을 만드는 일을 확대시키며, 평등가정을 위한 법률정비와 정책을 실시해야 한다.

둘째, 정부는 아동·청소년문제, 가정폭력문제, 이혼위기 발생 시 가족상담과 가족교육 프로그램 참여를 의무화하는 제도적 장치를 마련해야 한다. 일찍이 우리보다 먼저 높은 이혼율과 자녀문제대책에 고심하던 대만, 캐나다, 영국, 미국 등에서는 각급 학교에서 학생들과 그 부모들에게 결혼생활과 부모역할에 관한 강좌를 개설하고, 문제발생가정의 상담교육을 의무화하도록 하거나 결혼준비교육 및 이혼 전 상담을 의무화한 바 있다.

셋째, 건강가정기본법에 의한 건강가정사업이 확대되고 정착되어야 한다. 2003년 건강가정기본법이 제정되고 2005년도부터 여성가족부가 전담부처로서 지방자치단체별로 건강가정지원센터를 설치하여 현재 150여 개 지역에서 운영되고 있다. 지역 건강가정지원센터에서는 건강가정사가 가족교육사업, 가족상담사업, 가족문화사업을 실시하고 있는데, 시설의 확충과 건강가정사의 전문성 향상, 유관단체와의 네트워크 구축 등의 정착노력이 요구된다. 건강가정지원센터가 명실공히

지역의 가족지원 허브로 정착하기 위해서는 가족상담기관과 가족교육 프로그램을 실시하는 민간단체, 지역다문화가족지원센터, 가정폭력 예방단체, 각급 학교, 청소년 관련기관, 양성평등 교육기관, 정신건강관련 단체, 법원, 그리고 가족친화적인 기업체와 협력체제를 구축함으로써 가족을 위한 실질적 지원이 이루어져야 할 것이다.

참고 14-1 건강가정지원센터 전달체계도

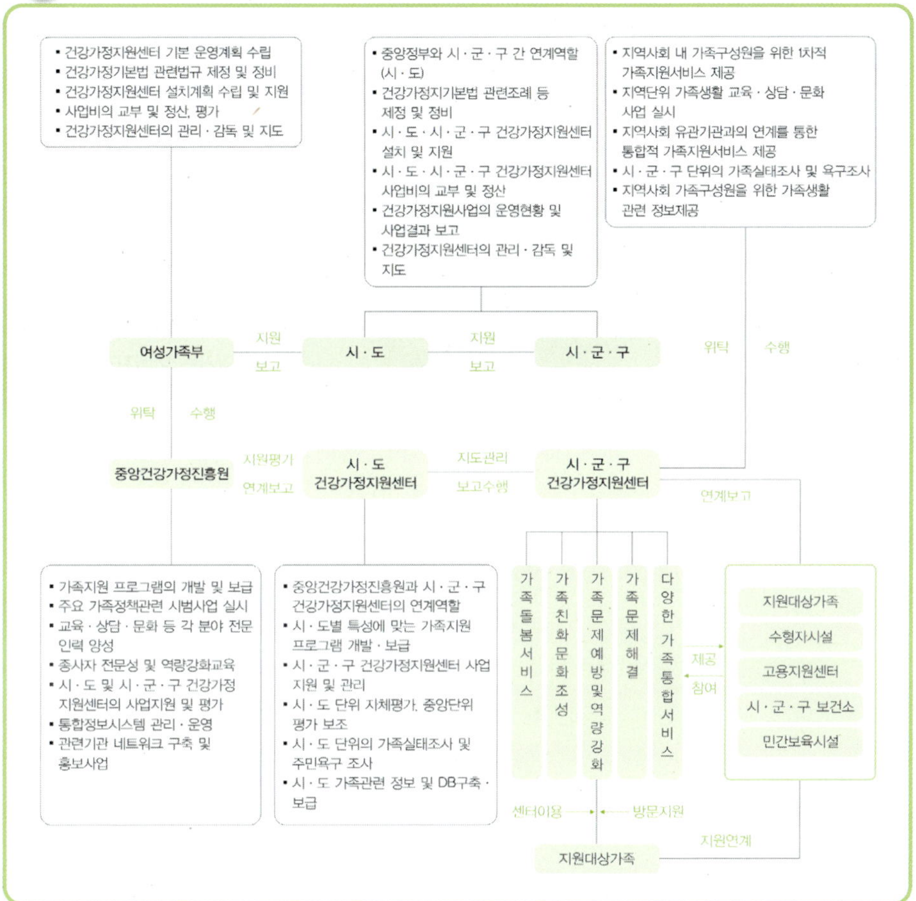

출처 : msfc.familynet.or.kr

참고 14-2 건강가정지원센터 사업운영 및 사업영역

가족돌봄지원
- 아이돌보미
- 육아정보나눔터
- 맞벌이가족 자녀돌봄
- 장애아가족 휴식지원

맞춤형 서비스
- 한부모가족
- 조손가족
- 다문화가족
- 맞벌이가족
- 장애아가족
- 군인가족
- 재소자가족

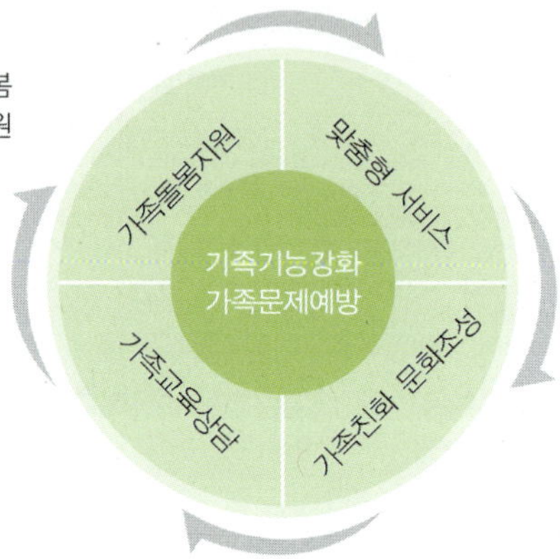

가족교육상담
- 예비부부
- 신혼기부부
- 중년기 가족생활
- 노년기 가족생활

가족친화 문화조성
- 찾아가는 아버지교육
- 가족봉사단
- 다양한 가족통합
- 가족편견 해소
- 지역사회 연계
- 가족관련 종합정보 제공

출처 : mfsc.familynet.or.kr

참고문헌

강기정 · 이무영 · 김영희(2002). 한부모가족의 복지지원체계로서의 가상공동체 활용에 관한 기초연구. **대한가정학회지, 40**(10), 141-159.

강유진 · 옥선화(2005) 부부관계에 관한 비합리적 신념이 결혼의 질에 미치는 영향. **한국가정관리학회지, 23**(6), 155-165.

강유진 · 한경혜(1997). 비동거자녀의 노부모 부양행동에 관한 연구. **한국노년학, 17**(1), 271-287.

강은령(1989). 부부의 결혼적응에 관한 연구 - 취업부부/ 비취업 부부를 중심으로. 이화여자대학교 대학원 석사학위논문.

강진경 · 신수진 · 최혜경(2001). 결혼지속연수에 따른 한국부부의 사랑구조의 변화양상. **한국가정관리학회지, 19**(5), 51-66.

강학중 · 유영주(2003). 한국 도시부부의 부부싸움 및 부부싸움 대처행동이 결혼만족도에 미치는 영향. **한국가족관계학회지, 8**(2), 61-84.

고성혜 · 한유진(1995). 편모가정 청소년의 가정환경에 대한 지각. **한국청소년연구, 20**, 60-73.

고정자 · 김갑숙(1993). 고부관계 연구에 대한 고찰. **한국가정관리학회지, 11**(1), 235-247.

곽배희(2002). 한국사회의 이혼실태 및 원인분석. **한국가족학회 추계학술대회 자료집**, 45-77.

곽인숙(2002). 주말주부의 주거지 결정요인에 관한 연구. **한국가정관리학회 학술대회 자료집**, 72-81.

권윤진(2004). 삶의 기획과정으로서의 '아이없음(childlessness)'에 관한 연구 - 아이없는 기혼여성의 경험을 중심으로. 이화여자대학교 대학원 석사학위논문.

김갑숙 · 최외선(1992). 아내가 인지한 부부갈등에 관한 연구. **한국가정관리학회지, 10**(2), 133-143.

김경미 · 김영희(2009). 부부의 성격 특성과 갈등의 상호작용이 결혼만족도에 미치는 영향. **한국가족관계학회지, 14**(3), 327-352.

김경신(1997). 편모가족에 대한 가족생활교육 실태분석 및 교육 프로그램 개발. **대한가정학회지, 35**(2), 187-200.

______(2002). 한부모가정 아동정책의 문제점과 개선방안. **한국아동학회 2002년도 추계학술대회 자료집**, 93-110.

______(2006). 결혼이민자 가족을 위한 통합 프로그램 : 상담활동의 연계와 적용. 한국가족상담학회 · 한국가족치료학회 추계공동학술대회. **다문화와 가족상담 자료집**, 82-110.

김경신 · 김오남(1996). 맞벌이부부의 역할기대 및 역할갈등과 결혼만족도. **한국가정관리학회지, 14**(2), 1-18.

김경신 · 김정란(2002). 아내학대에 대한 세대전이 과정 연구. **대한가정학회지, 40**(1), 85-98.

김경원 · 옥선화(1989). 친족관계망 유대 특성에 관한 연구. **서울대학교 생활과학연구, 14**, 6-11.

김광일(1992). **가정폭력 - 그 실상과 대책 -**. 탐구당.

김득성(2002). 이혼적응 교육 프로그램 개발 및 효과검증. **한국가정관리학회지, 20**(2), 1-8.

김득성 · 김정옥 · 송정아(2000). 부부 의사소통유형과 부부폭력과의 관계. **한국가정관리학회지, 18**(1), 1-16.

김명자 · 손서희(2005). 기혼자녀(아들 · 딸)와 부모 간의 정서적 결속도에 따른 부양행동. **대한가정학회지, 43**(7), 37-51.

김미성 · 전귀연(2003). 유아기자녀를 둔 어머니의 양육행동에 영향을 미치는 요인. **대한가정학회지, 41**(12), 207-228.

김미숙 · 박해경 · 박상헌 · 홍석균 · 조병은 · 원영희(2000). 저소득 편부모가족의 생활실태와 정책과제. 한국보건사회연구원 정책보고서.

김민경(2012). 다문화가족 남편의 정신건강, 레질리언스와 행복에 대한 연구. **한국가정관리학회지, 30**(5), 135-147.

김밀양(2004). 고부관계연구에 대한 이론적 고찰. **한국가족관계학회지, 9**(2), 173-188.

김선우 · 김태현(2003). 남녀노인의 의사소통 행동과 결혼만족도. **한국가정관리학회지, 21**(6), 141-155.

김소야자(2005). 가사소년제도 개혁과 이혼상담제도. **한국가족치료학회 춘계학술대회 자료집,** 19.

김수정(2003). 이혼협상의 실태와 주요 변인에 관한 연구. **대한가정학회지, 41**(12), 69-89.

김수진 · 도현심(2001). 부 - 모 간 양육행동의 관련변인 : 부부관계의 질, 어머니의 인성 특성 및 아동의 초기기질. **한국가정관리학회지, 19**(5), 101-114.

김수현(1999). 노년기 부부의 결혼만족도 연구. 한양대학교 대학원 석사학위논문.

김숙이(2000). 며느리를 위한 고부관계 향상 프로그램의 효과 - 의사소통을 중심으로 - . 계명대학교 대학원 석사학위논문.

김순옥 · 김영숙 · 전주람(2011). 한부모 연구에 대한 고찰 - 가족관련 전문학술지 논문들을 중심으로 - . **한국가족관계학회지, 16**(2), 209-229.

______________________(2012). 한부모가족의 자녀에 대한 연구고찰 - 가족학 전문학술지 논문들을 중심으로 - . **한국가족관계학회지, 17**(1), 113-128.

김승경(2004). 이혼가정 아동의 탄력성에 대한 위험 - 보호요인들 간의 경로분석. 서울여자대학교 대학원 박사학위논문.

김애순 · 윤　진(1997). **청년기 갈등과 자기이해.** 중앙적성출판사.

김양호 · 김태현(2009). 장기 분거가족에 대한 일 연구 : 기러기가족의 부부관계를 중심으로. **한국가족관계학회지, 14**(3), 297-326.

김양희 · 장온정(2004). 장기 분거가족에 관한 탐색적 연구 - 기러기가족에 초점을 맞추어 - . **한국가족관계학회지, 9**(2), 1-24.

김연옥(1999). 재혼가정 내 모의 역할기능에 관한 연구. **한국가족복지학회지, 3,** 41-62.

김영희(1996). 빈곤층 편모의 스트레스 및 사회적 지원에 관한 질적 내용분석. **안성산업대 논문집, 28,** 245-252.

김오남(2005). 한부모가족 여성가장의 심리적 안녕. **대한가정학회지, 43**(1), 129-144.

______(2006). 국제결혼 이주여성의 부부갈등 결정요인 연구. 한국가족학회. **가족과 문화, 18**(3), 63-106.

김용미(1996). 미혼대학생의 혼전단계에서의 신체적 폭력의 경험에 관한 실태조사연구 I . **한국가정관리학회지, 14**(1), 187-197.

김유정(2012). 재혼가족의 레질리언스 강화를 위한 실천모형 기초연구. **한국가정관리학회지, 30**(4), 147-161.

김윤정 · 최유호(2007). 성인자녀의 부모부양동기에 관한 연구 : 성별 및 부양자 - 노부모 관계 간의 상호작용을 중심으로. 한국가정관리학회지, 12(3), 313-334.

김인지 · 이세인 · 이숙현(2010). 취학 전 자녀를 둔 어머니의 세대 간 양가감정에 관한 질적 연구. 대한가정학회지, 48(5), 73-85.

김재엽(1998a). 한국가정폭력실태와 사회계층변인과의 관계. 한국사회복지학, 35.

______(1998b). 한국인의 음주와 가정폭력 : 부부폭력을 중심으로. 한국가족치료학회지, 6(2), 177-198.

김재엽 · 최선희 · 장희숙 · 이근후 · 이명숙 · 김기환 · 박상언(1999). 한국가정 폭력실태와 행위자교정 프로그램 개발연구. 범우사.

김정미 · 양성은(2013). 자발적 무자녀가족의 선택동기와 사회적 인식에 대한 질적 연구. 한국가정관리학회지, 31(5), 79-95.

김정석 · 김익기(2000). 세대 간 지원교환의 형태와 노인들의 생활만족도. 한국노년학, 20(2), 155-168.

김정희 · 문혁준(2004). 아동의 사회적 유능성에 관련된 변인 연구. 대한가정학회지, 42(10), 23-38.

김준호 · 김은경(1995). 여자청소년의 비행실태에 관한 연구. 한국형사정책연구원.

김중술(2007). 사랑의 의미. 서울대학교출판부.

김지현(2011). 취업모와 비취업모의 양육효능감, 부모역할 만족도가 삶의 만족도에 미치는 영향. 대한가정학회지, 49(5), 49-57.

김태현 · 박숙자(1992). 한국의 비동거가족 연구. 가족학논집, 4, 143-160.

김혜경(1996). 노년기 부부관계에 따른 결혼만족도 연구. 성신여자대학교 대학원 석사학위논문.

김혜리 · 문정희 · 안정신(2012). 기혼남성이 지각하는 장모지지와 결혼만족도 간의 관계 : 장모 - 사위관계 만족도의 매개효과. 한국가족관계학회지, 17(2), 45-58.

김혜선 · 신수아(2002). 결혼준비도 척도 개발연구 - 기혼남녀를 중심으로. 대한가정학회지, 40(3), 41-53.

김혜선 · 한희선(1995). 배우자 선택 메커니즘에 대한 연구. 한국가정관리학회지, 13(3), 144-154.

김혜영 · 장혜경 · 김영란(2006). 이혼 후 자녀양육실태에 관한 연구. 여성가족부 연구보고서.

김효순(2005). 재혼가족의 적응에 관한 문헌고찰 : Bronfenbrenner의 모형을 중심으로. 가족과 문화, 17(1), 191-230.

나종석 · 박종민(2009). 여성 결혼이민자의 사회적 지지 및 결혼만족과 양육행동에 관한 연구. 가족과 문화, 21(4), 1-20.

류경희(2003). 청소년의 학교생활 부적응에 영향을 미치는 가족관련 변인. 대한가정학회지, 41(12), 147-168.

문혁준(2001). 부모의 효율적 훈육태도에 관련된 변인 분석. 아동학회지, 22(1), 1-5.

문현숙 · 김득성(2003). 이혼적응 교육 프로그램 실시 및 효과검증 : 집단마라톤식 과정으로. 대한가정학회지, 41(11), 201-214.

문화방송(2004). MBC 가족백서. 삼보문화사.

민경희(1990). 도시 - 농촌에서의 형제자매 관계 비교 : 1988-1990년 충청북도. 가족학논집, 2, 91-133.

민무숙(1995). 노모와 성인 딸/ 며느리 간의 상호원조유형이 부양부담도에 미치는 영향. 노년학, 15(1), 74-90.

민하영 · 이윤주 · 이영미(2004). 대학생의 내면화 및 외현화된 행동문제 : 부모와의 의사소통과 대학생활적응을 중심으로. 한국가정관리학회지, 22(5), 17-28.

박경란 · 이영숙(2005). 부인의 성격유형, 갈등대처방법과 부부갈등의 관계. **대한가정학회지, 43**(9), 59-70.

박경숙(2003). 세대관계의 다양성과 구조. **한국사회학, 36**(2), 61-94.

박경희(1987). 준거집단에 따른 고등학교 학생의 비행에 대한 태도와 비행과의 관계. 부산대학교 대학원 석사학위논문.

박상칭(1991). **착한여자 컴플렉스**. 문학사상사.

박성연 · 김희수(2002). 2~3세 유아에 대한 어머니의 양육행동과 관련된 변인들 : 부모에 대한 애착표상 및 부부관계를 중심으로. **아동학회지, 21**(1), 59-72.

박성연 · 이 숙(1988). 자녀가 지각한 부모의 양육태도 및 이에 영향을 주는 요인. **대한가정학회지, 34**(6), 1-11.

박수선 · 김명자(2004). 미혼성인남녀의 섹슈얼리티에 관한 기초연구. **대한가정학회지, 42**(5), 53-76.

박영란(1998). 저소득 모자가정의 자립방안 연구. 한국여성개발원.

박정옥(2007). 해체가정과 일반가정 어머니의 양육스트레스 및 부모역할 차이. **대한가정학회지, 45**(7), 61-70.

박정윤(1993). 생활감정과 생활교류를 중심으로 한 고부관계와 장모 - 사위 관계에 관한 연구. 중앙대학교 대학원 석사학위논문.

박정윤 · 장영은(2013). 기혼취업여성의 양육스트레스에 영향을 미치는 변인에 관한 연구. **한국가정관리학회지, 31**(5), 159-172.

박주희(2012). 가족친화적 생활환경 만족도와 역할갈등의 대처전략이 맞벌이 취업남녀의 역할만족도와 역할긴장도에 미치는 영향. **한국가족관계학회지, 17**(1), 59-83.

배숙진(1998). 청소년에게 지각된 양육태도, 자아개념, 학교적응과의 관계. 연세대학교 교육대학원 석사학위논문.

변영인(2005). 어머니의 촉진적 의사소통, 가족의 적응성 및 응집성과 청소년 자녀의 학업성취와의 관계. **한국가족치료학회지, 13**(2), 89-113.

변화순 외(2003). 다양한 가족출현에 따른 쟁점과 가족관련법의 방향정립에 관한 연구. 한국여성개발원.

변화순 · 송다영 · 김영란(2000). 가족유형에 따른 생활실태와 복지요구에 관한 연구. 한국여성개발원 연구보고서.

보건복지부(2006. 2. 23). 데이터뉴스 보도.

__________(2012). 전국 결혼 및 출산 동향조사 보고서.

생활개혁실천협의회(2002). 준비된 결혼으로 행복한 생활을.

서동인(1996). 친조부모 - 손자녀 관계에 대한 모의 관점 및 중재에 관한 연구 : 10대 자녀를 둔 모를 중심으로. **대한가정학회지, 34**(2), 153-166.

서병숙(1994). 건전가정 육성을 위한 실천적 과제 : 가족의 기능적 측면에서의 접근. **한국가정관리학회 학술대회자료집**.

서병숙 · 정혜정(1993). 고부갈등에 있어서 자기통제력, 탓 및 적응과의 관계, **한국가정관리학회지, 11**(1), 119-133.

서소영 · 김명자(1998). 며느리의 시부모 부양에 따른 보상, 부양의식, 부양행동 분석. **한국가족관계학회지**, 3(2), 81-107.

서울특별시(2010). 서울시민 가족생활통계.

설동훈 · 김윤태 · 김현미 · 윤홍식 · 이혜경 · 임경택 · 정기선 · 주영수 · 한건수(2005). 국제결혼 이주여성 실태조사 및 보건복지지원 정책방안. 보건복지부.

성미애(2012). 중년 기혼남녀의 전통 가족 의례와 제도에 대한 인식을 통해서 본 현대 한국가족의 변화. **한국가정관리학회지**, 30(6), 103-114.

성정현(2002). 이혼 후 적응을 위한 집단 프로그램의 개발. **한국가족복지학**, 9, 31-53.

손서희(2013). 이혼한 여성 한부모의 홀로서기 경험. **한국가정관리학회지**, 31(2), 59-75.

손영빈 · 최은영(2009). 맞벌이 부부의 가정과 직장 간 역할갈등이 결혼만족도와 직무몰입에 미치는 영향 - 개인특성 및 가족과 직장지원의 조절효과 중심. **한국가족관계학회지**, 14(3), 29-60.

송경아(1987). 고부간의 갈등원인 및 조정방안에 관한 연구. 동아대학교 대학원 석사학위논문.

송기춘 · 정혜정(2010). 기혼남녀가 지각한 원가족 건강성과 결혼적응이 노부모와의 결속도에 미치는 영향. **한국가족관계학회지**, 15(2), 49-69.

송다영 · 김유나(2008). 여성가장가족의 빈곤문제와 성인지적 탈빈곤정책. **한국가족복지학**, 22, 131-159.

송말희(1990). 기혼남녀의 부부간 갈등 정도와 대응행동에 관한 연구. **한국가정관리학회지**, 8(2), 31-48.

송현애(1993). 며느리 시부모 부양 스트레스에 관한 연구. 동국대학교 대학원 박사학위논문.

_____(2007). 한부모가정의 부(父)를 위한 가족생활교육 프로그램 개발. **한국생활과학회지**, 16(1), 1-15.

송현애 · 이정덕(1995). 시부모 부양 스트레스에 관한 연구. **한국가정관리학회지**, 13(3), 115-123.

안혜숙(2005). 도시 기혼남녀의 전통적 효 규범의식과 친척유대 간의 관계에 관한 연구. **대한가정학회지**, 43(5), 183-198.

양해경(2001). 한부모가족의 문제와 사회복지지원체계에 대하여. **여성과 가족정책 세미나 자료집**. 한국여성개발원.

엄명용(2002). 장기 분거가족의 전문직 남성문제 : 기러기아빠. **한국가족치료학회지**, 10(2), 25-43.

에리히 프롬 저, 황문수 역(1991). **사랑의 기술**. 문예출판사.

여성가족부(2005). 전국가족조사보고서.

_________(2010). 전국가족조사보고서.

_________(2011a). 전국가족폭력실태조사.

_________(2011b). 가족정책 브리프.

_________(2013). 가족정책안내.

여성을 위한 모임(1994). **일곱 가지 남성 콤플렉스**. 현암사.

여성한국사회연구회 편(1995). **가족과 한국사회**. 경문사.

오혜정(2011). 장모 - 사위관계에서 사위가 지각하는 스트레스, 대처방법과 관계의 질. 인제대학교 대학원 석사학위논문.

옥경희(1996). 중년기 자녀의 노부모 부양. **한국가정관리학회지**, 14(2), 265-276.

옥선화 · 성미애(2004). 20, 30대 이혼남녀의 이혼 후 적응에 영향을 미치는 변수 : 생활만족도와 건강을 중심으로. **대한가정학회지**, 41(11), 167-187.

옥선화 · 성미애 · 이재림 · 이경희(2002). 빈곤 여성가장의 모 - 자녀관계에 관한 질적 연구. **한국가족관계학회지**, 7(3), 55-78.

우미향(2004). 기혼남성의 장인장모 부양부담감 연구 : 부모부양의식 및 상호교류를 중심으로. **한국생활과학연구** 7, 137-160.

유계숙(2005). 가족개념의 다양성수용에 관한 실증적 연구. **한국가족학회 춘계학술대회 자료집**, 20-34.

유계숙 · 임춘희 · 전춘애 · 천혜정(1998). 또 하나의 우리, 재혼가족 : 재혼가족에 대한 실태연구와 재혼준비 교육 프로그램 모형개발. **한국가족상담교육연구소 개소 5주년 기념 학술대회 자료집**.

유영주 외(2004). **새로운 가족학**. 신정.

유영주(1991). 건전가정 육성을 위한 가족복지 프로그램 개발에 관한 연구. **한국가정관리학회지**, 9(1), 45-64.

유영주 · 김순옥 · 김경신(2002). **가족관계학**(개정판). 교문사.

유영주 · 이인수 · 김순기 · 최희진(2013). 한국형 가족건강성척도 II(KFSS-II) 개발 연구. **한국가정관리학회지**, 31(4), 113-129.

유희정(2001). 부모의 이혼과 부모 간의 갈등이 대학생 자녀의 적응에 미치는 영향. **가족과 문화**, 13(2), 57-78.

______(2005a). 미국의 이혼 후 부모교육 프로그램의 현황과 평가에 대한 고찰. **대한가정학회지**, 43(6), 81-96.

______(2005b). 이혼 후 비양육 부/모와 자녀와의 관계 및 협력적 부모역할에 관한 사례연구. **한국가족복지학**, 15, 185-217.

윤가현(1998). **성문화와 심리**. 학지사.

윤경자(1997). 성역할태도가 부부의 결혼적응에 미치는 영향. **한국가정관리학회지**, 15(4), 221-233.

윤경자 · 임주영(2011). 베이비붐 세대 분거가족의 결혼만족도에 영향을 미치는 변인 : 아내를 중심으로. **한국가족관계학회지**, 16(2), 193-208.

윤성은 · 한경혜(2002). 부양지원 경험의 보상이 심리적 복지감에 미치는 영향. **대한가정학회지**, 49(9), 207-227.

윤지은 · 최미경(2004). 어머니의 양육행동 및 모 - 자녀 간 갈등과 남녀 청소년의 자아존중감 간의 관계. **한국가정관리학회지**, 22(5), 237-252.

윤현숙(2003). 노부모와 자녀 간의 지원교환이 노인의 심리적 안녕에 미치는 영향. **한국노년학**, 23(3), 15-28.

이기숙(1985). 한국가정의 고부갈등 발생원에 대한 요인분석. 부산대학교 대학원 박사학위논문.

이기숙 · 김현지(2002). 중년기 남성의 사회관계망과 심리적 복지감. **대한가정학회지**, 40(6), 133-144.

이기숙 · 손태홍(2004). **맞벌이 주말가족 연구**. 신정.

이사라 · 이주연(2012). 아동기 아버지에 대한 애착, 성인기 자아존중감이 대학생활적응에 미치는 영향. **대한가정학회지**, 50(4), 1-10.

이선미 · 전귀연(2005). 결혼 초기 남편과 아내가 인지한 갈등대처방식의 상호작용 패턴이 결혼만족도에 미치는 영향. **대한가정학회지**, 43(7), 93-107.

이소영 · 옥선화(2002). 자녀의 정서적 지원과 모 - 자녀 간 의사소통 특성 지각에 따른 저소득층 여성가장의 생활만족도 및 우울감. 대한가정학회지, 40(7), 53-68.

이송이(2006). 아동이 지각한 부모양육태도와 부모양육행동이 아동의 자기효능감에 미치는 영향. 한국가정관리학회지, 24(2), 61-72.

이수미 · 이숙현(2010). 취업모의 다중역할의 질과 심리적 건강. 한국가족관계학회지, 15(3), 67-90.

이수연 · 공미혜(2012). 무자녀 부부의 결혼생활 의미에 대한 현상학적 연구. 한국가족관계학회지, 17(2), 23-44.

이수정 · 전영주(2009). 재혼연구 동향분석 : 1996~2007년 발간된 국내 논문을 중심으로. 한국가족관계학회지, 13(4), 173-195.

이순형(2006). 국제결혼 농촌이주여성 가족의 정착지원 방안. 농촌진흥청 농업과학기술원농촌자원개발연구소 주최. 농촌국제결혼 정착방안세미나자료집, 47-70.

이영미 · 민하영 · 이윤주(2005). 부모 간 갈등과 부모-자녀 간 의사소통에 따른 후기 청소년의 심리 · 사회적 적응. 한국가정관리학회지, 23(5), 53-62.

이영숙(1998). 이성교제 중 발생한 폭력. 대한가정학회지, 36(4), 49-61.

이영숙 · 김정옥(2002). 부모-자녀 간 의사소통유형이 청소년 자녀의 심리적 복지에 미치는 영향. 한국가족관계학회지, 7(2), 133-159.

이영숙 · 박경란 · 전귀연(2000). 가족문제론. 학지사.

이은희 · 옥경희(2012). 결혼이민여성의 양육스트레스가 결혼만족도에 미치는 영향 : 자아탄력성과 가족탄력성의 매개효과 비교. 한국가족관계학회지, 17(2), 197-215.

이재경(2000). 성별화된 이혼과 여성. 가족과 문화, 12(2), 81-98.

이재연(2004). 형제자매 지위변인에 따른 형제자매 관계의 질과 부모애착 및 또래애착. 인하대학교 대학원 석사학위논문.

이정연 · 정혜정 · 장진경(1996). 젊은 며느리를 위한 고부관계 향상 교육 프로그램의 개발 및 평가. 한국가정관리학회지, 14(4), 13-21.

이정은 · 이영호(2000). 개인 특성, 스트레스 및 부부간의 의사소통과 결혼만족도의 관계. 한국심리학회지 : 임상, 19(3), 531-548.

이정은 · 최연실(2002). 미혼남녀의 심리경향에 따른 사랑의 유형분석 : Jung의 심리유형론과 Lee의 사랑유형론을 중심으로. 대한가정학회지, 40(3), 137-153.

이종원 · 옥선화 · 남영주(2005). 아내폭력의 실태와 관련변인들. 대한가정학회지, 43(8), 141-157.

이지선 · 천혜정(2006). 결혼 초기 여성이 체험한 결혼생활 적응의 의미. 대한가정학회지, 44(7), 41-52.

이진숙 · 정혜정(2004). 청소년자녀가 지각한 부모의 부부관계 및 부모에 대한 애착과 학교적응의 관계. 한국가정관리학회지, 22(3), 47-21.

이형실(2001). 기혼 취업여성과 남성의 가족 및 직업 스트레스와 심리적 복지. 한국가정관리학회지, 19(2), 143-152.

______(2003). 농촌노인의 세대 간 사회적 지원교환과 생활만족 : 성별 및 연령 집단별 비교. 대한가정학회지, 41(4), 57-69.

인구보건복지협회(2013). 파밀리에 12월호, 40-41.

임정빈 · 정혜정(1997). 성역할과 여성. 학지사.

임춘희 · 정옥분(1997). 재혼가족 내 계모의 스트레스와 적응에 관한 질적 연구. **대한가정학회지, 35**(5), 73-102.

장재홍 · 김현주 · 이호준 · 김태성(2000). 가족상담연구 개발 Ⅳ : 청소년기 가족문제와 가족상담의 방향. 한국청소년상담원.

장혁표 · 박종배(1990). 이혼가정 청소년을 위한 중재 프로그램 개발. 대학카운슬러.

장혜경 · 민가영(2001). 재혼가족의 적응실태와 지원방안에 관한 연구. 한국여성개발원.

__________(2002). 이혼여성의 부모역할 및 자녀양육지원방안에 관한 연구. 한국여성개발원 정책보고서.

장혜경 · 송다영 · 김영란 · 김정훈(2001). 여성 한부모가족을 위한 사회적 지원방안. 여성부 정책자료.

전귀연 · 임주영(2006). **형제관계**. 신정.

전길량 외(1999). 풍요로운 노후가꾸기 - 노년기 준비교육 프로그램. 사단법인 한국가족상담교육단체협의회. 한국가족상담교육연구소.

전길량 · 김태현(1993). 노모와 성인 딸 간의 상호작용과 부양기대감 - 부양기대요인을 중심으로. **한국노년학, 13**(1), 17-38.

전명희 · 양혜원 · 김희수(2012). 이혼가족 자녀를 위한 집단 프로그램의 효과성 및 효과 요인 : 수정된 CODIP의 지역사회복지관에서의 적용을 중심으로. **한국가족치료학회지, 20**(3), 375-401.

전미경(1992). 도시 저소득층 부인의 친족관계에 관한 연구. 동국대학교 대학원 석사학위논문.

전세송 · 김수경 · 전귀연(2011). 장모 - 사위 간 관계변인이 사위의 관계 만족도 및 부정적 지각에 미치는 영향. **대한가정학회지, 49**(7), 123-133.

정기원(2001). 노부모와 별거 성인자녀와의 가족유대 : 정서적 지원에 대한 교환이론적 접근. **한국인구학, 24**(1), 123-148.

정문자 · 김진이 · 이현주(2005). 이혼가정의 아동과 어머니의 사회적응을 위한 통합적 집단치료의 효과성 연구. **대한가정학회지, 43**(6), 145-169.

정민자(1992). 임상 - 정상 가족의 가족체계 유형 및 가족 스트레스, 가족자원과 대응책략에 관한 연구. **대한가정학회지, 30**(20), 189-218.

정유진(2000). 청소년의 학교생활 적응의 관련변인. 연세대학교 대학원 석사학위논문.

정현숙(1993). 부모의 이혼에 따른 자녀들의 적응. **아동학회지, 14**(1), 59-75.

정현숙 · 유계숙(2001). **가족관계**. 학지사.

정현숙 · 유계숙 · 임춘희 · 전춘애 · 천혜정(2000). 재혼가족에 대한 실태 및 재혼생활의 질에 대한 연구. **대한가정학회지, 38**(4), 1-19.

____________________(2000). 재혼준비교육 프로그램 개발 및 평가. **대한가정학회지, 38**(5), 1-13.

정혜정 · 서병숙(1998). 3세대 가족 내 성인자녀 부부가 지각한 보상과 대가 및 적응에 대한 연구. **한국가정관리학회지, 16**(2), 179-193.

제임스 돕슨 저, 정동섭 · 안효선 공역(2000). **자신감 있는 자녀로 키우자**. 에스라서원.

조병은 · 신화용(1992). 사회교환이론적 관점에서 본 맞벌이가족의 성인딸/ 며느리와 노모와의 관계. **한국노년학, 12**(2), 83-98.

조병은 · 신화용 · 서동인 · 정현숙(1998). 편모가족의 어머니와 자녀의 긍정적 변화에 미치는 자원의 영향. 대한가정학회지, 36(1), 13-21.

조복희 · 양연숙 · 김암이 · 장미자 · 곽혜정 · 한유미(1997). 유아의 애착행동과 사회적 능력 및 대인 문제해결력과의 관계. 대한가정학회지, 35(6), 244-259.

조석미(1980). 조부모로서의 역할에 대한 노년층의 의식. 영남대학교 대학원 석사학위논문.

조성남(2002). 한국노인문제의 현황. 한국가족학회 추계학술대회 자료집.

조성연(2004). 여성 한부모가족의 모 - 자녀관계. 한국가정관리학회지, 22(1), 153-167.

조 은(2004). 세계화의 최첨단에 선 한국의 가족 : 원정유학 모자녀 가족사례를 중심으로. 학술진흥재단연구보고서.

조은경 · 정혜정(2002). 기혼남녀의 자아분화 수준에 따른 갈등대처행동 및 결혼적응에 관한 연구. 한국가정관리학회지, 20(1), 1-15.

조은혜(1996). 성격과 사랑유형 간의 관계 : 사랑유형척도의 타당화. 연세대학교 대학원 석사학위논문.

조희금 · 김경신 · 정민자 · 송혜림 · 이승미(2010). 건강가정론. 신정.

주소희(2002). 이혼가정 자녀의 부모이혼 후 심리사회적응을 위한 프로그램 개발 및 효과성 연구. 한국가족복지학, 9, 77-106.

지혜정(2006). 부부의 심리사회적 요인과 결혼만족도와의 관계. 한국가족치료학회지, 14(1), 51-79.

채옥희 · 홍달아기(2008). 피해사례를 통해 본 결혼이민자 남편의 갈등. 한국생활과학회지, 17(5), 891-902.

채옥희 · 홍달아기 · 김정훈 · 이남주(2006). 국제결혼가족의 가정생활 적응전략. 한국가정관리학회 추계학술대회자료집.

최경선(2004). 기혼여성의 자아분화수준이 고부관계 만족도에 미치는 영향. 신라대학교 교육대학원 석사학위논문.

최규련(1984). 부부의 성역할 태도와 결혼만족도에 관한 연구. 대한가정학회지, 22(2), 91-102.

______(1988). 한국도시부부의 결혼만족도요인 연구. 고려대학교 대학원 박사학위논문.

______(1990). 부부관계. 대한가정학회 편 가정학 연구의 최신정보 Ⅲ. 아동학 · 가족학, 교문사.

______(1993). 맞벌이부부의 결혼만족도와 우울증에 관한 연구. 대한가정학회지, 31(1), 61-84.

______(1994). 가족체계유형과 부부간 갈등 및 대처방안에 관한 연구. 한국가정관리학회지, 12(2), 139-152.

______(1995a). 맞벌이가족의 부부관계. 한국가족학연구회 편. 맞벌이가족의 가정문제. (주) 하우.

______(1995b). 가족의 기능성, 부부간 갈등 및 대처방안과 부부의 심리적 적응과의 관계. 대한가정학회지, 33(6), 99-113.

______(1998). 가족체계유형과 부모 - 자녀 간 의사소통이 청소년자녀의 심리적 복지수준에 미치는 영향. 한국가족관계학회지, 3(1), 120-142.

______(2001). 행복한 결혼생활을 위한 부부대화법. 신정.

______(2005). 이혼의 사회심리적 원인과 상담적 함의. 한국상담학회. 상담학연구, 6(3), 1025-1040.

______(2012). 가족대화법. 신정.

최규련 · 유은희 · 정혜정 · 홍숙자(1999). 가정폭력 대처 및 예방 프로그램 모형 개발 - 배우자 학대를 중심으로 -. 대한가정학회지, 37(2), 99-111.

최나야 · 한유진(2006). 충동성, 부모와의 의사소통 및 인터넷게임에 대한 기대가 아동, 청소년의 게임중독에 미치는 영향. 한국가정관리학회지, 24(2), 209-219.

최명선 · 류진아 · 박희정(2007). 한부모가족 여성가장의 경험에 대한 연구 : 심리 · 정서적, 사회 · 경제적 경험을 중심으로. 한국가족복지학, 14(1), 111-141.

최양숙(2005). 기러기가족을 통해서 본 가족 다양성. 한국가족학회 춘계학술대회자료집.

최연실 외(1995). 새로 보는 가족관계학. (주) 하우.

최외선(1985). 여성과 성역할. 영남대학교출판부.

최정혜(2002). 주말부부의 가족 스트레스와 대처전략 및 가족건강도. 한국 가정관리학회 제32차 학술대회자료집, 3-26.

_____(2005). 맞벌이부부의 가족 스트레스, 대처전략 및 직업만족도. 대한가정학회지, 43(10), 55-68.

최지은 · 신용주(2003). 청소년이 지각한 부모 - 자녀관계, 또래관계, 교사와의 관계가 학교생활 적응에 미치는 영향. 대한가정학회지, 41(2), 199-210.

최혜경 · 신수진 · 강진경(2004). 사랑학. 교문사.

추현화 · 박옥임 · 김진희 · 박준섭(2008). 결혼이주여성 남편의 가족스트레스, 사회적 지지가 결혼적응에 미치는 영향. 한국가족복지학, 13(4), 85-102.

통계청(2006). 인구동태통계연보(혼인 · 이혼 편).

_____(2011). 인구동태통계연보(혼인 · 이혼 편). http://kosis.nso.go.kr

_____(2012a). 한국사회동향 2012.

_____(2012b). 맞벌이가구 및 경력단절여성 통계.

_____(2012). 혼인이혼통계.

_____(2013). 혼인이혼통계.

하상희 · 정혜정(2000). 신혼기 부부의 비합리적 신념과 결혼만족도의 관계. 한국가정과학회지, 3(2), 27-38.

한경혜(1993). 이혼과 부부문제의 이론적 고찰, 한국 이혼부부의 적응과 관련변인에 관한 실증적 연구. 한국가족학연구회 편. 이혼과 가족문제. (주) 하우.

_____(1997). 농촌 단독가구 노인의 가족관계. 한국노년학, 16(2), 21-38.

_____(1998). 이혼 후 재혼가족의 적응. 인간발달학회, 5(1), 234-250.

_____(2005). 다양한 이혼, 한국의 이혼현상 이해를 위한 몇 가지 제안. 한국가족학회 2005년도 학술대회 자료집.

한경혜 · 김주현 · 강혜원(2004). 성인남녀의 이혼과정 각 단계에서의 성별차이. 한국가족관계학회지, 9(2), 93-118.

한경혜 · 성미애 · 진미정(2006). 가족발달. 한국방송통신대학교출판부.

한경혜 · 한민아(2004). 성인자녀의 세대 간 지원교환 유형과 결정요인. 가족과 문화, 16(1), 37-62.

한경혜 · 홍진국(2000). 세대 간 사회적 지원의 교환과 노인의 심리적 복지. 가족과 문화, 12(2), 55-80.

한국가정법률상담소(1999). 가정상담 노년이혼을 생각한다, 4월호, 5-7.

_______________(2009). 가정상담 상담통계개요, 4월호, 5-9.

__________(2011). 가정상담 상담통계개요, 4월호, 5-9.

__________(2012). 가정상담, 4월호.

한국가족관계학회 편(2002). 가족학이론. 교문사.

한국가족문화원(2009). 새로 본 가족과 한국사회. 경문사.

한국가족학연구회 편(2001). 가족학. (주) 하우.

한국보건사회연구원(2012). 전국 출산력 및 가족보건・복지 실태조사.

한국여성개발원(1992). 평등한 부부.

__________(1998). 한국형 양성평등의식검사 개발.

한국여성정책연구원(2008). 남성의 부성경험과 갈등에 관한 연구.

한국형사정책연구원(1992). 가정폭력의 실태와 대책에 관한 연구 - 서울시의 남편의 아내폭력 현황을 중심으로.

한유미(2002). 주말부부의 자녀양육. 한국가정관리학회 제32차 학술대회자료집.

한준아・박경자(2008). 저소득층 이혼 가족 아동의 적응에 있어 보호요인 탐색 : 아동의 대처 전략, 부모 양육 유형, 부모의 스트레스, 사회적 지지. 대한가정학회지, 46(8), 1-15.

현은민(2003). 재혼가족의 아동 : 가족적・사회적 측면에서 경험하는 문제와 대책고찰. 한국가족관계학회지, 8(2), 101-126.

홍성묵(2003). 아름다운 사랑과 성. 학지사.

홍성훈・도현심(2002). 부모 - 자녀관계 및 자아존중감과 청소년의 성취동기 간의 관계. 대한가정학회지, 40(12), 145-158.

홍숙자(1999). 노년학개론. (주) 하우.

홍숙자・유은희・전길양(1996). 중년 며느리를 위한 고부관계 향상 교육 프로그램. 대한가정학회지, 34(5), 293-306.

황우성・이숙현・이나련(2012). 비표준 근무를 하는 취업모의 일상적 양육 스트레스에 영향을 미치는 변인. 한국가족관계학회지, 17(1), 87-112.

Adams, B. N.(1980). *Family : A sociological interpretation*. Rand McNally College Publishing Co.

Ahrons(1999). Divorce : An unscheduled family transition. In B. Carter & M. McGoldrick(Eds.), *The expanded family life cycle : Individual, family and social perspectives*(3rd ed.). Needham Heights, MA : Allyn & Bacon.

Amato, P. R., & Keith, B.(1991). Parental divorce and the well-being of children : A meta analysis. *Psychological Bulletin, 110*, 26-46.

Anderson, S., & Sabatelli, R.(1999). *Family interaction : A multigenerational developmental perspective.* Boston : Allyn and Bacon.

Beavers, W. B., & Hampson, R. B.(1998). *Successful famlies : Assessment and intervention.* NY : Norton.

Benokraitis, M. V.(1999). *Marriage and families*. Prentice-Hall. Inc.

Blood, R. O., Wolfe, D. M.(1960). *Husbands and wives : The dynamics of married living*. NY : Free press.

Bohannan, P.(1970). The six station of divorce. In P. Bohannan(6th ed.), *Divorce and after*. Doubleday.

Braver, S. L., Salem, P., Pearson, J., & DeLuse, S. R.(1996). The content of divorce education programs : Results of a survey. *Family and Conciliation Court Review, 34*(1), 41-59.

Bray, J. H., & Berger, S. H.(1993). Developmental issues in stepfamilies research project : Family relationships and parent child interactions. *Journal of Family Psychology, 7*, 76-90.

Brody, G., Neubaum, E., & Forehand, R..(1988). Serial Marriage : A Heuristic Analysis of an Emerging Family Form. *Psychological Bulletin, 103*, 211-222.

Burr, W. R., Day, R. D., & Bahr, K. S.(1993). *Family science*. Wadsworth Inc.

Carter, E. A., & McGoldrick, M.(1989). *The changing family life cycle : Framework for family therapy*(2nd ed.). Needham Heights, MA : Allyn & Bacon.

Coleman, M., Ganong, L., & Fine, M.(2000). Reinvestigating remarriage : another decade of progress. *Journal of Marriage and the Family, 62*, 1288-1307.

Curran, D.(1983). *Traits of a healthy family*. MI : Winston Press, Inc.

Demo, D. H., Edwards, J. N., & Hoffman, K. L.(1994). Physical wife abuse in a Non-Western society : An integrated theoretical approach. *Journal of Marriage and the Family, 56*(1), 131-146.

Duvall, E. M.(1980). *Marriage and family development*(5th ed.). Philadelphia : Lippincott.

Fine, M. A., & Kurek, L. A.(1992). *The adjustment of adolescents in stepfather and stepmother families.* NY : Free Press.

Ganong, L. H., & Coleman, M.(1988). Do mutual children cement bonds in stepfamilies?. *Journal of Marriage and the Family, 50*, 687-698.

______________________(1993). A meta-analytic comparison of the self-esteem and behavior problems of stepchildren to children in other family structures. *Journal of Divorce and Remarrige, 19*(3), 143-163.

Geasler, M. J., & Blaisure, K. R.(1999). 1998 Nationwide survey of court-connected divorce education programs. *Family and Conciliation Court Review, 37*(1), 36-63.

Goode, W.(1982). *The family*(2nd ed.). Englewood Cliffs : Prentice Hall.

Gottman, J. M.(1994). *Why marriage succeed or fail and how you can make yours last*. NY : Simon & Schuster.

Greenberg, J., Bruess, C., & Mullen, K.(1992). *Sexuality*. Madison : Brown & Benchmark.

Hawkins. J., Weisberg, C., & Ray. D.(1980). Spouse differences in communication style preference, perception, behavior. *Journal of marriage and the family*, *42*(3), 585-593.

Hetherington, E. M.(1999). Should we stay together for the sake of the children? In E. M. Hetherington(Eds.), *Coping with divorce, single parenting, and remarriage : A risk and resiliency perspective.* Mahwah, NJ : Lawrence Erlbaum.

Hetherington, E. M., & Kelly, J.(2000). *Lessons learned in forty-five reconsidered.* NY : Norton.

Hofferth, S. I., & Anderson, K. G.(2003). Are all dads equal? Biology versus marriage as a basis for paternal investment. *Journal of Marriage and the Family, 65*(1), 213-233.

Hogan, D. P., D. I. Eggeben & C. C. Clogg(1993). The Structure of Intergenerational Exchanges in American Families. *American Journal of Sociology,* 98(6), 1428-1458.

Holmes. R. S., & Rahe, R.(1967). The social readjustment rating scale. *Journal of Psychomatic Research, 11*, 213-218.

Houseknecht, S. K.(1987). Voluntary childlessness. In M. B. Sussman & S. K. Steinmetz(Eds.), *Handbook of marriage and the family*. NY : Plenum.

Johnston, J. R., & Roseby, V.(1997). *In the name of child*. 부모의 갈등과 폭력을 경험하는 이혼가족 자녀를 위하여. 유희정 외 편역. 창지사.

Kelly, J. B.(2000). Children's adjustment in conflicted marriage and divorce : A decade review of research. *Journal of the American Academy of Child and Adolescent Psychiatry, 39*, 963-973.

Kelly, M.(2009). Women's voluntary childlessness : A Radical rejection of mother-hood?. *Women's Studies Quarterly, 37*(3 & 4), 157-172.

Kitson, G. C., and Sussman, M. B.(1982). Marital complaints, demographic characteristics, and symptoms of mental distress in divorce. *Journal of Marriage and the Family, 44*(1), 87-101.

Kitson, G., & Raschke, H.(1981). Divorce research : What we do, What we need to now. *Journal of Divorce, 4*, 1-38.

Kornhaber, A., & Woodward, K. L.(1981). *Grandparents/Grandchildren : The vital connection*. Garden City, N Y : Anchor Press/ Doubleday.

Lamanna, M. A., & Riedman, A.(1991). *Marriages and families*. CA : Wadsworth Pub. Co.

Lee, J. A.(1988). Love-styles. In R. J. Sternberg & M. L. Barnes(Eds.), *The psychology of love*. New Haven, CT : Yale University Press.

Marks, N. E.(1996). Flying solo at midlife : Gender, marital status, and psychological well-being. *Journal of Marriage and the Family, 58*, 917-932.

Mattews, S. H., & Rosner, T. T.(1988). Shared filial responsibility : The family as the primary caregiver. *Journal of marriage and the family, 50,* 185-195.

McCubbin, H., Joy, C., Caubl, A., Comeau, J., Patterson, J., & Needle, R.(1980). Family stress and copin g : A Decade Review. *Journal of Marriage and the Family, 42*.

McGoldrick M., & Carter, B.(1989). Forming a remarried family. In B. Carter & M. McGoldrick(Eds.), *The changing family life cycle : A Framework for family therapy*(2nd ed.). Boston : Allyn & Bacon.

McGoldrick, M.(1999). Becoming a couple. In E. A. Carter & M. McGoldrick(Eds.), *The expanded family life cycle : Individual, family, and social perspectives*(3rd ed.). Needham Heights, MA : Allyn & Bacon.

McLanahan, S. S., & Sandefur, G.(1994). *Growing up with a single parent : What hurts, What helps*. Cambridef, MA : Harvard University Press.

Miller, S., Miller, P., Nunnally, E. W., & Wackman, D. B.(1994). *Couple communication : Talking and listening together*. Interpersonal Communication Programs, Inc. 채규만 · 최규련 · 송정아 · 홍숙자(1996). 부부가 함께 말하기와 듣기. (주) 하우.

Neugarten, B. L., & Weinstein, K. K.(1964). The changing American grandparent. *Journal of Marriage and the Family*, *26*, 199-204.

Olson, D. H., & Cromwell, R. E.(1975). *Power in families* NY : Halsted Press.

Parsons, T., & Bales, R. F.(1955). *Family : Socializations and interaction*. New York : The Free Press.

Pasley, K., Dollahite, D., & Ihinger-Tallman, M.(1993). Bridging the Gap : Clinical Applications of Research Findings on the Spouse and stepparent role in remarriage. *Family Relations, 42*, 315-322.

Ponzzetti, Jr., Zvonkovic, J. J., Cate, R. M., & Huston, T. L.(1992). Reasons for divorce : A comparison between former partners. *Journal of Divorce and Remarriage, 17*.

Reiss, I. L.(1971). Toward a sociology of heterosexual love relationship. *Marriage and family living*, *22*, 139-145.

Riessmann, C. K.(1990). *Divorce talk : Women and men make sense of personal relationships*. New Brunswick, N J : Rutgers University Press.

Rodgers, K. B., & Rose, H. A.(2002). Risk and resiliency factors among adolescence who experience marital transition. *Journal of Marriage and the Family, 64*(4), 1024-1038.

Rose, C. E., & Mirowsky, J.(1999). Parental divorce, life-course disruption, and adult depression. *Journal of Divorce and Remarriage, 23*(3/4), 23-43.

Satir, V.(1988). *People-making*. Palo Alto, CA : Science and Behavior Books, Inc.

Sternberg, R. J.(1986). A triangular theory of love. *Psychological Review*, *93*, 119-135.

Stinnett N., Scanders G., DeFrain J., Parkurst, A.(1979). A nationwide study of families who perceive, themselves as strong. *Family Perspectives, 16*.

Stinnett, N., & DeFrain, J.(1985). *Secrets of strong families*. Boston : Little, Brown.

Stout, K. D., & McPhail, B.(1998). *Confronting sexism and violence against women : A challenge for social work*. NY : Longman.

Straus, A. M.(1979). Measuring intrafamily conflict and violence : The Conflict Tactics(CT) Scales. *Journal of Marriage and Family, 41*, 75-88.

Strong, B., & Devault, C.(1992). *The marriage and family experience*. West Publishing Co.

Thomas, J., & Arcus, M. E.(1992). Family life education : An analysis of the concept, *Family Relations, 41*(1), 3-8.

Udry, J. R.(1971). *The social context of marriage*. Lippincott Company.

Visher, E. B., & Visher, J. S.(1988). *Old loyalities, new ties : Therapeutic strategies with stepfamilies*. NY : Brunner/ Mazel.

Visher, J. S., & Visher, E. B.(1990). Dynamics of successful stepfamilies. *Journal of Divorce and Remarriage, 14*, 3-12.

__________________(1997). *Stepping together : Creating strong stepfamilies*. NY : Brunner/ Mazel.

Walker, A. J., Pratt, C. C., Shin, H., & Jones, L. L.(1990). Motives for parental caregiving and relationship quality. *Family Relation, 39*, 51-56.

Walker, L.(1979). *The Battered women*. NY : Haper & Row.

Wallerstein, J.(1995). *The good marriage : How and why love lasts*. N.Y. : Houghton Mifflin.

Walsh, F.(1998). *Strengthening family resilience*. NY : Guilford Press.

Warren, N. C.(1992). *Finding the love of your life*. Colorado : Focus on the Family Publishing.

경향신문(2006. 9. 11, 2006. 9. 30).

네오머니(2006. 9. 15).

뉴시스(2006. 8. 30).

동아일보(2005. 8. 29, 2006. 3. 2, 2006. 8. 29, 2006. 9. 20, 2013. 8. 26, 2013. 10. 24, 2013. 11. 23, 2013. 11. 26).

머니투데이(2006. 10. 25).

문화일보(2006. 11. 1).

부산일보(2007. 1. 2).

사이언스타임즈(2006. 9. 18).

서울신문(2007. 1. 2, 2009. 2. 14, 2012. 6. 22).

서울연합뉴스(2006. 7. 3).

스포츠조선(2007. 2. 4)

여성조선(2006. 10).

연합뉴스(2003. 3. 4, 2006. 7. 3, 2006. 10. 25, 2012. 5. 31).

인천일보(2013. 11. 26).

조선일보(2006. 8. 10, 2006. 9. 11, 2006. 10. 11, 2006. 10. 23, 2006. 11. 14, 2007. 1. 12, 2007. 10. 25).

좋은 엄마(2000. 10).

주간조선(2006. 10. 24).

중앙 Sunday(2007. 2. 17, 2011. 4. 11).

중앙일보(2005. 12. 19, 2006. 6. 13, 2006. 10. 11, 2007. 1. 10, 2007. 1. 12, 2007. 1. 15, 2007. 2. 17, 2008. 5. 22, 2012. 6. 11, 2013. 10. 23).

한겨레신문(2005. 3. 30, 2005. 5. 4, 2006. 10. 9).

한국경제(2007. 2. 7, 2013. 8. 10).

한국일보(2006. 9. 1, 2008. 1. 3).

KBS 1TV(2006. 3. 15). 생로병사의 비밀 : 900일간의 폭풍.

SBS 인터넷 뉴스(2009. 7. 27).

다문화가족지원센터. http://www.liveinkorea.kr

대법원 뉴스레터. http://scourt.go.kr/letter

통계청. 인구동태통계연보(혼인 · 이혼 편). http://kosis.nso.go.kr

찾아보기

인 명

내 용

저/자/약/력

■ **최규련**
서울대학교 가정관리학과 졸업
서울대학교 대학원 가정교육 전공 교육학 석사
고려대학교 대학원 가족학 전공 이학박사
현 수원대학교 생활과학대학 아동가족복지학과 교수

<주요 저서 및 논문>
『가족상담 및 치료』
『행복한 결혼생활을 위한 부부대화법』, 『가족대화법』 외
「한국도시부부의 결혼만족도 요인에 관한 연구」
「가족의 기능성, 부부간 갈등 및 대처방안과 부부의 심리적 적응과의 관계」
「이혼의 사회심리적 원인과 상담적 함의」 외 다수

가족관계론

|저자| 최규련

|1판 1쇄| 발행 2007년 3월 15일
|1판 4쇄| 발행 2013년 1월 15일
|2판 1쇄| 발행 2014년 3월 5일
|2판 2쇄| 발행 2016년 1월 20일
|2판 3쇄| 발행 2018년 7월 20일
|2판 4쇄| 발행 2022년 1월 20일

|발행인| 김 동 훈
|발행처| 공 동 체

|주소| 경기도 고양시 일산동구 호수로 358-39 동문타워 1차 905호(백석동)
|전화| 031) 814-3000(대표)
|팩스| 031) 814-3100
|홈페이지| http://www.compub.co.kr
|전자우편| compub@naver.com
|출판등록| 2005년 10월 6일
|등록번호| 제396-2005-36호

|ISBN| 978-89-6352-592-1
정가 18,000원